电子信息科学与工程类专业系列教材

单片微型计算机与接口技术

(第5版)

李群芳　肖　看　关　新　张士军　编著

Publishing House of Electronics Industry

北京 · BEIJING

内 容 简 介

本书从嵌入式系统概念出发，以应用最广泛的51单片机为主介绍嵌入式系统开发技术。主要内容包括：单片机的内部结构、指令系统、内部各功能部件的工作原理、应用编程及外部扩展技术。本书力图体现实用性和先进性，采用汇编语言和C语言相对照的编程方式，对新出现的器件和技术如USB、I^2C、SPI、CAN串行总线、触摸屏、条形码等进行了论述。本教材安排了实验章节作为实训环节，并对仿真调试及设计软件Proteus进行了介绍，为其使用方便提供了电路图。本书集知识性、趣味性、实用性于一体，使学生带着兴趣学习和实践。

本书的知识点安排得当，编排由浅入深、条理清晰，并精心安排了大量应用实例，每章末有小结、思考题与习题，书后附参考答案。

本书可作为计算机类、信息类、机电类等专业本科生的教材，也可作为相关专业高职高专学生的教材或教学参考书，还可供相关工程技术人员参考。

图书在版编目(CIP)数据

单片微型计算机与接口技术 / 李群芳等编著. — 5版. —北京：电子工业出版社，2015.10
电子信息科学与工程类专业规划教材
ISBN 978-7-121-27375-9

Ⅰ. ①单… Ⅱ. ①李… Ⅲ. ①单片微型计算机－基础理论－高等学校－教材②单片微型计算机－接口技术－高等学校－教材 Ⅳ. ①TP368.1

中国版本图书馆CIP数据核字(2015)第240411号

责任编辑：凌　毅
印　　刷：三河市双峰印刷装订有限公司
装　　订：三河市双峰印刷装订有限公司
出版发行：电子工业出版社
　　　　　北京市海淀区万寿路173信箱　邮编 100036
开　　本：787×1092　1/16　印张：20.75　字数：558千字
版　　次：2001年9月第1版
　　　　　2015年10月第5版
印　　次：2024年 7月第19次印刷
定　　价：39.80元

凡所购买电子工业出版社图书有缺损问题，请向购买书店调换。若书店售缺，请与本社发行部联系。联系及邮购电话：(010)88254888，88258888。

质量投诉请发邮件至 zlts@phei.com.cn，盗版侵权举报请发邮件至 dbqq@phei.com.cn。

本书咨询联系方式：(010)88254528，lingyi@phei.com.cn。

再版前言

嵌入式系统是嵌入式计算机(Embedded Computer)嵌入到各种设备及应用产品内部的计算机系统,它体积小,结构紧凑,使设备及应用产品智能化。在数字化产品日益普及的今天,从手机、MP3到飞机的自动导航系统,军事、工业、商业、家电、通信、网络产品无一不充斥着嵌入式系统,可以说,它无处不有,无所不在。

嵌入式系统一般由嵌入式微处理器、外围硬件设备、嵌入式操作系统及用户的应用程序等部分组成,因此,嵌入式系统开发技术、嵌入式芯片设计、嵌入式操作系统、嵌入式软件、嵌入式系统平台,是当今最热门的课题。

作为嵌入式系统控制核心的单片机(又称为微控制器),以体积小、功能全、性价比高等诸多优点而独具特色。51单片机是国内目前应用最广泛的单片机之一,随着嵌入式系统、片上系统等概念的提出和普遍接受及应用,51单片机的发展又进入了一个新的阶段。许多专用功能芯片的内核集成了51单片机,与51单片机兼容的微控制器以IP核的方式不断地出现在FPGA的片上系统中。随着基于51单片机的嵌入式实时操作系统的出现与推广,在很长一段时间内,51单片机仍将占据嵌入式系统产品的中、低端市场。

如果说C语言程序设计课程是软件设计的基础课,那么单片机以其系统构架完整、价格低廉、学生能自构系统,而成为工科学生硬件设计基础课。本书以51单片机为背景,介绍嵌入式系统应用软件、硬件设计的基本技术,为以后学习高端的、更复杂的嵌入式系统打下基础。本书的主要特点有:

1. 在内容的编排上注意由浅入深,方便自学,通过大量的典型例题,使学生重点掌握嵌入式系统的构成、基本工作原理、软件和硬件的开发方法。全书以表格、示意图和语言描述相结合的方式,使基本理论的表述一目了然,方便掌握和记忆。

2. 注意理论联系实际,使学生掌握以单片机为核心的嵌入式系统的开发技术。书中编有项目实训,并提供一套价格低廉的在系统可编程(ISP)实验板作为实践平台。该板兼实验台功能和编程器功能于一体,使读者在家中也能开发自己的嵌入式小系统。实践训练中介绍了单片机仿真软件和在系统编程软件等开发软件的使用方法,实验指导中的示例程序有较高的参考价值。

3. 实验指导中介绍了单片机开发软件的使用方法,重点介绍了Proteus和Keil仿真调试软件;电子课件中提供了Proteus的虚拟实验板电路图及各章例题的Proteus电路图,以方便教师上课时演示;还介绍了并口、串口和USB三种下载方法。

4. 本书力图反映单片机领域的新技术、新器件,主要体现在:

(1) 采用汇编语言和C语言对照的编程方法。对于IT行业工程师来说,两种语言的编程方法都必须熟悉。这是因为汇编语言的代码效率高,实时性强,从中可以理解单片机的工作机理,而且目前不少资料使用的是汇编语言。而对复杂的运算或大型程序,用汇编语言编程非常耗时,而用C语言编程无须考虑具体的寄存器或存储器的分配等细节,由C51编译系统安排,从而可以加快开发者的编程速度,缩短开发周期。为发挥两种语言的长处,书中介绍了C语言和汇编语言的混合编程方法。对于学过C语言的读者,编写C语言的程序是轻而易举的事情。为了照顾没学过C语言的读者,本书对C语言的基本语法也作了介绍。对于两种编程语言的教学,教学单位可根据情况进行取舍,另一种语言让学生参考或自学。

(2) 随着非总线扩展芯片的增多,书中专门对串行总线 I^2C、SPI、CAN 作了详细论述,并介绍了一些新型的串行器件,如串行的 EPROM、串行 D/A、串行 A/D 等。书中还以一定的篇幅介绍 V/F(电压/频率转换)、F/V(频率/电压转换)、μP 监控器及看门狗等,以使读者能适应单片机技术的新发展。

(3) 针对目前满街皆有条形码,人手一部智能机的形势,本书在人机接口部分增加了条形码和触摸屏的相关知识,同时对串行通信的 USB 接口进行了介绍;在存储器部分,增加了新近问世的相变存储器(PCRAM),以顺应科技的发展。由于这些内容涉及的学科比较广,限于篇幅,本书只能做一般介绍,如需设计使用,读者可查看详细资料,不影响单片机的基础教学。

(4) MCS-51 和 8051 所指的是同一类单片机,为了和各生产厂家的称呼及人们的习惯称呼相同,本书将前 4 版教材中的 MCS-51 均改称为 8051,或简称 51 单片机。

对于基础性教材,不在于技术水平多高,而在于教材的知识点是否安排得当,是否好教好学。本书自 2001 年出版以来,随着单片机技术的发展,不断改版,其教材结构、知识点的安排,被后面很多新编的单片机教材借鉴,全国有数十所院校采用本书作为教材,并获得"全国电子信息类优秀教材二等奖",感谢老师们的支持和厚爱。

本次 5 版保留了新型调试手段 Proteus,为照顾某些学校的条件和习惯,第 3 版的功能实验板及实验部分仍及并行口烧录方法保留在华信教育资源网(www. hxedu. com. cn)上。

在教学中,可根据专业需求、学时、对象安排教材的教学内容,其中 * 为任选,如果学时紧张,可作为毕业设计或日后应用设计的参考资料。

本书由李群芳担任主编,肖看博士、关新副教授、张士军教授、黄建博士、郭蔚工程师、丁国荣工程师等参与编写了其中某些章节和思考题与习题解答工作,黄伯铭、裴培做了实验验证工作,姚方、姚园等人完成了书中部分例题和习题的文字编写及电路绘制等工作。在此,对他们的辛勤劳动表示感谢。

感谢本书的主审谢瑞和教授,在百忙之中抽出时间认真地审阅了全书。

由于计算机的发展日新月异,本人水平有限,教材不尽如人意之处,敬请读者批评指正。

本书配有多媒体电子课件,对采用本书作为教材的教师提供。教材课件索取、配套 ISP 实验板的咨询及对本教材的意见和建议请发 E-mail:call_lqf@163. com。

编　者

2015 年 8 月

目　　录

* 作为任选教学内容。

绪　论

1. 计算机的新分类

长期以来，计算机按照体系结构、运算速度、结构规模、适用领域不同，可分为大型计算机、中型机、小型机和微型计算机。随着计算机技术的迅速发展，计算机技术和产品对其他行业的广泛渗透，人们以应用为中心、按计算机的嵌入式应用和非嵌入式应用进行新的分类，将其分为嵌入式计算机和通用计算机。

通用计算机具有计算机的标准形态，通过装配不同的应用软件，以类同面目出现，并应用在社会的各个方面，其典型产品为 PC；而嵌入式计算机则是以嵌入式系统的形式隐藏在各种装置、产品和系统中。

嵌入式计算机在应用数量上远远超过了各种通用计算机，一台通用计算机的外部设备中就包含了 5～10 个嵌入式微处理器，键盘、鼠标、软驱、硬盘、显示卡、显示器、网卡、Modem、声卡、打印机、扫描仪、数字相机、MP3、手机等均是由嵌入式处理器控制的。在制造工业、过程控制、通信、仪器、仪表、汽车、船舶、航空、航天、军事装备、家电产品等方面无不是嵌入式计算机的应用领域。

随着 EDA（电子设计自动化）的推广和 VLSI（超大规模集成电路）设计技术的日渐成熟，嵌入式片上系统 SOC（System On Chip）时代已经来临，各种通用的微处理器、微控制器内核作为标准库存储在器件库中，用户只需要用 VHDL 等语言定义整个应用系统，仿真通过后将设计图交给 IC 生产厂家生产，一个极为复杂系统集成在一个硅片上，这就是嵌入式片上系统。

2. 嵌入式系统

嵌入式系统是以应用为中心，以计算机技术为基础，针对具体应用系统需要，软硬件大小可配置，对功能、可靠性、成本、体积、功耗严格要求的专用计算机系统。

(1) 嵌入式系统的特征

① 分散、创新、不可垄断性：从某种意义上来说，通用计算机行业的技术是垄断的。占整个计算机行业 90%的 PC 产业，80%采用 Intel 的 8X86 体系结构，芯片基本上出自 Intel、AMD 等几家公司。在几乎每台计算机必备的操作系统和文字处理软件方面，Microsoft 公司的Windows 及 Word 占 80%～90%。嵌入式系统则不同，它是一个分散的工业，充满了竞争、机遇与创新，没有哪一个系列的处理器和操作系统能够垄断全部市场。即便在体系结构上存在着主流，但各不相同的应用领域决定了不可能由少数公司、少数产品垄断全部市场。

② 产品的稳定性：嵌入式处理器的发展具有稳定性。一个体系结构及其相关的外设、开发工具、库函数、嵌入式应用产品是一套复杂的知识系统，用户和半导体厂商都不会轻易地放弃某一种处理器。嵌入式系统产品一旦进入市场，就具有较长的生命周期，而且保持稳定。而通用计算机（如 PC）则更新很快，十几年时间，从 286 到 586、从奔腾Ⅰ代到奔腾Ⅳ代、从单核到多核，淘汰很快。嵌入式系统新产品虽层出不穷，但同一系列的产品，其内核不变，指令系统是兼容的，只是在片内配置不同种类和不同数量的功能部件以适用不同的需求，它强调软件可继承性和技术衔接性。其旧产品如单片 4 位机、8 位机、16 位机、32 位机并存于市场上，各有自己的应用领域，嵌入式系统产品追求高的性价比，设计师们绝不会杀鸡用牛刀。尽管 8051 单片机已问世 20 多年，至今依然是方兴未艾。

③ 嵌入式系统软件的特征：嵌入式系统软件所使用的语言可以是汇编语言，也可以是高级语言。软件一般固化在存储器芯片或单片机本身，而不是存储于磁盘等载体中。代码要求高质量、高可靠性、高实时性，并尽量减少占用的存储器。

④ 嵌入式系统开发需要开发工具和环境：通用计算机具有完善的人机接口界面，在上面增加一些开发应用程序和环境即可进行对自身的开发。而嵌入式系统本身不具备开发能力，系统设计完成以后，用户必须有一套开发工具和环境才能对系统进行调试、修改。这些工具和环境一般是指基于通用计算机上的软、硬件设备及各种仿真器、编程器、逻辑分析仪、示波器等。

(2) 嵌入式系统的核心部件

嵌入式系统是先进的计算机技术、半导体技术、电子技术与各个行业的具体应用相结合的产物，是一个技术密集、资金密集、高度分散、不断创新的知识集成系统。

嵌入式系统包括硬件和软件两个部分。硬件包括微处理器、存储器、外设、I/O 接口、图形控制器等。软件部分包括操作系统软件(OS，实时和多任务操作)和应用程序。应用程序控制着系统的运作和行为；而操作系统控制着应用程序编程与硬件的交互作用。

各种类型的通用 CPU、单片机(MCU)和数字信号处理器(DSP)、可编程逻辑控制器(PLC)、片上系统(SOC)、可编程逻辑器件(CPLD、FPGA)及专用处理器芯片等，均可构成嵌入式系统。其核心部件有以下 3 类：微处理器 MPU、微控制器 MCU 和数字信号处理器 DSP。

① 嵌入式微处理器(Embedded Micro Processor Unit，EMPU)：功能同标准的 CPU，但在工作温度、电磁干扰、可靠性等方面做了各种增强，如 ARM。

ARM(Advanced RISC Machines)是一家生产微处理器的知名企业，ARM 公司开发了很多系列的 ARM 处理器核，授权给世界上许多著名的 IC 厂家生产，如 Atmel、Philips、Sharp 等，从而形成各具特色的 ARM 芯片。目前应用最广泛的系列是：ARM7、ARM9、ARM10、ARM11。ARM 处理器核加上 RAM、ROM、I/O 接口、定时/计数器等，就构成以 ARM 为核心的嵌入式系统。如 Atmel 公司 AT91 系列 ARM 芯片 AT91M40800，它基于 ARM7 TDMI 内核，内含高性能的 32 位 RISC 处理器、16 位高集成度指令集、8KB 片上 SRAM、可编程外部总线接口(EBI)、3 通道 16 位计数/定时器、32 个可编程 I/O 口、中断控制器、2 个 UART、可编程看门狗定时器、主时钟电路和 DRAM 时序控制电路，并配有高级节能电路；同时，可支持 JTAG 调试，主频可达到 40MHz。

32 位 EMPU 的应用多集中在网络、通信和多媒体技术等高科技领域。

② 嵌入式微控制器(MicroController Unit，MCU，又称单片机)：单片机是以某一种微处理器为核心，将 ROM/EPROM、RAM、总线逻辑、定时/计数器、并行 I/O 口、串行口、看门狗、脉宽调制输出、A/D、D/A 等集成于芯片内的大规模集成电路芯片。由于它是计算机系统的单片化，体积大大减小，从而使功耗和成本下降，可靠性提高。

因为 ARM 要内嵌操作系统，学习操作系统难度大，结合操作系统编写程序对初学者更难，单片机的编程大多数情况无须嵌入式操作系统，仅是应用程序编制，编程可以用汇编语言或 C 语言，是中、低档嵌入式系统如家用电器、汽车等控制系统的主流，初学者学习嵌入式系统都从单片机入手。有了基础理论知识，掌握了基本方法，再学习 ARM 等其他高端嵌入式就是轻车熟路了。

③ 数字信号处理器 DSP(Digital Signal Processor，DSP)：DSP 是和单片机一样的大规模集成电路芯片，内部也集成了 ROM、RAM、定时/计数器、并行 I/O 口、串行口、中断控制等。不过它对系统结构和指令进行了特殊设计，使其适合于执行数字信号处理的算法，编译效率较高，指令执行速度也较快。在数字滤波、FFT、谱分析等方面，DSP 算法正在大量进入嵌入式领域，DSP 的应用使通过单片机以普通指令实现数字信号处理功能过渡到采用专用的嵌入式数字信号处理

器阶段。

DSP的编程同样可以用汇编语言或C语言，DSP算法比较复杂，因此对数学要求比较高。

本课程以市场占有率最高的51单片机（或称8051、51系列、8XX51单片机）为核心，介绍嵌入式系统的基础和设计方法。

(3) 嵌入式操作系统(Embedded Operating System，EOS）

嵌入式操作系统EOS是一种用途广泛的系统软件，它负责嵌入式系统的全部软、硬件资源的分配、调度工作，控制协调并发活动。它必须体现其所在系统的特征，能够通过装卸某些模块来达到系统所要求的功能。目前，已推出一些应用比较成功的EOS产品系列。随着Internet技术的发展、信息家电的普及应用及EOS的微型化和专业化，EOS开始从单一的弱功能向高专业化的强功能方向发展。嵌入式操作系统在系统实时高效性、硬件的相关依赖性、软件固态化及应用的专用性等方面具有较为突出的特点。EOS除具备一般操作系统最基本的功能，如任务调度、同步机制、中断处理、文件功能等外，还有以下特点：

① 体系结构具有可装卸性、开放性、可伸缩性及良好的移植性；

② 强实时性，EOS实时性一般较强，可用于各种设备控制当中；

③ 统一的接口，提供各种设备驱动接口；

④ 操作方便、简单，提供友好的图形界面；

⑤ 提供强大的网络功能，支持TCP/UDP/IP/PPP协议及统一的MAC访问层接口；

⑥ 强稳定性，弱交互性，嵌入式操作系统的用户接口一般不提供操作命令，它通过系统调用命令向用户程序提供服务；

⑦ 代码固化，嵌入式操作系统和应用软件被固化在嵌入式系统的ROM中，很少使用辅存；

常见的嵌入式系统有：Linux、μClinux、WinCE、IOS、Andriod、Symbian、eCos、μCOS-Ⅱ、VxWorks、pSOS、Nucleus、ThreadX、Rtems、QNX、INTEGRITY、OSE、C Executive、RTX51（基于51单片机的多任务实时操作系统）。

3. 单片机

(1) 什么是单片机

单片机全称为单片微型计算机(Single Chip Microcomputer)，又称MCU(Micro Controller Unit)，是将计算机的基本部分微型化，使之集成在一块芯片上的微机。片内含有CPU、ROM、RAM、并行I/O、串行I/O、定时/计数器、A/D、D/A、中断控制、系统时钟及系统总线等，它本身就是一个嵌入式系统，同时也是其他嵌入式系统的核心。

为适应不同的应用需求，一般一个系列的单片机具有多种衍生产品，每种衍生产品的处理器内核都是一样的，只是存储器、接口的配置及封装不同，这样可以使单片机最大限度地与应用需求相匹配，功能不多不少，从而减少功耗和成本。

(2) 单片机的发展趋势

① 单片机的字长由4位、8位、16位发展到32位。这几种字长的单片机目前同时存在于市场上。

② 运行速度不断提高。单片机的使用最高频率由6MHz、12MHz、24MHz、33MHz发展到40MHz乃至更高。

③ 单片机内的存储器的发展体现在3个方面。

- 容量越来越大，由1KB、2KB、4KB、8KB、16KB、32KB发展到64KB乃至更多。
- ROM存储器的编程（烧录）也越来越方便，有ROM型（掩模型）、OTP型（一次性编程）、EPROM（紫外线擦除编程）、E^2PROM（电擦除编程）及Flash（闪速编程）等。

● 编程方式也越来越方便，目前有脱机编程、在系统编程（ISP）、在应用编程（IAP）。

④ I/O端口多功能化。单片机除集成有并行接口、串行接口外，还集成有A/D、D/A、LED/LCD显示驱动、DMA控制、PWM（脉宽调制输出）、PLC（锁相环控制）、PCA（逻辑阵列）、WDT（看门狗）等。

⑤ 功耗越来越低。采用CHMOS制作工艺，使单片机集HMOS的高速、高集成度和CMOS的低功耗技术为一体，使单片机的功耗进一步降低，适应的电压范围更宽（1.8V～6V）。

⑥ 结合专用集成电路ASIC、精简指令集RISC技术，使单片机发展成为嵌入式的处理器，深入到数字信号处理、图像处理、人工智能、机器人等领域。

以上单片机各种发展系列并非一代淘汰一代，它们并存于市场，均可供用户根据需要选择。

目前较有影响的单片机有：多个厂家生产的8051单片机（简称51单片机）；Atmel公司的AVR单片机；Motorola的68HCXX系列单片机；Microchip的16C5X/6X/7X/8X；TI的MSP430FXX；诸多公司的32位ARM系列，等等。以上各类单片机的指令系统各不相同，功能各有所长，虽然结构大同小异，但互不兼容。其中，市场占有率最高的是8051单片机。51单片机最早是由Intel公司推出的，称为MCS-51。后来Intel公司用出卖专利和技术转让方式给了世界很多知名的IC厂商，自己转而生产高档多核的微处理器。因此，目前世界上很多知名的IC厂家都生产51单片机，如：

Atmel：AT89LP213/216、ISP型AT89S51/53、USB型89C5130/5136、以51核心的MP3、ADC、DAC等其他芯片。

Cyress：51内核集中于USB控制器接口上，如CY7C64345XX、CY7C68XXX。

Maxim：采用加密技术、防篡改、增加网络功能的51单片机，如DS87XX、DS5250等。

NXP（前身为Philips公司）：P87LPC760/779、P89LPC9101/14、P87C51RX等。

Silicon：集成了ADC、DAC、USB、温度传感器的c8051系列。

ADI：以8051内核的符合工业标准的ADUc812/848系列。

TI：MSC1200/1214，USB的TUSB3XXX/B6XXX。

Winbond（中国台湾华邦）：W78XXX等宽电压（2.4～1.8V）51单片机。

南通国芯微电子公司：STC89CXX、STC15WXX系列。

上海普芯达电子公司：CW89F、CW89FE系列。

此外，还有日本的NEC、日立，韩国的LG公司等。我国大规模集成电路的设计生产起步较晚，而MCU是所有智能仪器设备的心脏，经过我国科技人员多年的不懈努力，我国已经有了自主设计生产大规模集成电路芯片的能力，生产了某些优于国外同类产品的单片机，且价格便宜。为尽快赶上世界水平，我们还要加倍努力。

目前51单片机已有数百个品种，并不断推出功能更全、更强的51产品，如能直接使用USB接口的51单片机，不少大规模集成芯片把51单片机作为核心集成于专用芯片内，还有指令与51单片机兼容的16位单片机……其他类型的单片机均未发展到如此规模，这些都保证了51单片机的先进性和广泛适用性。因此，51单片机成为教学的首选机型。

(3) 51单片机类型

51单片机品种很多，如果按照存储器配置状态，可划分为：片内ROM型，如80(C)5X；片内EPROM，如87(C)5X；片内Flash E^2PROM型，如89C5X；内部无EPROM型，如80(C)3X。如果按照其功能，则可划分为以下类型。

① 基本型：基本型为8XX51，如8051、8751、89C51等。其基本特性如下：具有适于控制的8位CPU和指令系统；128字节的片内RAM；21个特殊功能寄存器；32线并行I/O口；2个16位

定时/计数器;一个全双工串行口;5 个中断源;4KB 片内 ROM;一个片内时钟振荡器和时钟电路;片外可扩展 64KB ROM 和 64KB RAM。由此可见,它本身就是一个功能强的小型嵌入式系统。

② 增强型:增强型为 8XX52/54/58…,如 8032、8052、8752 等,此类型单片机的内部 ROM 和 RAM 容量比基本型的大 1 至数倍,同时把 16 位定时/计数器增为 3 个,8XX54 内部 ROM 增加到 16KB,8XX58 增加到 32KB;增加了看门狗抗干扰及电源监控器等。

③ 低功耗型:有 80C5X、87C5X、89C5X 等,这类型号带有"C"字的单片机采用 CHMOS 工艺,其特点是功耗低。另外,87C51 还有两级程序存储器保密系统,可防止非法复制程序。

④ 在系统可编程(ISP)型:Atmel 公司已经宣布停产 AT89C51、AT89C52 等 C 系列的 51 产品,转而全面生产 AT89S51、AT89S52 等 S 系列的产品。S 系列的产品最大的特点就是具有在系统可编程功能。用户只要连接好下载电路,就可以在不拔下 51 芯片的情况下,直接在系统进行编程。编程期间,系统是不能运行程序的。该系列产品还带有看门狗,除此以外,其他和 AT89C51、AT89C52 等 C 系列的 51 产品完全兼容。

⑤ 在应用可编程(IAP)型:在应用可编程 IAP 比在系统可编程 ISP 更进了一步。IAP 型的单片机允许应用程序在运行时可以通过自己的程序代码对自己进行编程,达到更新程序的目的。它通常在系统芯片中采用多个可编程的程序存储区来实现这一功能的。如 SST 公司的 ST89XXXX 系列产品等。

⑥ JTAG 调试型:JTAG 技术是先进的调试和编程技术。它支持在系统、全速、非嵌入式调试和编程,不占用任何片内资源。目前具有 JTAG 调试功能的 51 单片机的种类很少,美国 Cygnal 公司(目前已被美国 Silicon Lab 公司收购)的 C8051FXXX 系列高性能单片机便是典型的一款。

还有很多单片机加强了内部接口,有带可编程计数阵列(PCA)型、A/D 转换型、带 DMA 型、多并行口、多 UART(异步)串行口,增加了同步串行 SPI、I^2C、CAN、USB 总线等。

本书学习基本型单片机,对于增加了 I/O 功能的增强型,无非是多增加了控制寄存器,读者查看资料即可掌握。

51 系列单片机的品种繁多,下面仅介绍 3 种常用的单片机,其中 STCXX 为国产单片机。

型号	内部程序存储器	RAM	并口	串口	外部中断源	定时器	PMW,PCA,A/D,D/A	最大晶振频率	可编程
AT89S51/52/55	4K/8K/20KB	128/256/256B	32	1	2	2	无	33MHz	ISP
STC89C51～58	4K/8K/32KB	512/1280B	39	1	4	3	无	35MHz	ISP/IAP
SST89E54/58	20 /36KB	256B	32	1	2	3	无	35MHz	ISP

以下几款增强的单片机,除了具有上面的基本功能部件外,还有一些增强部分。

AT83C5134/36:除 P_0～P_3 的 32 个 I/O 口外,新增 P_4 口两个 I/O 口;具备 4 种串行通信接口(URAT、I^2C、SPI、USB);内部有 4 位 LED 驱动;P1 口的 8 位若接键盘,每个均可内部产生中断;具有 PMW、PCA、A/D、D/A。

STC15W4K32S4 系列:有 62～26 个通用 I/O 口(封装不同,I/O 口个数不同)、7 个定时器、8 通道 10 位高速 ADC、6 通道 15 位高精度 PMW 和 2 通道 CCP(可实现 8 位 D/A 转换)、可 ISP/IAP 下载、支持 RS-485 下载、不需外加晶振和外部复位,还可对外输出时钟和低电平复位信号;4 组 UART、1 组 SPI、速度比普通 8051 高 8～12 倍、具有很强的加密技术。

*第0章　计算机的基础知识

☞**教学要点**

本章对于没有先学"微机原理"课程的学生为必须教学部分，对于已先学了"微机原理"课程的为任选教学部分。

本章教学要点为：①计算机的系统结构，计算机的基本数制，几种进制之间的转换，补码、原码、真值之间的转换；②计算机中的计算一律为二进制数运算，符号位也参与运算，运算中会产生进位和溢出，应明确概念，掌握判断方法；③常用的编码，如BCD码(含压缩的BCD码和非压缩的BCD码)及ASCII码，应记住常用的字符编码。

0.1　微型计算机的基本结构和工作原理

0.1.1　微型计算机的系统结构

众所周知，一台微型计算机系统由硬件(元件、器件和电路)和软件(程序)构成，系统结构如图0-1所示。

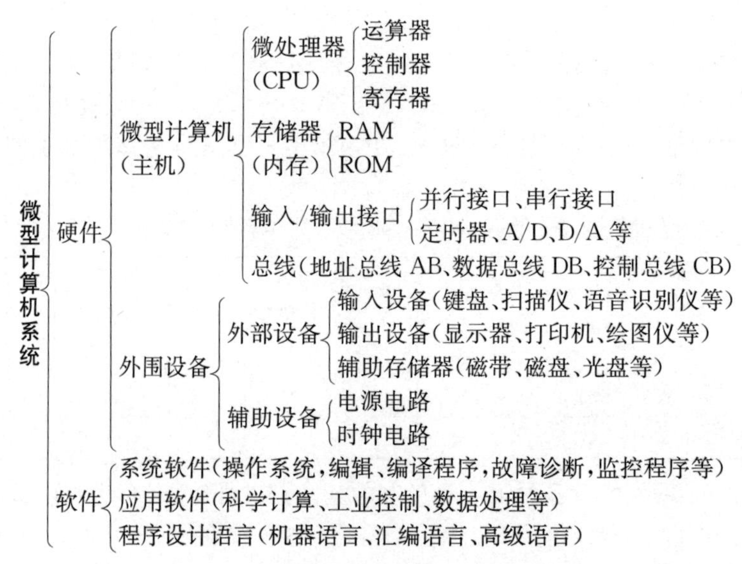

图0-1　微型计算机的系统结构图

其中，**CPU**是计算机的控制核心，其功能是执行指令，完成算术运算、逻辑运算，并对整机进行控制。**存储器**用于存储程序和数据，它由成千上万个存储单元组成，每个存储单元都有一个编号(称为地址)，每个存储单元存放一个8位二进制数，这个二进制数可以是程序的代码，也可以是数据。当一个数据大于8位二进制数时，它将存放于多个存储单元中，因此，计算机中的数都是8的整数倍。**外部设备**即输入/输出设备，简称**外设**，是人与计算机交互的设备，完成计算机能识别的二进制数和人能识别的字符、图形、图像、语音之间信息的转换。它通过一些中间电路与CPU相连，CPU和外设之间相连的逻辑电路称为**输入/输出接口**(又称**I/O接口**)。外设必须通过接口才能和CPU相连。根据不同的外设，所用的接口不同，有并行接口、串行接口、定时器、A/D、D/A等；每个I/O接口也有一个地址，CPU通过对不同地址的I/O接口操作，完成对外设的操作。存储器、I/O接口和CPU之间通过总线相连。图0-2为微型计算机的硬件结构图。

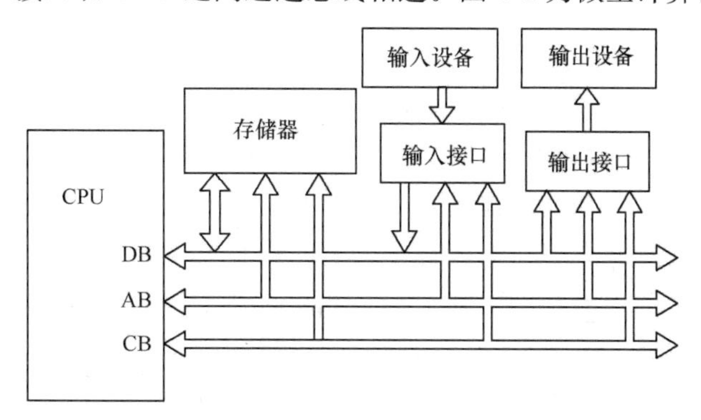

图0-2　微型计算机的硬件结构图

用于传送程序或数据的线称为**数据总线**(DB)；用于传送地址以识别不同的存储单元或I/O接口的线称为**地址总线**(AB)；用于控制数据总线上数据流传送的方向、对象等的线称为**控制总线**(CB)，以上俗称**三总线**。在程序指令的控制下，存储器或I/O接口通过控制总线和地址总线的联合作用，分时地占用数据总线，与CPU交流信息。

0.1.2　微型计算机的基本工作原理

程序存放在存储器中，CPU按照严格的时序关系不断地从存储器中取指令、译码、执行指令规定的操作，即按照指令的指示发出地址信号和控制信号，打开某些逻辑门或关闭某些逻辑门，使信号(数据或命令)通过数据总线在CPU和存储器及I/O口之间交流。这就是计算机的工作原理。简言之，存储程序、执行程序是微机的基本工作原理，取指、译码、执行是微机的基本工作过程。

单片机是微型计算机的一种，是将计算机主机(CPU、内存和I/O接口)集成在一小块硅片上的微机，又称**微控制器**(MCU)。它专为工业测量、控制而设计，具有三高优势(集成度高、可靠性高、性价比高)，其特点是小而全(体积小、功能全)，主要应用于工业检测与控制、计算机外设、智能仪器仪表、通信设备、家用电器等，特别适合于嵌入式微型计算机应用系统。

嵌入式工程师的任务就是根据应用对象的需求，完成硬件和软件的设计，即选择合适的单片机，进行接口、存储器等电路的系统设计，并设计程序，以控制应用系统按程序的指令完成规定的工作。

0.1.3　微型计算机的主要技术指标

(1) 字长

CPU并行处理数据的位数，由此定为8位机、16位机、32位机等。

(2) 存储容量

存储器存储二进制数的位数，例如，256×8位(也可称256B) RAM、8K×8位(8KB)ROM、1MB等。

(3) 运算速度

即CPU处理速度，它和内部的工艺结构及外接的时钟频率有关。

(4) 时钟频率

在CPU极限频率以下，时钟频率越高，执行指令速度越快，对单片机而言，有6MHz、12MHz、24MHz、40MHz等。

0.2 计算机中的数制与码制

0.2.1 计算机中的数

计算机内部由触发器、计数器、加法器、逻辑门等基本的数字电路构成。数字电路具有两种不同的稳定状态且能相互转换，用“0”和“1”表示最为方便。因此，计算机处理的一切信息包括数据、指令、字符、颜色、语音、图像等均用二进制数表示。但是二进制数书写起来太长，且不便于阅读和记忆，所以微型计算机中的二进制数都采用十六进制数来缩写。十六进制数用0～9、A～F等16个数码表示十进制数0～15。然而人们最熟悉、最常用的是十进制数。为此，要熟练掌握二进制数、十六进制数、十进制数的表示方法及它们相互之间的转换。它们之间的关系如表0-1所示。为了区别十进制数、二进制数及十六进制数，在数的后面加一字母，用B(Binary)表示二进制数；D(Decimal)或不带字母表示十进制数；H(Hexadecimal)表示十六进制数。

表0-1 不同进位记数制对照表

十进制数	二进制数(B)	十六进制数(H)	十进制数	二进制数(B)	十六进制数(H)
0	0000	0	8	1000	8
1	0001	1	9	1001	9
2	0010	2	10	1010	A
3	0011	3	11	1011	B
4	0100	4	12	1100	C
5	0101	5	13	1101	D
6	0110	6	14	1110	E
7	0111	7	15	1111	F

1. 二进制数和十六进制数间的相互转换

二进制整数转换为十六进制数，其方法是将二进制数从右(最低位)向左每4位为1组分组，最后一组若不足4位则在其左边添加0，以凑成4位，每组用1位十六进制数表示。如

1111111000111B→1 1111 1100 0111B→ 0001 1111 1100 0111B=1FC7H

十六进制数转换为二进制数，只需用4位二进制数代替1位十六进制数即可。如

3AB9H=0011 1010 1011 1001B

2. 十六进制数和十进制数间的相互转换

十六进制数转换为十进制数十分简单，只需将十六进制数按权展开相加即可。如

$$
\begin{aligned}
\text{1F3DH} &= 16^3\times1+16^2\times15+16^1\times3+16^0\times13\\
&=4096\times1+256\times15+16\times3+1\times13\\
&=4096+3840+48+13=7997
\end{aligned}
$$

十进制整数转换为十六进制数可用除16取余法，即用16不断地去除待转换的十进制数，直至商等于0为止。将所得的各次余数依倒序排列，即可得到所转换的十六进制数。如将38947转换为十六进制数，其方法及算式如下：

```
16|38947   3
  16|2434  2
    16|152 8
      16|9 9
         0
```

即38947=9823H。

3. 计算机中数的几个概念

(1) 机器数与真值

机器数：机器中数的表示形式。它将数的正、负符号和数值部分一起进行二进制编码，其位数通常为 8 的整数倍。

真值：机器数所代表的实际数值的正负和大小，是人们习惯表示的数。

有符号数：机器数最高位为符号位，“0”表示“＋”(正)，“1”表示“－”(负)的数。

无符号数：机器数最高位不作为符号位，而是当作数值的数。

(2) 数的单位

位(bit)：一个二进制数中的 1 位，其值不是 1，便是 0。

字节(Byte)：一个字节，就是一个 8 位的二进制数，是计算机数据的基本单位。

字(Word)：两个字节，就是一个 16 位的二进制数，它需要两个单元存放。

双字：两个字，即 4 字节，一个 32 位二进制数，它需要 4 个单元存放。

因此，只有 8 位、16 位或 32 位机器数的最高位才是符号位。

0.2.2 计算机中的有符号数的表示

符号数有原码、反码和补码 3 种表示法。

1. 原码

数值用其绝对值，正数的符号位用“0”表示，负数的符号位用“1”表示。如：

X1＝＋5＝＋00000101B　　　$[X1]_{原}$＝00000101B

X2＝－5＝－00000101B　　　$[X2]_{原}$＝10000101B

└ 符号位

8 位原码数的范围为 FFH～7FH(－127～127)。原码数 00H 和 80H 的数值部分相同、符号位相反，它们分别为＋0 和－0。16 位原码数的数值范围为 FFFFH～7FFFH(－32767～32767)。原码数 0000H 和 8000H 的数值部分相同、符号位相反，它们分别为＋0 和－0。

原码表示简单易懂，而且与真值的转换方便。但若是两个异号数相加，或两个同号数相减，就要做减法。为了把减运算转换为加运算，简化计算机的结构，就引进了反码和补码。

2. 反码

正数的反码与原码相同；**负数的反码**：符号位不变，数值部分按位取反。

例如，求 8 位反码机器数：

X1＝＋4　　　$[X1]_{原}$＝00000100B　　　$[X1]_{反}$＝00000100B＝04H

X2＝－4　　　$[X2]_{原}$＝**1** 0000100B　　　$[X2]_{反}$＝**1** 1111011B＝FBH

└──取反──↑

3. 补码

正数的补码与原码相同；**负数的补码**为其反码加 1。

例如，求 X1 和 X2 的 8 位补码：

X1＝＋4：$[X1]_{原}$＝$[X1]_{反}$＝$[X1]_{补}$＝00000100＝04H

X2＝－4：$[X2]_{原}$＝10000100，$[X2]_{反}$＝11111011，$[X2]_{补}$＝$[X2]_{反}$＋1＝11111100＝FCH

8 位补码数的数值范围为－128～127(80H～7FH)，16 位补码数的数值范围为 8000H～7FFFH(－32768～32767)。字节 80H 和字 8000H 的真值分别是－128(－80H)和－32768(－8000H)。补码数 80H 和 8000H 的最高位既代表了符号为负，又代表了数值为 1。

求补码除了上面的反码加 1 的方法外，还有以下方法。

① 快速求法：将负数原码的最前面的 1 和最后一个 1 之间的每一位取反。例如

$X=-4$：　　$[X]_{原}=1\ \underline{0000}100$　　$[X]_{补}=1\ \underline{1111}100=FCH$

└──取反──↑

② 两数互补是针对一定的"模"而言的，"模"即计数系统的过量程回零值，如时钟以 12 为模（12 点也称 0 点），4 和 8 互补；一位十进制数 3 和 7 互补（因为 3＋7＝10，个位回零，模为 $10^1=10$）；两位十进制数 35 和 65 互补（因为 35＋65＝100，十进制数两位回零，模为 $10^2=100$）；而对于 8 位二进制数，模为 $2^8=100000000B=100H$；同理 16 位二进制数，模为 $2^{16}=10000H$。由此得出求补的通用方法：一个数的**补数**＝模－该数。这里补数是对任意数而言的，包括正、负数；而**补码**是针对符号机器数而言的，因此，求补和求补码是有区别的。下面用 $[X]_{补}$ 表示 X 的补码。

设有原码机器数 X，则：

$$\begin{cases} X>0, & [X]_{补}=[X]_{原} \\ X<0, & [X]_{补}=模-|X| \end{cases}$$

例如，对于 8 位二进制数：

$$\begin{cases} X1=+4: & [X1]_{补}=00000100=04H \\ X2=-4: & [X2]_{补}=100H-4=FCH \end{cases}$$

对于 16 位二进制数：

$$\begin{cases} X1=+4: & [X1]_{补}=0004H \\ X2=-4: & [X2]_{补}=10000H-4=FFFCH \end{cases}$$

4. 几点说明

① 根据两数互为补的原理，对一个补码机器数求补码就可以得到其原码；将原码的符号位变为正、负号，即是它的真值。

例如，求补码数 FAH 的真值。因为 FAH 为负数，求补码 $[FAH]_{补}=86H=-6$。又如，求补码数 78H 的真值。因为 78H 为正数，求补码 $[78H]_{补}=78H=+120$。

② 一个用补码表示的机器数，若最高位为 0，则其余几位即为此数的绝对值；若最高位为 1，其余几位不是此数的绝对值，必须把该数求补（按位取反（包括符号位）加 1），才得到它的绝对值。如 $X=-15$，$[-15]_{补}=F1H=11110001B$，求补得 00001110＋1＝00001111B＝15。

③ 当数采用补码表示时，就可以把减法转换为加法。

【例 0-1】 64－10＝64＋(－10)＝54

$[64]_{补}=40H=0100\ 0000B$　$[10]_{补}=0AH=0000\ 1010B$　$[-10]_{补}=1111\ 0110B$

做减法运算过程：
```
  0100 0000
－0000 1010
───────────
  0011 0110
```

用补码相加过程：
```
  0100 0000
＋1111 0110
───────────
 1 0011 0110
 ↑
 └进位自然丢失
```

结果相同，其真值为 36H(＝54)。由于数的 8 位限制，最高位的进位自然丢失，在计算机中，进位被存放在进位标志 CY 中。用补码表示后，减法均可以用补码相加完成。因此，**在计算机中，凡是符号数一律用补码表示**，用加法器完成加、减运算，用加法器和移位寄存器完成乘、除运算，以简化计算机结构。

【例 0-2】 34－68＝34＋(－68)＝－34

34＝22H＝0010 0010B　68＝44H＝0100 0100B　$[-68]_{补}=1011\ 1100B$

做减法运算过程：

```
  0010 0010
- 0100 0100
-----------
1 1101 1110
↑
└借位自然丢失
```

用补码相加过程：

```
  0010 0010
+ 1011 1100
-----------
  1101 1110
```

结果相同。因为符号位为 1，对其求补，得其真值：-00100010B，即为-34(-22H)。

由上面两个例子还可以看出：

① 补码运算后的结果为补码，需再次求补才能得到运算结果的真值；

② 用补码相加完成两数相减，相减若无借位，化为补码相加就会有进位；相减若有借位，化为补码相加就不会有进位。

0.2.3 进位和溢出

【例 0-3】 105+50=155

105=69H

50=32H

```
  0110 1001
+ 0011 0010
-----------
  1001 1011=9BH
```

若把结果 9BH 视为无符号数，为 155，结果是正确的。若将此结果视为符号数，其符号位为 1，应求其补码得-65H，即-101。两正数相加结果为负，这显然是错误的。其原因是和数 155 大于 8 位符号数所能表示的补码数的最大值 127，使数值部分占据了符号位的位置，产生了溢出，从而导致结果错误。又如：-105-50=-155

```
  1001 0111
+ 1100 1110
-----------
1 0110 0101
↑
└进位 CY = 1
```

两个负数相加，和应为负数，而结果 01100101B 却为正数，这显然是错误的。其原因是和数-155 小于 8 位符号数所能表示的补码数的最小值-128，也产生了溢出。

结论：当两个补码数相加结果超出补码的表示范围时，就会产生溢出，导致结果错误。

计算机中设立了溢出标志位 OV，通过最高位的进位（符号位的进位）CY 和次高位进位（低位向符号位的进位）CY_{-1}异或产生。

【例 0-4】 74+74=4AH+4AH

```
   01001010
 0 01001010
-----------
   10010100
CY  CY-1
```

$CY \oplus CY_{-1} = 0 \oplus 1 = 1$……有溢出 OV=1

无进位 CY=0

例 0-3 中 OV=1，CY=1，例 0-4 中 OV=1，CY=0，由此可见，溢出和进位并非有必然的联系，这是由于两者产生的原因不同，两者判断的方法也不同，重述如下。

溢出 OV：当两个补码数相加结果超出补码表示范围就会产生溢出，$OV = CY \oplus CY_{-1}$；

进位 CY：当运算结果超出计算机位数的限制（8 位、16 位），会产生进位，它是由最高位运算产生的，在加法中表现为进位，在减法中表现为借位。

0.2.4 BCD 码

生活中人们习惯使用十进制数，计算机只能识别二进制数，为了将十进制数变为二进制数表示，出现了 **BCD 码**（Binary Coded Decimal），即**二进制代码表示的十进制数**。顾名思义，它既是逢十进一，又是一组二进制代码。用 4 位二进制数编码表示 1 位十进制数称为压缩的 BCD 码，8

位二进制数可以表示 2 个十进制数位。也可以用 8 位二进制数表示 1 个十进制数位，这种 BCD 码称为非压缩的 BCD 码。十进制数和 BCD 码的对应关系见表 0-2。

表 0-2　BCD 编码表

十进制数	压缩 BCD 码	非压缩 BCD 码
0	0000B(0H)	0000 0000B(00H)
1	0001B(1H)	0000 0001B(01H)
2	0010B(2H)	0000 0010B(02H)
3	0011B(3H)	0000 0011B(03H)
4	0100B(4H)	0000 0100B(04H)
5	0101B(5H)	0000 0101B(05H)
6	0110B(6H)	0000 0110B(06H)
7	0111B(7H)	0000 0111B(07H)
8	1000B(8H)	0000 1000B(08H)
9	1001B(9H)	0000 1001B(09H)
10	0001 0000B(10H)	0000 0001 0000 0000(0100H)
11	0001 0001B(11H)	0000 0001 0000 0001(0101H)
28	0010 1000B(28H)	0000 0010 0000 1000(0208H)

【例 0-5】 求十进制数 876 的 BCD 码。

压缩的 BCD 码：$[876]_{BCD}$＝1000 0111 0110B＝876H

非压缩的 BCD 码：$[876]_{BCD}$＝00001000 00000111 00000110B＝080706H

例如，十进制数 1994 的压缩的 BCD 码为 1994H，1994 的非压缩的 BCD 码为 01090904H。

由上例可见，求十进制数的 BCD 码无须经历每位数先变为二进制数，再变为十六进制数的过程，直接在十进制数后加 H 即可。这里要注意，BCD 码是编码，它和真值是有差别的。

0.2.5　BCD 码的运算

BCD 码运算应该得到 BCD 码结果。由于计算机是按二进制数运算的，结果不为 BCD 码，因此要进行十进制调整。调整方法为：当计算结果有非 BCD 码或产生进、借位时，加法进行＋6、减法进行－6 调整运算。

【例 0-6】 计算 BCD 码 78＋69＝?

```
  0111 1000       78H
＋ 0110 1001    ＋ 69H
  1110 0001       E1H……不调整，结果为二进制数。
＋ 0110 0110    ＋ 66H ……调整，高 4 位产生非 BCD 码＋6，和低 4 位有半进位＋6。
1 0100 0111       147       调整结果：147(带进位一起)为十进制数结果。
```

【例 0-7】 计算 BCD 码 38－29＝?

```
  0011 1000       38H
－ 0010 1001    － 29H
  0000 1111       0FH……不调整，结果为二进制数。
－ 0000 0110    － 06  ……低 4 位有半借位－6 调整，高 4 位未产生非 BCD 且
  0000 1001        9        无借位不调整。结果：9。
```

在计算机中，有专门的调整指令完成调整操作。

0.2.6 ASCII码

美国标准信息交换码ASCII码(American Standard Code for Information Interchange),用8位二进制编码表示字符,用于计算机与计算机、计算机与外设之间传递信息。每一个符号都有对应的ASCII码,常用数字和字母的ASCII码如表0-3所列。在程序中,字符可用ASCII码表示,也可以用加引号的字符表示,例如字符4,可以用34H表示,也可以用"4"表示,此时,它只有符号的意义,而无数量的概念。

表0-3 常用字符的ASCII码

字　符	ASCII码(H)
0～9	30～39
A～Z	41～5A
a～z	61～7A
Blank (Space)	20
$	24

0.3 小　结

① 了解计算机的系统结构,明确单片机是微型计算机的一种。

② 计算机的基本数制是二进制,所有的信息都以二进制数的形式存放。为方便阅读,以十六进制数表示。对于二进制数、十进制数、十六进制数之间的转换要求十分熟练。

③ 计算机中的有符号数一律以补码表示,补码、原码、真值之间的转换要求十分熟练。

④ 计算机中的计算一律为二进制数运算,符号位也参与运算,运算中会产生进位(CY)和溢出(OV)。进位是由于运算结果超出计算机位数的限制(8位、16位)而产生的,它由最高位运算而产生,在加法中表现为进位,在减法中表现为借位。而溢出是由于两个补码数运算结果超出补码表示范围而产生的。读者应明确概念,掌握判断方法。

⑤ 编码是用一组特定的数码表示一定的字符。计算机常用的编码有BCD码和ASCII码,应记住常用的字符编码。

特别提出的是,计算机只识别0和1,是有符号数还是无符号数、是补码还是原码、是BCD码、ASCII码还是一般的二进制数,计算机是不能识别的,完全是人们的认定,人根据不同的认定进行不同的分析和处理。例如,FFH作为无符号数,它代表255;作为有符号原码,它代表－127;作为有符号补码,它代表－1。又如32H,视为ASCII码,它是字符"2";视为BCD码,它是十进制数32;视为二进制数,它是50……。这就是说,要根据不同的认定进行不同的分析,编程进行不同的处理,如果32H认定是BCD码,运算后加调整指令,如果认定不是BCD码,而是一般的二进制数,运算后不加调整指令。

思考题与习题0

0.1　将下列十进制数转换为十六进制数:64,98,80,100,125,255。

0.2　将下列十六进制无符号数转换为十进制数:32CH,68H,D5H,100H,B78H,3ADH。

0.3　求十进制数28、－28、100、－130、250、－347、928、－928的原码和补码(要求用十六进制数表示)。

0.4　用十进制数写出下列补码表示的机器数的真值:1BH,97H,80H,F8H,397DH,7AEBH,9350H。

0.5　用补码运算完成下列算式,并指出溢出OV和进位CY。

(1) 33H＋5AH　　(2) －29H－5DH　　(3) 65H－3EH　　(4) 4CH－68H

0.6　写出十进制数38、255、483、764、1000、1025的压缩BCD数、非压缩BCD数和ASCII码(用十六进制数表示)。

0.7　写出下列ASCII码表示的十六进制数(如313035H为105H):374341H,32303045H,38413530H。

第1章　51单片机结构

☞教学要点

本章主要讲述51单片机的内部结构，特殊功能寄存器功能，存储器结构，各存储空间的地址分配、使用特点及数据操作方法，以及时钟电路、复位电路的设计。

51单片机有多种型号的产品，如普通型(51子系列)8051，89C51，89S51等，增强型(52子系列)8052，89C52，89S52等。它们的结构、引脚和封装基本相同，其主要差别反映在存储器的配置上。8051内部设有4KB的掩模ROM程序存储器，89C51则换成4KB的闪速E^2PROM，89S51是4KB ISP型闪速E^2PROM，ST89C54是16KB IAP型闪速E^2PROM，增强型的存储容量为普通型的1至数倍。本书以8XX51代表这一系列的单片机(或简称51单片机)。

1.1　51单片机内部结构

1.1.1　概述

单片机是在一块芯片中集成了CPU、RAM、ROM、定时/计数器和多功能I/O口等计算机所需要的基本功能部件的大规模集成电路，又称MCU。51单片机内包含下列几个部件：

- 一个8位CPU；
- 一个片内振荡器及时钟电路；
- 4KB ROM程序存储器；
- 128字节RAM数据存储器；
- 可寻址64KB外部数据存储器和64KB外部程序存储空间的控制电路；
- 32条可编程的I/O线(4个8位并行I/O端口)；
- 两个16位的定时/计数器；
- 一个可编程全双工串行口；
- 5个中断源、两个优先级嵌套中断结构。

51单片机内部结构如图1-1所示。各个功能部件由内部总线连接在一起。其“/”前面为普通型，“/”后面为增强型。程序存储器部分用ROM代替即为8051/8052；用EPROM代替即为8751/8752；若去掉ROM即为8031/8032；用Flash E^2PROM代替即为89C51/89S51。

1.1.2　CPU

CPU是单片机的核心部件。它由运算器和控制器等部件组成。

1. 运算器

运算器的功能是进行算术、逻辑运算。它可以对半字节(4位)、单字节等数据进行操作。例如，能完成加、减、乘、除、加1、减1、BCD码十进制调整、比较等算术运算，完成与、或、异或、求反、循环等逻辑操作，操作结果的状态信息送至状态寄存器。

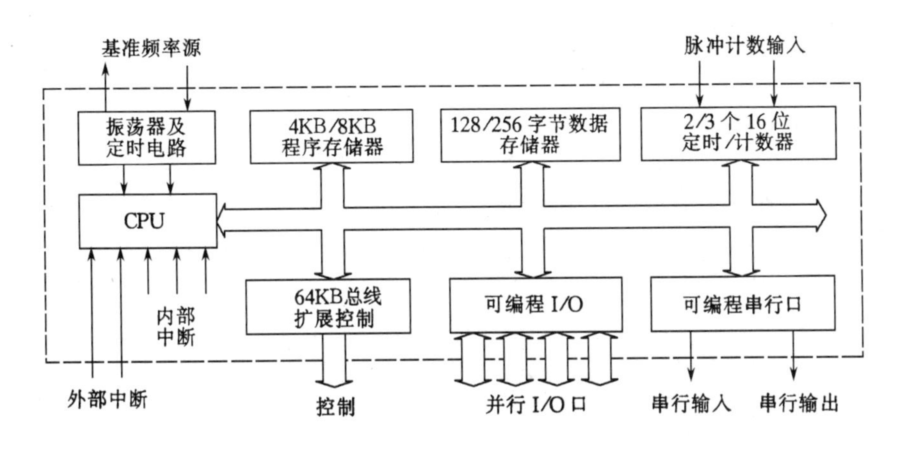

图 1-1　51 单片机内部结构框图

运算器还包含有一个布尔处理器，用来处理位操作。它以进位标志位 C 为累加器，可执行置位、复位、取反、位判断转移，可在进位标志位与其他可位寻址的位之间进行位数据传送等操作，还可以完成进位标志与其他可寻址的位之间进行逻辑与或操作。

2. 程序计数器 PC

程序计数器 PC 是一个自动加 1 的 16 位寄存器，用来存放即将要取出的指令码的地址，可对 64KB 程序存储器直接寻址。取指令码时，PC 内容的低 8 位经 P_0 口输出，高 8 位经 P_2 口输出。取出指令码后，PC 寄存器的内容自动加 1，指向下一指令码地址。

3. 指令寄存器

指令寄存器用于存放指令代码。CPU 执行指令时，由程序存储器中读取的指令代码送入指令寄存器，经指令译码器译码后由定时与控制电路发出相应的控制信号，完成指令功能。

1.2 存　储　器

存储器用于存放程序和数据，半导体存储器由一个个存储单元组成，每个单元有个编号(称为地址)，一个单元存放一个 8 位的二进制数(即一个字节)；当一个数据多于 8 位时，就需要多个单元存放。微型计算机的存储器地址空间有两种结构形式：普林斯顿结构和哈佛结构，如图 1-2 所示。

普林斯顿结构特点是，微型计算机只有一个地址空间，ROM 和 RAM 安排在这一地址空间的不同区域，一个地址对应唯一的一个存储器单元，CPU 访问 ROM 和访问 RAM 用相同的访问指令。如 8086、奔腾等微型计算机采用这种结构。

哈佛结构特点是，微型计算机的 ROM 和 RAM 分别安排在两个不同的地址空间，ROM 和 RAM 可以有相同的地址，CPU 访问 ROM 和访问 RAM 存储器用不同的指令访问。

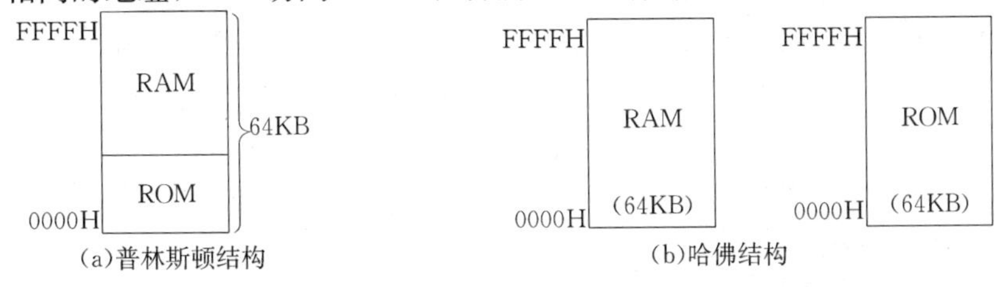

图 1-2　微型计算机的存储器的两种结构形式

ROM 用来存放程序、表格和始终要保留的常数，单片机中称其为**程序存储器**；RAM 通常用来存放程序运行中所需要的数据(常数或变量)或运算的结果,单片机中称其为**数据存储器**。8XX51单片机的存储器采用哈佛结构。它将程序存储器和数据存储器分开,各有自己的寻址方式、控制信号、访问指令。

从物理地址空间看,8XX51有4个存储器地址空间,即片内程序存储器(简称片内ROM)、片外程序存储器(片外ROM)、片内数据存储器(片内RAM)、片外数据存储器(片外RAM)。

8XX51的存储器结构如图1-3所示。其中,引脚$\overline{EA}$的接法决定了程序存储器的0000～0FFFH 4KB地址范围在单片机片内还是片外。当引脚$\overline{EA}$接+5V(即图1-3(a)中$\overline{EA}$=1)时,程序存储器的地址分为两部分,片内4KB的程序存储器占0000～0FFFH的地址范围,片外程序存储器占1000H～FFFFH的地址范围;当引脚$\overline{EA}$接地(即图1-3(b)中$\overline{EA}$=0)时,片外程序存储器占0000～FFFFH全部的64KB地址空间,而不管片内是否实际存在着程序存储器。

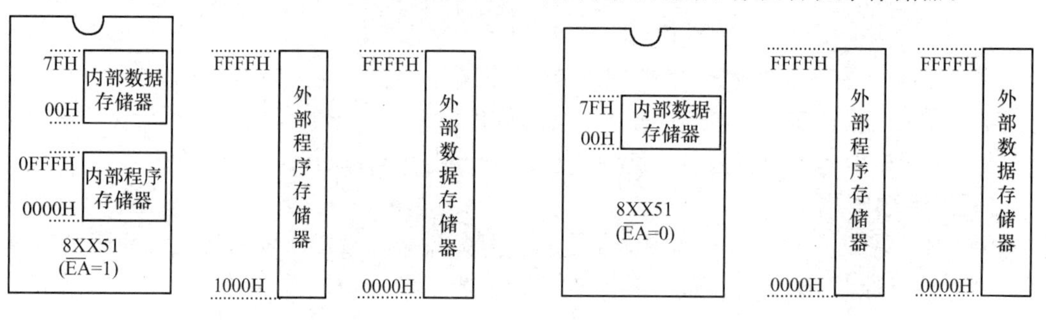

(a) $\overline{EA}$=1的存储器物理地址　　(b) $\overline{EA}$=0的存储器物理地址

图1-3　8XX51单片机存储器的物理地址空间

由于片内、片外程序存储器统一编址,因此从逻辑地址空间看,8XX51有3个存储器地址空间,即片内数据存储器,片外数据存储器及片内、片外统一编址的程序存储器。

1.2.1　程序存储器

程序存储器用来存放编制好的始终保留的固定程序和表格、常数。程序存储器以程序计数器PC作为地址指针,通过16位地址总线,可寻址64KB的地址空间。

在8051/8751/89C51/89S51片内,分别有置最低地址空间的4KB ROM/EPROM/E^2PROM程序存储器,而在8031/8032片内,无内部ROM,必须外部扩展程序存储器EPROM。

8XX51单片机中,64KB程序存储器的地址空间是统一编排的。对于有内部ROM的单片机,在正常运行时,应把引脚$\overline{EA}$接高电平,使程序从内部ROM开始执行。当PC值超出内部ROM的容量时,自动转向外部程序存储器1000H后的地址空间执行。对这类单片机,若把$\overline{EA}$接地,可用于调试程序,即把要调试的程序放在与内部ROM空间重叠的外部程序存储器内,以便进行调试和修改。8031无内部程序存储器,地址0000H～FFFFH都是外部程序存储器空间,因此,$\overline{EA}$应始终接地,使系统只从外部程序存储器中取指令。访问程序存储器使用MOVC指令。

51单片机执行程序时,由程序计数器PC指示指令地址,复位后的PC内容为0000H。因此,系统从0000H单元开始取指令码,并执行程序。程序存储器的0000H单元是系统执行程序的起始地址。程序存储器中的某些地址被用于中断程序的入口地址,安排如下:

地址	用途
0000H	复位操作后的程序入口
0003H	外部中断0服务程序入口
000BH	定时/计数器0中断服务程序入口

0013H	外部中断 1 服务程序入口
001BH	定时/计数器 1 中断服务程序入口
0023H	串行 I/O 中断服务程序入口
002BH	定时/计数器 2 中断服务程序入口

由于两入口地址之间的存储空间有限，当系统中有中断程序时，通常在这些入口地址开始的两三个单元中，放一条转移类指令，使相应的程序绕过中断服务程序入口地址，转到指定的程序存储器区域中执行。

1.2.2 外部数据存储器

8XX51 单片机具有扩展 64KB 外部数据存储器 RAM 和 I/O 端口的能力，外部数据存储器和外部 I/O 口实行统一编址，并使用相同的选通控制信号，使用相同的指令 MOVX 访问，使用相同的寄存器间接寻址方式。

1.2.3 内部数据存储器

内部数据存储器是使用最多的地址空间，所有的操作指令(算术运算、逻辑运算、位操作运算等)的操作数只能在此地址空间或特殊功能寄存器(缩写为 SFR，后面介绍)中。

在普通型 51 子系列单片机中，只有低 128 字节 RAM，地址为 00～7FH，它和 SFR 的地址空间是连续的(SFR 占地址 80H～FFH)，而在增强型 52 子系列单片机中，共有 256 字节内部 RAM，地址为 00～FFH，高 128 字节 RAM 和 SFR 的地址是重合的(见图 1-4(b))，究竟访问哪一块是通过不同的寻址方式加以区分的，访问高 128 字节 RAM 采用寄存器间接寻址，访问 SFR 则只能采用直接寻址，访问低 128 字节 RAM 时，两种寻址均可采用。

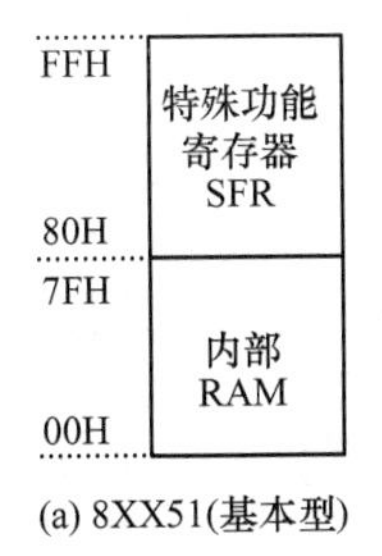

(a) 8XX51(基本型)

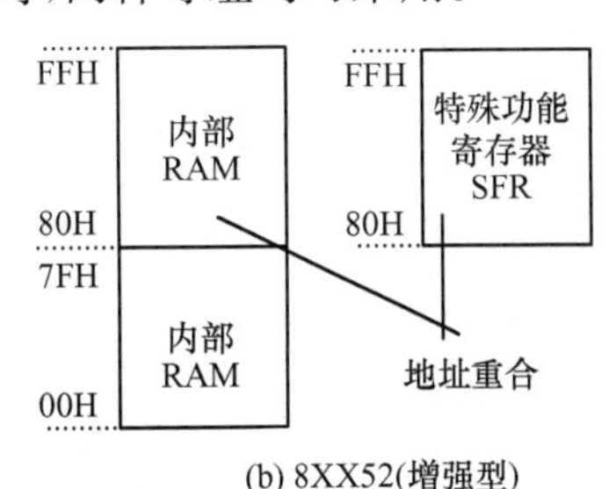

(b) 8XX52(增强型)

图 1-4 内部 RAM 和 SFR 地址

地址为 00～7FH 内部数据存储器使用分配见表 1-1。

① 前 32 个单元(0～1FH)为寄存器区，共分 4 组(0～3 组)，每组有 8 个 8 位寄存器 R0～R7。程序中 R0～R7 均作为通用寄存器使用，其中 R0 和 R1 可作为间址寄存器使用。

● 寄存器的选组由程序状态字 PSW 的 RS_1 和 RS_0 位决定：

RS_1	RS_0	选寄存器组
0	0	0 组
0	1	1 组
1	0	2 组
1	1	3 组

● 一旦选中了一组寄存器，其他 3 组只能作为数据存储器使用，而不能作为寄存器使用。

● 初始化时或复位时，自动选中 0 组。

② 20H～2FH 为位地址区，共 16 字节；每个字节有 8 位，共 128 位；每位有一个编号(称为位地址)，位地址范围为 00H～7FH，该区既可位寻址，又可字节寻址，如 MOV C,20H，这里 C 是进位标志位 CY，该指令将 20H 位地址内容送 CY；而 MOV A,20H，即将字节地址为 20H 单元的内容送 A 累加器。可见，20H 是位地址还是字节地址要看另一个操作数的类型。

③ 除选中的寄存组以外的存储器可以作为通用 RAM 区。

④ 除选中的寄存组以外的存储器可作为堆栈区，当初始化时，堆栈指针 SP 指向 07H。

表 1-1　内部数据存储器(内部 RAM)使用分配

BYTE	(MSB)							(LSB)		
7FH ⋮										通用存储区
2FH	7F	7E	7D	7C	7B	7A	79	78	可位寻址区	
2EH	77	76	75	74	73	72	71	70		
2DH	6F	6E	6D	6C	6B	6A	69	68		
2CH	67	66	65	64	63	62	61	60		
2BH	5F	5E	5D	5C	5B	5A	59	58		
2AH	57	56	55	54	53	52	51	50		
29H	4F	4E	4D	4C	4B	4A	49	48		
28H	47	46	45	44	43	42	41	40		
27H	3F	3E	3D	3C	3B	3A	39	38		
26H	37	36	35	34	33	32	31	30		
25H	2F	2E	2D	2C	2B	2A	29	28		
24H	27	26	25	24	23	22	21	20		
23H	1F	1E	1D	1C	1B	1A	19	18		
22H	17	16	15	14	13	12	11	10		
21H	0F	0E	0D	0C	0B	0A	09	08		
20H	07	06	05	04	03	02	01	00		
1FH ⋮ 18H	R7 ⋮ R0	寄存器 3 组							通用寄存器区	
17H ⋮ 10H	R7 ⋮ R0	寄存器 2 组								
0FH ⋮ 08H	R7 ⋮ R0	寄存器 1 组								
07H ⋮ 00H	R7 ⋮ R0	寄存器 0 组								

1.3　特殊功能寄存器

8XX51 单片机共有 21 字节的特殊功能寄存器 SFR(Special Fuction Regiters)，起着专用寄存器的作用，用来设置片内电路的运行方式，记录电路的运行状态，并表明有关标志等。此外，并行和串行 I/O 端口也映射到特殊功能寄存器，对这些寄存器的读/写，可实现从相应 I/O 端口的输入和输出操作。

21 个特殊功能器不连续地分布在 80H～FFH 的 128 字节地址空间中，地址为 X0H 和 X8H，是可位寻址的寄存器，见表 1-2。表中用“*”表示可位寻址的寄存器。在这片 SFR 空间中，包含共 128 个位地址空间，位地址也是 80H～FFH，但只有 83 个有效位地址，可对 11 个特殊功能寄存器的某些位进行位寻址操作。表 1-2 中标注了可位寻址的位名称和位地址，它们在位操作指令中同样有效。

21 个特殊功能寄存器的名称及主要功能介绍如下，详细的用法见后面各章节的内容。

A——累加器，自身带有全零标志 Z，A=0 则 Z=1；A≠0 则 Z=0。该标志常用于程序分支转移的判断条件。

B——寄存器，常用于乘除法运算(见第 2 章)。

表 1-2　特殊功能寄存器的名称及主要功能（* 为可位寻址的 SFR）

D_7	位地址						D_0	字节地址	SFR	寄存器名
$P_{0.7}$	$P_{0.6}$	$P_{0.5}$	$P_{0.4}$	$P_{0.3}$	$P_{0.2}$	$P_{0.1}$	$P_{0.0}$	80	P_0	* P_0 端口
87	86	85	84	83	82	81	80			
								81	SP	堆栈指针
								82	DPL	数据指针
								83	DPH	
SMOD								87	PCON	电源控制
TF_1	TR_1	TF_0	TR_0	IE_1	IT_1	IE_0	IT_0	88	TCON	* 定时器控制
8F	8E	8D	8C	8B	8A	89	88			
GATE	$C/\overline{T}$	M_1	M_0	GATE	$C/\overline{T}$	M_1	M_0	89	TMOD	定时器模式
								8A	TL_0	T_0 低字节
								8B	TL_1	T_1 低字节
								8C	TH_0	T_0 高字节
								8D	TH_1	T_1 高字节
$P_{1.7}$	$P_{1.6}$	$P_{1.5}$	$P_{1.4}$	$P_{1.3}$	$P_{1.2}$	$P_{1.1}$	$P_{1.0}$	90	P_1	* P_1 端口
97	96	95	94	93	92	91	90			
SM_0	SM_1	SM_2	REN	TB_8	RB_8	TI	RI	98	SCON	* 串行口控制
9F	9E	9D	9C	9B	9A	99	98			
								99	SBUF	串行口数据
$P_{2.7}$	$P_{2.6}$	$P_{2.5}$	$P_{2.4}$	$P_{2.3}$	$P_{2.2}$	$P_{2.1}$	$P_{2.0}$	A0	P_2	* P_2 端口
A7	A6	A5	A4	A3	A2	A1	A0			
EA	—	ET_2	ES	ET_1	EX_1	ET_0	EX_0	A8	IE	* 中断允许
AF	—	AD	AC	AB	AA	A9	A8			
$P_{3.7}$	$P_{3.6}$	$P_{3.5}$	$P_{3.4}$	$P_{3.3}$	$P_{3.2}$	$P_{3.1}$	$P_{3.0}$	B0	P_3	* P_3 端口
B7	B6	B5	B4	B3	B2	B1	B0			
		PT_2	PS	PT_1	PX_1	PT_0	PX_0	B8	IP	* 中断优先权
—	—	BD	BC	BB	BA	B9	B8			
CY	AC	F_0	RS_1	RS_0	OV	—	P	D0	PSW	* 程序状态字
D7	D6	D5	D4	D3	D2	D1	D0			
								E0	A	* A 累加器
E7	E6	E5	E4	E3	E2	E1	E0			
								F0	B	* B 寄存器
F7	F6	F5	F4	F3	F2	F1	F0			

PSW——程序状态字。主要起着标志寄存器的作用，其 8 位定义见表 1-3。

表 1-3　PSW 程序状态字

D7	D6	D5	D4	D3	D2	D1	D0	位地址
CY	AC	F0	RS_1	RS_0	OV	—	P	位名称
进、借	辅进、借位	用户标志	寄存器组选择		溢出	保留	奇/偶	位意义

- CY：进、借位标志。反映运算中最高位有无进、借位情况。加法为进位，减法为借位。有进、借位时，CY=1；无进、借位时，CY=0。
- AC：辅助进、借位标志。反映加减运算中高半字节与低半字节间的进、借位情况。D3 位和 D4 位之间有进、借位时，AC=1；无进、借位时，AC=0。
- F0：用户标志位。可由用户设定其含义。
- RS_1，RS_0：工作寄存器组选择位。RS_1RS_0 取值为 00～11，分别选工作寄存器组 0～3 组。
- OV：溢出标志位。补码运算的运算结果有溢出，OV=1，无溢出，OV=0。OV 的状态由补码运算中的最高位进位(D7 位的进位 CY)和次高位进(D6 位的进位 CY_{-1})的异或结果决定,即 $OV=CY\oplus CY_{-1}$。

- —:无效位。
- P:奇/偶标志位。反映对累加器 A 操作后,A 中"1"个数的奇偶。A 中奇数个"1",P=1;A 中偶数个"1",P=0。

各指令对标志的影响见第 2 章。

SP——堆栈指针。8XX51 单片机的堆栈设在片内 RAM 中,对堆栈的操作包括压入(PUSH)和弹出(POP)两种方式,并且遵循后进先出的原则;但在堆栈生成的方向上,与 8086 正好相反,8XX51 单片机的堆栈操作遵循先加后压、先弹后减的顺序,按字节进行操作。

DPTR——16 位寄存器,可分成 DPL(低 8 位)和 DPH(高 8 位)两个 8 位寄存器。DPTR 用来存放 16 位地址值,以便用间接寻址或变址寻址的方式对片外数据 RAM 或程序存储器进行 64KB 范围内的数据操作。

P_0~P_3——I/O 端口寄存器,是 4 个并行 I/O 端口映射入 SFR 中的寄存器。通过对该寄存器的读/写,可实现从相应 I/O 端口的输入/输出。例如,指令 MOV　P1,A,实现了把 A 累加器中的内容从 P_1 端口输出的操作。指令 MOV　A,P3,实现了把 P_3 端口线上的信息输入到 A 中的操作。

下面的寄存器在后面的相关章节做详细介绍,这里仅给出寄存器的名称:

IP——中断优先级控制寄存器;

IE——中断允许控制寄存器;

TMOD——定时/计数器方式控制寄存器;

TCON——定时/计数器控制寄存器;

TH_0,TL_0——定时/计数器 0;

TH_1,TL_1——定时/计数器 1;

SCON——串行端口控制寄存器;

SBUF——串行数据缓冲器;

PCON——电源控制寄存器。

增强型单片机和 ISP 型的单片机的 SFR 增加到 26~31 个以上,详情请查阅有关资料。

1.4　时钟电路与复位电路

单片机的时钟信号用来提供单片机内各种微操作的时间基准;复位操作则使单片机的片内电路初始化,使单片机从一种确定的状态开始运行。

1.4.1　时钟电路

8XX51 单片机的时钟信号通常用两种电路形式得到:内部振荡方式和外部振荡方式。

在引脚 $XTAL_1$ 和 $XTAL_2$ 外接晶体振荡器(简称晶振)或陶瓷谐振器,就构成了内部振荡方式。由于单片机内部有一个高增益反相放大器,当外接晶振后,就构成了自激振荡器,产生时钟脉冲。晶振通常选用 6MHz、12MHz 或 24MHz。内部振荡方式如图 1-5 所示。图中,电容器 C_1、C_2 起稳定振荡频率、快速起振的作用。电容值一般为 5~30pF。内部振荡方式所得的时钟信号比较稳定,实用电路中使用较多。

外部振荡方式是把已有的时钟信号引入单片机内。这种方式适宜用来使单片机的时钟与外部信号保持一致。外部振荡方式如图 1-6 所示。

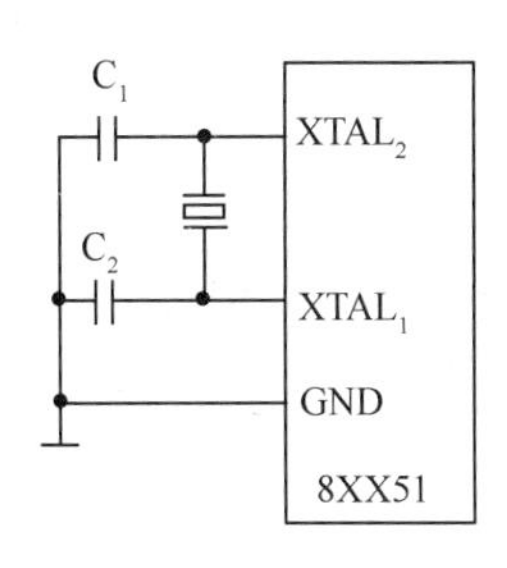

图 1-5　内部振荡方式

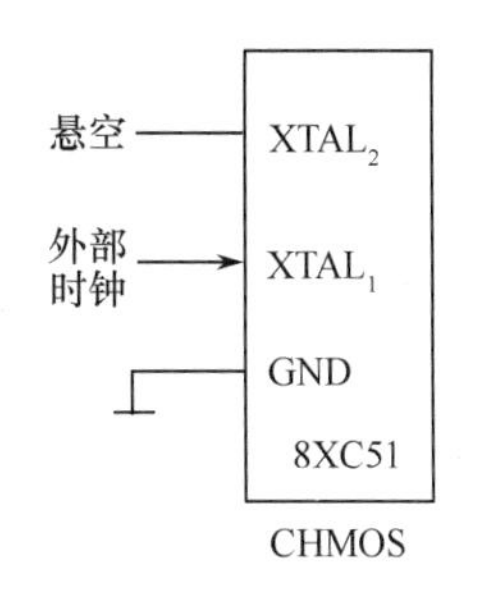

图 1-6　外部振荡方式

1.4.2　单片机的时序单位

振荡周期：晶振的振荡周期，又称时钟周期，为最小的时序单位。

机器周期(MC)：1 个机器周期由 12 个振荡周期组成，是计算机执行一种基本操作的时间单位。

指令周期：执行一条指令所需的时间。一个指令周期由 1～4 个机器周期组成，依据指令不同而不同，见本书附录 A。

在以上 3 种时序单位中，振荡周期和机器周期是单片机内计算其他时间值(例如，波特率、定时器的定时时间等)的基本时序单位。下面是单片机外接晶振频率 12MHz 时的各种时序单位的大小。

$$\text{振荡周期}=\frac{1}{f_{osc}}=\frac{1}{12\ \text{MHz}}=0.0833\ \mu s$$

$$\text{机器周期}=\frac{12}{f_{osc}}=\frac{12}{12\ \text{MHz}}=1\ \mu s$$

$$\text{指令周期}=(1\sim4)\text{机器周期}=1\sim4\ \mu s$$

1.4.3　复位电路

复位操作完成单片机片内电路的初始化，使单片机从一种确定的状态开始运行。

当 8XX51 单片机的复位引脚 RST 出现 5ms 以上的高电平时，单片机就完成了复位操作。如果 RST 持续为高电平，单片机就处于循环复位状态，而无法执行程序。因此要求单片机复位后能脱离复位状态。

根据应用的要求，复位操作通常有两种基本形式：上电复位、开关复位。上电复位要求接通电源后，自动实现复位操作。开关复位要求在电源接通的条件下，在单片机运行期间，如果发生死机，用按钮开关操作使单片机复位。

常用的上电且开关复位电路如图 1-7 所示。上电后，由于电容充电，使 RST 持续一段高电平时间。当单片机已在运行之中时，按下复位键也能使 RST 持续一段时间的高电平，从而实现上电且开关复位的操作。通常选择 $C=10\sim30\mu F$，$R_1=3.6k\Omega$，$R_2=200\Omega$。

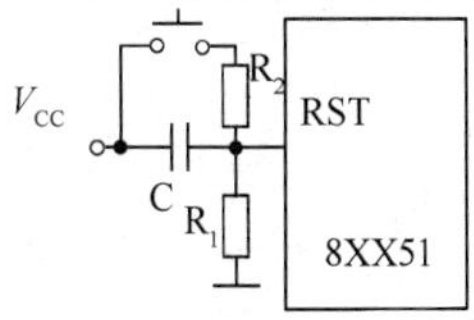

如果上述电路复位不仅要使单片机复位，而且还要使单片机的一些外围芯片也同时复位，那么上述电阻电容参考值应进行少许调整。

图 1-7　8XX51 的复位电路

单片机的复位操作使单片机进入初始化过程，其中包括使程序计数器 PC=0000H，P_0～P_3=FFH，SP=07H，其他寄存器处于零。这表明程序从 0000H 地址单元开始执行。单片机复位后不改变片内 RAM 区中的内容，21 个特殊功能寄存器复位后的状态见表 1-4。

表 1-4　8051 单片机复位后特殊功能寄存器的初态

特殊功能寄存器	初始状态	特殊功能寄存器	初始状态
A	00H	TMOD	00H
B	00H	TCON	00H
PSW	00H	TH_0	00H
SP	07H	TL_0	00H
DPL	00H	TH_1	00H
DPH	00H	TL_1	00H
P_0～P_3	FFH	SBUF	不定
IP	×××00000B	SCON	00H
IE	0××00000B	PCON	0×××××××B

注：表中符号×为随机状态。

值得指出的是，记住一些特殊功能寄存器复位后的主要状态，对于熟悉单片机操作，减短应用程序中的初始化部分是十分必要的。

1.5　引 脚 功 能

51 单片机在嵌入式应用中，有的系统需要扩展外围芯片（存储器或 I/O 接口），这就需要有三总线（数据线、地址线和控制线）引脚，这类可总线扩展的单片机通常引脚在 40 个以上。有的系统较小，单片机内部资源足够需求，无须扩展外围芯片，为减小体积，缩小 PCB（印制电路板）面积，省去总线引脚，引脚会少于 40 个。目前单片机内的功能部件不断增加，引脚不够用，设计者通过两种方法解决：一种是引脚复用，同一引脚在不同情况用作不同用途；如果引脚还不够用，设计者采用增加引脚的方法。因此，同一系列的单片机有不同的封装，引脚从 8～64 不等，绝大多数的同引脚的同系列单片机可以互换，但也有少数的不能互换（如 STC15W 系列）。为保险起见，互换前应查相关的技术手册。

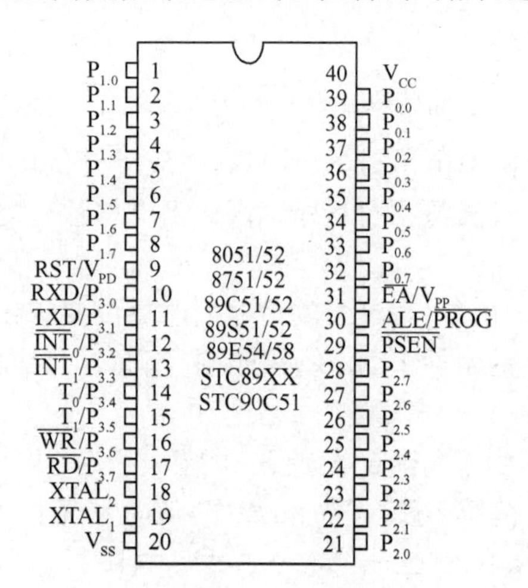

图 1-8　8XX51 单片机的引脚

1.5.1　可总线扩展的单片机引脚

可总线扩展的单片机有多于 40 个引脚的方形封装形式和 40 个引脚的双列直插式封装形式，最常用的 40 个引脚封装形式及其配置见图 1-8，各个引脚的功能说明如下。

V_{SS}：接地端。

V_{CC}：电源端，接＋5V。

$XTAL_1$：接外部晶体的一个引脚。CHMOS 单片机采用外部时钟信号时，时钟信号由此引脚引入。

$XTAL_2$：接外部晶体的一个引脚。HMOS 单片机采用外部时钟信号时，外部时钟信号由此引脚接入。

RST/V_{PD}：①复位信号输入；②V_{CC}掉电后，此引脚可接备用电源，低功耗条件下保持内部 RAM 中的数据。

$ALE/\overline{PROG}$：①地址锁存允许。当单片机访问外部存储器时，该引脚的输出信号 ALE 用于锁存 P_0 的低 8 位地址。ALE 输出的频率为时钟振荡频率的 1/6。②对 8751 单片机片内 EPROM 编程时，编程脉冲由该引脚引入。对 STC89XX（可在系统编程 ISP 型）单片机，该引脚为 $ALE/P_{4.5}$，$P_{4.5}$为新增的并行口。

$\overline{PSEN}$：程序存储器允许。输出读外部程序存储器的选通信号。取指令操作期间，$\overline{PSEN}$的频率为振荡频率的 1/6；若此期间有访问外部数据存储器的操作，则有一个机器周期中的$\overline{PSEN}$信号将不出现。对 STC89XX 单片机，该引脚为 $P_{4.4}/\overline{PSEN}$，$P_{4.4}$为新增的并行口。

$\overline{EA}/V_{PP}$：①$\overline{EA}=0$，单片机只访问外部程序存储器。$\overline{EA}=1$，单片机访问内部程序存储器。对内部有程序存储器的 8XX51 单片机，此引脚应接高电平，但若地址值超过 4KB 范围（0FFFH），单片机将自动访问外部程序存储器。②在 8751 单片机片内 EPROM 编程期间，此引脚引入 21V 编程电源 V_{PP}。对 STC89XX 单片机，该引脚为 $P_{4.6}/\overline{EA}$，$P_{4.6}$为新增的并行口。

$P_{0.0}$～$P_{0.7}$：P_0 数据/低 8 位地址复用总线端口（见 5.1 节）。

$P_{1.0}$～$P_{1.7}$：P_1 静态通用端口（见 5.1 节）。

$P_{2.0}$～$P_{2.7}$：P_2 高 8 位地址总线动态端口（见 5.1 节）。

$P_{3.0}$～$P_{3.7}$：P_3 双功能静态端口（见 5.1 节）。

对 STC89XX 单片机，P_1、P_2 还作为 A/D 转换数据 ADC0～ADC7 或新增的串行口线，具体应用可查产品数据手册。

1.5.2　不可总线扩展的单片机引脚

不可总线扩展的单片机因不进行总线扩展，所以没有 P_0（数据/低 8 位地址）和 P_2（高 8 位地址）引脚，同时也不需要$\overline{PSEN}$引脚。如图 1-9 所示为国产单片机 STC15W201S 系列引脚图。如果 6 个 I/O 口够用，可选 SOP-8 封装，否则可选封装为 16、18……更多引脚的芯片。Atmel 公司的 4051/2051/1051（20 脚）也属于这种类型。

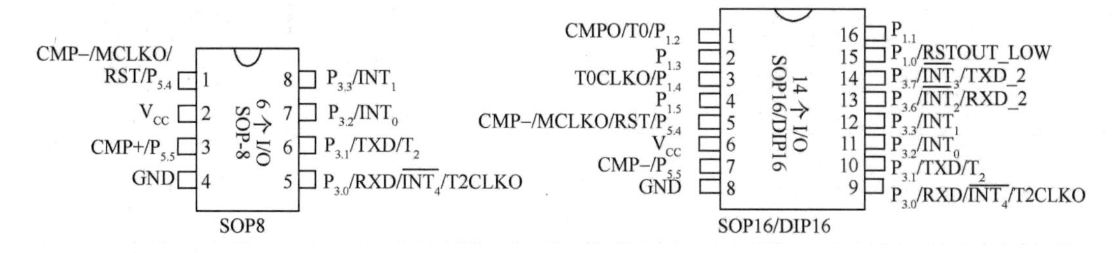

图 1-9　国产单片机 STC15W201S 系列引脚图

1.6 小　　结

单片机是集 CPU、存储器、I/O 接口于一体的大规模集成电路芯片。常用它作为嵌入式系统的控制核心，它本身就是一个简单的嵌入式系统。8XX51 单片机是目前市场上应用最广泛的单片机机型，其基本型内部包含：

- 一个 8 位的 CPU；
- 4KB 程序存储器 ROM（视不同产品型号不同：8051 内部为掩模型 ROM；8751 为 EPROM；89C51/89S51 内部为 Flash E^2PROM，89S51 是 4KB 可在线编程的闪速 E^2PROM）；
- 128 字节 RAM 数据存储器；
- 两个 16 位定时/计数器；
- 可寻址 64KB 外部数据存储器和 64KB 外部程序存储器空间的控制电路；
- 32 条可编程的 I/O 线（4 个 8 位并行 I/O 端口）；
- 一个可编程全双工串行口；
- 具有两个优先级嵌套中断结构的 5 个中断源。

本章重点要掌握 51 单片机各存储空间的地址分配、使用特点及数据操作方法。现将此内容归纳于表 1-5 中，此表是编程和硬件扩展的基础，相当重要，务必要熟记和掌握。

表 1-5　51 单片机存储器的特点及数据操作

名称	容量和地址	位寻址	功能	适用指令	寻址方式	选通信号
内部数据存储器	128 字节　00H～7FH	占 20H～2FH 的 128 位	①存放数据 ②通用寄存器 R0～R7 ③堆栈区 ④算术、逻辑运算指令操作区	①传送指令 MOV 交换指令 ②算术运算指令 逻辑运算指令 ③堆栈操作指令	直接寻址 dir Ri 间址 @Ri(i=0,1) 位寻址　BIT 寄存器寻址 Rn	无
特殊功能寄存器 SFR	21 个寄存器占 80H～FFH 的 21 个不连续地址	X8H 和 X0H 为字节地址寄存器的各位	①A 累加器 ②各功能部件的控制寄存器和数据锁存器	①同上 ②同上 ③专对 A 指令（A 取反、清零、移位）	直接寻址 dir 位寻址　BIT 寄存器寻址（A、B、DPTR）	无

程序存储器	最大容量可达 64KB
	8X51　$\overline{EA}$=1
	片内 0～FFFH
	片外 1000～FFFFH
	8X31　$\overline{EA}$=0
	片外 0～FFFFH
		无	①存放程序机器码
			②5 个中断源的服务程序入口地址 0003H～0023H
			③存放表格、常数
				读入 A 指令（2 条）
				MOVC A,@A+PC
				MOVC A,@A+DPTR
					变址寻址
					@A+PC
					@A+DPTR
						$\overline{PSEN}$

片外数据存储器	最大容量可达 64KB
	0～FFFFH
		无	①存放参与运算的数据
			②作为 I/O 端口地址
				和 A 互传（4 条）指令
				MOVX A,@Ri
				MOVX A,@DPTR
				MOVX @Ri,A
				MOVX @DPTR,A
					寄存器间址
					@Ri
					@DPTR
						读 $\overline{RD}$
						写 $\overline{WR}$

思考题与习题 1

1.1 什么是嵌入式系统？其控制核心有哪几种类型？

1.2 单片微型计算机与微处理器在结构上和使用上有什么差异？单片机和 DSP 在使用上有什么差别？

1.3 51 单片机内部有哪些功能部件？

1.4 51 单片机有哪些品种？结构有什么不同？各适用于什么场合？

1.5 51 单片机的存储器可划为几个空间？各自的地址范围和容量是多少？在使用上有什么不同？

1.6 在单片机内部 RAM 中，哪些字节有位地址，哪些没有位地址？特殊功能寄存器 SFR 中哪些可以位寻址？位寻址有什么好处？

1.7 已知 PSW=10H，通用寄存器 R0～R7 的地址分别是多少？

1.8 程序存储器和数据存储器可以有相同的地址，而单片机在对这两个存储区的数据进行操作时，不会发生错误，为什么？

1.9 填空：

堆栈设在__________存储区，程序存放在__________存储区，I/O 接口设置在__________存储区，中断服务程序存放在__________存储区。

1.10 若单片机使用频率为 6MHz 的晶振，那么状态周期、机器周期和指令周期分别是多少？

1.11 复位时，A=__________，PSW=__________，SP=__________，P_0～P_3=__________。

第2章　51单片机的指令系统

☞**教学要点**

51单片机指令系统的特点是不同的存储空间其寻址方式不同。指令是程序设计的基础。本章重点讲授寻址方式、传送指令、算术运算指令、逻辑运算指令、控制转移指令和位操作指令，要求掌握指令的功能、操作对象和结果，对标志位的影响要求熟记。

计算机通过执行程序完成人们指定的任务，程序由一条条指令构成。能为CPU识别并执行的指令的集合就是该CPU的指令系统。

51单片机的指令系统中有数据传送交换类、算术运算类、逻辑运算与循环类、子程序调用与转移类、位操作类和CPU控制类等指令。它有如下3个特点。

① 指令执行时间快。大多数指令执行时间为1个机器周期，少数指令(45条)为2个机器周期，仅乘、除指令为4个机器周期。

② 指令短。大多数为1～2字节，少数为3字节。

③ 具有丰富的位操作指令。可对内部数据RAM和特殊功能寄存器中的可寻址位进行多种形式的位操作。

单片机指令的这些特点使之具有极强的实时控制和数据运算功能。

51单片机的指令格式为：

操作符　目的操作数，源操作数　　;注释

其中，操作符指明该指令完成什么操作，操作数指明该指令的操作对象。目的操作数和源操作数完成操作符规定的操作后，结果存放在目的操作数中。操作数可以是一个具体的数据，也可以是由寄存器或存储器提供的数据，这种提供操作数的方式称为寻址方式。注释可有可无，用分号“;”与指令隔开，用于编程者的说明。

下面先介绍指令系统中的寻址方式，然后分述各类指令，附录A中列有指令操作码表。在学习指令之前，把指令中的符号介绍如下。

Rn：当前工作寄存器组中的R0～R7(其中，n=0,1,…,7)。

Ri：当前工作寄存器组中的R0,R1(其中，i=0,1)。

dir：8位直接字节地址(片内RAM和SFR地址)。

#data：8位立即数。

#data16：16位立即数。

addr16：16位地址值。

addr11：11位地址值。

bit：位地址(在位地址空间中)。

rel：相对偏移量(在相对转移指令中使用，为一字节补码)。

()：用于注释中表示存储单元的内容。

2.1 寻址方式

如前所述，寻址方式是指令中提供操作数的形式，它可以是操作数本身，也可以是操作数存放的位置（地址）。51单片机中，存放数据的存储器空间有4种：内部RAM、特殊功能寄存器SFR、外部RAM和程序存储器ROM。其中，除内部RAM和SFR统一编址外，外部RAM和程序存储器ROM是分开编址的。为了区别指令中操作数所处的地址空间，对于不同存储器中的数据操作，采用不同的寻址方式，这是51单片机在寻址方式上的一个显著特点。

2.1.1 立即寻址

指令中直接给出操作数的寻址方式称为立即寻址。在51单片机的指令系统中，立即数用一个前面加"#"号的8位数（#data，如#30H）或16位数（#data16，如#2052H）表示。指令的机器码中立即数在操作码（OP）之后，因此，立即寻址的指令多为2字节或3字节指令，机器码可由附录A查出，以下以传送指令为例说明。

【例2-1】
```
MOV  A,#80H          ;80H→A,机器码7480
MOV  DPTR,#2000H     ;2000H→DPTR,机器码为902000
```

注意：16位数的存放顺序不同于8086（上例中的2000H在8086中为0020存放）。

2.1.2 直接寻址

指令中直接给出操作数所在的地址（dir）的寻址方式称为直接寻址。寻址对象为：①内部数据存储器RAM，在指令中以直接地址表示；②特殊功能寄存器SFR，在指令中用寄存器名表示。

直接寻址的指令码中应有直接地址字节，因此多为2字节或3字节指令，当指令中的两个操作数均为直接寻址时，指令码为op $dir_{源}$ $dir_{目的}$。

【例2-2】
```
MOV  A,25H       ;内部RAM(25H)→A,机器码E525
MOV  P0,#45H     ;45H→P0,P0为直接寻址的SFR,其地址为80H(见表1-2),机器码
                 为758045
MOV  30H,20H     ;内部RAM的(20H)→(30H),机器码为852030
```

2.1.3 寄存器寻址

以通用寄存器的内容为操作数的寻址方式称为寄存器寻址。

通用寄存器包括：A，B，DPTR，R_0～R_7。其中，B仅在乘除法指令中为寄存器寻址，在其他指令中为直接寻址。A既可以寄存器寻址，又可以直接寻址（此时写作ACC）。直接寻址和寄存器寻址的差别在于，直接寻址是以操作数所在的字节地址（占1字节）出现在指令码中，寄存器寻址是寄存器编码出现在指令码中。由于可寄存器寻址的寄存器少、编码位数少（少于3位二进制数），通常操作码和寄存器编码合用1字节，因此寄存器寻址的指令机器码短，执行快。然而除上面所指的几个寄存器外的特殊功能寄存器，一律为直接寻址。

【例2-3】
```
MOV  A,R0      ;R0→A,A,R0均为寄存器寻址,机器码为E8,仅占1字节
MUL  AB        ;A*B→BA,A,B为寄存器寻址,机器码为A4
MOV  B,R0      ;R0→B,R0为寄存器寻址,B为直接寻址,查MOV dir,Rn指令,机器码
               为88F0,其中F0为B的字节地址(见表1-2)
PUSH ACC       ;A的内容压入堆栈,机器码为C0E0,其中E0为A的字节地址,A为直接
               寻址
```

ADD　A,ACC　　　;A+A→A,A和ACC同为累加器,A为寄存器寻址,ACC为直接寻址,因为指令只有ADD　A,dir形式,而没有ADD　A,A形式

2.1.4　寄存器间接寻址

以寄存器中的内容为地址,该地址中的内容为操作数的寻址方式称为寄存器间接寻址,简称寄存器间址。能够用于寄存器间址的寄存器有:R0、R1、DPTR,用前面加@表示。如@R0、@R1、@DPTR。

寄存器间接寻址的存储器空间包括内部数据存储器和外部数据存储器。由于内部数据存储器共有128字节,因此用一字节的R0或R1可间接寻址整个空间。而外部数据存储器最大可达64KB,仅R0或R1无法寻址整个空间。因此,需由P_2端口提供外部RAM高8位地址,由R0或R1提供低8位地址,由此共同寻址64KB范围。也可用16位的DPTR作寄存器间接寻址64KB存储空间。

在指令中,当用@R0或@R1寻址时,究竟是对内部RAM还是对外部RAM寻址,取决于用MOV还是用MOVX作操作符。

注意:使用间接寻址指令前,需先给作间址的寄存器赋值。

【例2-4】 MOV　@R0,A　　　;A→以R0内容为地址的内部RAM,机器码F6

MOVX　A,@R1　　　;外部RAM(地址为P2 R1)的内容→A,机器码F7

MOVX　@DPTR,A　;A→以DPTR内容为地址的外部RAM,机器码F0

以上各例指令的操作分别如图2-1～图2-3所示。

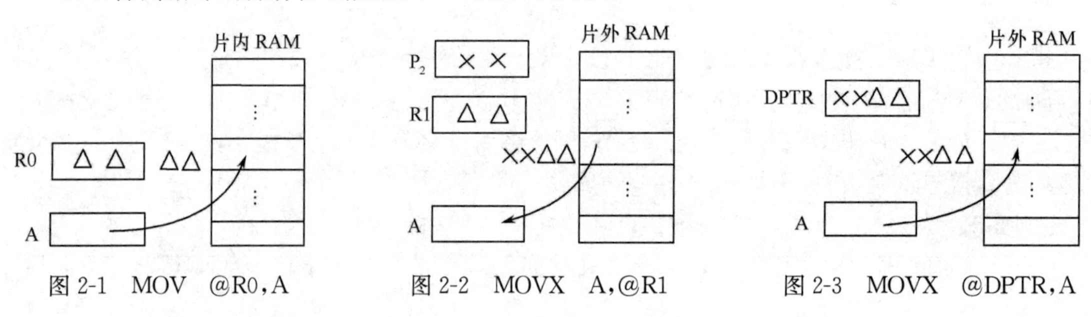

图2-1　MOV　@R0,A　　图2-2　MOVX　A,@R1　　图2-3　MOVX　@DPTR,A

2.1.5　变址寻址

由寄存器DPTR或PC中内容加上A累加器内容之和,形成操作数地址的寻址方式称为变址寻址。变址寻址只能对程序存储器中的数据作寻址操作。由于程序存储器是只读存储器,因此变址寻址操作只有读操作而无写操作。指令操作符采用MOVC。

【例2-5】 MOVC　A,@A+DPTR　　;(A+DPTR)→A

MOVC　A,@A+PC　　　;(A+PC)→A

以上两例指令的操作如图2-4和图2-5所示。

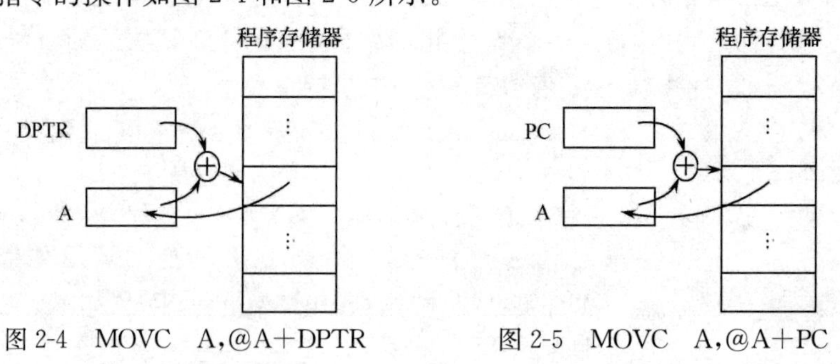

图2-4　MOVC　A,@A+DPTR　　图2-5　MOVC　A,@A+PC

2.1.6 相对寻址

以当前程序计数器 PC 的内容为基值，加上指令给出的一字节补码数（偏移量）形成新的 PC 值的寻址方式称为相对寻址。

相对寻址只用于修改 PC 之值，故主要用于实现程序的分支转移。如：SJMP 08H；当前 PC＋08H→PC（该指令为 2 字节，这里的当前 PC 是该指令的地址加 2），指令执行后，转移到地址为 PC＋08H（即指令地址＋0AH）处执行程序。

2.1.7 位寻址

对位地址中的内容作位操作的寻址方式称为位寻址。

由于单片机中只有内部 RAM 和特殊功能寄存器的部分单元有位地址，因此，位寻址只能对有位地址的这两个空间进行寻址操作。位寻址是一种直接寻址方式，由指令给出直接位地址。与直接寻址不同的是，位寻址给出的是位地址，而不是字节地址。

【例 2-6】
```
SETB  20H      ;1→20H 位，机器码为 D220
MOV   32H,C    ;进位位 CY（即指令中的 C）→32H 位，机器码为 9232
ORL   C,5AH    ;CY∨5AH 位→CY，机器码为 725A
```

从前面内容可知，51 单片机的寻址方式形式简单，类型少，容易掌握。但由于单片机严格的存储器空间分配，因此，指令中应根据操作数所在的存储空间选用不同的寻址方式。

在直接寻址的内部 RAM 和特殊功能寄存器的操作数中，特殊功能寄存器中的操作数常采用符号字节地址（如 PSW，TMOD，P_0，IE 等）和符号位地址（如 C，RS_0，EA，$P_{1.1}$ 等）的形式，而不用直接字节地址或直接位地址形式。对内部 RAM 则用直接字节地址或直接位地址，如 30H，50H 等。

各种寻址方式的适用范围在表 1-5 中归纳得很清楚，可以查阅。

2.2 数据传送与交换指令

这类指令共有 28 条，包括以 A、Rn、DPTR、直接地址单元、间接地址单元为操作数的指令；访问外部 RAM 的指令；读程序存储器的指令；数据交换指令及堆栈操作指令。

2.2.1 传送类指令

1. 内部 RAM 和 SFR 间的传送指令 MOV

图 2-6 示意了 MOV 的操作，图中，→表示单向传送，↔表示互相传送，箭头指向目的操作数。

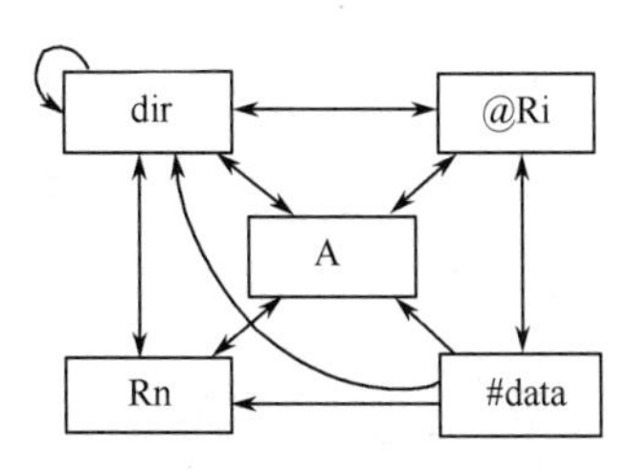

图 2-6 MOV 指令

(1) 以 A 为目的操作数（4 条）

```
MOV  A, Rn      ;Rn→A
        dir     ;dir→A
        @Ri     ;(Ri) →A
        #data   ;#data→A
```

【例 2-7】 R1＝20H，（20H）＝55H，指令 MOV A,@R1 执行后，A＝55H。

(2) 以 Rn 为目的操作数(3 条)

MOV Rn, { A ;A→Rn
dir ;dir→Rn
#data ;#data→Rn }

【例 2-8】 (40H)=30H,指令 MOV R7,40H 执行后,R7=30H。

(3) 以 DPTR 为目的操作数(1 条)

MOV DPTR,#data16 ;#data16→DPTR

【例 2-9】 执行 MOV DPTR,#0A123H 指令后,DPTR=A123H。

(4) 以直接地址为目的操作数(5 条)

MOV dir, { A ;A→dir
Rn ;Rn →dir
dir ;dir→dir
@Ri ;(Ri) →dir
#data ;#data→dir }

【例 2-10】 R0=50H,(50H)=10H,指令 MOV 35H,@R0 执行后,(35H)=10H。这一操作也可用指令 MOV 35H,50H 来完成。

(5) 以间接地址为目的操作数(3 条)

MOV @Ri, { A ;A→(Ri)
dir ;dir→(Ri)
#data ;#data→(Ri) }

【例 2-11】 R0=50H,执行指令 MOV @R0,#67H 后,(50H)=67H。

2. 外部存储器和 A 累加器之间的传送

外部数据存储器及程序存储器只能和 A 之间进行传送,而不能与内部 RAM 和 SFR 之间进行传送,指令如图 2-7 所示。

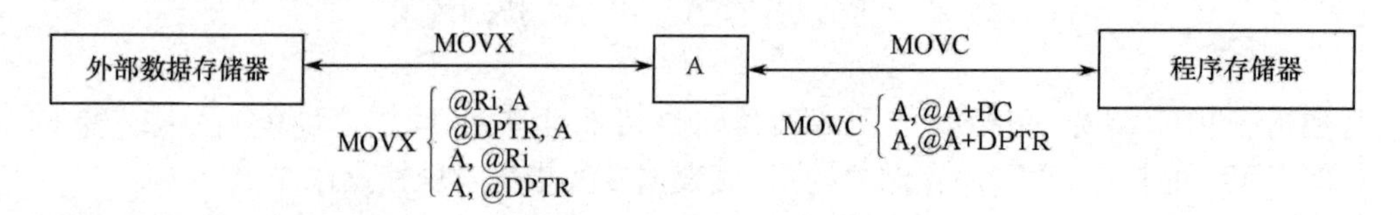

图 2-7 外部存储器的传送

(1) 访问外部数据存储器指令(4 条)

外部数据存储器可读可写,故和 A 可以互相传送,共有 4 条指令。

MOVX @Ri,A ;A→(P2Ri),其中 P2 指示高 8 位地址,Ri 指示低 8 位地址
MOVX @DPTR,A ;A→(DPTR)
MOVX A,@Ri ;(P2Ri) →A
MOVX A,@DPTR ;(DPTR) →A

【例 2-12】 将立即数 23H 送入外部 RAM 0FFFH 单元:

MOV A,#23H
MOV P2,#0FH
MOV R1,#0FFH
MOVX @R1,A
	或	MOV A,#23H
		MOV DPTR,#0FFFH
		MOVX @DPTR,A

(2) 访问程序存储器指令

程序存储器只能读,不能写,故只有两条读指令:

```
MOVC  A,@A+PC          ;(A+PC)→A
MOVC  A,@A+DPTR        ;(A+DPTR)→A
```

这两条指令常用于查表。

【例 2-13】 分析执行下列程序后 A=?

```
      MOV   A,#01H           ;A=01
      MOV   DPTR,#M2         ;M2 的地址送 DPTR
      MOVC  A,@A+DPTR        ;执行完该指令,A=(01+DPTR)=(1+M2)=77H
M1:   RET                    ;子程序返回指令
M2:   DB 66H,77H,88H,99H     ;定义字节数据
```

程序中 DB 为在程序存储器中定义字节伪指令,MOVC 指令把地址为(M2+1)单元的内容送到 A,因此该程序段执行结果:A=77H。

以上程序段也可用下列程序段代替:

```
      MOV   A,#02H           ;A=02
      MOVC  A,@A+PC          ;取完该指令 PC=M1,执行(2+M1)→A
M1:   RET                    ;子程序返回指令,为一字节指令
M2:   DB  66H,77H,88H,99H
```

由于在执行 MOVC 指令时,PC=M1,A+PC=2+M1,RET 指令占 1 字节,(2+M1)=77H,因此,执行 MOVC A,@A+PC 指令后,A=77H。

3. 堆栈操作

堆栈是用于存放暂时需要保留的信息的一片存储区(相当于储藏室),而这片存储区单元的地址必须用寄存器 SP 指示。在 51 单片机中,堆栈被安排在内部 RAM 区,保存信息和取出信息用如下指令:

(1) 入栈操作

```
PUSH  dir        ;SP+1→SP,(dir)→(SP)
```

(2) 出栈操作

```
POP   dir        ;(SP)→(dir),SP-1→SP
```

例如:

```
MOV   A,#90H
MOV   SP,#15H
PUSH  ACC        ; SP=16H,(16H)=90H(这里 A 为直接寻址,写为 ACC),操作见图 2-8(a)
POP   20H        ;(20H)=90H,SP=15H,操作见图 2-8(b)
```

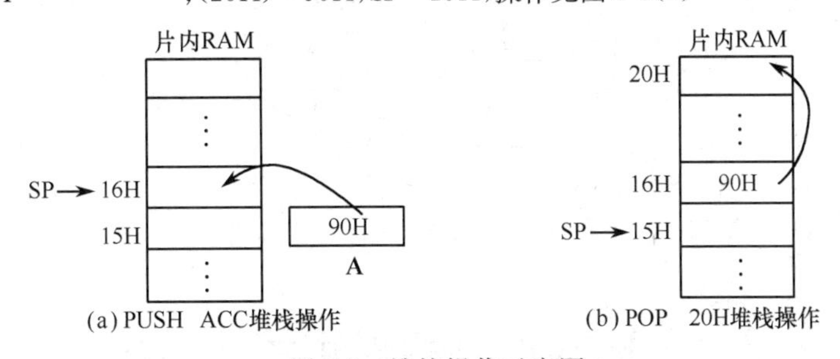

图 2-8 堆栈操作示意图

堆栈操作指令说明:

① 初始化时 SP=07H,若不重置 SP,数据将从 08H 单元开始压入内部 RAM,执行一次指令,只完成一字节数据操作。

② 入栈和出栈操作实际上是数据的传送，只不过每执行一次指令，SP 指示的地址会自动加 1 或减 1。压入堆栈时，SP 先加 1，数据再压入；弹出堆栈时，数据先弹出，SP 再减 1。这种地址的修改是单片机内部硬件自动完成的，不需要用户用 INC 或 DEC 指令完成。

③ 如果要恢复一系列原来堆栈中保存的信息，应遵从后进先出的原则。例如：

```
  ⋮
PUSH   ACC
PUSH   PSW
PUSH   30H              ;以上 3 条入栈保存 ACC、PSW、30H 单元的内容
  ⋮
POP    30H
POP    PSW
POP    ACC              ;以上 3 条还原 ACC、PSW、30H 单元的内容
  ⋮
```

2.2.2 交换指令

1. 字节交换指令(3 条)

XCH A, { Rn ;Rn⇆A ; dir ;dir⇆A ; @Ri ;(Ri)⇆A }

```
          ┌ Rn      ;Rn⇆A
XCH   A,  ┤ dir     ;dir⇆A
          └ @Ri     ;(Ri)⇆A
```

字节交换指令如图 2-9 所示。例如，A＝FFH，R1＝30H，(30H)＝87H，执行 XCH　A，@R1后，A＝87H，(30H)＝FFH。

2. 低半字节交换

XCHD　A，@Ri　　;$A_{0\sim3}$⇆ $(Ri)_{0\sim3}$

内部 RAM(Ri)的低 4 位和 A 的低 4 位交换。例如，A＝34H，(50H)＝96H，执行：

```
MOV   R1,#50H
XCHD  A,@R1
```

后，A＝36H，(50H)＝94H，操作如图 2-10 所示。

3. A 的高、低半字节交换

SWAP　A　　;$A_{0\sim3}$⇆$A_{4\sim7}$

操作如图 2-11 所示。例如，A＝0FH，执行 SWAP　A 后，A＝F0H。

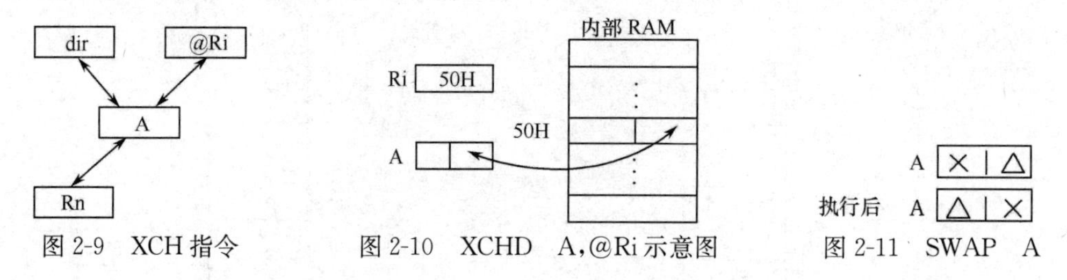

图 2-9　XCH 指令　　图 2-10　XCHD　A，@Ri 示意图　　图 2-11　SWAP　A

2.3 算术运算和逻辑运算指令

51 单片机指令系统中算术运算有加、进位加(两数相加后还加进位位 CY)、借位减(两数相减后还减去借位位 CY)、加 1、减 1、乘、除指令；逻辑运算有与、或、异或指令。

2.3.1 算术运算和逻辑运算指令对标志位的影响

在 51 单片机的程序状态字 PSW 寄存器中，有 4 个测试标志位：P(奇偶)、OV(溢出)、CY(进位)、AC(辅助进位)。算术运算、逻辑运算指令对标志位的影响和 8086 微型计算机有所不同，归纳如下。

① P(奇偶)标志仅对 A 操作的指令有影响，凡是对 A 操作的指令(包括传送指令)都将 A 中“1”个数的奇偶性反映到 PSW 的 P 标志位上。即 A 中奇数个“1”，P=1；偶数个“1”，P=0。

② 传送指令、加 1、减 1 指令、逻辑运算指令不影响 CY、OV、AC 标志位。

③ 加、减运算指令影响 P、OV、CY、AC 4 个测试标志位，乘、除指令使 CY=0，当乘积大于 255，或除数为 0 时，OV =1。

具体指令对标志位的影响可参阅附录 A。标志位的状态是控制转移指令的条件，因此指令对标志位的影响应该记住。

2.3.2 以 A 为目的操作数的算术运算和逻辑运算指令

以 A 为目的操作数的算术运算和逻辑运算指令如图 2-12 所示。

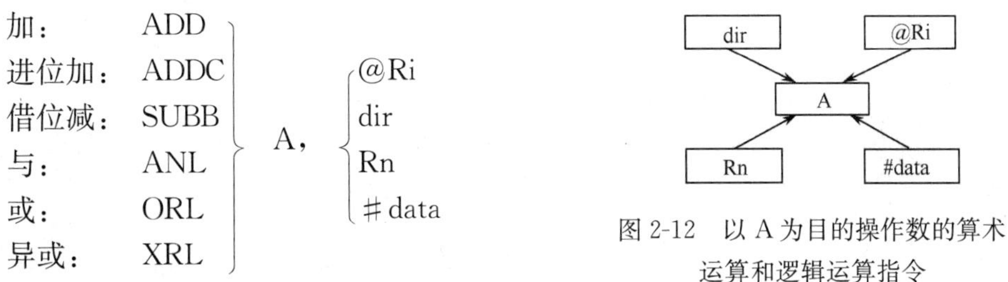

图 2-12 以 A 为目的操作数的算术运算和逻辑运算指令

以 A 为目的操作数指令中，每一类运算对应有 4 个源操作数，共计 24 条指令。对指令说明如下：

① ADDC 指令为进位加(即两数相加后还需加进位位 CY)、SUBB 指令为借位减(即两数相减后还需减去借位位 CY)。应注意的是，减指令只有带借位减，因此在多字节减法中，最低位字节做减法时，注意先清 CY。

② 逻辑运算是按位进行的，因此不影响 CY、OV、AC 标志位。

③ 逻辑运算指令常用于对数据位进行加工。两数逻辑运算的法则是：

与：有“0”则“0”；

或：有“1”则“1”；

异或：同为“0”，异为“1”；与“0”异或值不变；与“1”异或值变反。

例如，设 A=97H，CY=1。

执行 ADD　A，#95H 后，A=97H+95H=2CH，标志位 CY=1，OV=1，P=1，AC=0。

执行 ADDC　A，#95H 后，A=97H+95H+CY=2DH，标志位 CY=1，OV=1，P=1，AC=0。

例如，设 A=95H，CY=1。执行 SUBB　A，#62H 后，A=95H－62H－CY=32H，标志位 CY=0，OV=1，P=1，AC=0。

例如，设 A=8BH，执行 ADD　A，ACC 后，A=8BH+8BH=16H，CY=1。

注意：由于指令系统没有 ADD　A，A 指令，源操作数 A 作直接寻址时写为 ACC，否则有的编译器会通不过。

例如，A=0FH，执行 ORL　A，#80H 后，A=8FH。

例如，A=0FH，(20H)=76H，执行 ANL　A，20H 后，A=06H。

2.3.3　以 dir 为目的操作数的逻辑运算指令

以 dir 为目的操作数仅有逻辑运算指令，如图 2-13 所示。

与　　ANL
或　　ORL　} dir，{ A / ＃data
异或　XRL

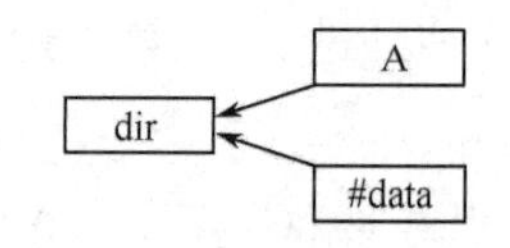

图 2-13　以 dir 为目的操作数的逻辑运算指令

由于每一类运算对应有两个源操作数，共计 6 条指令。

例如，P1＝0FH，执行 XRL　P1，＃0FFH 后，P1＝F0H（这里 P1 属于直接寻址 dir）。

例如，A＝9BH，(25H)＝39H，执行 ORL　25H，A 后，(25H)＝BBH。

以上 30 条指令这样列出是为了方便读者掌握和记忆。

2.3.4　加 1、减 1 指令

加 1 指令是内部 RAM 或寄存器自增 1 指令，减 1 指令是内部 RAM 或寄存器自减 1 指令，示意图如图 2-14 所示。

加 1 指令格式如下：

```
      A         ;A+1→A
      @Ri       ;(Ri)+1→(Ri)
INC   dir       ;(dir)+1→(dir)
      Rn        ;Rn+1→Rn
      DPTR      ;DPTR+1→DPTR(见图 2-15)
```

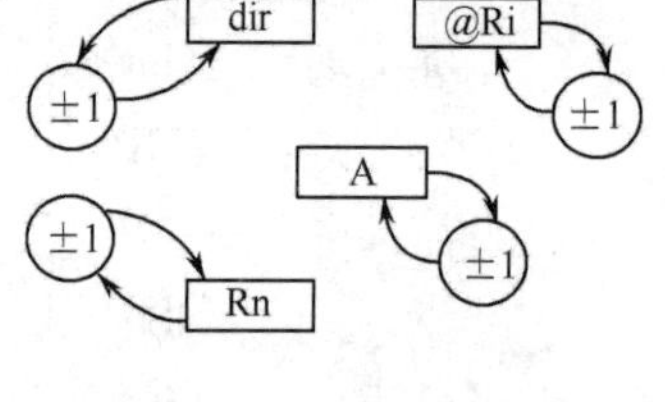

图 2-14　INC，DEC 指令

减 1 指令格式如下：

```
      A         ;A-1→A
DEC   @Ri       ;(Ri)-1→(Ri)
      dir       ;(dir)-1→dir
      Rn        ;Rn-1→Rn
```

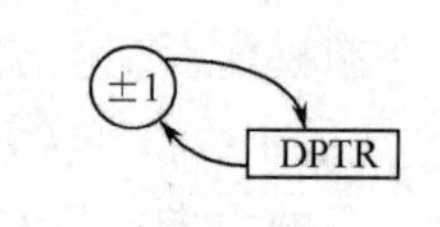

图 2-15　INC DPTR 指令

例如，(20H)＝55H，执行 INC　20H 后，(20H)＝56H。

例如，R7＝80H，执行 DEC　R7 后，R7＝7FH。

2.3.5　十进制调整指令

计算机完成二进制数加法，其和也为二进制数，如果是十进制数相加（即 BCD 码相加）想得到十进制数的结果，就必须进行十进制调整（即 BCD 码调整）。调整指令如下：

```
DA   A      ;将 A 中二进制数相加和调整成 BCD 码
```

指令按下列原则进行调整：和低 4 位大于 9 或有半进位，则低 4 位加 6；如果和的高 4 位大于 9 或有进位，则高 4 位加 6。指令根据相加和及标志自行进行判断，因此，该指令应紧跟在加指令之后，至少在加指令和该指令之间不能有影响标志的指令。

DA　A 指令只对一字节和进行调整，如为多字节相加，必须进行多次调整。此指令不能对减法结果进行调整。

【例 2-14】　完成 56＋17 的编程。

```
MOV   A,#56H          ;A 存放 BCD 码 56H
MOV   B,#17H          ;B 存放 BCD 码 17H
ADD   A,B             ;A=6DH
```

```
    DA   A                    ;A=73H
    SJMP   $
```

程序中 SJMP 为相对转移指令，$ 表示本指令首址，用循环执行本转移指令以实现动态停机操作，这是由于 51 单片机没有停机指令；如果不动态停机，将顺序执行后面随机代码而造成死机。

2.3.6　专对 A 的指令

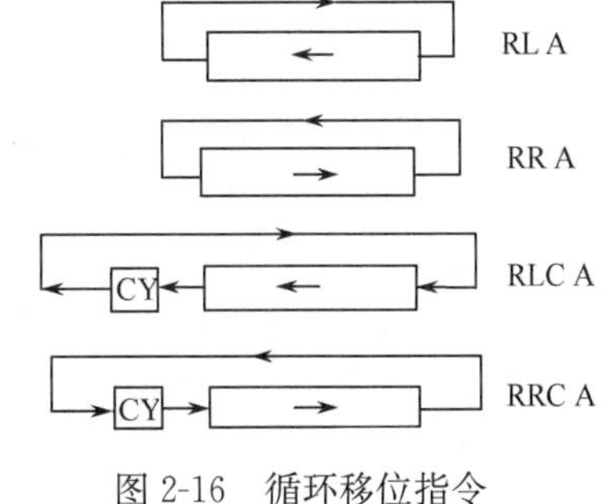

图 2-16　循环移位指令

A 取反：　　CPL　A　　;$\overline{A}$→A

A清零：　　CLR　A　　;0→A

A 左环移：　RL　　A　　;见图 2-16

A 右环移：　RR　　A　　;见图 2-16

A 左大环移：RLC　A　　;见图 2-16

A 右大环移：RRC　A　　;见图 2-16

循环移位指令通常用于位测试、位统计、乘 2、除 2 等操作。

例如，A=84H，执行 RL　A 指令后，A=09H。

例如，A=84H，CY=1，执行 RRC　A 指令后，A=C2H，CY=0。

2.3.7　乘、除法指令

1. 乘法指令

```
    MUL   AB          ;A×B→BA
```

说明：本指令实现 8 位无符号乘法。A、B 各放一个 8 位乘数，指令执行后，16 位积的高 8 位在 B 中，低 8 位在 A 中。

例如，A=50H，B=A0H，指令 MUL　AB 执行后，A=00H，B=32H。

2. 除法指令

```
    DIV   AB          ;A÷B→商在 A 中，余数在 B 中
```

说明：本指令实现两个 8 位无符号数除法。A 放被除数，B 放除数，指令执行后，A 中为商，B 中为余数。若除数 B=00H，则指令执行后，溢出标志 OV=1，且 A，B 内容不变。

例如，A=28H，B=12H，指令 DIV　AB 执行后，A=02H，B=04H。又如，A=08H，B=09H，指令 DIV　AB 执行后，A=00H，B=08H。

2.3.8　指令综合应用举例

【例 2-15】　编程将 21H 单元的低 3 位和 20H 单元中的低 5 位合并为一个字送 30H 单元，要求(21H)的低 3 位放在高位上。

```
    MOV   30H,20H              ;(30H)=(20H)
    ANL   30H,#1FH             ;保留低 5 位
    MOV   A,21H                ;A=(21H)
    SWAP  A                    ;高低 4 位交换
    RL    A                    ;低 3 位变到高 3 位位置
    ANL   A,#0E0H              ;保留高 3 位
    ORL   30H,A                ;和(30H)的低 5 位合并
    SJMP  $                    ;动态停机
```

注意：SJMP 为转移指令，$ 为本条指令地址。SJMP　$ 即为无休止循环执行本指令，从而实现动态停机的效果。

【例 2-16】 把在 R4 和 R5 中的两字节数取补(高位在 R4 中)。

```
CLR  C                 ;CY 清零
MOV  A,R5
CPL  A
ADD  A,#01H            ;低位取反加 1
MOV  R5,A
MOV  A,R4
CPL  A                 ;高位取反
ADDC  A,#00H           ;加低位的进位
MOV  R4,A
SJMP  $
```

【例 2-17】 把 R7 中的无符号数扩大 10 倍。

```
MOV  A,R7
MOV  B,#0AH
MUL  AB
MOV  R7,A              ;R7 存积的低位
MOV  R6,B              ;R6 存积的高位
SJMP  $
```

【例 2-18】 把 R1R0 和 R3R2 中的两个 4 位 BCD 码数相加,结果送 R5R4 中,如有进位,则存于进位位 C 中。

```
CLR  C                 ;清进位
MOV  A,R0
ADD  A,R2              ;低字节相加
DA  A                  ;十进制调整
MOV  R4,A
MOV  A,R1
ADDC  A,R3             ;高字节相加
DA  A                  ;十进制调整
MOV  R5,A
SJMP  $
```

2.4 控制转移指令

这一类指令的功能是改变指令的执行顺序,转到指令指示的新的 PC 地址执行。

51 单片机的控制转移指令有以下类型。

① 无条件转移:无须判断,执行该指令就转移到目的地址。

② 条件转移:需判断标志位是否满足条件,满足条件转移到目的地址执行,否则顺序执行。

③ 绝对转移:转移的目的地址用绝对地址指示,通常为无条件转移。

④ 相对转移:转移的目的地址用相对于当前 PC 的偏差(偏移量) 指示,通常为条件转移。

⑤ 长转移或长调用:目的地址距当前 PC 64KB 地址范围内。

⑥ 短转移或短调用:目的地址距当前 PC 2KB 地址范围内。

在实际编程中,无论哪种转移指令,转移的目的地址均是以符号地址表示的(如

SJMP　ABC,AJMP　LOOP…),转移的类型是由指令的操作符决定的,转移的目的地址的机器码是汇编器编译时自动填入的。

以上共 14 条指令,下面分别予以介绍。

2.4.1　调用程序和返回类指令

1. 长调用

LCALL　addr16　　　;addr16→$PC_{0\sim15}$

说明:

① 该指令功能是:保护断点,即当前 PC(本指令的下一条指令的首地址)压入堆栈;子程序的入口地址 addr16 送 PC,转子程序执行。

② 本指令为 64KB 地址范围内的调子程序指令,子程序可在 64KB 地址空间的任意处。

③ 本指令的机器码为 3 字节 12 addr16。

2. 短调用

ACALL　addr11　　　;addr11→$PC_{0\sim10}$

说明:

① 该指令的功能是:保护断点,即当前 PC 压入堆栈;addr11→$PC_{0\sim10}$,而 $PC_{11\sim15}$ 保持原值不变。

② 本指令为 2KB 地址范围的调子程序指令,子程序入口距当前 PC 不得超过 2KB 地址范围。

③ 本指令的机器码为 2 字节,设 addr11 的各位是 $a_{10}a_9a_8\cdots a_2a_1a_0$,则 ACALL 指令机器码为 $a_{10}a_9a_8\mathbf{10001}a_7a_6a_5a_4a_3a_2a_1a_0$,其中 10001 是 ACALL 指令的操作码。

【例 2-19】 子程序调用指令 ACALL 在程序存储器中的首地址为 0100H,子程序入口地址为 0250H。试确定能否使用 ACALL 指令实现调用? 如果能使用,确定该指令的机器码。

解 因为 ACALL 指令首地址在 0100H,而 ACALL 是 2 字节指令,所以下一条指令的首地址在 0102H。0102H 和 0250H 在同一 2KB 地址范围内,故可用 ACALL 调用。调用入口地址为 0250H,ACALL 指令的机器码形式为:010 $\underline{10001}$01010000B=5150H。

3. 子程序返回指令

① RET　　　;从调用子程序返回

功能:从栈顶弹出断点到 PC,从子程序返回主程序。

② RETI　　　;从中断服务程序返回

功能:从栈顶弹出断点到 PC,并恢复中断优先级状态触发器,从中断服务返回主程序。

2.4.2　转移指令

1. 无条件转移指令

(1) 短转移

AJMP　addr11　　　　　;addr11→$PC_{0\sim10}$

说明:

① 转移范围:本指令为 2KB 地址范围内的转移指令。对转移目的地址的要求与 ACALL 指令对子程序入口地址的要求相同。

② 机器码形式:本指令为 2 字节指令。设 addr11 的各位是 $a_{10}a_9a_8\cdots a_2a_1a_0$,则指令的机器码为 $a_{10}a_9a_8\mathbf{00001}a_7a_6a_5a_4a_3a_2a_1a_0$。

【例 2-20】 绝对转移指令 AJMP 在程序存储器中的首地址为 2500H,要求转移到 2250H 地址处执行程序,试确定能否使用 AJMP 指令实现转移? 如能实现,其指令的机器码是什么?

解 因为 AJMP 指令的首址为 2500H,其下一条指令的首址为 2502H,2502H 与转移目的地址 2250H 在同一 2KB 地址范围内，故 AJMP 指令可实现程序的转移。指令的机器码：

0100000101010000B=4150H

（2）长转移

```
LJMP   addr16        ;addr16→PC0~15
```

说明：

① 本指令为 64KB 程序存储空间的全范围转移指令。转移地址可为 16 位地址中的任意值。

② 本指令为 3 字节指令 02 addr16。

（3）间接转移

```
JMP   @A+DPTR      ;A+DPTR→PC
```

【例 2-21】 A=02H，DPTR=2000H，指令 JMP @A+DPTR 执行后，PC=2002H。也就是说，程序转移到 2002H 地址单元去执行。

【例 2-22】 现有一段程序如下：

```
        MOV   DPTR,#TABLE
        JMP   @A+DPTR
TABLE:  AJMP  PROC0
        AJMP  PROC1
        AJMP  PROC2
         ⋮
        AJMP  PROCn
```

根据 JMP @A+DPTR 指令的操作可知，当 A=00H 时，程序转入到地址 PROC0 处执行；当 A=02H 时，转到 PROC1 处执行……可见，这是一段多路转移程序，进入的路数由 A 确定。因为 AJMP 指令是 2 字节指令，所以 A 必须为偶数。

以上均为绝对转移指令，下面介绍相对转移指令。

（4）无条件相对转移

```
SJMP   rel        ;PC+rel→PC，机器码为 80 rel
```

说明：

该指令的功能是将 $PC_{当前}$ 修改为 $PC_{目的}$，即转到目的地址执行程序。转移的偏移量 rel=$PC_{目的}-PC_{当前}$，转移可以向前转（$PC_{目的}<PC_{当前}$），也可以向后转（$PC_{目的}>PC_{当前}$），rel 可能正也可能负，是 1 字节有符号数（用补码表示），因此 1 字节补码表示转移范围为 −128～+127。

2. 条件转移指令

条件转移指令均为相对转移指令，rel 的计算方法同 SJMP rel 指令。

（1）累加器为零（非零）转移

```
JZ   rel     ;A=0 转移(PC+rel→PC)，A≠0 程序顺序执行，机器码为 60 rel
JNZ  rel     ;A≠0 则转移(PC+rel→PC)，A=0 程序顺序执行，机器码为 70 rel
```

（2）减一非零转移

```
DJNZ  Rn,rel      ;Rn−1→Rn，Rn ≠0，则转移 (PC+rel→PC)
                  ;Rn=0，程序顺序执行
DJNZ  dir,rel     ;(dir)−1→(dir)，(dir)≠0，则转移 (PC+rel→PC)
                  ;(dir)=0，程序顺序执行
```

说明：

① 本指令有自动减 1 功能。

② DJNZ Rn,rel 是 2 字节指令，而 DJNZ dir,rel 是 3 字节指令，所以在满足转移的条件

后，前者是 PC＋rel→PC，而后者是 PC＋rel→PC。

【例 2-23】 试说明以下一段程序运行后 A 中的结果。

```
      MOV   23H,#0AH
      CLR   A
LOOP:ADD   A,23H
      DJNZ  23H,LOOP
      SJMP  $
```

根据程序可知，A＝10＋9＋8＋7＋6＋5＋4＋3＋2＋1＝55＝37H。

（3）比较转移

```
CJNE   A,dir,rel           ;A≠dir,转移(PC+rel→PC)
                           ;A=dir,程序顺序执行
CJNE   A,#data,rel         ;A≠#data,转移(PC+rel→PC)
                           ;A=#data,程序顺序执行
CJNE   Rn,#data,rel        ;Rn≠#data,转移(PC+rel→PC)
                           ;Rn=#data,程序顺序执行
CJNE   @Ri,#data,rel       ;(Ri)≠#data,转移(PC+rel→PC)
                           ;(Ri)=#data,程序顺序执行
```

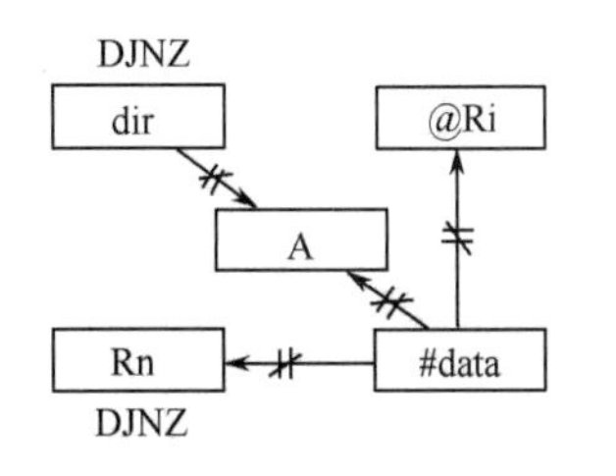

图 2-17 DJNZ、CJNE(≠)示意图

说明：

① CJNE 指令都是 3 字节指令，做两数相减操作，不回送结果，影响 CY 标志。

② 若第一操作数大于或等于第二操作数，则标志 CY＝0。若第一操作数小于第二操作数，则 CY＝1。这几条指令除实现两操作数相等与否的判断外，利用对 CY 的判断，还可完成两数大小的比较。

DJNZ、CJNE 指令的助记图如图 2-17 所示。

【例 2-24】 R7＝56H，指令 CJNE　R7，#34H，$＋08H 执行后，程序转移到放本条 CJNE 指令的首地址（$）加 08H 后的地址单元去执行。

【例 2-25】 编写程序，要求读 P_1 端口上的信息，若不为 55H，则程序等待，直到 P_1 端口为 55H 时，程序往下顺序执行。程序为：

```
MOV   A,#55H               ;A=55H
CJNE  A,P1,$               ;P1≠55H,则程序循环执行本指令
 ⋮
```

在实际编程中，转移的目的地址不管是 addr11、addr16，还是 rel，均是以符号地址表示的（如 SJMP　ABC，AJMP　LOOP…），转移的类型是通过指令的操作符来决定的。

【例 2-26】 51 单片机指令系统中，没有停机指令，通常用短转移指令 SJMP　$（$为本条指令的首地址）来实现动态停机的操作，试写出这条指令中机器码。

解 查附录 A，SJMP　rel 的指令码为 80rel。据题意，本条指令的首地址为$，转移的目的地址也是$，指令码字节数为 2，因此 $PC_{当前}=\$+2$，则

$$rel=PC_{目的}-PC_{当前}=\$-(\$+2)=-2=FEH$$

所以 SJMP　$指令的机器码是 80FEH。

【例 2-27】 某程序中必须用比较转移指令 CJNE　A，#55H，LOOP，而目的地址 LOOP 和 PC 地址相隔甚远，超过－128～＋127 字节转移范围，应如何实现这类转移？

解 可以采用类似体育运动的 3 级跳远的方法，在距 PC 的－128～＋127 字节转移范围设

一条 LJMP LOOP 指令，程序如下：

```
        CJNE A,#55H,LP
        ……
LP:     LJMP LOOP
        ……
LOOP:……
```

2.4.3 空操作指令

NOP ;机器码 00

该指令经取指，译码后不进行任何操作(空操作)，而转到下一条指令，常用于生产一个机器周期的延时，或上机修改程序时作填充指令，以方便增减指令。

2.4.4 指令应用举例

【例 2-28】 将 A 累加器的低 4 位取反 4 次，高 4 位不变。每变换一次，从并行口 P_1 输出。

分析 因为异或运算的规则是一个数与"0"异或，该数不变；与"1"异或，该数变反。欲高 4 位不变，高 4 位与"0"异或；低 4 位取反，低 4 位与"1"异或，因此，A 和 0FH 异或可实现要求。4 次的计数可以采用加 1 计数，也可以采用减 1 计数，程序如下：

方法 1：加 1 计数。

```
     MOV   R0,#0          ;计数初值送 0
 LL: XRL   A,#0FH         ;高 4 位不变,低 4 位取反
     INC   R0             ;次数加 1
     MOV   P1,A           ;从 P1 输出
     CJNE  R0,#04,LL      ;不满 4 次循环
     RET
```

方法 2：减 1 计数。

```
     MOV   R0,#04H        ;计数初值送 4
 LL: XRL   A,#0FH
     MOV   P1,A
     DJNZ  R0,LL          ;次数减 1 不等于 0 循环
     RET
```

【例 2-29】 在内部 RAM 的 40H 地址单元中，有 1 字节符号数，编写求其绝对值后放回原单元的程序。程序如下：

```
      MOV  A,40H
      ANL  A,#80H
      JNZ  NEG            ;为负数转移
      SJMP $              ;为正数,绝对值=原数,不改变原单元内容
 NEG: MOV  A,40H          ;为负数求补,得其绝对值
      CPL  A
      INC  A
      MOV  40H,A
      SJMP $
```

有符号数在计算机中以补码形式存放，例如－5，存放在内部 RAM 中为 FBH，求补后得 5，即|－5|＝5。

2.5 位操作指令

51单片机的特色之一就是具有丰富的位处理功能，在其硬件结构中有位处理机，包括有位累加器C(即进位标志CY)，有位存储器(即内部RAM和SFR的可寻址位)，还有对位操作的指令系统，使得开关量控制系统的设计变得十分方便。

在程序中，位地址的表达有多种方式：

- 用直接位地址表示，如D4H；
- 用"·"操作符号表示，如PSW.4，或D0H.4；
- 用位名称表示，如RS1；
- 用用户自定义名表示，如ABC　BIT　D4H，其中，ABC定义为D4H位的位名，BIT为位定义伪指令。以上各例均表示PSW.4的RS1位。

位操作类指令的对象是C和直接位地址，由于C是位累加器，所以位逻辑运算指令的目的操作数只能是C，这就是位操作指令的特点。下面将位操作的17条指令介绍如下。

1. 位清零、置1、取反指令

CLR　C　　　;0→CY

CLR　bit　　;0→bit

SETB　C　　;1→CY

SETB　bit　;1→bit

CPL　C　　　;$\overline{CY}$→CY

CPL　bit　　;$\overline{bit}$→ bit

2. 位与、位或指令

ANL　C,bit　　;CY∧(bit)→CY

ANL　C,/bit　;CY∧($\overline{bit}$)→CY

ORL　C,bit　　;CY∨(bit)→CY

ORL　C,/bit　;CY∨($\overline{bit}$)→CY

3. 位传送

MOV　C,bit　;(bit)→CY

MOV　bit,C　;CY→bit

4. 位转移

位转移根据位的值决定转移，均为相对转移指令，设As为下面各指令的首地址。

JC　rel　　　　;CY=1，则转移(PC+rel→PC)，否则程序顺序执行

JNC　rel　　　;CY=0，则转移(PC+rel→PC)，否则程序顺序执行

JB　bit,rel　　;(bit)=1，则转移(PC+rel→PC)，否则程序顺序执行

JNB　bit,rel　;(bit)=0，则转移(PC+rel→PC)，否则程序顺序执行

JBC　bit,rel　;(bit)=1，则转移(PC+rel→PC)，且该位清零；否则程序顺序执行

【例2-30】 用位操作指令实现$X=X0\oplus X1$，设X0为$P_{1.0}$，X1为$P_{1.1}$，X为ACC.0。

解　方法1：因位操作指令中无异或指令，依据$X=X0\oplus X1=\overline{X0}X1+X0\,\overline{X1}$，用与、或指令完成，编程如下：

```
X    BIT   ACC.0
X0   BIT   P1.0
```

```
X1   BIT   P1.1          ;位定义
MOV   C,X0
ANL   C,/X1              ;C=X0∧/X1
MOV   20H,C              ;暂存入 20H 单元
MOV   C,X1
ANL   C,/X0              ;C=/X0∧X1
ORL   C,20H              ;C=/X0 X1+X0 /X1
MOV   X,C
SJMP  $
```

方法 2:根据异或规则,一数与"0"异或,其值不变;与"1"异或,其值变反,编程如下:

```
      MOV   C,X0
      JNB   X1,NCEX      ;X1=0,X=C=X0
      CPL   C
NCEX: MOV   X,C          ;X1=1,X=/C=/X0
      SJMP  $
```

2.6 小　　结

① 51 单片机指令系统的特点是不同的存储空间寻址方式不同,适用的指令不同,必须进行区分。

② 指令是程序设计的基础,应重点掌握传送指令、算术运算指令、逻辑运算指令、控制转移指令和位操作指令,掌握指令的功能、操作的对象和结果,对标志位的影响,应要求熟记。

思考题与习题 2

2.1　51 单片机有哪几种寻址方式?适用于什么地址空间?用表格表示。

2.2　51 单片机的 PSW 程序状态字中无 ZERO(零)标志位,怎样判断某内部数据存储单元的内容是否为 0?

2.3　设 A=0,执行下列两条指令后,A 的内容是否相同,说明道理。

(1) MOVC　A,@A+DPTR

(2) MOVX　A,@DPTR

2.4　指出下列各指令中操作数的寻址方式:

指　　令	目的操作数寻址方式	源操作数寻址方式
ADD　A,40H		
PUSH　ACC		
MOV　B,　20H		
ANL　P1,#35H		
MOV　@R1,　PSW		
MOVC　A,@A+DPTR		
MOVX　@DPTR,A		

2.5　执行下列程序段

```
MOV  A,#56H
ADD  A,#74H
ADD  A,ACC
```

后,CY=________,OV=________,A=________。

2.6　在错误的指令后面括号中打×。

```
MOV   @R1,#80H      ( )        MOV   R7,@R1       ( )
MOV   20H,@R0       ( )        MOV   R1,#0100H    ( )
CPL   R4            ( )        SETB  R7.0         ( )
MOV   20H,21H       ( )        ORL   A,R5         ( )
ANL   R1,#0FH       ( )        XRL   P1,#31H      ( )
MOVX  A,2000H       ( )        MOV   20H,@DPTR    ( )
MOV   A,DPTR        ( )        MOV   R1,R7        ( )
PUSH  DPTR          ( )        POP   30H          ( )
MOVC  A,@R1         ( )        MOVC  A,@DPTR      ( )
MOVX  @DPTR,#50H    ( )        RLC   B            ( )
ADDC  A,C           ( )        MOVC  @R1,A        ( )
```

2.7　设内部 RAM 中(59H)=50H,执行下列程序段:

```
MOV  A,59H
MOV  R0,A
MOV  A,#0
MOV  @R0,A
MOV  A,#25H
MOV  51H,A
MOV  52H,#70H
```

问 A=________,　(50H)=________,　(51H)=________,　(52H)=________。

2.8　设 SP=60H,内部 RAM 的(30H)=24H,(31H)=10H,在下列程序段注释的括号中填执行结果。

```
PUSH  30H        ;SP=( ),  (SP)=( )
PUSH  31H        ;SP=( ),  (SP)=( )
POP   DPL        ;SP=( ),  DPL=( )
POP   DPH        ;SP=( ),  DPH=( )
MOV   A,#00H
MOVX  @DPTR,A
```

最后执行结果是(　　　　　　　　)。

2.9　对下列程序中各条指令加注释,并分析程序运行的最后结果。

```
MOV   20H,#0A4H
MOV   A,#0D6H
MOV   R0,#20H
MOV   R2,#57H
ANL   A,R2
ORL   A,@R0
SWAP  A
CPL   A
ORL   20H,A
SJMP  $
```

2.10　将下列程序译为机器码。

```
机器码              源程序
              LA：MOV   A，#01H
              LB：MOV   P1,A
                  RL    A
                  CJNE  A,#10,LB
                  SJMP  LA
```

2.11　将累加器 A 的低 4 位数据送 P_1 口的高 4 位，P_1 口的低 4 位保持不变。

2.12　编程将 R0 的内容和 R1 的内容相交换。

2.13　试用 3 种方法将 A 累加器中的无符号数乘 4，积存放于 B 和 A 寄存器中。

2.14　编程将内部 RAM 40H 单元的中间 4 位变反，其余位不变放回原单元。

2.15　两个 BCD 码数存于(20H)和(21H)单元，完成(21H)＋(20H)→(23H)(22H)。

2.16　如果 R0 的内容为 0，将 R1 置为 0，如 R0 内容非 0，置 R1 为 FFH，试进行编程。

2.17　完成(51H)×(50H)→(53H)(52H)的编程(式中均为内部 RAM)。

2.18　将 $P_{1.1}$ 和 $P_{1.0}$ 同时取反 10 次。

2.19　将内部 RAM 单元 3 字节数(22H)(21H)(20H)×2 送(23H)(22H)(21H)(20H)单元。

第3章　51单片机汇编语言程序设计

☞教学要点

源程序经过汇编或编译后生成机器语言程序，计算机才能运行；本章讲述伪指令，顺序程序、分支程序、循环程序、子程序等各类汇编源程序的设计方法，要求熟练应用查表技术简化程序的设计；并安排程序设计实验，掌握程序仿真调试技能(结合第13章)。

3.1　概　　述

无论哪一种嵌入式系统(MCU,DSP,ARM…)，都有两种编程语言——汇编语言和高级语言(主要是C语言)，汇编语言产生的目标程序简短，占用存储空间小，适时性强，但可读性差，编程耗时。高级语言编程快捷，有很多库函数可以调用，但程序稍长，占用存储空间大，实时性不如汇编语言。在一个复杂的嵌入式系统软件中，往往实时控制部分采用汇编语言，而数据运算处理部分采用C语言，两种语言可以相互调用。因此，对一个嵌入式系统开发工程师而言，两种语言都必须掌握，更应该精通一种语言。

无论高级语言还是汇编语言，源程序都要转换成目标程序(机器语言)，单片机才能执行。支持写入单片机或仿真调试的目标程序有两种文件格式：. BIN文件和 . HEX文件。. BIN文件是由编译器生成的二进制数文件，是程序的机器码；. HEX文件是由Intel公司定义的一种格式，这种格式包括地址、数据和校验码，并用ASCII码来存储，可供显示和打印。. HEX文件需通过符号转换程序OHS51进行转换，两种语言的操作过程如图3-1所示。

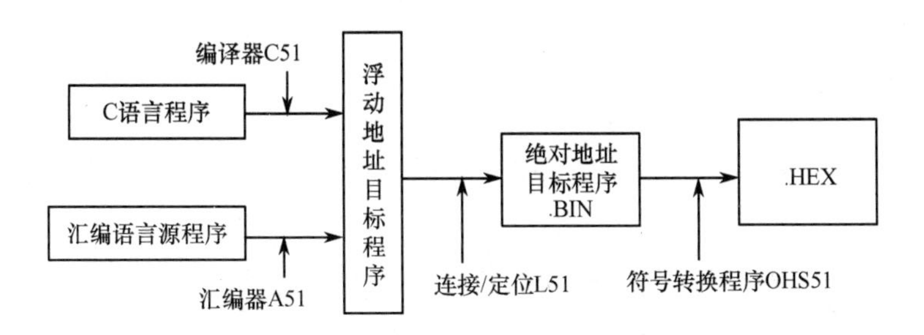

图3-1　两种语言源程序转换成目标程序

目前很多公司将编辑器、汇编器、编译器、连接/定位器、符号转换程序做成集成软件包，用户进入该集成环境，编辑好程序后，只需单击相应菜单，就可以完成上述的各步，如Wave、Keil、Proteus等。集成软件的使用见第13章，读者只需掌握其中一种即可。

汇编语言是面向机器的，只有掌握了汇编语言程序设计，才能真正理解单片机的工作原理及软件对硬件的控制关系。虽然C语言编程快捷，无须考虑单元分配等细节，然而它的目标程序的反汇编依然是汇编语言程序，调试中出了问题，有时还需从反汇编的汇编语言程序分析原因。一些公司提供的资料是汇编语言程序，现有的大量资料也是汇编语言程序，因此，本章重点介绍汇编语言程序设计的方法和技巧，在后面的章节中再介绍单片机的C语言程序设计。

汇编语言程序设计步骤与方法：

① 分析任务,确定算法或解题思路;

② 按功能划分模块,确定各模块之间的相互关系及参数传递;

③ 根据算法和解题思路画出程序流程图;

④ 合理分配寄存器和存储器单元,编写汇编语言源程序,并进行必要的注释,以方便阅读、调试和修改;

⑤ 将汇编语言源程序进行汇编和连接,生成可执行的目标文件(.BIN 或 .HEX);

⑥ 仿真调试、修改,直至满足任务要求;仿真调试的方法可以软件模拟仿真,也可硬件仿真(需购买仿真器);

⑦ 将调试好的目标文件(.BIN 或 .HEX)烧录进单片机内,上电运行。

任何大型复杂的程序,都由基本结构程序构成,通常有顺序结构、分支结构、循环结构、子程序等形式。本章通过编程实例,使读者进一步熟悉和掌握单片机的指令系统及程序设计的方法和技巧,提高单片机程序的编程能力。

由于 51 单片机复位时 PC=0000H,本章例题不涉及中断,所以各例均以 ORG　0000H 作为起始指令,如果是子程序,可以是其他地址作为起始。上机的调试方法见第 13 章的实验指导。

3.2 伪 指 令

用汇编语言编成的源程序计算机是不能执行的,必须译成机器语言程序,这个翻译过程称为汇编。汇编有两种方式:手工汇编和机器汇编。手工汇编是通过查指令码表(见附录 A),查出每条指令的机器码;机器汇编是通过计算机执行汇编程序(能完成翻译工作的软件)自动完成的。

当使用机器汇编时,必须为汇编程序提供一些信息,诸如哪些是指令,哪些是数据;数据是字节还是字;程序的起始点和程序的结束点在何处等。这些控制汇编的指令称为伪指令,它不是控制单片机操作的指令,因此不是可执行指令,也就无机器代码。现对常用的伪指令进行如下说明。

1. 起始指令

ORG　nn

作用:改变汇编器的地址计数器初值,指示此语句后面的程序或数据块以 nn 为起始地址连续存放在程序存储器中。例如:

```
ORG   1000H   ;指示后面的程序或数据块以 1000H 为起始地址连续存放
```

2. 字节定义

标号:DB　(字节常数、字符或表达式)

作用:指示在程序存储器中以标号为起始地址的单元里存放的数为字节数据(8 位二进制数)。例如:

```
LN:DB 32,'C',25H      ;LN～LN+2 地址单元依次存放 20H,43H,25H
```

3. 字定义

标号:DW　(字常数或表达式)

作用:指示在程序存储器中以标号为起始地址的单元里存放的数为字数据(即 16 位的二进制数),每个数据需两个单元存放。例如:

```
MN:DW 1234H,08H      ;MN～MN+3 地址单元中顺次存放 12H,34H,00H,08H
```

4. 保留字节

标号:DS　(数值表达式)

作用：指示在程序存储器中保留以标号为起始地址的若干字节单元，其单元个数由数值表达式指定。例如：

```
L1:DS 32      ;从 L1 地址开始保留 32 个存储单元
```

5. **等值指令**

标号　EQU(数值表达式)

作用：表示 EQU 两边的量等值，用于对符号进行定义。例如：

```
ABC  EQU  38H     ;程序中凡是出现 ABC 的地方，汇编将以 38H 代之
```

6. **位定义**

标号　BIT　(位地址)

作用：同 EQU 指令，不过定义的是位操作地址。例如：

```
AIC  BIT  P1.1
```

7. **汇编结束**

END

作用：指示源程序段结束。

单片机 A51 汇编程序还有一些其他的伪指令，现列于表 3-1 中，以备查阅。

表 3-1　A51 伪指令

分　类	指　令	功　能
符号定义	SEGMENT	声明欲产生段的再定位类型
	EQU	给特定的符号名赋值
	SET	特定符号赋值且可重新定义
	DATA	内部数据地址赋给指定符号
	IDATA	间接寻址内部数据地址赋给指定符号
	XDATA	外部数据地址赋给指定符号
	BIT	位地址赋给指定符号
	CODE	程序地址赋给指定符号
保留/初始化	DS	以字节为单位保留空间
	DBIT	以位为单位保留字节
	DB	以字节初始化程序空间
	DW	以字值初始化程序空间
程序连接	PUBLIC	为其他模块所使用
	EXTRN	列出其他模块中定义的符号
	NAME	用来表明当前程序模块
状态控制和段选择	ORG	用来改变汇编器的地址计数器
	END	设定源程序的最后一行
	RSEG	选择定义过的再定位段作为当前段
	CSEG	程序绝对段
	DSEG	内部数据绝对段
	XSEG	外部数据绝对段
	ISEG	内部间址数据绝对段
	USING	通知汇编使用哪一寄存器组

注：不同的 A51 汇编系统，伪指令会略有不同。

3.3　顺序程序设计

【例 3-1】　编程将外部数据存储器的 000EH 和 000FH 单元的内容相交换。

分析 外部数据存储器的数据操作只能用 MOVX 指令，且只能和 A 之间传送，因此必须用一个中间环节作为暂存，设用 20H 单元。用 R0、R1 指示两单元的低 8 位地址，高 8 位地址由 P2 指示。编程如下：

```
ORG   0000H
MOV   P2,#0H            ;送地址高 8 位至 P2 口
MOV   R0,#0EH           ;R0=0EH
MOV   R1,#0FH           ;R1=0FH
MOVX  A,@R0             ;A=(000EH)
MOV   20H,A             ;(20H)=(000EH)
MOVX  A,@R1             ;A=(000FH)
XCH   A,20H             ;(20H)↔A,A=(000EH),(20H)=(000FH)
MOVX  @R1,A
MOV   A,20H
MOVX  @R0,A             ;交换后的数送各单元
SJMP  $
END
```

【例 3-2】 将内部数据存储器的(31H)(30H)中的 16 位数求其补码后放回原单元。

分析 先判断数的正、负，因为正数补码＝原码，负数补码＝反码＋1，因此，算法是低 8 位取反加 1，高 8 位取反后再加上低位的进位 CY，由于 INC 指令不影响 CY 标志，低位加 1 不能用 INC 指令只能用 ADD 指令，编程如下：

```
       ORG   0000H
       MOV   A,31H
       JB    ACC.7,CPLL        ;如为负数转 CPLL
       SJMP  $                 ;为正数，补码=原码
CPLL:  MOV   A,30H
       CPL   A
       ADD   A,#1              ;低 8 位取反加 1
       MOV   30H,A
       MOV   A,31H
       CPL   A                 ;高 8 位取反
       ADDC  A,#0              ;加低 8 位的进位
       ORL   A,#80H            ;恢复负号
       MOV   31H,A
       SJMP  $
       END
```

【例 3-3】 设变量放在片内 RAM 的 20H 单元，取值范围为 00H，01H，02H，03H，04H，05H，要求编查表程序，查出变量的平方值，并放入片内 RAM 的 21H 单元。

分析 在程序存储器的一指定地址单元中安排一张平方表，以 DPTR 指向表首址，A 存放变量值，利用查表指令 MOVC A,@A+DPTR 即可求得。表中数据用 BCD 码存放，合乎人们的习惯。程序如下：

```
ORG   0000H
MOV   DPTR,#TAB2        ;DPTR 指向平方表首址
MOV   A,20H
MOVC  A,@A+DPTR         ;查表
```

```
        MOV   21H,A
        SJMP   $
TAB2:DB 00H,01H,04H,09H,16H,25H   ;平方表
        END
```

查表技术是汇编语言程序设计的一个重要技术，通过查表避免了复杂的计算和编程。如查平方表、立方表、函数表、数码管显示的段码表、键盘的键值表等，所以查表技术应熟练掌握。请读者考虑，如果变量对应的函数值为两个字节，程序应如何编。

【例 3-4】 设内部 RAM 的 ONE 地址单元存放着一个 8 位无符号二进制数，要求将其转化为压缩的 BCD 码，将百位放在 HUND 地址单元，十位和个位放在 TEN 地址单元。

分析 8 位无符号二进制数范围在 0～255 之间，将此数除以 100，商即为百位，将其余数除以 10 得十位，余数即为个位，题目中的标号在程序中应通过伪指令定义为具体的地址。程序如下：

```
ORG   0000H
MOV   A,ONE
MOV   B,#64H
DIV   AB
MOV   HUND,A            ;存百位值
MOV   A,#0AH
XCH   A,B               ;余数送 A,0AH 送 B
DIV   AB                ;商 0×为十位,余数 0◎为个位
SWAP   A                ;商变为×0
ADD   A,B               ;十位和个位合并,×0+0◎=×◎
MOV   TEN,A             ;存十位和个位
SJMP   $
ONE     EQU   20H
HUND    EQU   22H
TEN     EQU   23H
END
```

3.4 分支程序设计

分支程序很多是根据标志决定程序转移方向的，因此应善于利用指令产生的标志。对于多分支转移，还应画出流程图，下面几例说明 3 分支和多分支程序的编制。

【例 3-5】 在内部 RAM 的 40H 和 41H 地址单元中，有 2 个无符号数，试编程比较这两数的大小，将大数存于内部 RAM 的 GR 单元，小数存于 LE 单元，如两数相等，则分别送入 GR 和 LE 地址单元。

分析 采用 CJNE 指令，即可以判断相等与否，还可以通过 CY 标志判断大小，程序如下：

```
ORG   0000H
MOV   A,40H
CJNE   A,41H,NEQ        ;两数不等转 NEQ
MOV   GR,A              ;两数相等,GR 单元和 LE 单元均存此数
MOV   LE,A
SJMP   $
```

```
NEQ: JC   LESS              ;A小则转LESS
     MOV  GR,A              ;A大,大数存GR单元
     MOV  LE,41H            ;小数存LE单元
     SJMP $
LESS:MOV  LE,A              ;A小,小数存LE单元
     MOV  GR,41H            ;大数存GR单元
     SJMP $
GR   EQU  30H
LE   EQU  31H
     END
```

【例 3-6】 设变量 X 以补码形式放在片内RAM的30H单元,函数 Y 与 X 有如下关系式:

$$Y=\begin{cases} X & X>0 \\ 20\text{H} & X=0 \\ X+5 & X<0 \end{cases}$$

试编制程序,根据 X 的取值求出 Y,并放回原单元。

分析 取出变量后进行取值范围的判断,对符号的判断可用位操作类指令,也可用逻辑运算类指令,本例用逻辑运算指令,流程如图 3-2 所示,程序如下:

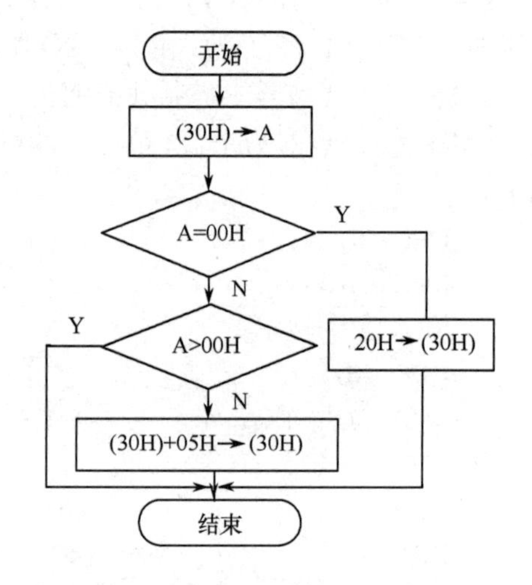

图 3-2 例 3-6 程序流程框图

```
      ORG   0000H
      MOV   A,30H
      JZ    NEXT            ;判断是否为零
      ANL A,#80H            ;判断符号位
      JZ    ED              ;X>0转ED
      MOV   A,#05H          ;X<0完成X+5
      ADD   A,30H
      MOV   30H,A
      SJMP  ED
NEXT: MOV   30H,#20H        ;X=0,Y=20H
  ED: SJMP  $
```

多分支散转程序的设计:有一类分支程序,它根据不同的输入条件或不同的运算结果,转向不同的处理程序,称为散转程序。这类程序通常利用 JMP @A+DPTR 间接转移指令实现转移。有如下两种设计方法:

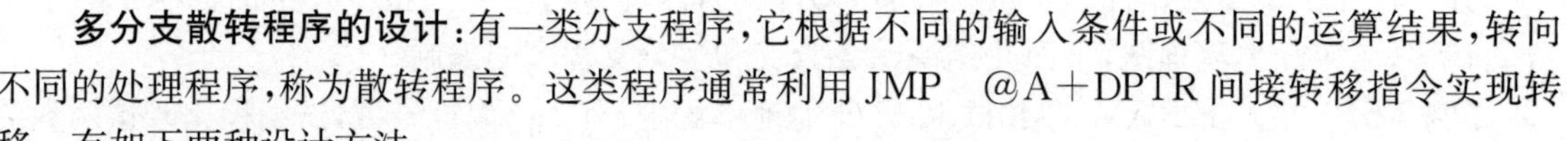

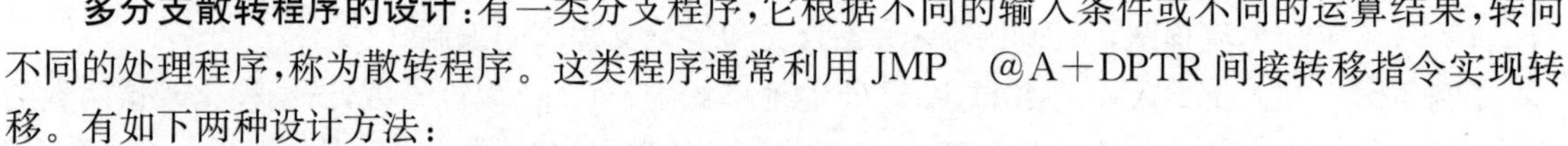

- 查转移地址表,将转移地址列成表格,将表格的内容作为转移的目标地址;
- 查转移指令表,将转移到不同程序的转移指令列成表格,判断条件后查表,执行表中的转移指令。

下面用两个例子说明。

1. 利用转移地址表实现转移

【例 3-7】 根据R3的内容转向对应的程序,R3的内容为 $0\sim n$,处理程序的入口符号地址分别为 $PR_0\sim PR_n$($n<128$)。

分析 将 $PR_0\sim PR_n$ 入口地址列在表格中,每一项占两个单元,PR_n 在表中的偏移量为 $2n$,

因此将 R3 的内容乘 2 即得 PR_n 在表中的偏移地址，从偏移地址 $2n$ 和 $2n+1$ 两个单元分别取出 PR_n 的高 8 位地址和低 8 位地址送 DPTR 寄存器，用 JMP　@A+DPTR 指令（A 先清零）即转移到 PR_n 入口执行。这里设 $PR_0 \sim PR_n$ 地址为 0110H，0220H，0330H…。

```
        PR0   EQU   0110H                 ;用伪指令定义 PRn 的具体地址
        PR1   EQU   0220H
        PR2   EQU   0330H
        …
        ORG   0000H
        MOV   A,R3                        ;R3→A
        ADD   A,ACC                       ;A*2
        MOV   DPTR,#TAB
        PUSH  ACC
        MOVC  A,@A+DPTR                   ;取地址表中高字节
        MOV   B,A                         ;暂存于 B
        INC   DPL
        POP   ACC
        MOVC  A,@A+DPTR                   ;取地址表中低字节
        MOV   DPL,A
        MOV   DPH,B                       ;DPTR 为表中地址
        CLR   A                           ;A=0
        JMP   @A+DPTR                     ;JMP  PRn
  TAB:  DW    PR0,PR1,PR2,…,PRn
        END
```


图 3-3　例 3-7 图

转移地址表见图 3-3（只画出了两项），设 R3=1，R3×2=2，程序取 TAB+2 和 TAB+3 单元中 PR1 入口地址 0220H 送 DPTR，由于执行了 CLR　A，A=0，JMP　@A+DPTR，即为 JMP　0220H，从而转到 PR1 执行。

2. 利用转移指令表实现转移

【例 3-8】 设有 5 个按键 0，1，2，3，4，其编码分别为 3AH，47H，65H，70H，8BH，要求根据按下的键转向不同的处理程序，分别为 PR0，PR1，PR2，PR3，PR4，设按键的编码已在 B 寄存器中，编出程序。

分析　将键码排成表，将键码表中的值和 B 中的键编码比较，记下在键码表中和 B 中的键编码相等的序号，另安排一个转移表，安排 AJMP 指令（机器码），因每条 AJMP 指令占两字节，将刚才记下的序号乘 2 即为转移表的偏移地址，利用 JMP　@A+DPTR 执行表内的 AJMP 指令，从而实现多分支转移，程序如下：

```
        PR0   EQU   0110H
        PR1   EQU   0220H
        PR2   EQU   0330H
        PR3   EQU   0440H
        PR4   EQU   0550H
        ORG   0000H
        MOV   DPTR,#TAB                   ;置键码表首址
        MOV   A,#0                        ;表的起始位的偏移量为 0
 NEXT:  PUSH  ACC
        MOVC  A,@A+DPTR                   ;A=键码表的编码
```

```
        CJNE  A,B,AGAN            ;将B中的按键编码和键码表的值比较
        POP  ACC
        RL  A                     ;如相等,序号乘2得分支表内偏移量
        MOV  DPTR,#JPT            ;置分支表首址
        JMP  @A+DPTR              ;执行表JPT+2n中的AJMP  PRn指令
AGAN:   POP  ACC                  ;不相等比较下一个
        INC  A                    ;序号加1
        CJNE  A,#5,NEXT
        SJMP  $                   ;键码查完还没有B中按键编码程序结束
JPT:    AJMP  PR0                 ;分支转移表
        AJMP  PR1
        AJMP  PR2
        AJMP  PR3
        AJMP  PR4
TAB:    DB 3AH,47H,65H,70H,8BH    ;键码表
        END
```

设JPT的地址为001AH,PR0入口地址为0110H,PR1入口地址为0220H,参考2.4.2节,求得AJMP　PR0的机器码为2110H,AJMP　PR1的机器码为4120H,……,JPT转移地址表中存放映像见图3-4(AJMP的指令码)。

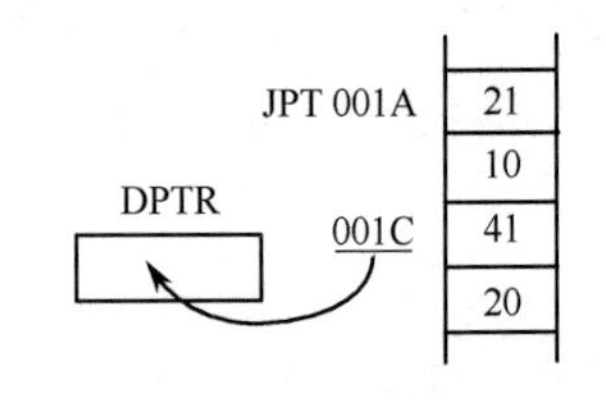

图3-4　例3-8图

例如,按键"1",序号为1,经RL　A后A=2,DPTR=JPT=001AH,因此,JMP　@A+DPTR即为JMP　001CH,执行001CH单元中的指令,而001CH单元存放AJMP　PR1的指令码4120H,从而执行AJMP　PR1指令,转移到PR1。

请读者考虑,如果分支程序的分支个数超过128,程序该如何设计?

3.5　循环程序设计

当程序中的某些指令需要反复执行多次时,采用循环程序的方式,会使程序缩短,节省存储单元(并不节省执行时间)。循环程序设计的一个主要问题是循环次数的控制,有两种控制方式:第一种方法是先判断再处理,即先判断满不满足循环条件,若不满足,就不循环,多以循环条件控制;第二种方法是先处理再判断,即循环执行一遍后,下一轮还需不需要进行,多以循环次数控制。循环可以有单重循环和多重循环,在多重循环中,内外循环不能交叉,也不允许外循环跳入内循环。下面通过几个实例说明循环程序的设计方法。

【例3-9】 设计一个延时10ms的延时子程序,已知单片机使用的晶振为6MHz。

分析　延时时间与两个因素有关:一个是晶振频率;另一个是循环次数。由于晶振采用6MHz,一个机器周期是2μs,用单循环可以实现1ms延时,外循环10次即可达10ms延时。内循环如何实现1ms延时呢?程序中可先以未知数MT代替,再根据程序的执行时间计算(机器周期从附录A可以查到)。

```
机器周期数          ORG   0020H
    1               MOV   R0,#0AH          ;外循环10次
```

```
1      DL2: MOV  R1,#MT       ;内循环 MT 次────────────┐
1      DL1: NOP               ┌───────────┐            │
1           NOP               ;空操作指令   内 │        外  │
2           DJNZ R1,DL1       ────────────┘            │
2           DJNZ R0,DL2       ─────────────────────────┘
            RET
```

内循环 DL1 到指令 DJNZ R1,DL1 的计算：

$$(1+1+2)\times 2\mu s\times MT=1000\mu s$$

$$MT=125=7DH$$

将 7DH 代入上面程序的 MT，计算总的延时时间为

$$\{1+[1+(1+1+2)\times 125+2]\times 10\}\times 2\mu s=10062\mu s=10.062ms$$

若需要延时更长时间，可以修改循环次数，或采用多重循环。

【例 3-10】 编写多字节数×10 程序。

内部 RAM 以 20H 为首址的一片单元中存放着一个多字节符号数，字节数存放在 R7 中，存放方式为低位字节在低地址，高位字节在高地址，要求乘 10 后的积仍存放在这一片单元中。

分析 用 R1 作为该多字节的地址指针，部分积的低位仍存放于本单元中，部分积的高位存放于 R2，以便和下一位的部分积的低位相加。以 R7 作为字节数计数，编程如下：

```
       ORG   0000H
       CLR   C           ;清进位位 C
       MOV   R1,#20H     ;R1 指示地址
       MOV   R2,#00H     ;存积的高 8 位寄存器 R2 清零
SH10:  MOV   A,@R1       ;取一字节送 A
       MOV   B,#0AH      ;10 送 B
       PUSH  PSW
       MUL   AB          ;字节乘 10
       POP   PSW
       ADDC  A,R2        ;上次积高 8 位与本次积低 8 位相加得本次积
       MOV   @R1,A       ;送原存储单元
       MOV   R2,B        ;积的高 8 位送 R2
       INC   R1          ;指向下一字节
       DJNZ  R7,SH10     ;未乘完去 SH10，否则向下执行
       MOV   @R1,B       ;存最高字节积的高位
       SJMP  $
```

由于低位字节乘 10，其积可能会超过 8 位，所以把本次乘积的低 8 位与上次（低位的字节）乘积的高 8 位相加作为本次之积存入。在相加时，有可能产生进位，因此使用了 ADDC 指令，这就要求进入循环之前 C 必须清零（第一次相加无进位），在循环体内未执行 ADDC 之前 C 必须保持。由于执行 MUL 指令时清除 C，所以在该指令前后安排了保护和恢复标志寄存器 PSW 的指令。程序中是逐字节进行这种相乘相加运算，直到整个字节完毕，结束循环。

【例 3-11】 把片内 RAM 中地址 30H～39H 中的 10 个无符号数逐一比较，并按从小到大的顺序依次排列这片单元中。

分析 为了把 10 个单元中的数按从小到大的顺序排列，可从 30H 单元开始，两数逐次进行

比较，保存小数取出大数，且只要有地址单元内容的互换就置位标志。多次循环后，若两数比较不再出现有单元互换的情况，就说明从 30H～ 39H 单元中的数已全部从小到大排列完毕。

流程图见图 3-5，程序如下：

```
        ORG   0000H
START:CLR   00H
        CLR   C
        MOV   R7,#0AH
        MOV   R0,#30H
        MOV   A,@R0
LOOP:   INC   R0
        MOV   R2,A
        SUBB  A,  @R0
        MOV   A,R2
        JC    NEXT
        SETB  00H
        XCH   A,@R0
        DEC   R0
        XCH   A,@R0
        INC   R0
NEXT:   MOV   A,@R0
        DJNZ  R7,LOOP
        JB    00H,START
        SJMP  $
```

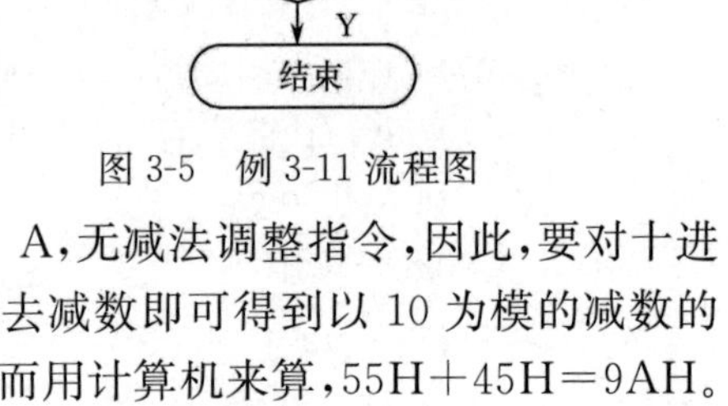

图 3-5　例 3-11 流程图

【例 3-12】　编写多字节 BCD 码减法程序。

分析　(1) 对 BCD 码调整的考虑

由于 51 指令系统中只有十进制数加法调整指令 DA　A，无减法调整指令，因此，要对十进制数减法进行调整，必须采用补码相加的办法，用 9AH 减去减数即可得到以 10 为模的减数的补码。例如，45 的十进制数补码为 55，因为 55＋45＝100；而用计算机来算，55H＋45H＝9AH。由此得多字节十进制 BCD 码减法程序。

(2) 对借位标志 CY 的考虑

由于是用补码相加运算完成两数相减运算，而这两种运算对 CY 标志是相反的，即补码相加时 CY＝1(相加有进位)，用原码相减无借位(CY＝0)(参见例 0-2)，要正确反映减借位情况，必须对补码相加的进位标志位 CY 进行求反操作。

(3) 寄存器的安排

设被减数低字节地址用 R1 指示，减数地址用 R0 指示，字节数用 R2 指示。差(补码)的地址仍用 R0 指示，差的字节数放在 R3。用 07H 位作为结果的符号标志，“0”为正，“1”为负。程序如下：

```
          ORG   0000H
SUBCD:    MOV   R3,#00H          ;差字节数置 0
          CLR   07H              ;符号位清零
          CLR   C                ;借位位清零
SUBCD1:MOV   A,#9AH           ;求减数对 100 补码
          SUBB  A,@R0
```

```
        ADD   A,@R1              ;补码相加
        DA   A                   ;十进制加法调整
        MOV   @R0,A              ;存结果
        INC   R0                 ;地址值增 1
        INC   R1
        INC   R3                 ;差字节数增 1
        CPL   C                  ;进位求反,以形成正确借位
        DJNZ   R2,SUBCD1         ;未减完去 SUBCD1,减完向下执行
        JNC   SUBCD2             ;无借位去 SUBCD2 返回,否则继续
        SETB   07H               ;有借位,置"1"符号位
SUBCD2: SJMP   $
```

例如,两 BCD 码相减 8943H－7649H＝?

```
对低位字节运算:  10011010   9A
           －)  01001001   49
           ----------------
                01010001   得 49 对 100 补码 51
           ＋)  01000011   加 43,低字节和为 94
           ----------------
            [0] 10010100   进位为 0,即借位 CY＝1
对高位字节运算:  10011010   9A
           －)  01110110   76
           ----------------
                00100100   76 对 100 的补码为 24
           －)  00000001   减去低位字节的借位位 1
           ----------------
                00100011   得减数减 1 后的值为 23
           ＋)  10001001   加被减数 89
           ----------------
                10101100
           ＋)  01100110   对结果加 66 修正(DA   A)
           ----------------
            [1] 00010010   高字节和为 12,进位为 1,即借位 CY＝0
```

最后结果 8943H－7649H＝1294H。

高位字节减数变补与被减数相加有进位,实际上表示两者相减无借位,为正确反映借位情况,应对进位标志求反使 CY＝0,最后运算结果差为 1294H,且无借位,计算正确。

关于多字节 BCD 码加法程序读者可自行编制。

【例 3-13】 编写将十进制数转换成二进制数程序。

在计算机中,码制的变换是经常要进行的,而变换的算法都差不多,在汇编语言中都曾涉及过。在此,我们仅以十进制数变换为二进制数为例,说明怎样使用单片机的指令进行编程。

一个 n 位的十进制数 $D_n, D_{n-1}, \cdots, D_0$ 可表示为

$$(\cdots((D_n \times 10 + D_{n-1}) \times 10 + D_{n-2}) \times 10 + \cdots) + D_0$$

例如,$9345=[(9\times10+3)\times10+4]\times10+5$。现将一个 4 位的十进制数转换成二进制数,举例如下。

设十进制数 9345 以非压缩 BCD 码形式依次存放在内部 RAM 的 40H～43H 单元中,要求转换为二进制数并存入 R2R3 中。根据上述算法,画出流程图 3-6,程序如下:

```
        ORG   0000H
DCB:    MOV   R0,#40H            ;R0 指向千位地址
```

```
        MOV   R1,#03          ;计数值→R1
        MOV   R2,#0           ;存放结果的高位清零
        MOV   A,@R0           ;BCD码千位数→A
        MOV   R3,A
LOOP:   MOV   A,R3
        MOV   B,#10
        MUL   AB
        MOV   R3,A            ;(R3×10)低8位→R3
        MOV   A,B
        XCH   A,R2            ;(R3×10)高8位暂存R2
        MOV   B,#10
        MUL   AB
        ADD   A,R2;           ;(R2×10)+(R3×10)的高8位
        MOV   R2,A
        INC   R0
        MOV   A,R3
        ADD   A,@R0
        MOV   R3,A
        MOV   A,R2
        ADDC  A,#0            ;加低字节来的进位
        MOV   R2,A
        DJNZ  R1,LOOP
        SJMP  $
        END
```

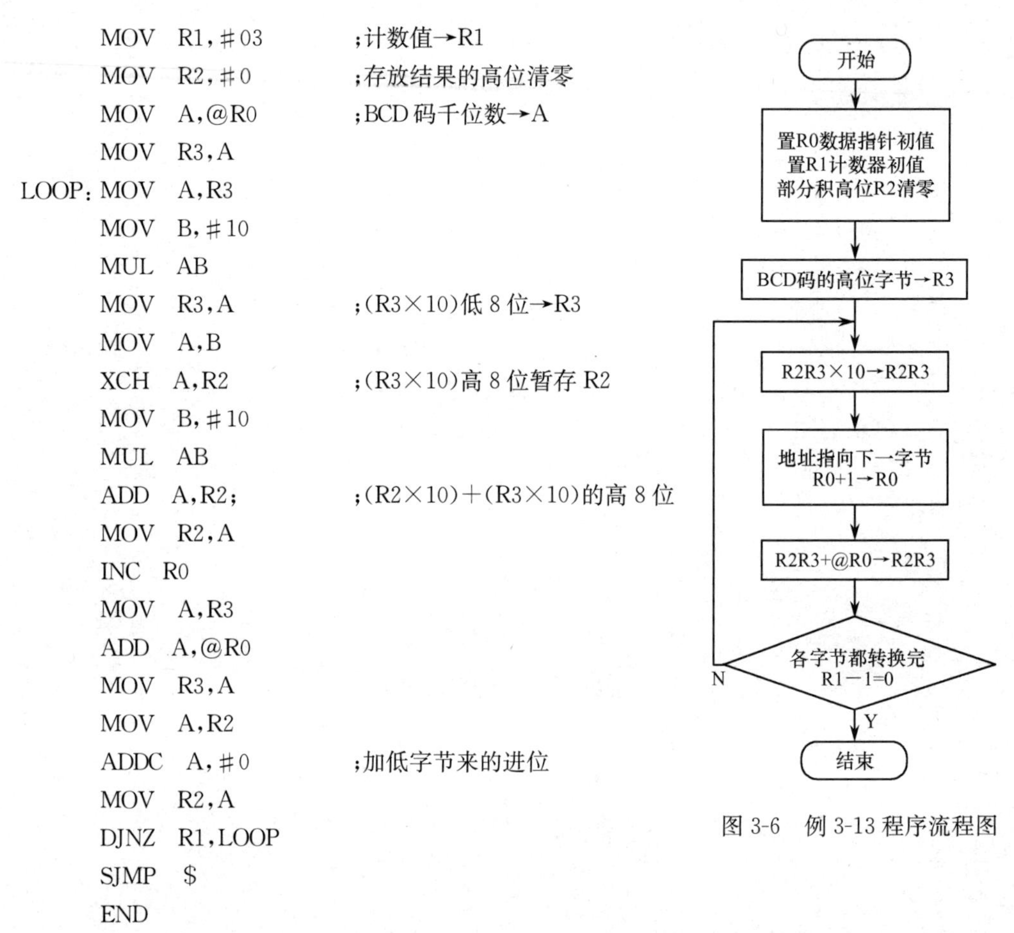

图 3-6　例 3-13 程序流程图

以上程序采用循环方式,运用了乘法指令实现乘 10 运算,既缩短了程序长度,又加快了运算速度。

3.6　位操作程序设计

【例 3-14】 编写一程序,以实现图 3-7 中的逻辑运算电路。其中,$P_{1.1}$和 $P_{2.2}$分别是端口线上的信息,TF0 和 IE1 分别是定时器定时溢出标志和外部中断请求标志,25H 和 26H 分别是两个位地址,运算结果由端口线 $P_{1.3}$输出。

分析　51 单片机有着优异的位逻辑功能,可以方便地实现各种复杂的逻辑运算。这种用软件替代硬件的方法,可以大大简化甚至完全不用硬件,但比硬件要多花费运算时间。程序如下:

```
START:MOV   C,P2.2
      ORL   C,TF0
      ANL   C,P1.1
      MOV   F0,C
      MOV   C,IE1
      ORL   C,/25H
      ANL   C,F0
      ANL   C,/26H
      MOV   P1.3,C
      SJMP  $
```

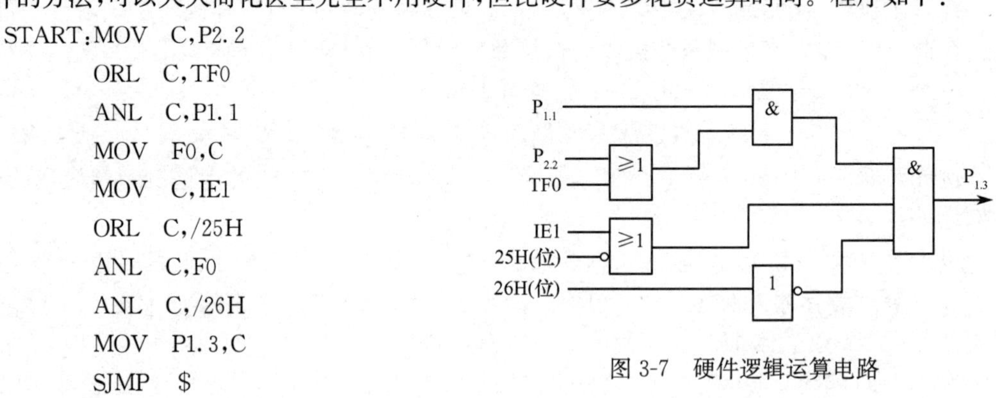

图 3-7　硬件逻辑运算电路

【例 3-15】 设累加器 A 的各位 ACC.0～ACC.7 分别记为 X0～X7，编制程序用软件实现：$Y=\overline{X0X1X2+X0\,\overline{X1}\,\overline{X2}}+X0\,\overline{X1}X2X3+\overline{X4}\,\overline{X5}\,\overline{X6}X7$。

编程如下：

```
X0   BIT   ACC.0
X1   BIT   ACC.1
X2   BIT   ACC.2
X3   BIT   ACC.3
X4   BIT   ACC.4
X5   BIT   ACC.5
X6   BIT   ACC.6
X7   BIT   ACC.7
Y    BIT   P1.0
ORG   0000H
MOV   C,X0
ANL   C,X1
ANL   C,X2
MOV   00H,C              ;X0X1X2→ 00H位
MOV   C,X0
ANL   C,/X1
MOV   01H,C              ;X0 $\overline{X1}$→ 01H位
ANL   C,/X2
ORL   C,00H
MOV   00H,C              ; X0X1X2+X0 $\overline{X1}$ $\overline{X2}$→ 00H位
MOV   C,X2
ANL   C,01H
ANL   C,X3               ;X0 $\overline{X1}$X2X3
ORL   C,/00H
MOV   00H,C              ; $\overline{X0X1X2+X0 \overline{X1} \overline{X2}}$+X0 $\overline{X1}$X2X3→00H位
MOV   C,X7
ANL   C,/X6
ANL   C,/X5
ANL   C,/X4              ; $\overline{X4}$ $\overline{X5}$ $\overline{X6}$ X7
ORL   C,00H
MOV   Y,C                ; 最终结果 Y←C
SJMP   $
```

3.7 子　程　序

子程序是构成单片机应用程序必不可少的部分，由于 51 单片机有 ACALL 和 LCALL 两条子程序调用指令，可以十分方便地用来调用任何地址处的子程序。子程序节省占用的存储单元，使程序简短、清晰。善于灵活地使用子程序，是程序设计的重要技巧之一。

在调用子程序时，有以下几点应注意。

① 保护现场。如果在调用前主程序已经使用了某些存储单元或寄存器，在调用时，这些寄存器和存储单元又有其他用途，就应先把这些单元或寄存器中的内容压入堆栈保护，调用完后再从堆栈中弹出以便加以恢复。如果有较多的寄存器要保护，应使主、子程序使用不同的寄存器组。

② 设置入口参数和出口参数。调用之前主程序要按子程序的要求设置好地址单元或存储器(称为入口参数),以便子程序从指定的地址单元或存储器获得输入数据;子程序经运算或处理后的结果存放到指定的地址单元或寄存器(称为出口参数),主程序调用后从指定的地址单元或寄存器读取运算或处理后的结果,只有这样,才能完成子程序和主程序间数据的正确传递。

③ 子程序中可包括对另外子程序的调用,称为子程序嵌套。

【例 3-16】 用程序实现 $c=a^2+b^2$,设 a,b 均小于 10。a 存放在 31H 单元,b 存放在 32H 单元,把 c 存入 34H 和 33H 单元(和要求为 BCD 码)。

解 因该算式两次用到平方值,所以在程序中采用把求平方编为子程序的方法。主程序和子程序编写如下:

主程序:

```
ORG   0000H
MOV   SP,#3FH          ;设堆栈指针
MOV   A,31H            ;取a值
LCALL   SQR            ;求a²
MOV   R1,A             ;a²值存R1
MOV   A,32H            ;取b值
LCALL   SQR            ;求b²
ADD   A,R1             ;求a²+b²
DA   A                 ;BCD码调整
MOV   33H,A            ;存入33H
MOV   A,#0
ADDC   A,#0            ;取进位位
MOV   34H,A            ;存进位位
SJMP   $
```

子程序:

```
     ORG   0030H
SQR: INC   A               ;RET占1字节,即查表指令到TAB表头之间偏差1字节
     MOVC   A,@A+PC        ;查平方表
     RET
TAB: DB   00H,01H,04H,09H,16H,25H,36H,49H,64H,81H
     END
```

主程序和子程序之间的参数传递均使用累加器 A,子程序中 INC　A 指令是因为 MOVC A,@A+PC 执行时,当前 PC 指向 RET 指令,RET 指令为 1 字节,即当前 PC 和表头相隔 1 字节,所以变址调整值为 1。

【例 3-17】 求两个无符号数据块中的最大值的乘积。数据块的首地址分别为 60H 和 70H,每个数据块的第一个字节都存放数据块长度,结果存入 5FH 和 5EH 单元中。

分析 本例可采用分别求出两个数据块的最大值然后求积的方法,求最大值的过程可采用子程序。子程序的入口参数是数据块首地址,存放在 R1 中;出口参数为最大值,存放在 A 中。

主程序:

```
ORG   0000H
MOV   R1,#60H          ;置第一个数据块入口参数
ACALL   QMAX           ;调求最大值子程序
MOV   B,A              ;第一个数据块的最大值暂存于B中
```

```
    MOV   R1,#70H            ;置第二个数据块入口参数
    ACALL   QMAX             ;调求最大值子程序
    MUL   AB                 ;求积
    MOV   5EH,A              ;存积低位
    MOV   5FH,B              ;存积高位
    SJMP   $
```

子程序：

```
        ORG   0030H
QMAX:MOV   A,@R1             ;取数据块长度
        MOV   R2,A           ;设置计数值
        CLR   A              ;设 0 为最大值
   LP1:INC   R1              ;修改地址指针
        CLR   C              ;0→CY
        SUBB   A,@R1         ;两数相减,比较大小
        JNC   LP3            ;原数仍为最大值转 LP3
        MOV   A,@R1          ;否,用此数代替最大值
        SJMP   LP4           ;无条件转移
   LP3:ADD   A,@R1           ;恢复原最大值(因用 SUBB 做比较指令)
   LP4:DJNZ   R2,LP1         ;若没比较完,继续比较
        RET                  ;比较完,返回
        END
```

3.8 小　　结

① 程序设计的关键在于指令熟悉和算法(思路)正确、清晰,对复杂的程序应先画出流程图。只有多做练习、多上机调试,熟能生巧,才能编出高质量的程序。

② 伪指令是非执行指令,提供汇编程序以汇编信息,应正确使用。

③ 本章应掌握顺序程序、分支程序、循环程序、子程序等各类程序的设计方法,并能熟练应用查表技术简化程序的设计。

思考题与习题 3

3.1　编写程序,把外部数据存储器 0000H～0050H 中的内容传送到内部数据存储器 20H ～70H 中。

3.2　编写程序,实现双字节加法运算,要求 R1R0＋R7R6→(52H)(51H)(50H)(内部 RAM)。

3.3　设 X 在累加器 A 中($0\leqslant X\leqslant 20$),求 X^2 并将平方数高位存放在 R7 中,低位存放在 R6 中。试用查表法编出子程序。

3.4　设内部 RAM 的 20H 和 21H 单元中有两个带符号数,将其中的大数存放在 22H 单元中,编程序实现。

3.5　若单片机的晶振频率为 6MHz,求下列延时子程序的延时时间。

```
DELAY:  MOV   R1,#0F8H
 LOOP:  MOV   R3,#0FBH
        DJNZ  R3, $
        DJNZ  R1,LOOP
        RET
```

3.6　编程将内部数据存储器 20H～24H 单元压缩的 BCD 码转换成 ASCII 码存放在 25H 开始的单元内。

3.7 从内部存储器 30H 单元开始，有 16 个数据，试编一个程序，把其中的正数、负数分别送 40H 和 50H 开始的存储单元，并分别将正数、负数和零的个数送 R4，R5，R6。

3.8 内部存储单元 40H 中有一个 ASCII 字符，试编一个程序给该数的最高位加上奇校验。

3.9 编写一段程序，将存放在自 DATA 单元开始的一个 4 字节数(高位在高地址)取补后送回原单元。

3.10 以 BUF1 为起始地址的外存储区中，存放有 16 个单字节无符号二进制数，试编一个程序，求其平均值并送 BUF2 单元，余数存在 BUF2-1 单元。

3.11 将内部 RAM 的 20H 单元中的十六进制数变换成 ASCII 码存入 22H，21H 单元中，高位存入 22H 单元中，要求用子程序编写转换部分。

3.12 编写一段程序，以实现图 3-8 中硬件的逻辑运算功能。

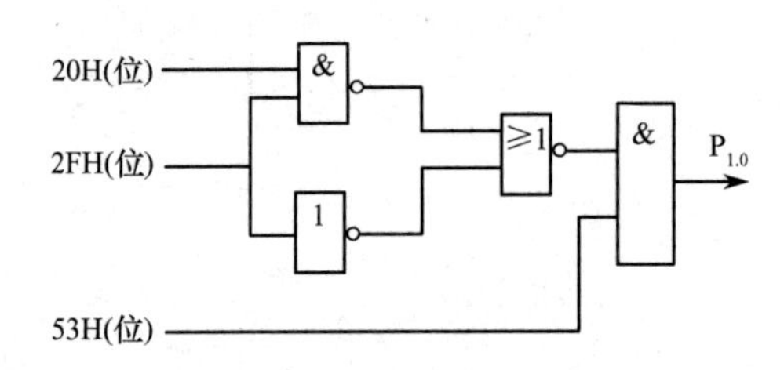

图 3-8 习题 3.12 图

3.13 用位操作指令实现下面的逻辑方程(×表示逻辑乘，+表示逻辑加)：

$P1.2=(ACC.3\times P1.4\times \overline{ACC.5})+(\overline{B.4}\times \overline{P1.5})$

3.14 试编写一个 3 字节无符号数乘 1 字节的乘法程序。

※第4章　单片机的C语言编程——C51

☞**教学要点**

本章根据学时安排为任选教学部分。可以让学生自学，或在后续的课程设计或毕业设计中结合应用自学。如果课堂讲解，只需讲清C51结合单片机硬件的特殊点：C51的基本数据类型、存储类型及C51对单片机内部部件的定义等，其语法和标准C无异。

可安排C语言程序设计实验，学习C51程序设计和软件仿真调试方法。

C语言是嵌入式系统中一种通用的程序设计语言，其数据类型及运算符丰富，代码率高，有较好的移植性和丰富的功能函数，并具有良好的程序结构，适用于各种应用的程序设计，是目前嵌入式系统中使用较广的编程语言。嵌入式系统中使用的C语言和ANSI标准的C语言比较，其语法规则是相同的，但由于它控制嵌入式系统硬件，而不同的嵌入式系统核心控制部件是不同的，因此，不同的嵌入式系统的C语言采用不同的C编译器。

51单片机的C语言采用C51编译器(简称C51)。由C51产生的目标代码短、运行速度高、所需存储空间小、符合C语言的ANSI标准，生成的代码遵循INTEL目标文件格式，而且可与A51汇编语言目标代码混合使用。

应用C51编程具有以下优点：

① C51管理内部寄存器和存储器的分配，编程时，无须考虑不同存储器的寻址和数据类型等细节问题；

② 程序由若干函数组成，具有良好的模块化结构；

③ 有丰富的子程序库可直接引用，从而大大减少用户编程的工作量；

④ C语言和汇编语言可以交叉使用，汇编语言程序代码短、运行速度快，但复杂运算编程耗时。如果用汇编语言编写与硬件有关的部分程序，用C语言编写与硬件无关的运算部分程序，充分发挥两种语言的长处，可以提高开发效率。

和汇编语言程序要经过A51汇编一样(见图3-1)，C语言也要经过C51编译器编译、L51(或BL51)连接定位后生成目标.BIN文件和.HEX文件。仿真调试是对目标文件机器码程序调试，因此，对汇编语言程序和C语言程序使用同一仿真调试软件，如Keil等，见本书第13章。

4.1　C51程序结构

同标准C一样，C51的程序由一个个函数组成，这里的函数和其他语言的“子程序”或“过程”具有相同的意义。其中必须有一个主函数main()，程序的执行从main()函数开始，调用其他函数后返回主函数main()，最后在主函数中结束整个程序而不管函数的排列顺序如何。

C语言程序的组成结构如下所示：

```
全局变量说明              /*可被各函数引用*/
main()                    /*主函数*/
{
```

```
局部变量说明              /*只在本函数引用*/
执行语句(包括函数调用语句)
}
fun1(形式参数表)          /*函数1*/
形式参数说明
{
局部变量说明
执行语句(包括调用其他函数语句)
}
…
funn(形式参数表)          /*函数n*/
形式参数说明
{
局部变量说明
执行语句
}
```

可见,C语言的函数以"{"开始,以"}"结束。C语言的语句规则为:

① 每个变量必须先说明后引用,变量名英文大小写是有差别的。

② C语言程序一行可以书写多条语句,但每个语句必须以";"结尾,一个语句也可以多行书写。

③ C语言的注释用/*……*/表示。

④ "{"必须成对,位置随意,可在紧挨函数名后,也可另起一行,多个花括号可以同行书写,也可逐行书写,为层次分明,增加可读性,同一层的"{"对齐,采用逐层缩进方式书写。

4.2 C51的数据类型

C51的数据有常量和变量之分。

常量——在程序运行中其值不变的量,可以为字符、十进制数或十六进制数(用0x表示)。

常量分为数值型常量和符号型常量,如果是符号型常量,需用宏定义指令(#define)对其进行定义(相当于汇编的"EQU"伪指令),如:

```
#define    PI    3.1415
```

那么程序中只要出现PI的地方,编译程序都译为3.1415。

变量——在程序运行中其值可以改变的量。

一个变量由变量名和变量值构成,变量名即是存储单元地址的符号表示,而变量的值就是该单元存放的内容。定义一个变量,编译系统就会自动为它安排一个存储单元,具体的地址值用户不必在意。

无论哪种数据都存放在存储单元中,每一个数据究竟要占用几个单元(即数据的长度),都要提供给编译系统,正如汇编语言中存放数据的单元要用DB或DW伪指令进行定义一样,编译系统以此为根据预留存储单元,这就是定义数据类型的意义。C51编译器支持的数据类型见表4-1。

对表4-1进行如下说明:

① 字符型(char)、整型(int)和长整型(long)均有符号型(signed)和无符号型(unsigned)两

种，如果不是必需的，尽可能选择 unsigned 型，这将会使编译器省去符号位的检测，使生成的程序代码比 signed 类型短得多。

表 4-1　C51 的数据类型

	数据类型	长　度	值　域
位　型	bit	1Bit	0 或 1
字符型	signed　char	1Byte	－128～127
	unsigned char	1Byte	0～255
整　型	signed int	2Byte	－32768～＋32767
	unsigned int	2Byte	0～65535
	signed long	4Byte	－2147483648～＋2147483647
	unsigned long	4Byte	0～4294967295
实　型	float	4Byte	1.176E－38～3.40E＋38
指针型	data/idata/ pdata	1Byte	1 字节地址
	code/xdata	2Byte	2 字节地址
	通用指针	3Byte	其中 1 字节为储存器类型编码，2，3 字节为地址偏移量
访问 SFR 的数据类型	sbit	1Bit	0 或 1
	sfr	1Byte	0～255
	sfr16	2Byte	0～65535

② 程序编译时，C51 编译器会自动进行类型转换，例如，将一个位型变量赋值给一个整型变量时，位型值自动转换为整型值；当运算符两边为不同类型的数据时，编译器先将低级的数据类型转换为较高级的数据类型，运算后，运算结果为高级数据类型。

③ 51 单片机内部数据存储器的可寻址位（20H～2FH）定义为 bit 型，而特殊功能寄存器的可寻址位（即地址为 X0H 和 X8H 的 SFR 的各位）只能定义为 sbit 类型。

4.3　数据的存储器类型和存储器模式

4.3.1　数据的存储器类型

C51 是面向 8XX51 单片机及硬件控制系统的开发语言，它定义的任何变量必须以一定的存储器类型的方式定位在 8XX51 的某一存储区中，否则便没有意义。因此，在定义变量类型时，还必须定义它的存储器类型，C51 的变量的存储器类型见表 4-2。

表 4-2　C51 的变量的存储器类型

存储器类型	描　述
data	直接寻址内部数据存储区，访问变量速度最快（128B）
bdata	可位寻址内部数据存储区，允许位与字节混合访问（16B）
idata	间接寻址内部数据存储区，可访问全部内部地址空间（256B）
pdata	分页（256B）外部数据存储区，由操作码 MOVX　@Ri 访问
xdata	外部数据存储区（64KB），由操作码 MOVX　@DPTR 访问
code	程序存储区（64KB），由操作码 MOVC　@A＋DPTR 访问

访问内部数据存储器（idata）比访问外部数据存储器（xdata）相对要快一些，因此，可将经常使用的变量置于内部数据存储器中，而将较大及很少使用的数据变量置于外部数据存储器中。例如，定义变量 x 语句：data char x（等价于 char data x）。如果用户不对变量的存储类型定义，则编译器承认默认的存储器类型，默认的存储器类型由编译控制命令的存储器的模式部分决定。

4.3.2 存储器模式

存储器模式决定了变量的默认存储器类型、参数传递区和无明确存储区类型的说明。C51的存储器模式有SMALL、LARGE和COMPACT，见表4-3。

表4-3 存储器模式

存储器模式	描　　述
SMALL	参数及局部变量放入可直接寻址的内部存储器(最大128B，默认存储器类型为data)
COMPACT	参数及局部变量放入分页外部数据存储器(最大256B，默认存储器类型是pdata)
LARGE	参数及局部变量直接放入外部数据存储器(最大64KB，默认存储器类型为xdata)

在固定的存储器地址进行变量参数传递是C51的一个标准特征，在SMALL模式下，参数传递是在内部数据存储区中完成的。LARGE和COMPACT模式允许参数在外部存储器中传递。C51同时也支持混合模式，例如，在LARGE模式下生成的程序可将一些函数分页放入SMALL模式中，从而加快执行速度。

例如，设C语言源程序为PROR.C，若使程序中的变量类型和参数传递区限定在外部数据存储器有两种方法。

方法1：用C51对PROR.C进行编译时，使用命令C51 PROR.C COMPACT。

方法2：在程序的第一句加预处理命令#pragma compact。

4.3.3 变量说明举例

```
data char var;                          /* 字符变量var定位在片内数据存储区 */
char code MSG[]="PARAMETER:";           /* 字符数组MSG[ ]定位在程序存储区 */
unsigned long xdata array[100];         /* 无符号长型数组定位在片外RAM区，每元素占4Bytes */
float idata x,y,z;                      /* 实型变量x,y,z，定位在片内用间址访问的内部RAM区 */
bit lock;                               /* 位变量lock定位在片内RAM可位寻址区 */
unsigned int pdata sion;                /* 无符号整型变量sion定位在分页的外部RAM */
unsigned char xdata vector[10][4][4]    /* 无符号字符型三维数组，定位在片外RAM区 */
sfr P0=0x80;                            /* 定义P0口，地址为80H */
char bdata flags;                       /* 字符变量flags定位在可位寻址内部RAM区 */
sbit flag0=flags^0;                     /* 定义flag0为flags.0 */
```

如果在变量说明时略去存储器类型标志符，编译器会自动选择默认的存储器类型。默认的存储器类型由控制指令SMALL、COMPACT和LARGE限制。例如，如果声明char var，则默认的存储器模式为SMALL，var放在data存储区；如果使用COMPACT模式，var放入idata存储区；在使用LARGE模式的情况下，var被放入外部数据存储区(xdata存储区)。

4.4 指　　针

4.4.1 指针和指针变量

指针就是存储单元的地址，存放该地址的变量就是指针变量。

在汇编语言程序中，要取存储单元m的内容可用直接寻址方式，也可用寄存器间接寻址方式，如果用R1寄存器指示m的地址(此时R1称为间址寄存器)，用@R1取m单元的内容。对应地，在C语言中用变量名表示取变量的值(相当于直接寻址)，也可用另一个变量(如P)存放m

的地址，P 就相当于 R1 寄存器。用 * P 取得 m 单元的内容(相当于汇编的间接寻址方式)，这里 P 即为指针型变量，简称指针变量。表 4-4 表示两种语言将 m 单元的内容送 n 单元的对照语句。

表 4-4　汇编语言和 C 语言的对照

直接寻址		间接寻址	
汇编语言	C 语言	汇编语言	C 语言
mov n,m 传送语句	n=m; 赋值语句	mov R1,#m;m 的地址送 R1 mov n,@R1;m 的内容送 n	P=&m /* m 的地址送 P */ n=*P /* m 的内容送 n */

注：表中省略了汇编语言程序中对符号地址 n 和 m 用 EQU 伪指令进行具体地址定义的语句及 C 语言对变量 n、m 和指针变量 P 进行类型定义的语句，实际程序设计中，此步是不可缺少的。表中，& 为取地址运算符，* 为取内容运算符。

4.4.2　指针变量的数据类型和存储类型

由于 C51 是结合 51 单片机硬件的，51 单片机的不同存储空间有不同的地址范围，即使对于同一外部数据存储器，又有用@Ri 分页寻址(Ri 为 8 位)和用@DPTR 间接寻址(DPTR 为 16 位)两种寻址方式，而指针本身也是一个变量，有它存放的存储区和数据长度。因此，在指针类型的定义中要说明：被指的变量的数据类型和存储类型；指针变量本身的数据类型(占几个字节)和存储类型(即指针变量本身存放在什么存储区)。其中，指针变量本身的数据类型由被指的存储器类型决定，例如，类型定义为 data 或 idata，表示指针指示内部数据存储器；而 pdata 表示指针指向外部数据存储器，用@Ri 间址。以上被指存储区均为 8 位地址，因此指针变量本身是一个 8 位数据；而类型 code/xdata 表示指针指向外部程序存储器或外部数据存储器(用@DPTR 间接寻址)，这些存储区是 16 位地址，指针本身应为 16 位长度。如果想使指针能适用于指向任何存储空间，则可以定义指针为通用型，此时指针长度为 3 字节，第一字节表示存储器类型编码，第二、三字节分别表示所指地址的高位和低位。第一字节表示的存储器类型编码见表 4-5。

表 4-5　通用型指针的存储类型编码

存储器类型	idata	xdata	pdata	data	code
编 码	1	2	3	4	5

例如，指针变量 px 值为 0x021203 即指针指示 xdata 区的 1203H 地址单元。可用赋值语句实现。

4.4.3　指针变量的说明

指针变量的说明格式如下：

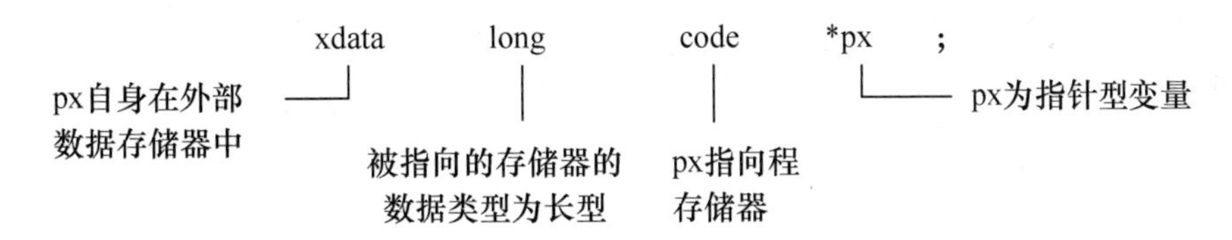

上述说明等效于 long code * xdata px;。

指针声明中包含如下几方面的内容。

① 指针变量名(如 px)前面冠以"*"，表示 px 为指针型变量，此处 * 没有取内容之意。

② 指针指向的存储类型，即指向哪个存储区，它决定了指针本身的长度(见表 4-1)，如上例中，px 指向程序存储区，程序存储区为 16 位地址，px 长度为 2 字节。

③ 存储类型声明的位置在数据类型和指针名(如 * px)之间，如无次项声明，则此指针变量为通用型，指针长度为 3 字节。

④ 指针指向的存储区的数据类型，即被指向的存储区以多少个单元作为一个数据单位，当程序通过指针对该区操作时，将按此规定的字节数的作为一个数据进行操作。

⑤ 指针变量自身的存储类型，即指针处于什么区，它与自身的长度无关，该声明可位于声明语句的开头，也可在“*”和变量名之间。此项由编译模式放在默认区，如无规定编译模式，通常在 data 区。

指针类型说明举例：

```
long xdata *pp;            /*指针 pp 指向 long 型 xdata 区(每个数据占 4 个单元,指针自身在默
                             认存储器(如不指定编译模式在 data 区),指针长度为 2 字节*/
char xdata *data pd;       /*指针 pd 指向字符型 xdata 区,自身在 data 区,长度 2 字节*/
data char xdata *pd;       /*与上例等效*/
int *pn;                   /*定义一个类型为 int 型的通用型指针,指针长度为 3 字节*/
```

例如：

```
main(){
    char xdata *ap;        /*定义指针 ap 指向 char 型 xdata 区*/
    ap=0x0010;             /*指针 ap 赋值 0010H,因为外部 RAM 为 16 位地址 xdata 区*/
    *ap=50;                /*50 送入外部 RAM 的 0010H 单元 */
}
```

如果改为下面程序：

```
main(){
    int xdata *ap;         /*定义指针 ap 指向 int 型 xdata 区*/
  ap=0x0010;               /*指针 ap 赋值 0010H */
    *ap=0x3650;            /*外部 RAM(0010H)=36H,而(0011H)=50H */
}
```

4.4.4 指向数组的指针变量

如果用一个变量存放一个数组的地址，这个变量就称为指向数组的指针变量，数组的起始地址称为数组指针，一个数组 a[ ]的起始地址用 a 表示。

1. 指向数组的指针变量的定义和赋值

设定义了一个数组 a[5]和一个指针变量 ap：

```
char data a[5];
char data *ap;
```

仅此两句并不能说明变量 ap 是指向数组的，还必须将数组的起始地址赋给该变量：

```
    ap=a;                  /*数组 a[]的起始地址赋给指针变量 ap*/
或  ap=&a[0];              /*意义同上*/
```

也可以使定义和赋值在一条语句完成：

```
    char data *ap=a;
或  char data * ap=&a[0];
```

2. 利用指向数组的指针变量引用数组元素

指向数组的指针变量引用数组元素有两种方法：*(ap+i) 或 ap(i)，它们等同于 *(a+i)或 a(i)。

例如：

```
main(){
char a[5]={11,22,33,44,55};
```

```
    char b,c,d;
    char *ap;
    ap=a;              /* ap等于数组a[5]的起始地址 */
    b=a+2;             /* b等于数组元素a[2]的地址 */
    c=ap+3;            /* c等于数组元素a[3]的地址 */
    d=*(ap+3);         /* d等于数组元素a[3]的值,即d=44,等同于d=a(3) */
}
```

4.5 C51对SFR、可寻址位、存储器和I/O口的定义

4.5.1 特殊功能寄存器SFR定义

C51提供了一种自主形式的定义方式,使用特定关键字sfr。如:

```
sfr SCON=0x98;     /* 串行通信控制寄存器地址98H */
sfr TMOD=0x89;     /* 定时器模式控制寄存器地址89H */
sfr ACC=0xe0;      /* A累加器地址E0H */
sfr P1=0x90;       /* P1端口地址90H */
```

定义了以后,程序中就可以直接引用寄存器名。

C51也建立了一个头文件reg51.h(增强型为reg52.h),在该文件中对所有的特殊功能寄存器进行了sfr定义,对特殊功能寄存器的有位名称的可寻址位进行了sbit定义,因此,只要用包含语句#include〈reg51.h〉或#include〈reg52.h〉(增强型),就可以直接引用特殊功能寄存器名,或直接引用位名称。注意:在引用时,特殊功能寄存器或者位名称必须大写。

4.5.2 对位变量的定义

C51对位变量的定义有3种方法。

1. 将变量用bit类型的定义符定义为bit类型

例如:

```
bit mn;
```

mn为位变量,其值只能是"0"或"1",其位地址C51自行安排在可位寻址区的bdata区。

2. 采用字节寻址变量·位的方法

例如:

```
bdata int ibase;          /* ibase定义为整型变量 */
sbit mybit=ibase^15;      /* mybit定义为ibase的第15位 */
```

这里位是运算符"^",相当于汇编中的"·",其后的最大取值依赖于该位所在的字节寻址变量的定义类型,如定义为char,最大值只能为7。

3. 对特殊功能寄存器的位的定义

方法1:使用头文件及sbit定义符,多用于无位名的可寻址位。例如:

```
#include <reg51.h>
sbit P1_1=P1^1;      /* P1_1为P1口的第1位 */
sbit ac=ACC^7;       /* ac定义为累加器A的第7位 */
```

方法2:使用头文件reg51.h,再直接用位名称。例如:

```
#include <reg51.h>
RS1=1;
RS0=0;
```

方法 3:用字节地址位表示,例如:

```
sbit OV=0xD0^2;
```

方法 4:用寄存器名·位定义,例如

```
sfr PSW=0xd0;        /*定义 PSW 地址为 d0H */
sbit CY=PSW^7;       /*CY 为 PSW·7 */
```

4.5.3 C51 对存储器和外接 I/O 口的绝对地址访问

1. 对存储器的绝对地址访问

利用绝对地址访问的头文件 absacc.h 可对不同的存储区的存储单元进行访问。该头文件的函数有:

CBYTE(访问 code 区字符型)　　CWORD(访问 code 区 int 型)

DBYTE(访问 data 区字符型)　　DWORD(访问 data 区 int 型)

PBYTE(访问 pdata 或 I/O 区字符型)　PWORD(访问 pdata 区 int 型)

XBYTE(访问 xdata 或 I/O 区字符型)　XWORD(访问 xdata 区 int 型)

【例 4-1】

```
#include<absacc.h>
#define com XBYTE[0x07ff]
```

那么后面程序 com 变量出现的地方,就是对地址为 07ffH 的外部 RAM 或 I/O 口进行访问。

【例 4-2】 XWORD[0]=0x9988;/*将 9988H(int 类型)送入外部 RAM 的 0 号和 1 号单元*/

【例 4-3】 valu=XBYTE [0x0025]; /*取程序存储器 25h 单元的内容送入变量 valu */

注意:absacc.h 一定要包含进程序,XBYTE 必须大写。

2. 对外部 I/O 口的访问

由于单片机的 I/O 口和外部 RAM 统一编址,因此对 I/O 口地址的访问可用 XBYTE (MOVX　@DPTR)或 PBYTE (MOVX　@Ri)进行。

【例 4-4】 XBYTE[0xefff]=0x10　　;将 10H 输出到地址为 EFFFH 的端口

4.6 C51 的运算符

1. 赋值运算符:=

将"="的右边的值赋值给左边的变量。

2. C51 的算术运算符

+(加或正号);-(减或负号);*(乘号);/(除号);%(求余)

优先级为:先乘除,后加减,先括号内,再括号外。

3. C51 的关系运算符

<(小于);>(大于);<=(小于等于);>=(大于等于);==(相等);!=(不相等)

优先级:前 4 个高,后两个"=="和"!="级别低。

4. C51 的逻辑运算符

&&(逻辑与);||(逻辑或);!(逻辑非);

逻辑表达式和关系表达式的值相同,以 0 代表假,以 1 代表真。

以上 3 种运算的优先级如图 4-1 所示。

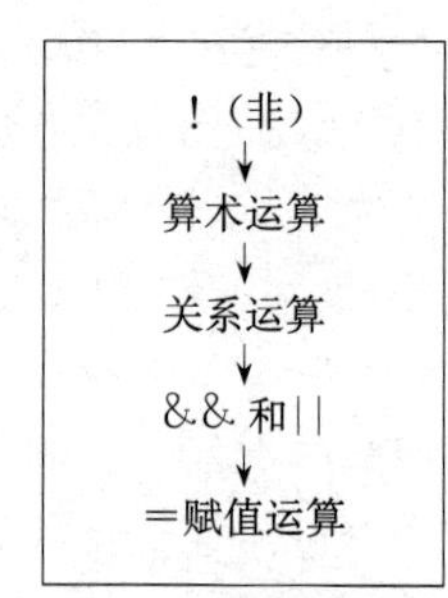

图 4-1　逻辑运算符优先级

5. C51 的按位操作的运算符

&(按位与);|(按位或);^(按位异或);~(位取反);＜＜(位左移);＞＞(位右移)(注:补零移位)

例如,a=0xf0;表达式 a=~a 值为 0FH。又如 a=0xea;表达式 a＜＜2 值为 A8H,即 a 值左移两位,移位后空白位补 0。

6. 自增、自减运算符

++i,--i(在使用 i 之前,先使 i 值加 1,减 1)

i++,i--(在使用 i 之后,再使 i 值加 1,减 1)

例如,设 i 原值为 5,j=++i,则 j 值为 6,i 值也为 6;j=i++,则 j 值为 5,i 值为 6。

7. 复合赋值运算符

+=;-=;*=;/=;%=;＜＜=;＞＞=;&=;^=;|=。

例如,a+=b 相当于 a=a+b。a＞＞=7,相当于 a=a＞＞7。

8. 对指针操作的运算符

&——取地址运算符　　　* ——取内容运算符(间址运算符)

例如,a=&b;取 b 变量的地址送变量 a。c= * b;将以 b 的内容为地址的单元的内容送 c。

注意:

① "&"与按位与运算符的差别,如果"&"为"与",& 的两边必须为变量或常量;

② " * "与指针定义时指针前的" * "的差别。如 char * pt,这里的" * "只表示 pt 为指针变量,不代表间址取内容的运算。

4.7　函　　数

C 语言程序由函数组成,下面介绍函数的要点。

4.7.1　函数的分类

从用户使用角度划分,函数分为库函数和用户自定义函数。

库函数是编译系统为用户设计的一系列标准函数(见附录 B),用户只需调用,而无须自己去编写这些复杂的函数,如前面所用到的头文件 reg51. h、absacc. h 等,有的头文件中包括一系列函数,要使用其中的函数必须先使用#include 包含语句,然后才能调用。

用户自定义函数是用户根据任务编写的函数。

从参数形式上划分,函数分为无参函数和有参函数。有参函数即是在调用时,调用函数用实际参数代替形式参数,调用完返回结果给调用函数。

4.7.2　函数的定义

函数以"{"开始,以"}"结束。

无参函数的定义:

　　返回值类型　函数名()

　　　{函数体语句}

如果函数没有返回值,可以将返回值类型设为 void。

有参函数的定义:

　　返回值类型　函数名(形式参数表列)

```
形式参数类型说明
{ 函数体语句
  return(返回形参名)
}
```

也可以这样定义：

```
返回值类型　函数名(类型说明　形式参数表列)
{ 函数体语句
  return(返回形参名)
}
```

其中，形式参数表列的各项要用“，”隔开，通过 return 语句将需返回的值返回给调用函数。

4.7.3　函数的调用

函数调用的形式为：函数名(实际参数表列)；

实参和形参的数目相等，类型一致，对于无参函数当然不存在实际参数表列。

函数的调用方式有 3 种。

① 函数调用语句：即把被调函数名作为调用函数的一个语句，如 fun1()。

② 被调函数作为表达式的运算对象，如：result=2 * get(a,b)；此时 get 函数中的 a，b 应为实参，其以返回值参与式中的运算。

③ 被调函数作为另一个数的实际参数，如：m=max(a,get(a,b))；函数 get(a,b)作为函数 max()的一个实际参数。

4.7.4　对被调函数的说明

如果被调函数出现在主调函数之后，在主调函数前应对被调函数加以说明，形式为：

```
返回值类型　被调函数名(形参表列)；
```

如果被调函数出现在主调函数之前，可以不对被调函数说明。下面以一个简单例子来说明。

```
int fun(a,b)
   int a,b;
   {int c;
    c=a+b;
    return(c);
   }
    main()
   {int d,u=3,v=2;
    d=2 * fun(u,v);
    }
```

上例被调函数在主调函数前，不用说明。

```
int fun1(a,b);
main()
   {int d,u=3,v=2;
   d=2 * fun1(u,v);
   }
   int  fun1(a,b)
```

```
int a,b;
{int c;
 c=a+b;
 return(c);
 }
```

上例中被调函数在主调函数后，在前面对被调函数进行说明。

4.8 C语言编程实例

为了使C语言的编程方法和汇编语言的编程方法有一个对比，本节采用例3-1加以说明。

由于C51编译器是针对单片机的，因此，ANSI C中的scanf和printf等对计算机的键盘和监视器的输入、输出语句无效。运算的数据可以通过变量置入或取出，这时C51会自动安排使用的存储单元。当然，用户也可以自行通过具体的内存地址置入数据或从特定地址取出数据，这就需要会观察具体地址的内容或改变该地址的内容，C语言的编程上机调试见本书的实验部分。

下面通过一个例子说明C语言程序编译后生成的机器代码及对应的反汇编程序，从中引出一些道理。

4.8.1 C语言程序的反汇编程序(源代码)

【例4-5】 例3-1曾用汇编语言完成了外部RAM的000EH单元和000FH单元的内容交换，现改用C语言编程。

C语言对地址的指示方法可以采用指针变量，也可以引用absacc.h头文件作绝对地址访问，下面采用绝对地址访问方法。

```
#include<absacc.h>
main(){
char c;
for(;;){
c=XBYTE[14];
XBYTE[14]=XBYTE[15];
XBYTE[15]=c;
}}
```

为了方便反复观察，程序中使用了死循环语句for(;;)，只要按组合键Ctrl+C即可退出死循环。上面程序通过编译，生成的机器代码和反汇编程序如下：

```
地址    机器码     C语言对应的反汇编程序      C语言程序
0000    020014     LJMP  0014H
0003    90000E     MOV   DPTR,#000EH         ;C=XBYTE[14];
0006    E0         MOVX  A,@DPTR
0007    FF         MOV   R7,A
0008    A3         INC   DPTR
0009    E0         MOVX  A,@DPTR
000A    90000E     MOV   DPTR,#000EH         ;XBYTE[14]=XBYTE[15];
000D    F0         MOVX  @DPTR,A
000E    A3         INC   DPTR                ;XBYTE[15]=C;}}
000F    EF         MOV   A,R7
```

```
0010    F0        MOVX   @DPTR,A
0011    80F0      SJMP   0003H            ;}}
0013    22        RET
0014    787F      MOV    R0,#7FH
0016    E4        CLR    A
0017    F6        MOV    @R0,A
0018    D8FD      DJNZ   R0,0017H
001A    758107    MOV    SP,#07H
001D    020003    LJMP   0003H
```

由例可见,一条C语言语句会对应好几条汇编语言指令才能完成,而且可以看出:

① 一进入C语言程序,首先执行初始化,将内部RAM的0～7FH 128个单元清零,然后置SP为07H(视变量多少不同,SP置不同值,依程序而定),因此,如果要对内部RAM置初值,一定要在执行了一条C语言语句后进行。

② C语言程序设定的变量,C51自行安排寄存器或存储器作为参数传递区,通常在R0～R7(一组或两组,视参数多少而定),因此,如果对具体地址置数据,应避开这些R0～R7的地址。

③ 如果不特别指定变量的存储类型,通常被安排在内部RAM中。

4.8.2 顺序程序的设计

【例4-6】 完成19805×24503的编程。

分析 两个乘数比较大,其积更大,采用unsigned long类型,设乘积存放在外部数据存储器0号开始的单元。程序如下:

```
main()
{ unsigned long xdata *p;          /*设定指针p指向类型为unsigned long的外部RAM区*/
  unsigned long a=19805;           /*设置a为unsigned long类型,并赋初值 */
  unsigned long b=24503,c;         /*设置b和积为unsigned long类型,并赋初值 */
  p=0;                             /*设地址指向0号单元*/
  c=a*b;
  *p=c;                            /*积存入外部RAM 0号单元*/
}
```

上机通过仿真调试,在变量观察窗口看到运算结果:c=48528195,即为乘积的十进制数。观察XDATA区(外部RAM)的0000H～0003H单元,分别为1C,EC,D0,7B,即存放的为乘积的十六进制数。再观察DATA区(内部RAM区):

地址	04	05	06	07	08	09	0A	0B	0C	0D	0E	0F
	1C	EC	D0	7B	00	00	4D	5D	00	00	5F	B7
	c变量(积)				a变量(19805)				b变量(24503)			

可见,定义为unsigned long类型,给每个变量分配4个单元,如果定义类型不对,将得不到正确的结果。

对于复杂的运算通常采用查表的方法。如同汇编程序设计一样,在程序存储器建立一张表,在C语言中,表格定义为数组,表内数据(元素)的偏移量表现为下标。数组的使用如同变量一样,要先进行定义:说明数组名、维数、数据类型和存储类型,在定义数组的同时,还可以给数组各元素赋初值。通过下例说明C51数组的定义方法和用C语言编查表程序的方法。

【例 4-7】 片内 RAM 20H 单元存放着一个 0～05H 的数，用查表法求出该数的平方值，并放入内部 RAM 21H 单元。

```
main()
{ char x, * p
  char code tab[6]={0,1,4,9,16,25};
   p=0x20;
   x=tab[ * p];
   p++;
    * p=x;
}
```

4.8.3 循环程序的设计

C 语言的循环语句有以下几种形式。

1. while(表达式){语句;}

其中表达式为循环条件，语句为循环体，当表达式值为真(值为非 0)，重复执行“语句”。语句可只有一条，以“;”结尾；可以多条组成复合语句，复合语句必须用{}括起；也可以没有语句，通常用于等待中断或查询(见图 4-2)。

2. do{语句;}while(表达式);

表达式为真，执行循环体“语句”，直至表达式为假，退出循环执行下一个语句(见图 4-3)。

3. for(表达式 1;表达式 2;表达式 3){语句;}

其中语句为循环体。执行过程是：执行表达式 1 后进入循环体，如表达式 2 为假，按表达式 3 修改变量，再执行循环体，直到表达式 2 为真(见图 4-4)。

语句中的表达式可以省去其中任一项甚至全部，但两个分号不可省，如 for(;;){语句;}为无限循环，for(i=4;;i++){语句}为 i 从 4 开始无限循环，for (;i<100;)相当于 while(i<100)。

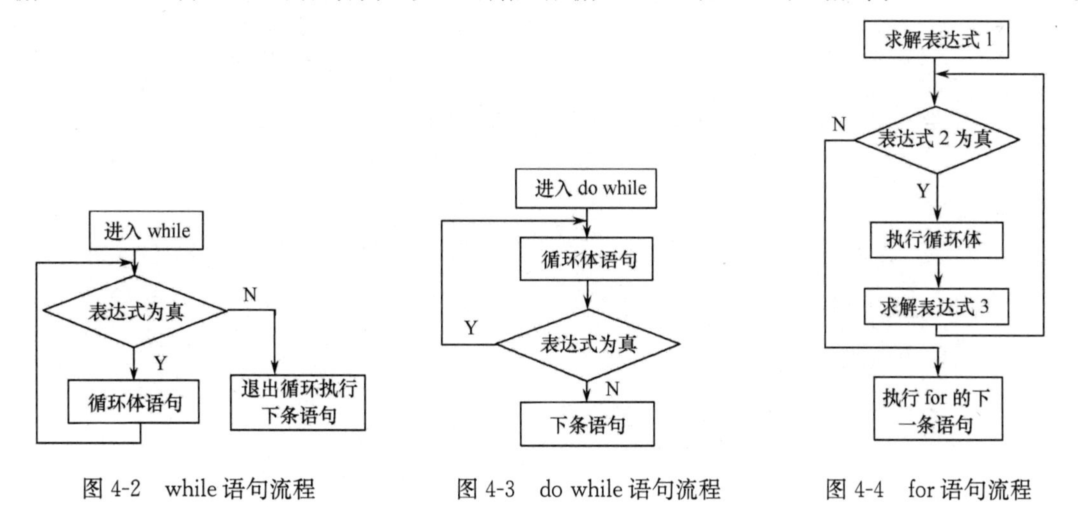

图 4-2 while 语句流程　　图 4-3 do while 语句流程　　图 4-4 for 语句流程

【例 4-8】 while((P1&0x01)==0){};

即如果 P1.0=0，循环执行空语句，直到 P1.0 变为 1，此语句用于对 P1.0 进行检测。

【例 4-9】 分析下列程序的执行结果。

```
main(){
  int sum=0,i=0;
  do{
```

```
        sum+=i;
        i++;
      }
    while(i<=10);
  }
```

本程序完成 0+1+2+…+10 的累加，执行后 sum=55。

【例 4-10】 将例 4-9 改用 for 语句编程。

```
main(){
  int sum=0,i;
  for(i=0;i<=10;i++)
  sum+=i;
  }
```

4.8.4 分支程序的设计

C 语言的分支选择语句有以下几种形式。

1. if(表达式){语句;}

句中表达式为真执行语句，否则执行下一条语句（见图 4-5）。当花括号中的语句不只一条时，花括号不能省。

2. if(表达式){语句 1;}else{语句 2;}

句中表达式为真执行语句 1，否则执行语句 2。无论哪种情况下，执行完后都执行下一条语句（见图 4-6）。

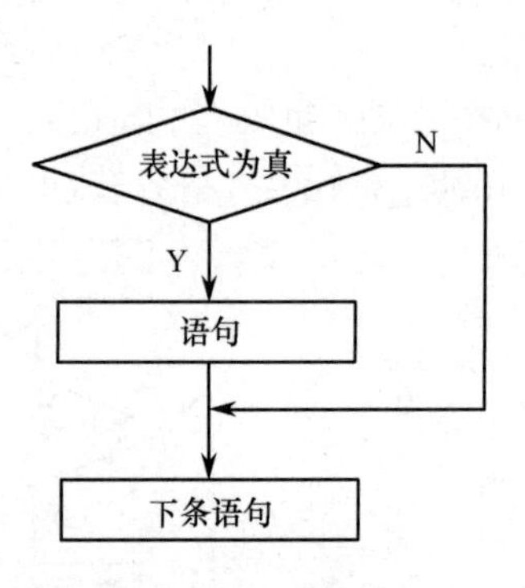

图 4-5 if 语句流程

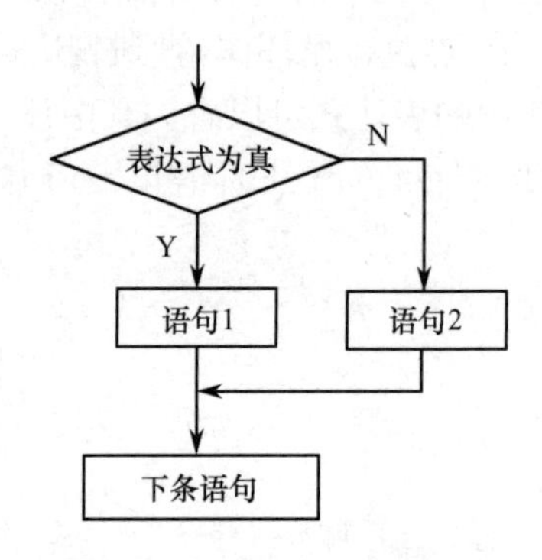

图 4-6 if…else 语句流程

if 语句可以嵌套使用。

3. switch(表达式){

case 常量表达式 1:{语句 1;}break;

case 常量表达式 2:{语句 2;}break;

⋮ ⋮ ⋮

case 常量表达式 n:{语句 n;}break;

default:{语句 $n+1$;}

}

说明：

① 语句先进行表达式的运算，当表达式的值与某一 case 后面的常量表达式相等，就执行它后面的语句。

② 当 case 语句后有 break 语句时，执行完这一 case 语句后，跳出 switch 语句，当 case 后面无 break 语句时，程序将执行下一条 case 语句。

③ 如果 case 中常量表达式值和表达式的值都不匹配，就执行 default 后面的语句。如果无 default 语句，就退出 switch 语句。

④ default 的次序不影响执行的结果，也可无此语句。

case 语句适于多分支转移的情况下使用。

【例 4-11】 片内 RAM 的 20H 单元存放一个有符号数 X，函数 Y 与 X 有如下关系式：

$$Y=\begin{cases} X & X>0 \\ 20\text{H} & X=0 \\ X+5 & X<0 \end{cases}$$

设 Y 存放于 21H 单元，程序如下：

```
main(){
char x, * p, * y;
p=0x20;
y=0x21;
for(;;){
   x= * p;
   if(x>0) * y=x;
   if(x<0) * y=x+5;
   if(x==0) * y=0x20;
}}
```

程序中为观察不同数的执行结果，采用了死循环语句 for(;;)，上机调试时退出死循环可按组合键 Ctrl+C。

【例 4-12】 有两个数 a 和 b，根据 R3 的内容转向不同的处理子程序：

r3=0，执行子程序 pr0(完成两数相加)；

r3=1，执行子程序 pr1(完成两数相减)；

r3=2，执行子程序 pr2(完成两数相乘)；

r3=3，执行子程序 pr3(完成两数相除)。

分析 ① C 语言中的子程序即为函数，因此需编 4 个处理的函数，如果主函数在前，主函数要对子函数进行说明；如果子函数在前，主函数无须对子函数说明，但无论子、主函数的顺序如何，程序总是从主函数开始执行，执行到调用子函数就会转到子函数执行。

② 在 C51 编译器中，通过头文件 reg51.h 可以识别特殊功能寄存器，但不能识别 R0～R7 通用寄存器，因此，R0～R7 只有通过绝对地址访问识别，程序如下：

```
#include<absacc.h>
#define r3 DBYTE[0x03]
int c,c1,a,b;
pr0(){ c=a+b;}
pr1(){ c=a-b;}
pr2(){ c=a * b;}
pr3(){ c=a/b;}
main(){
   a=90;b=30;
   for (;;){
```

```
    switch(r3){
      case  0:pr0();break;
      case  1:pr1();break;
      case  2:pr2();break;
      case  3:pr3();break;
      }
      c1=56;
  }}
```

在上述程序中,为便于调试观察,加了 C1=56 语句,并使用了死循环语句 for(;;),按组合键Ctrl+C可退出死循环。

4.9 汇编语言和 C 语言的混合编程

本节介绍不同的模块、不同的语言相结合的编程方法。

通常情况下以高级语言编写主程序,用汇编语言编写与硬件有关的子程序。不同的编译程序,高级语言对汇编的调用方法不同,在 Keil C51 中,是将不同的模块(包括不同语言的模块)分别汇编或编译,再通过连接生成一个可执行文件。

C 语言程序调用汇编语言程序要注意以下几点。

① 被调函数要在主函数中说明,在汇编程序中,要使用伪指令使 CODE 选项有效,并声明为可再定位段类型,并且根据不同情况对函数名进行转换,见表 4-6。

表 4-6 函数名的转换

说明	符号名	解释
void func(void)	FUNC	无参数传递或不含寄存器参数的函数名不作改变转入目标文件中,名字只是简单地转为大写形式
void func(char)	_FUNC	带寄存器参数的函数名加入“_”字符前缀以示区别,它表明这类函数包含寄存器内的参数传递
void func(void)reentrant	_? FUNC	对于重入函数加上“_?”字符前缀以示区别,它表明这类函数包含栈内的参数传递

② 对为其他模块使用的符号进行 PUBLIC 声明,对外来符号进行 EXTERN 声明。

③ 要注意参数的正确传递。

4.9.1 C 语言程序和汇编语言程序参数的传递

在混合语言编程中,关键是入口参数和出口参数的传递,Keil C51 编译器可使用寄存器传递参数,也可以使用固定存储器或使用堆栈,由于 8XX51 的堆栈深度有限,因此多用寄存器或存储器传递。用寄存器传递最多只能传递 3 个参数,并选择固定的寄存器,见表 4-7。

表 4-7 参数传递的寄存器选择

参数类型	char	int	long,float	一般指针
第 1 个参数	R7	R6,R7	R4~R7	R1,R2,R3
第 2 个参数	R5	R4,R5	R4~R7	R1,R2,R3
第 3 个参数	R3	R2,R3	无	R1,R2,R3

例如,funcl(int a),“a”是第一个参数,在 R6,R7 传递;func2(int b,int c,int * d),“b”在 R6,R7 中传递,“c”在 R4,R5 中传递,指针变量“d”在 R1,R2,R3 中传递。

如果传递参数寄存器不够用，可以使用存储器传送，通过指针取得参数。

汇编语言通过寄存器或存储器传递参数给C语言程序，汇编语言通过寄存器传递给C语言程序的返回值见表4-8。

表4-8　函数返回值的寄存器

返　回　值	寄　存　器	说　　明
bit	C	进位标志
(unsigned)char	R7	
(unsigned)int	R6,R7	高位在R6,低位在R7
(unsigned)long	R4～R7	高位在R4,低位在R7
float	R4～R7	32位IEEE格式,指数和符号位R7
指针	R1,R2,R3	R3放存储器类型,高位在R2,低位在R1

下面通过实例说明混合编程的方法及参数传递过程。

4.9.2　C语言程序调用汇编语言程序举例

【例4-13】　用$P_{1.0}$产生周期为4ms的方波，同时用$P_{1.1}$产生周期为8ms的方波。

说明　用C语言编写主程序，使$P_{1.1}$产生周期为8ms的方波为模块1；$P_{1.0}$产生周期为4ms的方波为模块2；用汇编语言编写的延时1ms程序为模块3。

模块1调用模块2获得8ms方波，模块2调用模块3时，向汇编程序传递了字符型参数($x=2$)，延时2ms，程序如下：

C语言程序

模块1：

```
#include<reg51.h>
#define uchar unsigned char
sbit P1_1=P1^1;
void delay4ms(void);          /* 定义延时4ms函数(模块2) */
main(){
uchar i;
for(;;){
  P1_1=0;
  delay4ms();                 /* 调用模块2延时4ms */
  P1_1=1;
delay4ms();                   /* 调用模块2延时4ms */
}}
```

模块2：

```
#include<reg51.h>
#define uchar unsigned char
sbit P1_0=P1^0;
delaylms(uchar x);            /* 定义延时1ms函数(模块3) */
void delay4ms(void){
  P1_0=0;
  delay1ms(2);                /* 调用汇编函数(模块3) */
  P1_0=1;
```

```
    delay1ms(2);               /* 调用汇编函数(模块 3) */
}
```

模块 3:

```
PUBLIC_DELAY1MS             ;_DELAY1MS 为其他模块调用
DE   SEGMENT CODE           ;定义 DE 段为再定位程序段
RSEG   DE                   ;选择 DE 为当前段
_DELAY1MS:NOP
DELA:MOV   R1,#0F8H         ;延时
LOP1: NOP
      NOP
      DJNZ   R1,LOP1
      DJNZ   R7,DELA        ;R7 为 C 程序传递过来的参数
EXIT: RET
      END
```

由上例可见,汇编语言程序从 R7 中获取参数($x=2$)。

模块编译连接方法:以上各模块可以先分别汇编或编译(选择 DEBUG 编译控制项),生成各自的 . OBJ 文件,然后运行 L51 将各 OBJ 文件连接,生成一个新的文件。

在集成环境下的连接调试可以连续进行,比上面方法更为方便,使用仿真软件的编译连接步骤如下:

① 编辑好各个模块,保存。

② 单击文件/新建项目,弹出项目窗口。

③ 单击项目菜单,选加入模块,此时弹出有文件目录的对话框,选中要加入刚才编辑好的文件(模块),并打开。此时在项目窗口中可以看到加入的模块文件。

④ 单击项目菜单中的全部编辑,并取名保存项目。于是系统对加入各模块进行编译,并进行连接。

⑤ 编译连接完成会弹出信息窗口,如编译连接有错,信息窗口将出现错误信息。

⑥ 模块连接成功,生成二进制文件(. BIN)和十六进制文件(. HEX)。

⑦ 单击跟踪或单步按钮,就可对程序进行跟踪调试,程序运行到不同模块时,WAVE 就会弹出相应的模块源程序窗口,显示程序运行情况。

【例 4-14】 在汇编程序中比较两数大小,将大数放到指定的存储区,由 C 程序的主调函数取出。

模块 1:C 语言程序

```
#define uchar unsigned char
void max(uchar a,uchar b);          /* 定义汇编函数 */
main(){
  uchar a=5,b=35,*c,d;
  c=0x30;                           /* c 指针变量指向内部 RAM 30H 单元 */
  max(a,b);                         /* 调用汇编函数,a,b 为传递的参数 */
  d=*c;                             /* d 存放模块 2 传递过来的参数 */
}
```

模块 2:汇编语言程序

```
        PUBLIC_MAX                  ;_MAX 为其他模块调用
        DE   SEGMENT CODE           ;定义 DE 段为再定位程序段
```

```
        RSEG   DE               ;选择 DE 为当前段
_MAX:   MOV    A,R7             ;取模块 1 的参数 a
        MOV    30H,R5           ;取模块 1 的参数 b
        CJNE   A,30H,TAG1       ;比较 a,b 的大小
TAG1:   JC     EXIT
        MOV    30H,R7           ;大数存于 30H 单元
EXIT:   RET
        END
```

此例中,C 语言程序通过 R7 和 R5 传递字符型参数 a 和 b 到汇编语言程序,汇编语言程序将返回值放在固定存储单元,主调函数通过指针取出返回值。

4.9.3 C 语言和汇编语言混合编程传递的参数多于 3 个的编程方法

C 语言程序调用汇编程序最多只能传递 3 个参数,如果多于 3 个参数,就需要通过存储区传递,可以通过数组,也可以在汇编程序中建立数据段,下面例中介绍 C 语言程序向汇编传递的参数多于 3 个的编程方法。

【例 4-15】 A/D 采用查询方式采样 50 个数据(A/D 地址为 7FF8H),将其求平均并送数码管显示。

分析 8 位 A/D 最大值为 255,用 3 个数码管显示,以 $P_{3.4}$ 为查询位,电路设计如图 4-7 所示。以汇编编 A/D 转换程序,采集 50 个数据,以 C 语言编求平均值,变十进制显示,程序如下:

```
#include <reg51.h>
#define uint unsigned int
#define uchar unsigned char
extern void callasm(uchar);            /* 定义外部汇编函数 callasm */
extern void day1(uint);                /* 定义外部汇编函数 day1 */
void main(void)
{
uint i,j,m,total=0;
uchar idata buf[50],dis[3];
uchar code tab[16]={0x3f,0x06,0x5b,0x4f,0x66,0x6d,0x7d,0x07,0x7f,
                  0x6f,0x77,0x7c,0x39,0x5e,0x79,0x71};        /*段码表*/
  P1=0xf8;
  while(1){
   total=1;
   callasm( buf );                     /* 调用汇编函数,传递参数为数组首址 */
   for( i=50; i>0;i-- )                / *汇编函数执行完后返回于此 */
    total +=buf[i-1];                  /*50 个数累加 */
    total=total/50;                    /*求平均 */
    dis[0]=total%10;                   /*求个位,并存入显示缓冲区 */
    total=total/10;
    dis[1]=total%10;                   /*求十位,并存入显示缓冲区 */
    dis[2]=total/10;                   /*求百位,并存入显示缓冲区 */
    P3=0x01;                           /*P3 口位选 */
   for(m=0;m<50;m++){
    for(i=0;i<=3;i++){                 /*显示*/
```

```
    P1=tab[dis[i]];
    day1 (50);                    /* 调用汇编函数 DAYL,延时 */
    P3<<=1;
}}}}
```

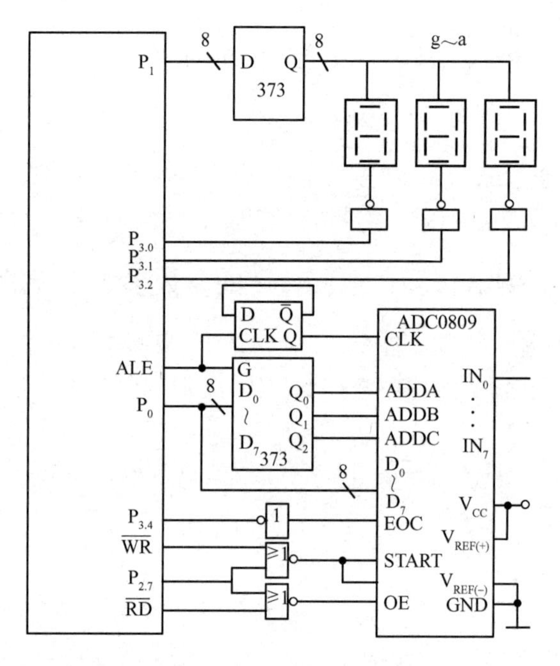

图 4-7　例 4-15 电路

汇编语言程序 CALLASM. ASM——完成 50 个数据采集并存于 BUF 为首址的单元。

```
      PUBLIC_CALLASM             ;公共符号定义
      DFFE  SEGMENT CODE         ;DFFE 定为可再定位段
      RSEG  DFFE                 ;DFFE 为当前段
      _CALL  ASM:
      PUSH  07H
      PUSH  00H                  ;保护变量,因在下述程序中要用 R7 和 R0
      MOV  A,R7                  ;取 BUF 地址
      MOV  R0,A                  ;R0 指示存放地址
      MOV  R7,#50
      MOV  DPTR,#7FF8H           ;DPTR 指向 A/D 地址
AGA:  MOV  A,#0
      MOVX  @DPTR,A              ;启动转换
      JB  P3.4,$                 ;等待转换结束
      MOVX  A,@DPTR              ;读转换数据
      MOV  @R0,A                 ;存入 BUF 数组
      INC  R0
      DJNZ  R7,AGA
      POP  00H
      POP  07H                   ;恢复 BUF 地址
      RET
      END
```

汇编语言程序 DAYL. ASM——延时

```
        PUBLIC_DAYL              ;公共符号定义
        DTE  SEGMENT CODE        ;定义 DTE 段为再定位程序段
        RSEG  DTE                ;选择 DTE 为当前段
        _DAYL: NOP
        DELA:  MOV  R1,#0F8H ;延时
        LOP1:  NOP
               NOP
               DJNZ  R1,LOP1
               DJNZ  R7,DELA  ;R7 为 C 程序传递过来的参数
        EXIT:  RET
               END
```

【例 4-16】 C 程序向汇编传递 6 个参数，汇编完成 6 个数的相加，将和返回 C 程序。

```
*************C_CALL.C*****************
#pragma code small
extern int afunc(char v_a,char v_b,char v_c,char v_d,char v_e,char v_f);      /*外来函数说明*/
void C_call(void)
  { char v_a=0x11;          /*传递参数赋值*/
  char v_b=0x18;
  char v_c=0x33;
  char v_d=0x44;
  char v_e=0x55;
  char v_f=0x98;
  int data *aa;             /*指针变量指向 int 型 data 区*/
  int A_ret;                /*存汇编返回结果的变量*/
  aa=0x30;                  /*置指针*/
A_ret=afunc(v_a,v_b,v_c,v_d,v_e,v_f);       /*调用汇编函数*/
   *aa=A_ret;               /*取汇编返回结果*/
   *aa=(int)0;              /*为方便观察修改值,强制 0 为 int 型*/
   *aa=A_ret;}              /*再次观察汇编返回结果*/
void main(void){            /*主函数*/
  char a1,a2,a3;            /*为方便观察设 a1,a2,a3*/
  a1=0; a2=2; a3=3;
  C_call();
  a1=1;
  a2=3;
  while(1);
}
***********AFANC.ASM***********
PR_AFUNC SEGMENT CODE                 ;名为 AFUNC 段为代码段(PR)在 CODE 区可再定位
DT_AFUNC SEGMENT DATA  OVERLAYABLE    ;名为 AFUNC 段为数据段(DT)在 DATA 区可再定位,
                                      可以覆盖
  PUBLIC  ?_afunc? BYTE               ;公共符号定义
  PUBLIC  _afunc
  RSEG  DT_AFUNC
```

```
? _afunc? BYTE:        ;数据段保留参数传递区
        v_a:  DS   1
        v_b:  DS   1
        v_c:  DS   1
        v_d:  DS   1
        v_e:  DS   1
        v_f:  DS   1
  RSEG  PR_AFUNC
  _afunc:                    ;程序段开始
USING  0                     ;使用0组寄存器
MOV   A,R7                   ;取R7中的v_a
ADD   A,R5                   ;取R5中的v_b
ADD   A,R3                   ;取R3中的v_c
ADD   A,v_d
ADD   A,v_e
ADD   A,v_f
MOV   R7,A                   ;和存R7以便代返回值回C程序
MOV   A,#0
RLC   A
MOV   R6,A                   ;进位存R6
RET
END
```

利用集成软件包将上面两个程序作为一个项目编译通过,如图 4-8 和图 4-9 所示。

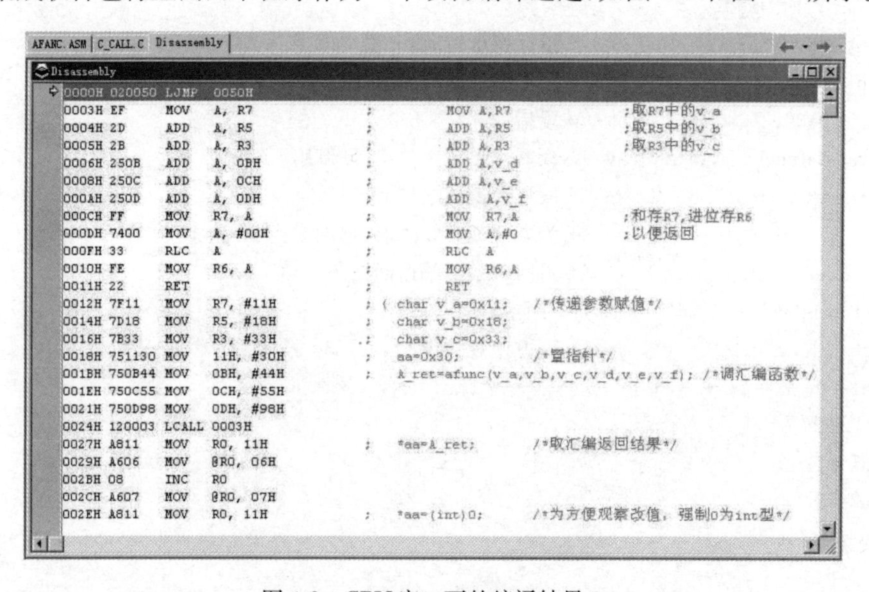

图 4-8　CPU 窗口下的编译结果 1

由图 4-8 和图 4-9 可见,3 个以内的参数还是通过 R7 R5 R3 传送,多于 3 个的参数才通过定义的数据区传送。

```
AFANC.ASM | C_CALL.C | Disassembly
Disassembly
002EH A811   MOV   R0, 11H         ;   *aa=(int)0;      /*为方便观察改值，强制0为int型*/
0030H E4     CLR   A
0031H F6     MOV   @R0, A
0032H 08     INC   R0
0033H F6     MOV   @R0, A
0034H A811   MOV   R0, 11H         ;   *aa=A_ret;}      /*再次观察汇编返回结果*/
0036H A606   MOV   @R0, 06H
0038H 08     INC   R0
0039H A607   MOV   @R0, 07H
003BH 22     RET
003CH E4     CLR   A               ;   a1=0; a2=2; a3=3;
003DH F50E   MOV   0EH, A
003FH 750F02 MOV   0FH, #02H
0042H 751003 MOV   10H, #03H
0045H 120012 LCALL 0012H           ;   C_call();
0048H 750E01 MOV   0EH, #01H       ;   a1=1;
004BH 750F03 MOV   0FH, #03H       ;   a2=3;
004EH 80FE   SJMP  004EH           ;   while(1);    }
0050H 787F   MOV   R0, #7FH
0052H E4     CLR   A
0053H F6     MOV   @R0, A
0054H D8FD   DJNZ  R0, 0053H
0056H 758111 MOV   SP, #11H
0059H 02003C LJMP  003CH
005CH FF     MOV   R7, A
```

图 4-9　CPU 窗口下的编译结果 2

4.10　小　　结

本章介绍了 C51 的基本数据类型、存储类型及对 C51 对单片机内部部件的定义，并介绍了 C 语言基础知识，最后通过编程实例介绍了各种结构的程序设计，以上是利用 C 语言编单片机程序的基础，都应该掌握并灵活应用。只有多编程、多上机，才能不断提高编程的能力。如何编写高效的 C 语言程序，通常应注意以下问题：

1. 定位变量

经常访问的数据对象放入片内数据 RAM 中，这可在任一种模式(COMPACT/LARGE)下用输入存储器类型的方法实现。访问片内 RAM 要比访问片外 RAM 快得多。在片内 RAM 由寄存器组、位数据区、栈和其他由用户用“data”类型定义的变量共享。由于片内 RAM 容量的限制(128～256 字节，由使用的处理器决定)，必须权衡利弊以解决访问效率和这些对象的数量之间的矛盾。

2. 尽可能使用最小数据类型

51 单片机是 8 位机，因此对具有“char”类型的对象的操作比“int”或“long”类型的对象方便得多。建议编程者只要能满足要求，应尽量使用最小数据类型。

C51 编译器直接支持所有的字节操作，因而如果不是运算符要求，就不进行“int”类型的转换，这可用一个乘积运算来说明，两个“char”类型对象的乘积与 8XX51 操作码“MUL　AB”刚好相符。如果用整型完成同样的运算，则需调用库函数。

3. 只要有可能，使用“unsigned”数据类型

8XX51 单片机的 CPU 不直接支持有符号数的运算。因而，C51 编译必须产生与之相关的更多的代码以解决这个问题。如果使用无符号类型，产生的代码要少得多。

4. 只要有可能，使用局部函数变量

编译器总是尝试在寄存器里保持局部变量。这样，将索引变量(如 for 和 while 循环中计数变量)声明为局部变量是最好的，这个优化步骤只为局部变量执行。使用“unsigned char/int”的对象通常能获得最好的结果。

思考题与习题 4

4.1　改正下面程序的错误。

```
#include<reg51.h>
main()
{a=c;
int a=7,c;
delay(10)
void delay();
{
char i;
for(i=0;i<=255;i++);
}
```

4.2　试说明为什么 xdata 型的指针长度要用 2 个字节？

4.3　定义变量 a、b、c，a 为内部 RAM 的可位寻址区的字符变量；b 为外部数据存储区浮点型变量；c 为指向 int 型 xdata 区的指针。

4.4　编程将 8XX51 的内部数据存储器 20H 单元和 35H 单元的数据相乘，结果存到外部数据存储器中（位置不固定）。

4.5　将如下汇编程序译成 C 程序（等效即可）。

```
        ORG   0000H
        MOV   P1,#04H
        MOV   R6,#0AH
        MOV   R0,#30H
        CLR   P1.0
        SETB  P1.3
        ACALL TLC
        SJMP  $
TLC:    MOV   A,#0
        CLR   P1.3
        MOV   R5,#08
LOOP:   MOV   C,P1.2
        RLC   A
        SETB  P1.0
        CLR   P1.0
        DJNZ  R5,LOOP
        MOV   @R0,A
        INC   R0
        DJNZ  R6,TLC2543
        RET
        END
```

4.6　8051 的片内数据存储器 25H 单元中放有一个 0～10 的整数，编程求其平方根（精确到 5 位有效数字），将平方根放到 30H 单元为首址的内存。

4.7　完成逻辑表达式 $P_{1.2}=P_{1.4}\times ACC.0+ACC.7$（“×”表示逻辑与，“+”表示逻辑或）。

4.8　将外部 RAM 的 10H～15H 单元的内容传送到内部 RAM 的 10H～15H 单元。

4.9　内部 RAM 的 20H、21H 和 22H、23H 单元分别存放着两个无符号的 16 位数，将其中的大数置于 24H 和 25H 单元。

4.10　将内部 RAM 21H 单元存放的 BCD 码数转换为二进制数存入 30H 为首址的单元，BCD 码的长度存放在 20H 单元中。

4.11　将内部 RAM 30H 单元存放的 2 字节二进制数转换为十进制数存于 21H 为首的单元中，长度存放于 20H 单元中。

第5章　输入、输出接口 $P_0 \sim P_3$

☞教学要点

本章介绍接口的概念、接口的功能和种类，并介绍51单片机内部的4个并行I/O口的结构、工作原理、接口方法、应用编程和利用并行口进行LED显示器和矩阵键盘的电路设计和软件设计。并行输入/输出接口是嵌入式系统最基本的、用得最多的接口，应举一反三、重点掌握。

应安排并行口设计实验，以深入理解软件对硬件的控制作用，掌握并行I/O口控制外设的程序设计方法和仿真调试技术，以及程序烧录到E^2PROM的方法(参见第13章)。

计算机对外设(输入设备或输出设备)进行数据操作时，外设的数据不能直接接到CPU的数据线上，要通过一个过渡电路相连，这个连接CPU和外部设备之间的逻辑电路称为**接口电路**(简称接口或I/O口)，连接输入设备的称为**输入接口**，连接输出设备的称为**输出接口**，如图5-1所示。

1. 为什么计算机系统需要接口

计算机系统中，CPU统一为TTL电平，并行数据格式，而外设的种类繁多，电平各异，信息格式各不相同，必须进行转换使之匹配，转换的任务需要接口完成。而且CPU的数据线是外设或存储器与CPU进行数据传输的唯一公共通道，为了使数据线的使用对象不产生使用总线的冲突，以及快速的CPU和慢速的外设时间上协调，CPU和外设之间必须有接口电路。

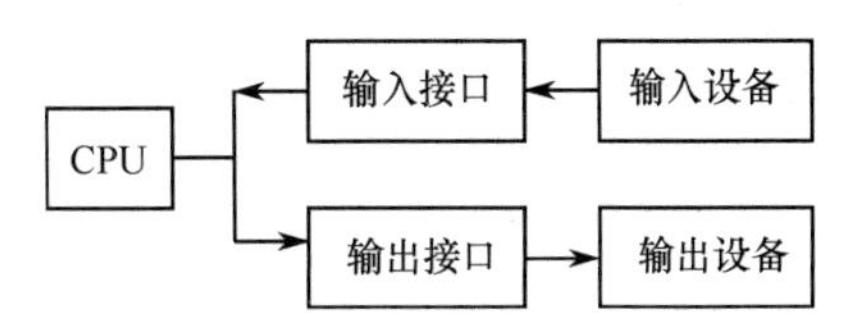

图5-1　输入接口和输出接口

2. 计算机系统中接口的功能

CPU的输入/输出数据是靠输入/输出指令完成的，一条指令的执行时间只有几纳秒或几微秒，而外设(如键盘、显示器、打印机等)的动作时间至少是毫秒以上，输出指令执行完，外设还没来得及接收，数据线上已变成了下一条指令的机器码，因此数据先通过接口锁存，外设从锁存器上索取数据；同时对接口的地址译码可选择当前使用数据线的设备对象，接口传递外设忙闲、准备就绪否等工作状态，协调CPU和输入/输出设备执行时间，发布CPU对外设的命令，当CPU数据格式和外设数据格式不一致时，接口还起信息格式转换的功能。因此，接口的功能是缓冲、锁存数据、地址译码识别设备、电平转换、信息格式转换、发布命令、传递状态等。

3. 接口的类型

I/O接口的品种繁多，有通用型接口(一般的数字电路芯片，如三态缓冲器、锁存器等)和专为计算机设计的专用接口芯片(一般都有三总线引脚)，这些芯片中有并行接口(简称并口)、串行接口(简称串口)、定时/计数器(简称T/C)、A/D、D/A等。用户只需要根据外设的不同情况和要求来选择不同的接口芯片。其中，可编程接口是多功能的，通过初始化程序选择应用功能。

不管哪种单片机(包括ARM、DSP等)，内部都集成有并口、串口、定时/计数器，有的内部还集成了A/D、D/A等，不同的嵌入式芯片之间只有接口多少的不同，使用方法却大同小异，本章介绍集成在51单片机内的并行接口，用于和外设进行并行数据的传送。

51单片机内部有P_0,P_1,P_2,P_3 4个8位双向I/O口，因此，外设可直接连接于这几个口线上，而无须另加接口芯片。P_0～P_3的每个端口可以按字节输入或输出，也可以按位进行输入、输出，共32根口线，用于位控制十分方便。P_0口为三态双向口，能带8个TTL电路。P_1,P_2,P_3口为准双向口，负载能力为4个TTL电路，如果外设需要的驱动电流大，可加接驱动器。

5.1 P_0～P_3并行接口的功能和内部结构

5.1.1 端口功能

P_0口——P_0口可以作为输入/输出口，但在实际应用中，常作为地址/数据总线口，即低8位地址与数据线分时使用P_0口。低8位地址由ALE信号的下跳沿锁存到外部地址锁存器中，而高8位地址由P_2口输出(请参阅第9章)。

P_1口——P_1口每一位都能作为可编程的输入或输出口线。

P_2口——P_2口可以作为输入口或输出口使用，外接存储器和I/O接口时，又作为扩展系统的地址总线，输出高8位地址，与P_0口一起组成16位地址总线。对于内部无程序存储器的单片机来说，P_2口一般只作为地址总线使用，而不作为I/O口线直接与外设相连接。

P_3口——P_3口为双功能口。作为第一功能使用时，其功能与P_1口相同。当作为第二功能使用时，每一位功能定义见表5-1。

表5-1 P_3口的第二功能

端口引脚	第二功能
$P_{3.0}$	RXD(串行输入线)
$P_{3.1}$	TXD(串行输出线)
$P_{3.2}$	$\overline{INT_0}$(外部中断0输入线)
$P_{3.3}$	$\overline{INT_1}$(外部中断1输入线)
$P_{3.4}$	T_0(定时器0外部计数脉冲输入)
$P_{3.5}$	T_1(定时器1外部计数脉冲输入)
$P_{3.6}$	$\overline{WR}$(外部数据存储器写选通信号输出)
$P_{3.7}$	$\overline{RD}$(外部数据存储器读选通信号输出)

5.1.2 端口的内部结构

4个端口的位结构如图5-2所示，同一个端口的各位具有相同的结构。由图可见，4个端口的结构有相同之处，都有两个输入缓冲器，分别受内部读锁存器和读引脚信号的控制，都有锁存器(即专用寄存器P_0～P_3)及场效应管输出驱动器。依据每个端口的不同功能，内部结构也有不同之处，以下重点介绍不同之处。

1. P_0口

P_0口的位结构如图5-2(a)所示。P_0口的输出驱动电路由上拉场效应管VT_1和驱动场效应管VT_2组成，控制电路包括一个与门、一个非门和一个模拟开关MUX。

当P_0作为I/O口使用时，CPU发控制电平“0”封锁与门，使VT_1管截止，同时使MUX开关同下面的触点接通，使锁存器的$\overline{Q}$与VT_2栅极接通。

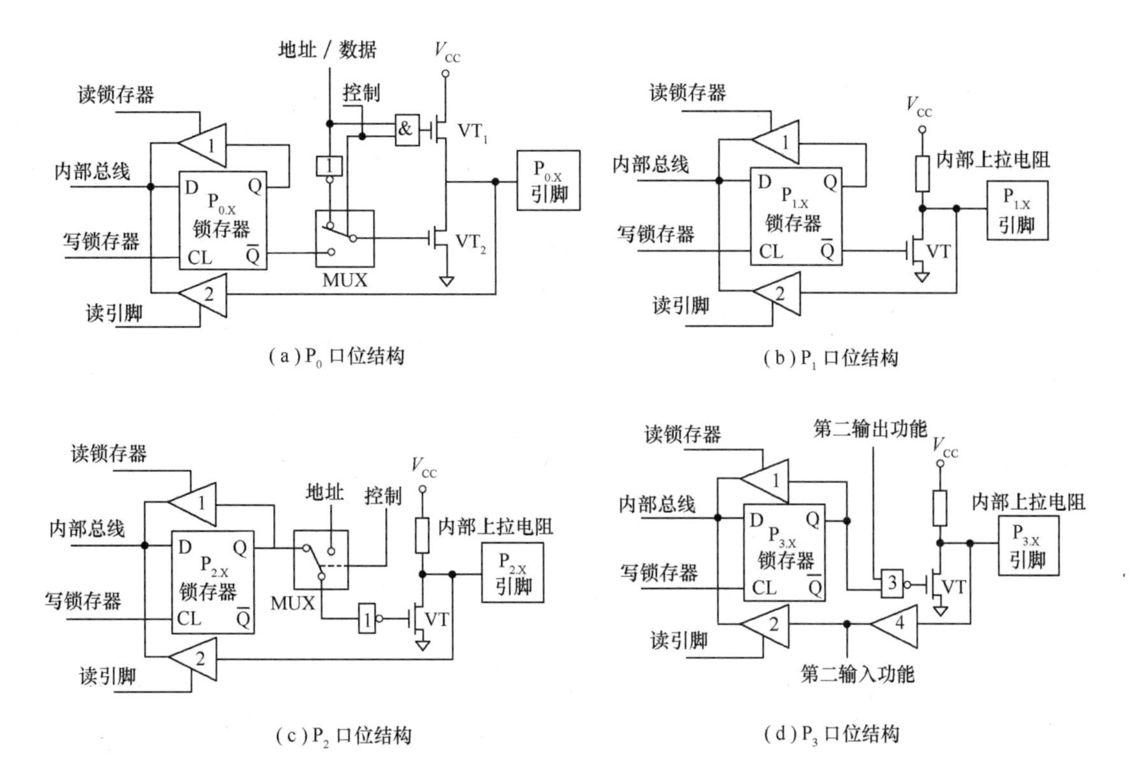

图 5-2　4 个端口的位结构

当 CPU 向端口输出数据时，写脉冲加在锁存器的 CL 上，内部总线的数据经 $\overline{Q}$ 反相，再经 VT_2 管反相，P_0 口的这一位引脚上出现正好和内部总线同相的数据。由于输出驱动级是漏极开路电路(因 VT_1 截止)，在作为 I/O 口使用时应外接 10kΩ 的上拉电阻。

当输入操作时，端口中的两个三态缓冲器用于读操作控制。缓冲器 2 用于读端口引脚的数据。当执行端口读指令时，读引脚的脉冲打开三态缓冲器 2，于是端口引脚数据经三态缓冲器 2 送到内部总线。缓冲器 1 用于读取锁存器 Q 端的数据，当执行"读—修改—写"指令(即读端口信息，在片内加以运算修改后，再输出到该端口的某些指令如：ANL　P0，A)，即读的是锁存器 Q 的数据。这是为了避免错读引脚的电平信号，例如用一根口线去驱动一个晶体管基极，当向口线写"1"时，晶体管导通，导通的 PN 结会把引脚的电平拉低，如读引脚数据，则会读为 0，而实际上原口线的数据为 1。因而，采用读锁存器 Q 的值避免了错读。究竟是读引脚还是读锁存器，CPU 内部会自动判断是发读引脚脉冲还是读锁存器脉冲，读者不必在意。但应注意，当作为输入端口使用时，应先对该口写入"1"，使场效应管 VT_2 截止，再进行读入操作，以防场效应管处于导通状态，使引脚钳位到零而引起误读。

当 P_0 口作为地址/数据线使用时，CPU 及内部控制信号为"1"，转换开关 MUX 打向上面的触点，使反相器的输出端和 VT_2 管栅极接通，输出的地址或数据信号通过与门驱动 VT_1 管，同时通过反相器驱动 VT_2 管完成信息传送，数据输入时，通过缓冲器进入内部总线。

由以上分析可知，在使用 P_0 口时应注意：

① 当作为输入接口使用时，应先对该口写入"1"，使场效管 VT_2 截止，再进行读入操作，以防止场效应管处于导通状态，使引脚钳拉到零而引起误读。

② 当作为 I/O 口使用时，VT_1 管截止，输出驱动级漏极开路，在 P_0 口引脚上需外接10kΩ的

上拉电阻，否则 VT_2 管无电源供电而无法工作。

2. P_1 口

P_1 口的位结构如图 5-2(b)所示。P_1 口作为通用 I/O 口使用，其工作原理与 P_0 口作为I/O 口使用情况一样。由于 P_1 口电路的输出驱动部分内接有上拉电阻，因此，无须像 P_0 口那样外接上拉电阻，但当作为输入口使用时，同 P_0 口一样，要先对该口写“1”。

3. P_2 口

P_2 口的位结构如图 5-2(c)所示。P_2 口的位结构比 P_1 多了一个转换控制部分，当 P_2 口作为通用 I/O 口时，多路开关 MUX 倒向左；当扩展片外存储器时，MUX 开关倒向右，P_2 口作为高 8 位地址线时，输出高 8 位地址信号。其 MUX 的倒向是受 CPU 内部控制的。

注意：当 P_2 口的几位作为地址使用时，剩下的 P_2 口线不能作为 I/O 口线使用。

4. P_3 口

P_3 口的位结构如图 5-2(d)所示。P_3 口为双功能 I/O 口，内部结构中增加了第二输入/输出功能。当作为普通 I/O 口使用时，第二输出功能端保持“1”，打开“与非”门，用法同 P_1 口。当作为第二功能输出时，锁存器输出为 1，打开与非门 3，第二功能内容通过与非门 3 和场效应管 VT 送至引脚。输入时，引脚的第二功能信号通过三态缓冲器 4 进入第二输入端。两种功能的引脚输入都应使 VT 截止，此时第二输出功能端和锁存器输出端 Q 均为高电平。

在应用中，P_3 口的各位如不设定为第二功能，则自动处于第一功能，在更多情况下，根据需要把几条口线设为第二功能，剩下的口线可作为第一功能(I/O)使用，此时，宜采用位操作形式。

在内部有程序存储器的单片机中，4 个口均可作为 I/O 口。

5.2 编程举例

下面举例说明端口的输入、输出功能，其他功能的应用实例在后面章节说明。

【例 5-1】 设计一电路，监视某开关 K，用发光二极管 LED 显示开关状态，如果开关合上，LED 亮；开关打开，LED 熄灭。

分析 设计电路如图 5-3(a)所示。开关接在 $P_{1.1}$ 口线，LED 接 $P_{1.0}$ 口线，当开关断开时，$P_{1.1}$ 为+5V，对应数字量为“1”，开关合上时，$P_{1.1}$ 电平为 0V，对应数字量为“0”，这样就可以用 JB 指令对开关状态进行检测。LED 正偏时才能发亮，按电路接法，当 $P_{1.0}$ 输出“1”时，LED 正偏而发亮，当 $P_{1.0}$ 输出“0”，LED 的两端电压为 0 时熄灭。

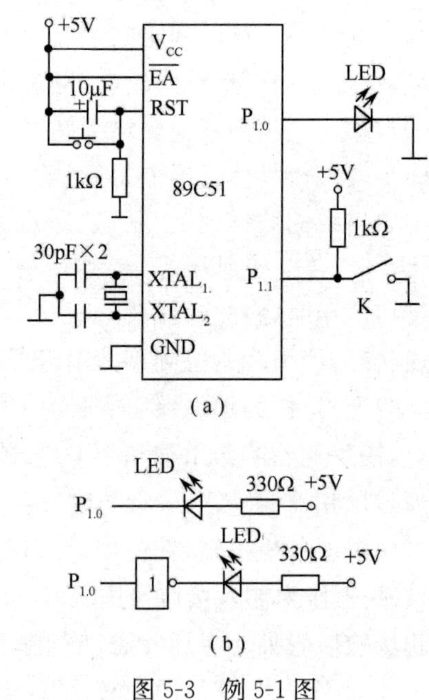

图 5-3 例 5-1 图

用汇编语言编程如下：

```
        CLR   P1.0        ;使发光二极管灭
AGA:    SETB  P1.1        ;对输入位P1.1写"1"
        JB    P1.1,LIG    ;开关开，转 LIG
        SETB  P1.0        ;开关合上，二极管亮
        SJMP  AGA
LIG:    CLR   P1.0        ;开关开，二极管灭
        SJMP  AGA
```

用 C 语言编程如下：

```
#include<reg51.h>
```

```
sbit p1_0=P1^0;
sbit p1_1=P1^1;             /*定义位变量*/
void main(){
p1_0=0;                     /*使发光二极管灭*/
while(1){
  p1_1=1;                   /*对输入位P1.1写"1"*/
  if(p1_1==0)p1_0=1;        /*开关合上,二极管亮*/
  else p1_0=0;              /*开关开,二极管灭*/
}}
```

程序处于监视开关状态使发光二极管处于亮和灭的无限循环中。这里需要说明的是,图 5-3(a)的发光二极管只能发微弱的光,为了提高亮度,增加驱动能力,LED 通常采用如图 5-3(b)所示的电路连接方法。

程序中每次在读开关状态前将 $P_{1.1}$置"1",这是为了使 $P_{1.1}$位内部输出场效应管截止,只有这样才能正确读 $P_{1.1}$引脚电平。

【例 5-2】 如图 5-4 所示,$P_{1.4}$～$P_{1.7}$接 4 个发光二极管 LED,$P_{1.0}$～$P_{1.3}$接 4 个开关,编程将开关的状态反映到发光二极管上。

汇编语言编程如下:

```
     ORG   0000H
     MOV   P1,#0FFH      ;高4位的LED全灭,低4位输入线送"1"
ABC: MOV   A,P1          ;读P1口引脚开关状态,并送入A
     SWAP  A             ;低4位开关状态换到高4位
     ANL   A,#0F0H       ;保留高4位
     MOV   P1,A          ;从P1口输出
     ORL   P1,#0FH       ;高4位不变,低4位送"1",准备下一轮读开关
     SJMP  ABC           ;循环执行,反复调整开关状态并观察执行结果
```

上述程序中每次读开关之前,输入位都先置"1",保证了开关状态的正确读入。

C 语言编程如下:

```
sfr P1=0x90;
main(){
  P1=0xff;
  while(1){
    P1=P1<<4;
    P1=P1|0x0f;
}}
```

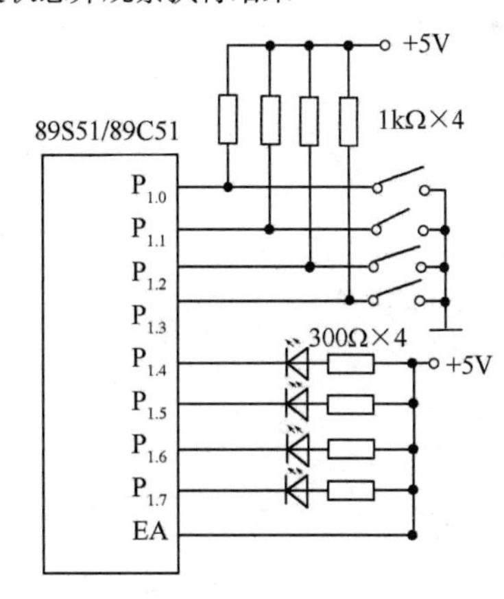

图 5-4　例 5-2 图

【例 5-3】 用 $P_{1.0}$输出 1kHz 和 500Hz 的音频信号驱动扬声器,作为报警信号,要求 1kHz 信号响 100ms,500Hz 信号响 200ms,交替进行,$P_{1.7}$接一开关进行控制,当开关合上响报警信号,当开关断开告警信号停止(见图 5-5),编出程序。

分析　500Hz 信号周期为 2ms,信号电平为每 1ms 变反一次。1kHz 信号周期为 1ms,信号电平每 500μs 变反一次(见图 5-6),编一个延时 500μs 子程序,延时 1ms 只需调用 2 次。用 R2 控制音响时间长短,A 作为音响频率的交换控制的标志。A=0 时产生 1kHz 信号,A=FFH 时产生 500Hz 信号。

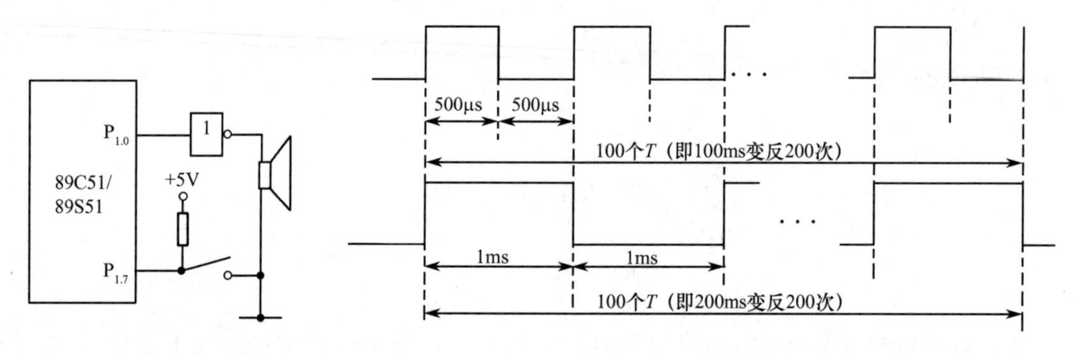

图 5-5　例 5-3 的电路图　　　　图 5-6　电子报警波形

汇编语言编程如下：

```
        ORG   0000H
        CLR   A                      ;A 作 1kHz,500Hz 转换控制
BEG:    SETB  P1.7                   ;P1.7 输入,先写 1
        JB    P1.7,$                 ;检测 P1.7 的开关状态,开关断开则等待
        MOV   R2,#200                ;开关闭合,执行报警,R2 控制音响时间
DV:     CPL   P1.0
        CJNE  A,#0FFH,N1             ;A=0,延时 500 μs,P1.0 变反
        ACALL D500                   ;A=FFH,延时 1ms,P1.0 变反
N1:     ACALL D500
        DJNZ  R2,DV
        CPL   A
        SJMP  BEG
D500:   MOV   R7,#250                ;延时 500 μs 子程序
        DJNZ  R7,$
        RET
        END
```

C 语言编程如下：

```
#include<reg51.h>
sbit P10=P1^0;
sbit P17=P1^7;
main(){
unsigned char j;
unsigned int i;
while(1){
P17=1;
while(P17==0){
  for(i==1;i<=500;i++)          /*控制音响时间*/
    {P10=~P10;
    for(j=0;j<=50;j++);         /*延时完成信号周期时间*/
    }
  for(i=1;i<=250;i++)           /*控制音响时间*/
    {P10=~P10;
```

```
    for(j=0;j<=100;j++);        /*延时,完成信号周期时间*/
  }}}}
```

上述C语言程序只产生报警音响效果,报警周期和时间长短是不符合要求的,要想合乎要求,最好用定时器定时(见第7章介绍)。

5.3 用并行口设计LED数码显示器和键盘电路

键盘和显示器是单片机应用系统中常用的输入/输出装置。LED数码显示器是常用的显示器之一,下面介绍用单片机并行口设计LED数码显示电路和键盘电路的方法。

5.3.1 用并行口设计LED显示电路

1. LED显示器及其原理

LED有着显示亮度高、响应速度快的特点,最常用的是七段式LED显示器,又称数码管。七段LED显示器内部由7个条形发光二极管和一个小圆点发光二极管组成,根据各管的亮暗组合成字符。常见LED的管脚排列如图5-7(a)所示。其中,COM为公共点,根据内部发光二极管的接线形式,可分成共阴极型(见图5-7(b))和共阳极型(见图5-7(c))。

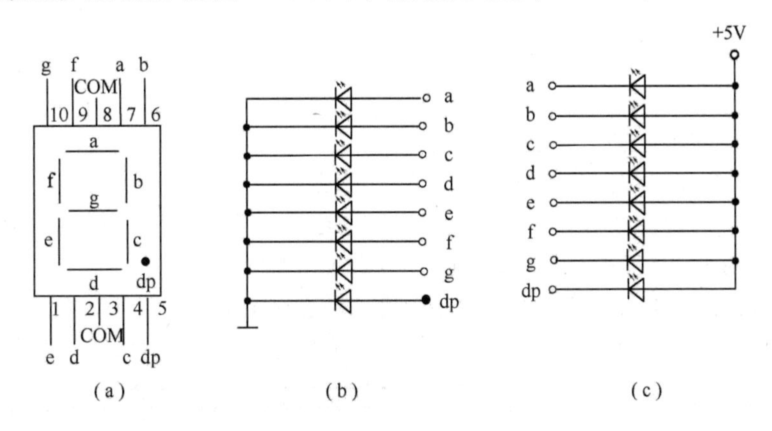

图5-7 LED显示器

LED数码管的g~a,dp 8个发光二极管因加正电压而发光,因加零电压而不能发亮,不同亮暗的组合就能形成不同的字形,这种组合称为字形码。显然,共阳极和共阴极的字形码是不同的,其字形码见表5-2。LED数码管每段需10~20mA的驱动电流,可用TTL或CMOS器件驱动。

字形码的控制输出可采用硬件译码方式,如采用BCD-7段译码/驱动器74LS48,74LS49,CDD4511(共阴极)或74LS46,74LS47,CD4513(共阳极),也可用软件查表方式输出。

2. LED数码管的接口

数码管的接口有静态接口和动态接口两种。

静态接口为固定显示方式,无闪烁,其电路可采用一个并行口接一个数码管,数码管的公共端按共阴或共阳分别接地或V_{CC}。这种接法占用接口多,如果P_0口和P_2口要用作数据线和地址线,仅用单片机片内的并行口就只能接两个数码管。也可以用串行接口的方法接多个数码管,使之静态显示,这将在后面章节介绍。

表 5-2 LED 字形显示代码表

显示字符	段符号								十六进制代码	
	dp	g	f	e	d	c	b	a	共阴	共阳
0	0	0	1	1	1	1	1	1	3FH	C0H
1	0	0	0	0	0	1	1	0	06H	F9
2	0	1	0	1	1	0	1	1	5BH	A4
3	0	1	0	0	1	1	1	1	4FH	B0
4	0	1	1	0	0	1	1	0	66H	99
5	0	1	1	0	1	1	0	1	6DH	92
6	0	1	1	1	1	1	0	1	7DH	82
7	0	0	0	0	0	1	1	1	07H	F8
8	0	1	1	1	1	1	1	1	7FH	80
9	0	1	1	0	1	1	1	1	6FH	90
A	0	1	1	1	0	1	1	1	77H	88
B	0	1	1	1	1	1	0	0	7CH	83
C	0	0	1	1	1	0	0	1	39H	C6
D	0	1	0	1	1	1	1	0	5EH	A1
E	0	1	1	1	1	0	0	1	79H	86
F	0	1	1	1	0	0	0	1	71H	8E
H	0	1	1	1	0	1	1	0	76H	89
P	0	1	1	1	0	0	1	1	73H	8C

动态接口采用各数码管循环轮流显示的方法，当循环显示的频率较高时，利用人眼的暂留特性，好像数码管在同时显示而看不出轮流显示现象，这种显示需要一个接口完成字形码的输出(字形选择)，另一接口完成各数码管的轮流点亮(数位选择)。

【例 5-4】 如图 5-8 是接有 5 个共阴极数码管的动态显示接口电路，用 74LS373 接成直通的方式作为驱动电路，阴极用非门 74LS04 反相门驱动，字形选择由 P_1 口提供，位选择由 P_3 口控制。

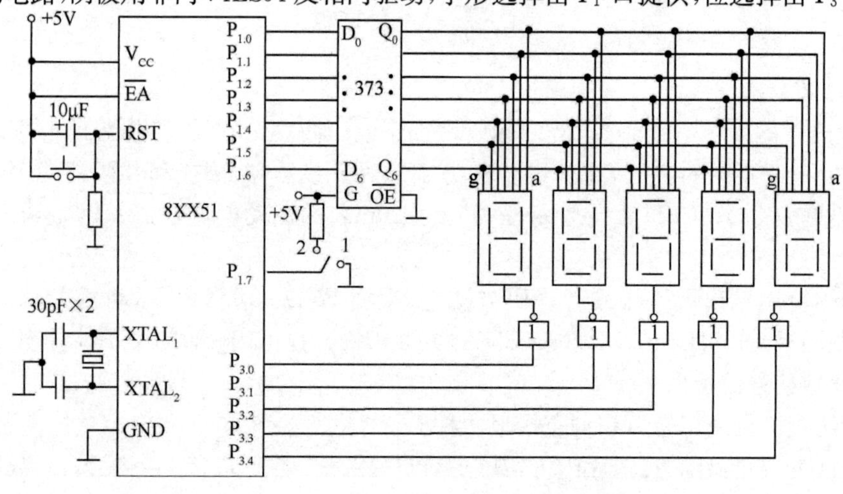

图 5-8 接 5 个共阴极数码管的动态显示接口电路

(1) 编程使在最右边的数码管上显示“P”。

汇编语言程序：

```
        ORG   0000H
        MOV   P1,#73H   ;P1 口输出"P"的段码
```

C 语言程序：

```
#include<reg51.h>
main(){
```

```
        MOV   P3,#10H   ;最右边的数码管亮          P1=0x73;
        SJMP  $                                    P3=0x10;
                                                   }
```

如果不对 P_1 和 P_3 重新输出新的数据，最右边的数码管将一直显示“P”。

(2) 要求在中间的数码管上循环显示“0”～“3”。

分析 中间的数码管的阴极受 $P_{3.2}$控制，$P_{3.2}$输出 1，P_1 口循环送出“0”～“3”的段码，数码变化多，采用查表方式会使程序简洁，每亮一个数码都要延时，保证它的导通时间，才能保证数码管发亮。C 语言编程如下：

```
#include<reg51.h>
sbit P32=P3^2;
unsigned char code tab [5]={ 0x3f,0x06,0x5b,0x4f,} ; /*0～3 的字形码*/
main ( ) {
unsigned char i;
unsigned int j;
while(1) {
  P32=1;
  for(i=0; i<=3; i++){
    P1=tab [i];
    for(j=0;j<=25000;j++); /*延时*/
}}}
```

读者可自行编出汇编语言程序。

(3) P1.7 接有开关，要求当开关打向位置“1”时，显示“12345”字样；当开关打向位置“2”时，显示“HELLO”字样，编程实现上述功能。

分析 5 个数码管各自显示不同的字符，必须使 5 个数码管轮流点亮，这只需要 $P_{3.0}$～$P_{3.4}$ 轮流输出 1。将“12345” 字形码和“HELLO”字形码分别排成两个表，根据 $P_{1.7}$开关状态分别指向不同的表头，结合位控，字形码从 P_1 口轮流送出。

汇编语言编程如下：

```
       ORG   0000H
       MOV   P3,#0            ;清显示
  TEST:SETB  P1.7
       JB  P1.7,DIR1          ;检测开关
       MOV   DPTR,#TAB1       ;开关打向 1,置"12345"字形表头地址
       SJMP  DIR
  DIR1:MOV   DPTR,#TAB2       ;开关打向 2,置"HELLO"字形表头地址
   DIR:MOV   R0,#0            ;R0 存字形表偏移量
       MOV   R1,#01           ;R1 置数码表位选代码
  NEXT:MOV   A,R0
       MOVC   A,@A+DPTR       ;查字形码表 1
       MOV   P1,A             ;送 P1 口输出
       MOV   A,R1
       MOV   P3,A             ;输出位选码
       ACALL  DAY             ;延时
       INC   R0               ;指向下一位字形
       RL   A                 ;指向下一位
```

```
        MOV   R1,A
        CJNE  R1,#20H,NEXT  ;5个数码管显示完否
        SJMP  TEST
   DAY:MOV   R6,#20          ;延时子程序,在fosc=6MHz时可延时20ms
   DL2:MOV   R7,#7DH
   DL1:NOP
        NOP
        DJNZ  R7,DL1
        DJNZ  R6,DL2
        RET
  TAB1:db 06H,5BH,4FH,66H,6DH;         "1～5"的字形码
  TAB2:db 76H,79H,38H,38H,3FH;         "HELLO"的字形码
        END
```

C语言完成上述功能编程如下：

```
#include<reg51.h>
#define uint unsigned int
#define uchar unsigned char
sbit   P17=P1^7;
main ( ){
uchar code tab1[5]={0x86,0xdb,0xcf,0xe6,0xed} ;     /*"1～5"的字形码,因P1.7接开关,最高位
                                                     送"1"*/
uchar code tab2[5]={0xf6,0xf9,0xb8,0xb8,0xbf};      /*"HELLO"的段码,最高位送"1"*/
uchar i;
unit j;
while(1){
       P3=0x01;
       for(i=0;i<5;i++){
           if(P17==1)P1=tab1[i];
           else P1=tab2[i];
           for(j=0;j<=25000;j++);
           P3<<=1;
}}}
```

5.3.2 用并行口设计键盘电路

键盘是计算机系统中不可缺少的输入设备,当键盘少时可接成线性键盘(如图5-4中的按键),当按键较多时,这样的接法占用口线较多。将键盘接成矩阵的形式,可以节省口线,例如两个8位接口可接64个按键(8×8矩阵的形式)。

矩阵键盘按键的状态同样需变成数字量“1”和“0”,开关的一端(列线)通过电阻接V_{CC},开关另一端(行线)的接地是通过程序输出数字“0”实现的。矩阵键盘每个按键都有它的行值和列值,行值和列值的组合就是识别这个按键的编码。矩阵键盘的行线和列线分别通过两并行接口和CPU通信,在接键盘的行线和列线的两个并行口中,一个输出扫描码,使按键逐行动态接地(称行扫描,键盘的行值),另一个并行口输入按键状态(称回馈信号,键盘的列值)。由行扫描值和列回馈信号共同形成键编码。用8XX51的并行口P_1设计4×4矩阵键盘的电路及各键编码如图5-9所示,图中$P_{1.0}$～$P_{1.3}$接键盘行线,输出接地信号,$P_{1.4}$～$P_{1.7}$接列线,输入回馈信号,以检测按键是否按下。

不同的按键有不同的编码，通过编码识别不同的按键，再通过软件查表，查出该键的功能，转向不同的处理程序。因此键盘处理程序的任务是：确定有无键按下；判断哪一个键按下；形成键编码；根据键的功能，转相应的处理程序。

键的编码可由软件对行、列值的运算完成，称为非编码键盘；也可由硬件编码器完成，称为编码键盘，本章介绍的是非编码键盘，编码键盘在后面章节介绍。此外还要消除按键在闭合或断开时的抖动。消除抖动的方法可采用消抖电路（RS 触发器时锁电路硬件消除抖动），也可采用延时方式软件消除抖动（延时后再重读，以跳过抖动期）。在矩阵键盘中，通常采用软件消除抖动。

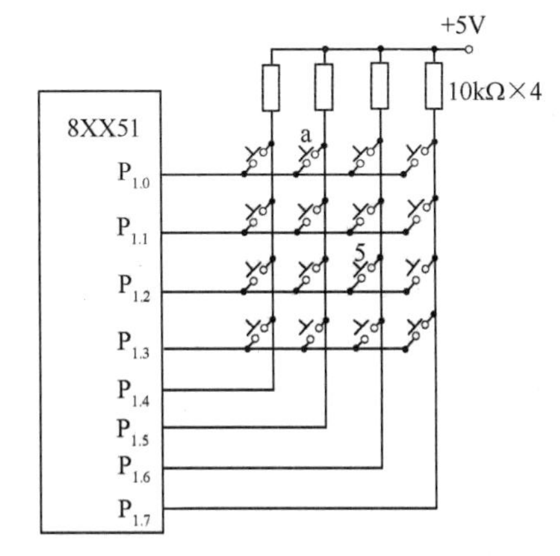

EE	DE	BE	7E
ED	DD	BD	7D
EB	DB	BB	7B
E7	D7	B7	77

图 5-9　4×4 矩阵键盘及键编码

对图 5-9 的 4×4 矩阵键盘电路的键盘扫描程序流程如图 5-10 所示，程序清单如下：

```
        ORG   0000H
TEST：  MOV   P1，#0F0H         ;P1.0～P1.3输出 0，P1.4～P1.7输出 1，作为输入位
        MOV   A，P1             ;读键盘，检测有无键按下
        ANL   A，#0F0H          ;屏蔽 P1.0～P1.3，检测 P1.4～P1.7是否全为 1
        CJNE  A，#0F0H，HAVE    ; P1.4～P1.7不全为 1，有键按下
        SJMP  TEST              ;P1.4～P1.7全为 1，无键按下，重检测键盘
HAVE：  MOV   A，#0FE           ;有键按下，逐行扫描键盘，置扫描初值
NEXT：  MOV   B，A              ;扫描码暂存于 B
        MOV   P1，A             ;输出扫描码
READ：  MOV   A，P1             ;读键盘
        ANL   A，#0F0H          ;屏蔽 P1.0～P1.3，检测 P1.4～P1.7是否全为 1
        CJNE  A，#0F0H，YES     ;P1.4～P1.7不全为 1，该行有键按下
        MOV   A，B              ;被扫描行无键按下，准备查下一行
        RL    A                 ;置下一行扫描码
        CJNE  A，#0EFH，NEXT    ;未扫到最后一行循环
YES：   ACALL  DAY              ;延时去抖动
AREAD：MOV   A，P1             ;再读键盘
        ANL   A，#0F0H          ;屏蔽 P1.0～P1.3，保留 P1.4～P1.7(列码)
        MOV   R2，A             ;暂存列码
        MOV   A，B
        ANL   A，#0FH           ;取行扫描码
        ORL   A，R2             ;行码、列码合并为键编码
YES1：  MOV   B，A              ;键编码存于 B
        LJMP  SAM38             ;转键分析处理程序(见例 3-8)
        …
```

程序中 DAY 为延时子程序，通常延时 10～20ms，读者可参考例 3-9 编出，SAM38 为键分析程序，读者可参考例 3-8 编出，其中键码表要根据电路和用户的键安排进行规划。

对键盘程序的键编码做如下说明：开始检查 0 行有无键按下，使 $P_{1.0}=0$，由于 $P_{1.4}$～$P_{1.7}$是

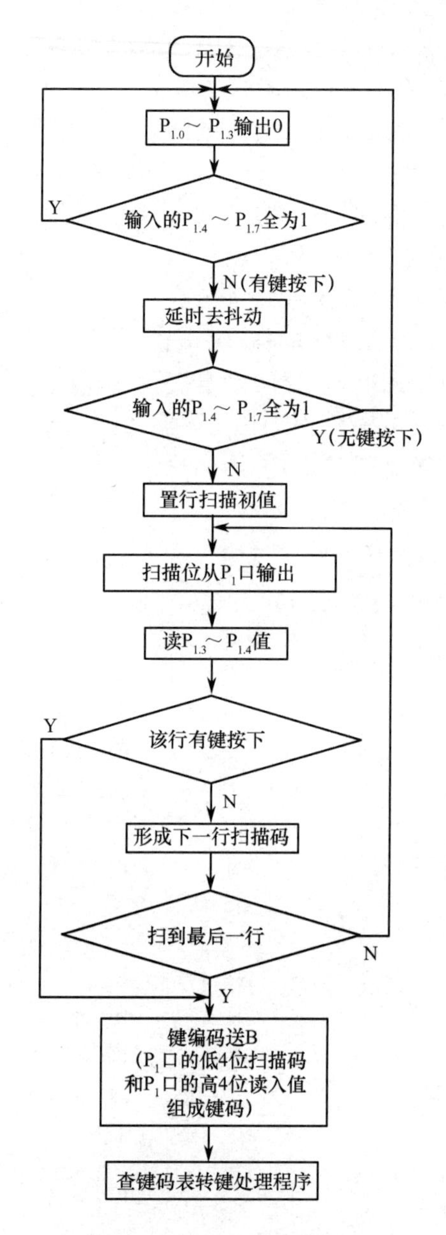

图 5-10　键盘扫描程序流程

输入，为保证读入正确，$P_{1.4}$～$P_{1.7}$先写"1"，因此，输出行扫描值为 1111 1110B(FEH)，且暂存于 B，然后读 P_1 口，如该行有键按下，例如，图 5-9 中的"a"键被按下，读入 P_1 口的值为 1101 xxxxB(DXH)，其高 4 位是"a"键的列值，原行扫描值低 4 位 xxxx1110B 是"a"键行码，将行码、列码合并为"a"键编码，所以"a"键的编码为 DEH。如果读入值为 1111 xxxxB(FXH)，说明 $P_{1.4}$～$P_{1.7}$ 全为高电平，该行无键按下，再检查第 1 行，使 $P_{1.1}=0$，输出行扫描值为 1111 1101B(FDH)，如该行仍无键按下，读入值 $P_{1.4}$～$P_{1.7}$ 必定仍为 1111，再扫描第 2 行，使 $P_{1.2}=0$，输出行扫描值为 1111 1011B(FBH)，…直到扫描值为 1110 1111B(EFH)，各行都检查完。图中，"5"的键码为 1011 1011B(BBH)，由此可见，键所在的行和列均为"0"，其他位为"1"，就是这个键的键码，将 4×4 矩阵键盘的 16 个按键的键码按从 0 到 15 排成键码表，根据键功能要求转各自的功能处理程序。

该程序同样可用C语言编出，程序如下：

```
#include<reg51.h>
#define uchar unsigned char
#define uint unsigned int
void dlms (void);
uchar kbscan(void);                    /* 函数说明 */
void main (void);
{uchar key;
 while (1)
 {key=kbscan( );                       /* 键盘扫描函数，返回键码送key保存 */
  dlms( );
}}
void dlms (void)                       /* 延时 */
{uchar i;
 for (i=200;i>0;i--){ }
}
uchar kbscan(void)                     /* 键盘扫描函数 */
{uchar sccode,recode;
  P1=0xf0;                             /* P1.0~P1.3发全0,P1.4~P1.7输入 */
  if ( (P1 & 0xf0)! =0xf0)             /* 如P1口高4位不全为1,有键按下 */
     {dlms( );                         /* 延时去抖动 */
     if ( (P1 & 0xf0)! =0xf0)          /* 重读输入值 */
       {sccode=0xfe;                   /* 最低位置0 */
        while ( ( sccode & 0x10)! =0)  /* 不到最后一行循环 */
          {P1=sccode;                  /* P1口输出扫描码 */
           if ( (P1 & 0xf0)! =0xf0)    /* 如P1.4~P1.7不全为1,该行有键按下 */
             {recode=P1 & 0xf0;        /* 保留P1口高4位输入值 */
              sccode=sccode& 0x0f;     /* 保留扫描码低4位 */
              return(sccode+ recode);  /* 行码+列值=键编码,返回主程序 */
             }
           else
           sccode=(sccode<<1)| 0x01;   /* 如该行无键按下,查下一行,行扫描值左移一位 */
     }}}
   return(0);                          /* 无键按下,返回值为0 */
}
```

5.4 小　　结

并行接口是单片机中用得最多的部分，可直接接外部设备(要注意电平的匹配)。本章以最简单的实验室最容易实现的外部设备——开关和发光二极管为例说明并行口的应用设计，其他外设的测控原理与其一样。

① 4个并行口均可作为输入/输出接口使用，但又有各自的特点。因P_0口是数据线和低8位的地址线，因此不用它作为输入/输出接口，而用它传输数据和低8位的地址信息，除非在不接其他外围芯片的情况下，才作为I/O接口使用，此时由于内部漏极开路，需外接上拉电阻。4个口的使用特点是本章的重点。

② 当并行口作为输入口使用时，应对所用的口线写“1”，使其内部的驱动场效应管截止，防止误读。写“1”以后不影响读引脚指令，因为读入的信息是引脚电平经缓冲器 2（见图 5-1）进入 CPU 的，而不是读的锁存器。

③ 在应用设计中应理解，计算机内的电路均为数字电路，只存在两种 TTL 电平，计算机在软件中对输入量判断是“1”还是“0”，实质上是检测硬件相应引脚的电平是“高”还是“低”。外设的状态要通过电路转换成高、低电平，计算机才能识别（如开关电路）。

计算机程序输出“1”语句，即是使相关引脚的电平变成 3.5～5V；输出“0”语句，即是使相关引脚的电平变成 0V。设计者根据对外设控制的电平要求，设计语句输出“1”或输出“0”。以上就是计算机程序测试和控制外设的本质，也就是软件控制硬件的本质。

④ 本章尽管只讲了开关和发光二极管的硬件和软件，但具有十分广泛的意义。如红外线的发送和接收器件就是二极管，不过它发出的是不可见光——红外线，只是材料和工艺有些不同；又如后面将介绍的触摸屏，扫描检测的原理和编程思想类似键盘。屏幕的字符显示、计算机语音识别，无一不是查表方法完成的。因此学好用好本章内容，读者就可以完成一些小的项目，对成千上万的各种不同接口的学习和理解就不难了。

思考题与习题 5

5.1 什么是接口？CPU 与外设之间为什么需要接口？接口的功能是什么？

5.2 8XX51 的 4 个 I/O 端口的作用是什么？8XX51 对外的三总线是如何分配的？

5.3 8XX51 的 4 个 I/O 端口在结构上有何异同？使用时应注意什么？

5.4 为什么说 8XX51 能全部作为 I/O 口使用的仅有 P_1 端口？

5.5 在例 5-2 中有如下语句：

```
     MOV  P1,#0FFH        ;高 4 位的 LED 全灭,低 4 位输入线送“1”
ABC: MOV  A,P1            ;读 P1 口引脚开关状态,并送入 A
```

为什么执行了 ABC 语句后 A 的值低 4 位为开关状态，而不是前一句的 FFH，那么它的高 4 位值是什么呢？

5.6 利用 8XX51 的 P_1 口，监测某一按键开关，使每按键一次，输出一个正脉冲（脉宽随意），画出电路并编出程序。

5.7 利用 8XX51 的 P_1 口控制 8 个发光二极管 LED。相邻的 4 个 LED 为一组，使两组每隔 0.5s 交替发亮一次，周而复始，画出电路并编写程序（设延时 0.5s 子程序为 D05，已存在）。

5.8 用 89C51/89S51 并行口设计显示一个数码的电路，使数码管循环显示“0”～“F”。

5.9 设计一个能显示 4 位数码的电路，并用 C 语言和汇编语言编程使“8”能跑马显示 8 遍。

5.10 利用 89C51/89S51 并行口设计 8×8 的矩阵键盘并用箭头标明信号的方向。

第 6 章　51 单片机的中断系统

☞**教学要点**

本章主要介绍中断、中断源、中断优先级、中断的嵌套、中断系统等基本概念，重点介绍 51 单片机的中断结构、中断管理、中断响应过程、中断程序的编制方法。其中，C 语言的中断程序为可选教学部分。

在 CPU 和外设交换信息时，存在着快速 CPU 和慢速外设间的矛盾，机器内部有时也可能出现突发事件，为此，通用计算机和嵌入式计算机都毫无例外地采用中断技术。

(1) 什么是中断

CPU 和外设并行工作，当外设数据准备好或有某种突发事件发生时，向 CPU 提出请求，CPU 暂停正在执行的程序转而为该外设服务(或处理紧急事件)，处理完毕再回到原断点继续执行原程序。这个过程称为**中断**。

(2) 什么是中断源

引起中断的原因和发出中断申请的来源，称为**中断源**。

中断源可以是外设(通过接口)、紧急事件、定时器或人为设置用于单步或断点调试程序。

(3) 关于中断优先级

当有多个中断源同时向 CPU 申请中断时，CPU 优先响应最需紧急处理的中断请求，处理完毕再响应优先级别较低的中断请求，这种预先安排的响应次序，称为**中断优先级**。在中断系统中，高优先级的中断请求能中断正在进行的较低级的中断源处理，这就称为中断的嵌套。

(4) 中断系统

能实现中断功能并能对中断进行管理的硬件和软件称为**中断系统**。

中断请求是在执行程序的过程中随机发生的，中断系统要解决的问题是：

① CPU 在不断地执行指令中，是如何检测到随机发生的中断请求的？

② 如何使中断的双方(CPU 方和中断源方)均能人为控制——允许中断或禁止中断？

③ 由于中断产生的随机性，不可能在程序中安排调子程序指令或转移指令，那么如何实现正确的转移，以便为该中断源服务呢？

④ 中断源有多个，而 CPU 只有一个，当有多个中断源同时有中断请求时，用户怎么控制 CPU 按照自己的需要安排响应次序？

⑤ 中断服务完毕，如何正确地返回到原断点处？

本章将围绕上面的问题讨论 51 单片机的中断系统。

6.1　8XX51 中断系统结构

8XX51 单片机有 5 个中断源，增强型 8XX52 增加了一个定时/计数器 2，共有 6 个中断源，其中有两个外部中断源，其余为内部中断源。所谓外部中断，就是在单片机外部引脚上加了触发信号，才有可能引起中断；内部中断是单片机内部中断源产生的中断请求，不需要外部引脚上加请求信号。

这些中断源有两级中断优先级，可行使中断嵌套；两个特殊功能寄存器用于中断的控制和设置优先级别，另有两个特殊功能寄存器反映中断请求有、无标志，具体介绍如下。

6.1.1　中断源

基本型 8XX51 有 5 个中断源，增强型 8XX52 有 6 个中断源，它们在程序存储器中各有固定的中断服务程序入口地址(称为矢量地址)，当 CPU 响应中断时，硬件自动形成各自的入口地址，由此进入中断服务程序，从而实现了正确的转移。这些中断源的符号、名称、产生条件及中断服务程序的入口地址见表 6-1。

表 6-1　8XX51/52 的中断源

中断源符号	名　称	中 断 引 起 原 因	中断服务程序入口地址
$\overline{INT_0}$	外部中断 0	$P_{3.2}$引脚的低电平或下降沿信号	0003H
$\overline{INT_1}$	外部中断 1	$P_{3.3}$引脚的低电平或下降沿信号	0013H
T_0	定时器 0 中断	定时/计数器 0 计数回零溢出	000BH
T_1	定时器 1 中断	定时/计数器 1 计数回零溢出	001BH
T_2	定时器 2 中断	定时器 2 中断(TF2 或 T2EX)信号	002BH
TI/RI	串行口中断	串行通信完成一帧数据发送或接收引起中断	0023H

6.1.2　中断控制的有关寄存器

在中断系统中，用户对中断的管理体现在以下两个方面。

● 中断能否进行，即对构成中断的双方进行控制，这就是是否允许中断源发出中断和是否允许 CPU 响应中断，只有双方都被允许，中断才能进行。这是通过对特殊功能寄存器 IE 进行管理的。

● 当有多个中断源有中断请求时，用户控制 CPU 按照自己的需要安排响应次序。用户对中断的这种管理是通过对特殊功能寄存器 IP 的设置完成的。

1. 中断的允许和禁止——中断控制寄存器 IE(地址 A8H)

8XX51/52 的一个中断源对应 IE 寄存器的一位，如果允许该中断源中断则该位置“1”，禁止该中断源中断则该位置“0”。此外还有一个中断总控位，格式如下：

EA	—	ET_2	ES	ET_1	EX_1	ET_0	EX_0	IE (A8H)
中断总控 允/禁	不用	T_2 允/禁	串行口 允/禁	T_1 允/禁	$\overline{INT_1}$ 允/禁	T_0 允/禁	$\overline{INT_0}$ 允/禁	1/0

IE 各位意义具体说明如下：

EA：中断总控开关。EA=1，CPU 开中断；EA=0，CPU 关中断。CPU 开中断是 CPU 是否响应中断的前提，在此前提下，如某中断源的中断允许位置 1，才能响应该中断源的中断请求；如果 CPU 关中断，无论哪个中断源有请求且被允许，CPU 都不予响应。

ES：串行口中断允许位，ES=1，允许串行口发送/接收中断；ES=0，禁止串行口中断。

ET_2：定时器 T_2 中断允许位，ET_2=1，允许 T_2 中断；ET_2=0，禁止 T_2 中断。

ET_1：定时器 T_1 中断允许位，ET_1=1，允许 T_1 中断；ET_1=0，禁止 T_1 中断。

ET_0：定时器 T_0 中断允许位，ET_0=1，允许 T_0 中断；ET_0=0，禁止 T_0 中断。

EX_1:外部中断$\overline{INT_1}$允许位,$EX_1=1$,允许$\overline{INT_1}$中断;$EX_1=0$,禁止$\overline{INT_1}$中断。

EX_0:外部中断$\overline{INT_0}$允许位,$EX_0=1$,允许$\overline{INT_0}$中断;$EX_0=0$,禁止$\overline{INT_0}$中断。

2. 中断请求标志及外部中断方式选择寄存器 TCON(地址 88H)

寄存器 TCON 的格式如下:

TF_1	TR_1	TF_0	TR_0	IE_1	IT_1	IE_0	IT_0
T_1 请求 有/无	T_1 工作 启/停	T_0 请求 有/无	T_0 工作 启/停	$\overline{INT_1}$ 请求 有/无	$\overline{INT_1}$ 方式 下降沿/低电平	$\overline{INT_0}$ 请求 有/无	$\overline{INT_0}$ 方式 下降沿/低电平

说明:

① TF_1,TF_0,IE_1,IE_0 分别为中断源 T_1,T_0,$\overline{INT_1}$,$\overline{INT_0}$ 的中断请求标志,若中断源有中断请求,该中断标志置 1;无中断请求,该中断标志置 0。

② IT_0 和 IT_1 为外中断$\overline{INT_0}$ 和$\overline{INT_1}$ 中断触发方式选择,若下降沿触发则 IT 相应位置 1;若选低电平触发,IT 相应位置 0。

③ TR_1 和 TR_0 为定时器 T_1 和 T_0 工作启动和停止的控制位,与中断无关,请参阅第 7 章。

④ 串行口的中断标志在特殊功能寄存器 SCON 的 RI 和 TI 位(SCON.0 和 SCON.1 位),T_2的中断标志 TF_2 在特殊功能寄存器 T2CON 的 TF_2 位(T2CON.7),参阅后面相关章节。

3. 中断优先级管理寄存器 IP(地址 8BH)

8XX51/52 中断源的优先级别由 IP 寄存器管理,一个中断源对应一位。如果对应位置"1",该中断源优先级别高;如果对应位置"0",则优先级别低。

—	—	PT_2	PS	PT_1	PX_1	PT_0	PX_0
无用位	无用位	T_2 高/低	串行口 高/低	T_1 高/低	$\overline{INT_1}$ 高/低	T_0 高/低	$\overline{INT_0}$ 高/低

当某几个中断源在 IP 寄存器相应位同为"1"或同为"0"时,由内部查询确定优先级,优先响应先查询的中断请求。CPU 查询的顺序是:

$$\overline{INT_0} \rightarrow T_0 \rightarrow \overline{INT_1} \rightarrow T_1 \rightarrow TI/RI \rightarrow T_2$$

综上所述,51 单片机的中断结构可以用如图 6-1 表示(T_2的中断见第 7 章)。

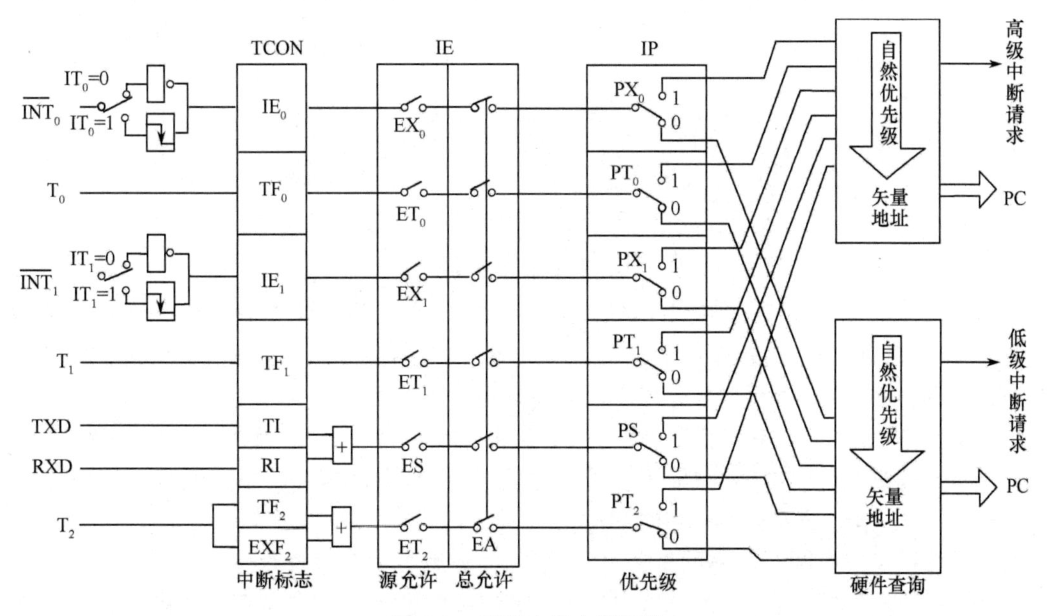

图 6-1 8XX51 的中断系统

6.2 中断响应过程

6.2.1 中断处理过程

中断处理过程分为 4 个阶段:中断请求、中断响应、中断服务和中断返回。51 单片机的中断过程流程如图 6-2 所示。

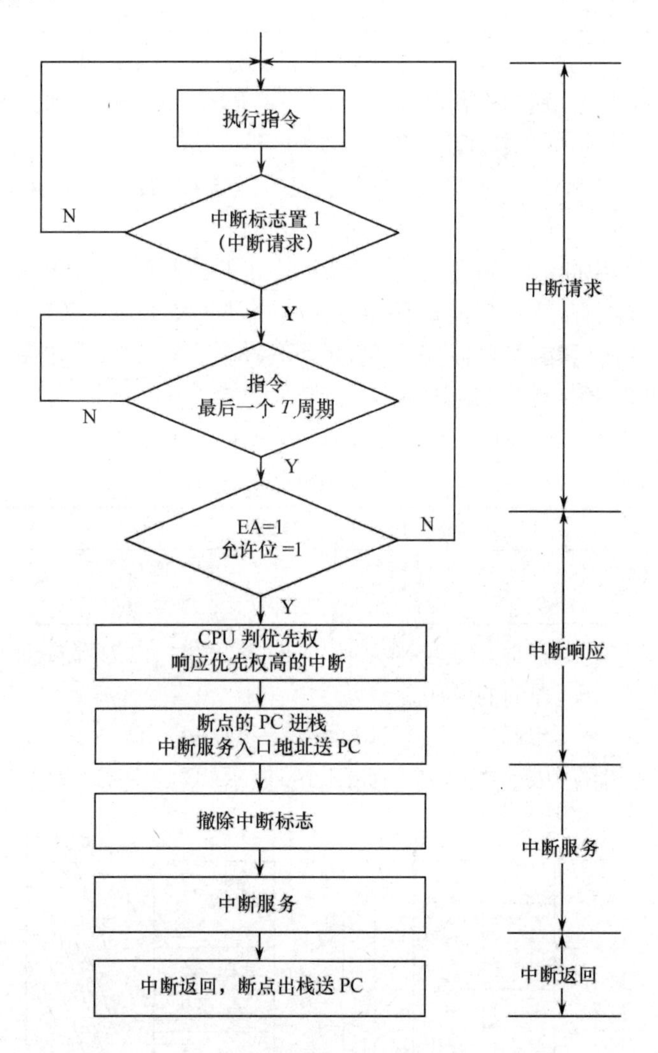

图 6-2 中断处理流程图

CPU 执行程序时,在每一个指令周期的最后一个 T 周期都要检查是否有中断请求,如果有中断请求,寄存器 TCON 的相应位置“1”,CPU 查到“1”标志后,如果允许,进入中断响应阶段,如果中断被禁止或没有中断请求,继续执行下一条指令。

在中断响应阶段,如果有多个中断源,CPU 判断哪个的优先级高,优先响应优先级高的中断请求。阻断同级或低级的中断,硬件产生子程序调用指令,将断点 PC 压入堆栈,将所响应的中断源的矢量地址送 PC 寄存器,转到中断服务程序执行。

中断服务是完成中断要处理的事务,用户根据需要编写中断服务程序,程序中要注意将主程序中需要保护的寄存器内容进行保护,中断服务完毕要注意恢复这些寄存器的内容,这称为保护现场和恢复现场,可以通过堆栈操作来完成。

中断返回是通过执行一条 RETI 中断返回指令完成的，该指令使堆栈中被压入的断点地址弹到 PC，从而返回主程序的断点继续执行主程序。另外，RETI 还有恢复优先级状态触发器的作用，因此不能以"RET"指令代替"RETI"指令。

中断请求、中断响应过程都是由硬件来完成的。

由上可见，51 单片机响应中断后，不会自动保护标志寄存器（PSW 程序状态字）、不会自动保护现场、不会自动关中断、不会自动发中断响应信号，这些是和 8086 CPU 有差别的。

若某个中断源通过编程设置，处于被打开的状态，并满足中断响应的条件，然而下面 3 种情况单片机不响应此中断：

① 当前正在执行的那条指令没执行完；

② 当前响应了同级或高级中断；

③ 是在操作 IE，IP 中断控制寄存器或执行 RETI 指令。

在正常的情况下，从中断请求信号有效开始，到中断得到响应，通常需要 3～8 个机器周期。

6.2.2 中断请求的撤除

CPU 响应中断后，应撤除该中断请求，否则会引起再次中断。

对定时/计数器 T_0，T_1 的溢出中断，CPU 响应中断后，硬件清除中断请求标志 TF_0 和 TF_1，即自动撤除中断请求，除非 T_0，T_1 再次溢出，才产生中断。对边沿触发的外部中断$\overline{INT}_1$ 和 $\overline{INT}_0$，也是 CPU 响应中断后硬件自动清除 IE_0 和 IE_1 的。对于串行口和定时/计数器 T_2 中断，CPU 响应中断后，没有用硬件清除中断请求标志 TI，RI，TF_2 和 EXF_2，即这些中断标志不会自动清除，必须用软件清除，这是在编中断服务中应该注意的。对电平触发的外部中断，CPU 在响应中断时也不会自动清除中断标志，因此，在 CPU 响应中断后，应立即撤除$\overline{INT}_1$ 或$\overline{INT}_0$ 的低电平信号。

6.3 中断的程序设计

用户对中断的控制和管理，实际是对 4 个与中断有关的寄存器 IE，TCON，IP，SCON 进行控制或管理。这几个寄存器在单片机复位时是清零的，因此，必须根据需要对这几个寄存器的有关位进行预置。在中断程序的编制中应注意：

① 开中断总控开关 EA，置位中断源的中断允许位；

② 对于外部中断$\overline{INT}_0$，$\overline{INT}_1$ 应选择中断触发方式，是低电平触发还是下降沿触发；

③ 如果有多个中断源中断，应设定中断优先级，预置 IP。

6.3.1 汇编语言中断程序的设计

由于 8XX51/52 中断服务程序的入口地址分别是 0003H，000BH，0013H，001BH，0023H，002BH，这些中断矢量地址之间相距很近，往往放不下一个中断服务程序。通常将中断服务程序安排在程序存储器的其他地址空间，而在矢量地址的单元中安排一条转移指令。当然，如果仅有一个中断源可另当别论。对于一个独立的应用系统，上电初始化时，PC 总是指向 0，所以在程序存储器的 0 地址单元安排一条转移地址，以绕过矢量地址空间。下例说明了中断程序的格式，其中的中断源为外部中断，对于定时器中断和串行口中断的应用实例请参阅后面章节。

【例 6-1】 在如图 6-3 所示的电路中，$P_{1.4}$～$P_{1.7}$接有 4 个发光二极管，$P_{1.0}$～$P_{1.3}$接有 4 个开关，消除抖动电路用于产生中断请求信号，当消抖电路的开关来回拨动一次，将产生一个下降沿信号，通过$\overline{INT_0}$向 CPU 申请中断，要求：初时发光二极管全黑，每中断一次，$P_{1.0}$～$P_{1.3}$所接的开关状态反映到发光二极管上，且要求开关打开的对应发光二极管亮，编程如下：

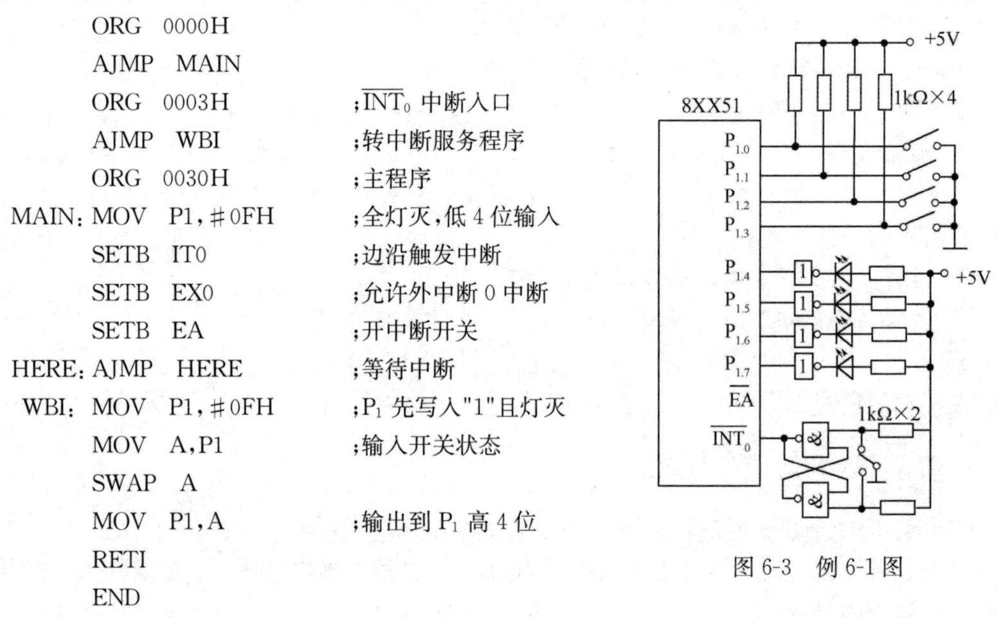


```
        ORG   0000H
        AJMP  MAIN
        ORG   0003H            ;INT0 中断入口
        AJMP  WBI              ;转中断服务程序
        ORG   0030H            ;主程序
MAIN:   MOV   P1,#0FH          ;全灯灭,低 4 位输入
        SETB  IT0              ;边沿触发中断
        SETB  EX0              ;允许外中断 0 中断
        SETB  EA               ;开中断开关
HERE:   AJMP  HERE             ;等待中断
WBI:    MOV   P1,#0FH          ;P1 先写入"1"且灯灭
        MOV   A,P1             ;输入开关状态
        SWAP  A
        MOV   P1,A             ;输出到 P1 高 4 位
        RETI
        END
```

图 6-3　例 6-1 图

此例的执行现象是：每重置一次 4 个开关的开、合状态，4 个发光二极管维持原来的亮、灭状态，仅当来回拨动消除抖动电路开关产生中断后，程序退出 HERE 等待中断的死循环语句，进入中断矢量地址 0003H 单元执行 AJMP WBI 转移语句，转移到 WBI 地址开始的中断服务程序执行，这才读入所置的开关状态并显示到发光二极管。执行完中断服务程序后，通过 RETI 指令返回到 HERE，等待下次中断。

【例 6-2】 89C51(或 89S51)的 P_1 口接一个共阴极的数码管，利用消抖开关产生中断请求信号，每来回拨动一次开关，产生一次中断，用数码管显示中断的次数(最多不超过 15 次)。

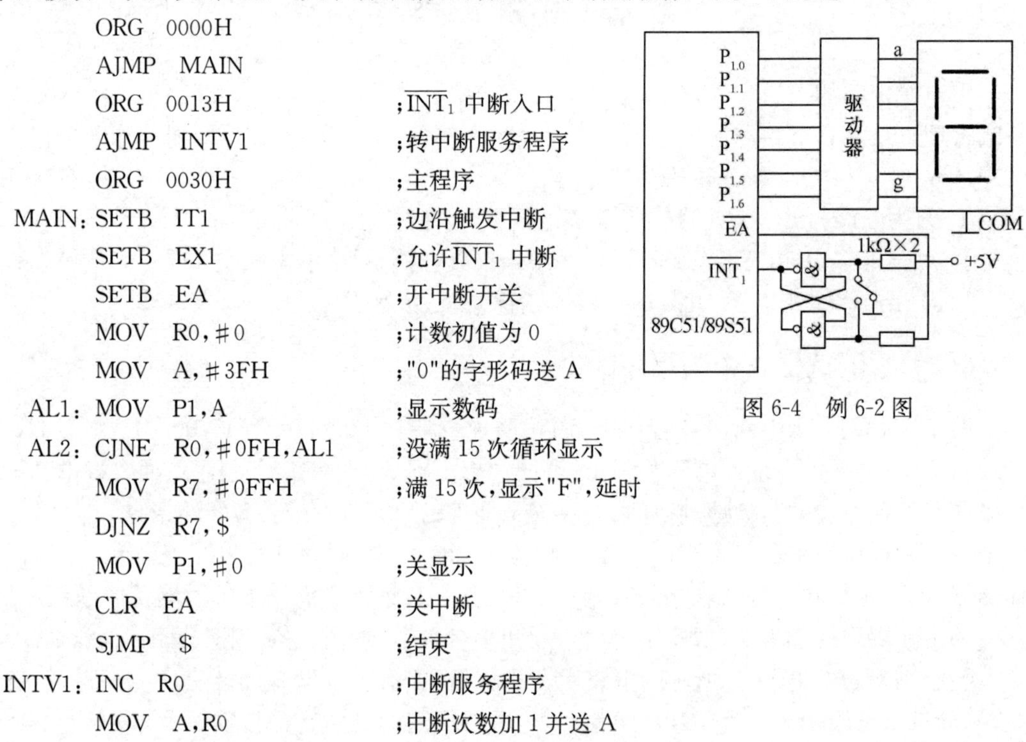


```
        ORG   0000H
        AJMP  MAIN
        ORG   0013H            ;INT1 中断入口
        AJMP  INTV1            ;转中断服务程序
        ORG   0030H            ;主程序
MAIN:   SETB  IT1              ;边沿触发中断
        SETB  EX1              ;允许INT1 中断
        SETB  EA               ;开中断开关
        MOV   R0,#0            ;计数初值为 0
        MOV   A,#3FH           ;"0"的字形码送 A
AL1:    MOV   P1,A             ;显示数码
AL2:    CJNE  R0,#0FH,AL1      ;没满 15 次循环显示
        MOV   R7,#0FFH         ;满 15 次,显示"F",延时
        DJNZ  R7,$
        MOV   P1,#0            ;关显示
        CLR   EA               ;关中断
        SJMP  $                ;结束
INTV1:  INC   R0               ;中断服务程序
        MOV   A,R0             ;中断次数加 1 并送 A
```

图 6-4　例 6-2 图

```
        MOV   DPTR,#TAB          ;DPTR指向字形码表首址
        MOVC  A,@A+DPTR          ;查表
        POP   DPH
        POP   DPL                ;弹出断点
        MOV   DPTR,#AL1
        PUSH  DPL
        PUSH  DPH                ;修改中断返回点,AL1压入堆栈
        RETI                     ;从堆栈中弹出AL1地址→PC,返回主程序AL1处
TAB:    DB  3FH,06H,5BH,4FH,66H,6DH,7DH,07H           ;字形码表
        DB  7FH,6FH,77H,7CH,39H,5EH,79H,71H
        END
```

上面程序每中断一次,执行一次中断服务程序INTV1,在中断服务程序中,累计中断次数并查字形表,返回到主程序AL1地址执行显示。

以上中断发生在AL1或AL2两指令循环执行处,究竟是哪一指令处中断是随机的,因此,返回点也是随机的。当R0=15,若返回点在AL1,则数码管显示"F";但如果是在执行AL1时产生的中断,则返回点为AL2,不再执行AL1,即不会显示"F"。为保证返回到AL1,这里采用修改中断返回点的办法,即先从栈中弹出中断响应时压入的断点到DPTR中,修改DPTR为用户需要的返回点,并将其压入堆栈,再通过执行RETI指令弹出栈中内容到PC,弹出的即为修改后的地址,从而返回到主程序中用所希望的地址执行。

在例6-2中,中断次数在主程序判断,目的是使读者了解修改中断返回点的方法;如果改为在中断服务程序中判断,编程更简洁些,下面仅介绍和上例中不同部分的程序。

```
        …
        MOV   R0,#0              ;计数初值为0
        MOV   P1,#3FH            ;显示"0"
        MOV   DPTR,#TAB          ;DPTR指向字形码表
AGA:    SJMP  $                  ;等待中断
INT1:   INC   R0                 ;中断次数加1
        MOV   A,R0
        MOVC  A,@A+DPTR          ;查字形码表
        MOV   P1,A               ;显示
        CJNE  R0,#0FH,RE         ;15次中断未到转RE
        CLR   EA                 ;15次到关中断
RE:     RETI                     ;返回主程序的AGA处
TAB:    DB  3FH,06H,5BH,4FH,66H,6DH,7DH,07H        ;字形码表
        DB 7FH,6FH,77H,7CH,39H,5EH,79H,71H
```

6.3.2 C51中断程序的设计

C51使用户能编写高效的中断服务程序,编译器在规定的中断源的矢量地址中放入无条件转移指令,使CPU响应中断后自动地从矢量地址跳转到中断服务程序的实际地址,而无须用户去安排。

中断服务程序定义为函数,函数的完整定义如下:

返回值 函数名([参数])[模式][再入]interrupt n[using m]

其中,必选项interrupt n表示将函数声明为中断服务函数,n为中断源编号,可以是0~31间的

整数，不允许带运算符的表达式，n 通常取以下值：

0——外部中断 0；

1——定时/计数器 0 溢出中断；

2——外部中断 1；

3——定时/计数器 1 溢出中断；

4——串行口发送与接收中断；

5——定时/计数器 2 中断。

using m：定义函数使用的工作寄存器组，m 的取值范围为 0～3，可以默认。它对目标代码的影响是：函数入口处将当前寄存器保存，使用 m 指定的寄存器组；函数退出时，原寄存器组恢复。选不同的工作寄存器组，可方便实现寄存器组的现场保护。

再入：属性关键字 reentrant 将函数定义为再入的，在 C51 中，普通函数(非再入的)不能递归调用，只有再入函数才可被递归调用。

中断服务函数不允许用于外部函数，它对目标代码影响如下：

① 当调用函数时，SFR 中的 ACC，B，DPH、DPL 和 PSW 当需要时入栈。

② 如果不使用寄存器组切换，中断函数所需的所有工作寄存器 Rn 都入栈。

③ 函数退出前，所有工作寄存器都出栈。

④ 函数由“RETI”指令终止。

下面示例说明 C 语言的编程方法。

【例 6-3】 对例 6-1(见图 6-3)，要求每中断一次，发光二极管显示开关状态，用 C 语言编程。

```
#include<reg51.h>
int0()interrupt 0{              /* INT0 中断函数 */
  P1=0x0f;                      /* 输入端先置 1，灯灭 */
  P1<<=4;                       /* 读入开关状态，并左移 4 位，使开关反映在发光二极管上 */
}
main(){
  EA=1;                         /* 开中断总开关 */
  EX0=1;                        /* 允许INT0 中断 */
  IT0=1;                        /* 下降沿产生中断 */
  while(1);                     /* 等待中断，也是中断的返回点 */
}
```

主函数执行 while(1)；语句进入死循环等待中断，当拨动$\overline{INT_0}$ 的开关后，进入中断函数，读入 $P_{1.0}$～$P_{1.3}$的开关状态，并将状态数据左移 4 位到 $P_{1.4}$～$P_{1.7}$的位置上，输出控制 LED 亮，执行完中断，返回到等待中断的 while(1)语句，等待下一次的中断。

【例 6-4】 对例 6-2 记录并显示中断次数，用 C 语言编程，可有两种编程方法。

方法 1：在主程序中判断中断次数，程序如下：

```
#include<reg51.h>
char i;
code char tab[16]={0x3f,0x06,0x5b,0x4F,0x66,0x6d,0x7d,0x07,
                   0x7f,0x6f,0x77,0x7c,0x39,0x5e,0x79,0x71};
int() interrupt 2{
  i++;              /* 计中断次数 */
  P1=tab[i];        /* 查表，次数送显示 */
}
```

```
main(){
 EA=1;
 EX1=1;
 IT1=1;
ap5:
 P1=0x3f;          /* 显示"0" */
for(i=0;i<16;);    /* 当 i 小于 16 等待中断,也是中断的返回点 */
 goto ap5;         /* 当 i=16 重复下一轮 16 次中断 */
}
```

方法 2:在中断程序中判断中断次数,程序如下:

```
#include<reg51.h>
char i;
code char tab[16]={0x3f,0x06,0x5b,0x4F,0x66,0x6d,0x7d,0x07,
                   0x7f,0x6f,0x77,0x7c,0x39,0x5e,0x79,0x71};
int() interrupt 2{
 i++
 if(i<16)P1=tab[i];
  else{i=0;P1=0x3f;}
 }
main(){
 EA=1;
 EX1=1;
 IT1=1;
 P1=0x3f;
 while(1);              /* 等待中断 */
}
```

6.4 外部设备中断的接入

在前面的示例中,中断信号是按键动作模拟产生的,如果是某事件或某设备产生,将该事件或该设备转变成低电平或脉冲下降沿引入$\overline{INT}$中断请求端即可,图 6-5 和图 6-6 是采用中断方式输入、输出的接口,图中省去了应答信号。如果外设需要应答信号,可由并行口设定。

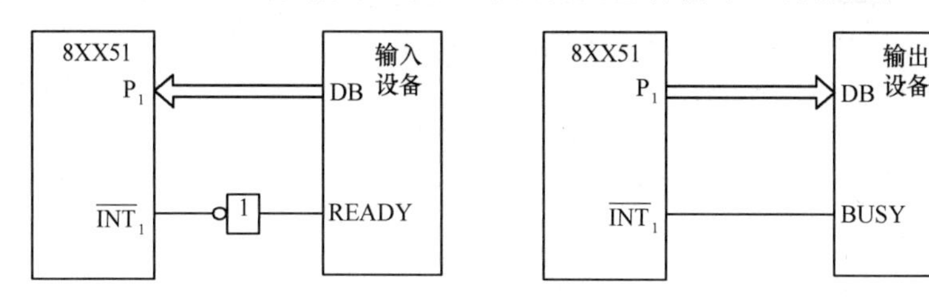

图 6-5 中断方式输入接口　　图 6-6 中断方式输入接口

在图 6-5 中,假设输入设备的数据准备好,READY 信号变为高电平,通过非门成为低电平,向 CPU 申请中断。在开中断的前提下,CPU 响应中断,在中断服务中输入数据,同时内部逻辑电路使 READY 信号变为低电平,当输入设备的下一个数据准备好,READY 信号又变为高电平,重复刚才过程。

在图 6-6 中，假设输出设备已经接收了 CPU 发来的数据，正忙于处理该数据，忙信号 BUSY 处于高电平，该数据处理完毕(如已打印)，忙信号 BUSY 变为低电平，这个由高到低的跳变正好向 CPU 申请中断。在开中断的前提下，CPU 响应中断，在中断服务中又输出一个数据，同时内部逻辑电路使 BUSY 信号变为高电平，重复刚才的过程。

6.5 小　　结

① 中断技术是实时控制中的常用技术，51 单片机(基本型)有 3 个内部中断和 2 个外部中断。所谓外部中断，就是在外部引脚上有产生中断所需要的信号。

每个中断源有固定的中断服务程序的入口地址(矢量地址)。当 CPU 响应中断后，单片机内部硬件保证它能自动地跳转到该地址。因此，此地址是应该熟记的，在汇编程序中，中断服务程序应存放在正确的矢量地址内(或存放一条转移指令)。而在 C 语言中，使用 interrupt n，正确选择中断源 n 后，C51 编译器会自动设置，实现正确的跳转。

② 单片机的中断是靠内部的寄存器管理的，这就是中断允许寄存器 IE、中断优先权寄存器 IP，必须在 CPU 开中断(即开全局中断开关 EA)后，开各中断源的中断开关，CPU 才能响应该中断源的中断请求，其中缺一不可。

③ 从程序表面看来，主程序和中断服务程序好像是没有关联的，只有掌握中断响应的过程，才能理解中断的发生和返回，看得懂中断程序并能编写高质量中断程序。

④ 本章重点应理解 51 单片机的中断结构、中断响应过程及中断程序的编制方法。

思考题与习题 6

6.1　解释下列名词：中断、中断源、中断优先级、中断的嵌套、中断系统。

6.2　8XX51 有几个中断源？各中断标志是如何产生的，又如何清除？

6.3　8XX51 中断源的中断请求被响应时，各中断入口地址是多少？在什么物理存储空间？

6.4　51 单片机的中断系统有几个优先级？如何设定？

6.5　简述 8XX51 中断处理的过程，画出流程图。

6.6　用 8XX51 的 P_1 口接 8 个 LED 发光二极管，由 $\overline{INT_0}$ 接一消抖开关，开始 $P_{1.0}$ 的 LED 亮，以后每中断一次，下一个 LED 亮，顺序下移，且每次只一个 LED 亮，周而复始。画出电路图，并编制程序。

6.7　在题 6.6 电路的基础上，要求 8 个 LED 同时亮或同时灭，每中断一次，变反一次，编出程序。

6.8　要求同题 6.7，要求亮、灭变换 5 次(一亮一灭为一次)，编出程序。

6.9　利用 8XX51 的并行口接 2 个数码管，显示 $\overline{INT_1}$ 中断次数(次数不超过 FFH)。

第 7 章　单片机的定时/计数器

☞**教学要点**

本章主要介绍 51 单片机 2 个 16 位的定时/计数器的结构、定时和计数的工作原理、4 种不同的工作方式及特点，以及计数初值的计算方法，并列举了一些应用编程示例。

在测量控制系统中，常常要求有一些实时时钟，以实现定时控制、定时测量或延时动作，也往往要求有计数器能对外部事件计数，如测电机转速、频率、工件个数等。

实现定时/计数，有软件、数字电路和可编程定时/计数器 3 种主要方法。

软件定时：即让机器执行一个程序段，这个程序段本身没有具体的执行目的，通过正确地挑选指令和安排循环次数实现软件延时。由于执行每条指令都需要时间，执行这一程序段所需要的时间就是延时时间。这种软件定时占用 CPU 的执行时间，降低了 CPU 利用率。

数字电路硬件定时：采用如小规模集成电路器件 555，外接定时部件（电阻和电容）构成。这样的定时电路简单，但要改变定时范围，必须改变电阻和电容，这种定时电路在硬件连接好以后，修改不方便。

可编程定时/计数器：是为方便微型计算机系统的设计和应用而研制的。它是硬件定时，又能很容易地通过软件来确定和改变它的定时值。通过初始化编程，能够满足各种不同的定时和计数要求，因而在嵌入式系统的设计和应用中得到广泛的应用。

51 单片机中，8XX51 有两个 16 位的定时/计数器 T_0，T_1；增强型 8XX52 有 3 个 16 位的定时/计数器 T_0，T_1，T_2，均是可编程定时/计数器。下面重点介绍 8XX51 的定时/计数器。

7.1　定时/计数器的结构和工作原理

8XX51 单片机的定时/计数器 T_1 由寄存器 TH_1、TL_1 组成，定时/计数器 T_0 由寄存器 TH_0、TL_0 组成。它们均为 8 位寄存器，在特殊功能寄存器中占地址 8AH～8DH。它们用于存放定时或计数的初始值。此外，内部还有一个 8 位的方式寄存器 TMOD 和一个 8 位的控制寄存器 TCON，用于选择和控制定时/计数器的工作。定时/计数器 T_0 的内部结构和控制信号如图 7-1所示，T_1 亦然。

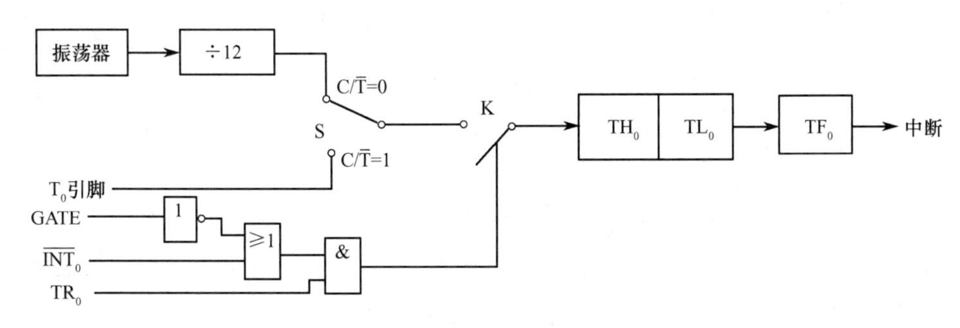

图 7-1　定时/计数器 T_0 的内部结构和控制信号

定时/计数器实质上是一个加 1 计数器，它可以工作于定时方式，也可以工作于计数方式。两种工作方式实际都是对脉冲计数，只不过所计脉冲的来源不同。

1. 定时方式

$C/\overline{T}=0$，开关 S 打向上，计数器 TH_0、TL_0 的计数脉冲来自振荡器的 12 分频后的脉冲(即 $f_{osc}/12$)，即对系统的机器周期计数。当开关 K 受控合上时，每过一个机器周期，计数器 TH_0，TL_0 加 1；当计满了预设的个数，TH_0，TL_0 回零，置位定时/计数器溢出中断标志位 TF_0(或 TF_1)，产生溢出中断。例如，机器周期为 $2\mu s$，计满 3 个机器周期即定时了 $6\mu s$，中断标志位 TF_0(或 TF_1)被置位。如果允许中断，产生溢出中断。

由于 51 单片机的定时/计数器是加 1 计数，预定计数初值应装入负值(补码)，TH_0，TL_0 才可能加 1 回零。定时时计数脉冲的最高频率为 $f=f_{osc}/12$。

2. 计数方式

$C/\overline{T}=1$，开关 S 打向下，计数器 T_0，T_1 的计数脉冲分别来自于引脚 T_0($P_{3.4}$)或引脚 T_1($P_{3.5}$)上的外部脉冲。当开关 K 受控合上时，计数器对此外部脉冲的下降沿进行加 1 计数，直至计满预定值回零，置位定时/计数器中断标志位 TF_0(或 TF_1)，产生溢出中断。由于检测一个由"1"到"0"的跳变需两个机器周期，前一个机器周期测出"1"，后一个周期测出"0"，故计数脉冲的最高频率不得超过 $f_{osc}/24$。对外部脉冲的占空比无特殊要求。

当软件设定了定时/计数器的工作方式，启动以后，定时/计数器就按规定的方式工作，不占用 CPU 的操作时间。此时 CPU 可执行其他程序，除非定时/计数器溢出，才可能中断 CPU 执行的程序。这种工作的方式如同人带的手表，人在工作或睡觉时，而手表依然滴滴答答行走，到了设定的时间，闹钟响一样。

7.2 定时/计数器的寄存器

51 单片机的定时/计数器为可编程定时/计数器。在定时/计数器工作之前，必须将控制命令写入定时/计数器的控制寄存器，即进行初始化。下面介绍定时/计数器的方式寄存器 TMOD 及控制寄存器 TCON。

7.2.1 定时/计数器方式寄存器 TMOD

TMOD 寄存器为 8 位寄存器，其高 4 位用于选择 T_1 的工作方式，低 4 位用于选择 T_0 的工作方式，为方便描述，下面我们用下标 x(x=0 或 1)代表 T_0 或 T_1 的有关参数。

TMOD 寄存器格式见表 7-1。

表 7-1 定时/计数器方式控制寄存器 TMOD

T_1				T_0				
GATE	$C/\overline{T}$	M_1	M_0	GATE	$C/\overline{T}$	M_1	M_0	(89H)
门控开/关	计数/定时	方式选择		门控开/关	计数/定时	方式选择		1/0

GATE：门控信号。GATE=0，$TR_x=1$ 时即可启动定时/计数器工作，是一种自启动的方式；GATE=1，$TR_x=1$，$\overline{INT}_x=1$ 时才可启动定时/计数器工作。即 $\overline{INT}_x$ 引脚加高电平启动，是一种外启动的方式。

$C/\overline{T}$：定时、计数选择。$C/\overline{T}=1$，为计数方式；$C/\overline{T}=0$，为定时方式。

M_1M_0：工作方式选择位，定时/计数器的 4 种工作方式由 M_1M_0 设定。

0 0　　工作方式 0(13 位方式)。

0 1　　工作方式 1(16 位方式)。

1 0　　工作方式 2(8 位自动装入计数初值方式)。

1 1　　工作方式 3(T_0 为 2 个 8 位方式)。

例如,设置 T_0 工作于计数、自启动、方式 2,设置 T_1 工作于定时、外启动、方式 1 的语句为 MOV　TMOD,#96H。

7.2.2 定时/计数器控制寄存器 TCON

TCON 寄存器在第 6 章中断系统中曾经介绍过,它是一个多功能的寄存器,各位的意义见表 7-2。

表 7-2　定时/计数器控制寄存器 TCON

TF_1	TR_1	TF_0	TR_0	IE_1	IT_1	IE_0	IT_0	TCON
T_1 请求	T_1 工作	T_0 请求	T_0 工作	$\overline{INT_1}$ 请求	$\overline{INT_1}$ 方式	$\overline{INT_0}$ 请求	$\overline{INT_0}$ 方式	(88H)
有/无	启/停	有/无	启/停	有/无	下降沿/低电平	有/无	下降沿/低电平	1/0

在 TCON 寄存器中,定时/计数器的控制仅用了其中的高 4 位。

TF_1:T_1 溢出中断请求标志。TF_1=1,T_1 有溢出中断请求;TF_1=0,T_1 无溢出中断请求。

TR_1:T_1 运行控制位。TR_1=1,启动 T_1 工作;TR_1=0,停止 T_1 工作。

TF_0:T_0 溢出中断请求标志。TF_0=1,T_0 有溢出中断请求;TF_0=0,T_0 无溢出中断请求。

TR_0:T_0 运行控制位。TR_0=1,启动 T_0 工作;TR_0=0,停止 T_0 工作。

其他有关中断的控制和标志不再复述。

7.3 定时/计数器的工作方式

8XX51 的定时/计数器有 4 种工作方式,不同工作方式有不同的工作特点。

(1) 方式 0

当 TMOD 中 M_1M_0=00 时,定时/计数器工作在方式 0。

方式 0 为 13 位定时计数方式,由 TH_x 提供高 8 位、TL_x 提供低 5 位的计数初值(TL_x 的高 3 位无效),最大计数值为 2^{13}(8192 个脉冲)。

当 $C/\overline{T}$=0 时,工作于定时方式,以振荡源的 12 分频信号作为计数脉冲;当 $C/\overline{T}$=1 时,工作于计数方式,对外部脉冲输入端 T_0 或 T_1 输入的脉冲计数。

计数脉冲能否加到计数器上,受启动信号的控制。图中可见,当 GATE=0 时,只要 TR_x=1,则定时/计数器启动工作。当 GATE=1 时,TR_x=1 和 $\overline{INT_x}$=1 同时满足才能启动,此时启动受到双重控制。

每启动定时、计数前,需预置计数初值。启动后计数器立即加 1 计数,TL_x 低 5 位的计数满回零后向 TH_x 进位,当 13 位计数满回零时,中断溢出标志 TF_x 置 1,产生中断请求,表示定时时间到或计数次数到。若允许中断(ET_x=1)且 CPU 开中断(EA=1),则 CPU 响应中断,转向中断服务程序,同时 TF_x 自动清零。

(2) 方式 1

当 TMOD 中 M_1M_0=01 时,定时/计数器工作在方式 1。

方式 1 与方式 0 基本相同。唯一区别在于计数寄存器的位数是 16 位，由 TH_x 和 TL_x 寄存器各提供 8 位计数初值，当 TL_x 低 8 位计数满回零向 TH_x 进位，当 TH_x 也计数满回零时置位 TF_x。方式 1 最大计数值为 2^{16}(65536 个脉冲)，是几种方式中计数值最大的方式。

(3) 方式 2

当 TMOD 中 $M_1M_0=10$ 时，定时/计数器工作在方式 2。

方式 2 是 8 位的可自动重装载的定时计数方式，最大计数值为 2^8(256 个脉冲)。

在这种方式下，在 TH_x 和 TL_x 两个寄存器中，TH_x 专用于寄存 8 位计数初值并保持不变，TL_x 进行 8 位加 1 计数，当 TL_x 计数溢出时，除产生溢出中断请求外，还自动将 TH_x 中不变的初值重新装载到 TL_x。而在方式 0 和方式 1 中，TH_x 和 TL_x 共同做计数器，TL_x 计数满后，向 TH_x 进位，直至计满，TH_x 和 TL_x 均回零，若要进行下一次定时/计数，由于上次计数 TH_x 和 TL_x 均回零，因此需用软件向 TH_x 和 TL_x 重装计数初值。除重装之外，其他同方式 0。

(4) 方式 3

方式 3 只适合于定时/计数器 0(T_0)。当定时/计数器工作在方式 3 时，TH_0 和 TL_0 成为两个独立的计数器。这时 TL_0 可做定时/计数器，占用 T_0 在 TCON 和 TMOD 寄存器中的控制位和标志位；而 TH_0 只能做定时器使用，占用 T_1 的资源 TR_1 和 TF_1。在这种情况下，T_1 仍可用于方式 0，1，2，但不能使用中断方式。

只有将 T_1 用作串行口的波特率发生器时，T_0 才工作在方式 3，以便增加一个定时/计数器。

7.4 定时/计数器的应用程序设计

7.4.1 定时/计数器的计数初值 *C* 的计算和装入

如前所述，8XX51 定时/计数器不同工作方式最大计数值不同，即其模值不同。由于采用加 1 计数，为使计满回零，计数初值应为负值。计算机中负数是用补码表示的，求补码的方法是模减去该负数的绝对值。

计数初值(*C*)的计算：

计数方式：计数初值 $C=$模$-X$ （其中 X 为要计的脉冲的个数）

定时方式：计数初值 $C=[t/MC]_{补}=$模$-[t/MC]$，其中 t 为欲定时时间，MC 为 8XX51 的机器周期，$MC=12/f_{osc}$。当采用 12MHz 晶振时，$MC=1\mu s$；当采用 6MHz 晶振时，$MC=2\mu s$。

例如，要计 100 个脉冲的计数初值。

方式 0 (13 位方式)：$C=(64H)_{补}=2000H-64H=1F9CH$

方式 1 (16 位方式)：$C=(64H)_{补}=10000H-64H=FF9CH$

方式 2 (8 位方式)：$C=(64H)_{补}=100H-64H=9CH$

不同工作方式初值装入方法：

方式 0 是 13 位定时/计数方式，对 T_0 而言，计数初值的高 8 位装入 TH_0，低 5 位装入 TL_0 的低 5 位(TL_0 的高 3 位无效，可补零)。所以对于上例，要装入 1F9CH 初值时，应安排为：

13位

1F9CH=0 0 0 1 1 1 1 1 1 0 0 1 1 1 0 0

TH_0 TL_0

将 11111100B 装入 TH_0，将×××11100B 装入 TL_0。用指令表示为：

```
MOV   TH0,#0FCH   ;#FCH→TH0
MOV   TL0,#1CH    ;#1CH→TL0
```

方式 1 为 16 位方式，只需将初值低 8 位装入 TL_0，初值高 8 位装入 TH_0，用指令表示为：

```
MOV   TH0,#0FFH
MOV   TL0,#9CH
```

方式 2 为 8 位方式，初值既要装入 TH_0，也要装入 TL_0，用指令表示为：

```
MOV   TH0,#9CH
MOV   TL0,#9CH
```

7.4.2 定时/计数器的初始化编程

8XX51 的定时/计数器是可编程器件，使用前应先对其内部的寄存器进行设置，以对它进行控制，这称为初始化编程。8XX51 的定时/计数器初始化编程步骤是：

① 根据定时时间要求或计数要求计算计数器初值；

② 将工作方式控制字写入 TMOD 寄存器；

③ 将计数初值写入 TH_x 和 TL_x 寄存器；

④ 启动定时器(或计数器)，即将 TR_x 置位。

如果工作于中断方式，需置位 EA(中断总开关)及 ET_x(允许定时/计数器中断)，并编中断服务程序。

7.4.3 应用编程举例

【例 7-1】 如图 7-2 所示，P_1 接有 8 个发光二极管，编程使 8 个管轮流点亮，每个管亮 100ms，设晶振为 6MHz。

分析 可利用 T_1 完成 100ms 的定时，当 P_1 口线输出“0”时，发光二极管亮，每隔 100ms，“0”左移一次，采用定时方式 1，先计算计数初值。

机器周期： $MC=12/f_{osc}=2\mu s$

应计脉冲个数： $100ms/2\mu s=100\times 10^3(\mu s)/2(\mu s)$

$=50000=C350H$

求补： $(C350H)_{补}=10000H-C350H=3CB0H$

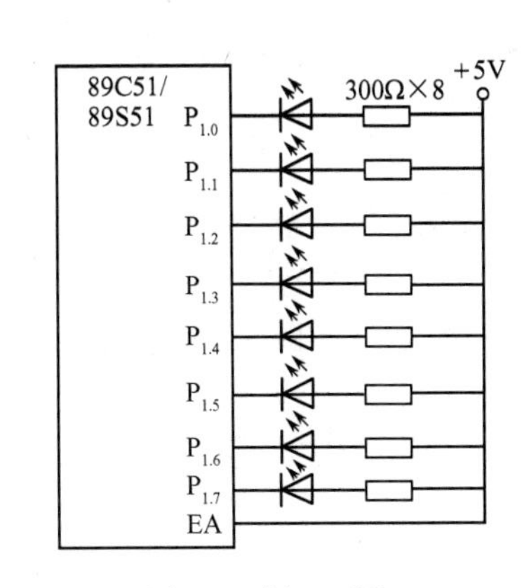

图 7-2 例 7-1 图

汇编语言源程序如下：

(1) 查询方式

```
        ORG   0000H
        MOV   A,#0FEH        ;置第一个 LED 亮
  NEXT: MOV   P1,A
        MOV   TMOD,#10H      ;T1 工作于定时方式 1
        MOV   TH1,#3CH
        MOV   TL1,#0B0H      ;定时 100ms
        SETB  TR1            ;启动 T1 工作
  AGAI: JBC   TF1,SHI        ;100ms 到即 TF1=1 转 SHI,并清 TF1
        SJMP  AGAI           ;未到 100ms 再查 TF1
   SHI: RL    A              ;A 左移一位
        SJMP  NEXT
```

(2) 中断方式

```
        ORG   0000H
        AJMP  MAIN          ;单片机复位后从0000H开始执行
        ORG   001BH         ;T1 的中断服务程序入口为 001BH
        AJMP  IV1           ;转移到IV1
        ORG   0030H         ;主程序
MAIN:   MOV   A,#0FEH
        MOV   P1,A          ;置第一个LED亮
        MOV   TMOD,#10H     ;T1 工作于定时方式1
        MOV   TH1,#3CH
        MOV   TL1,#0B0H     ;定时100ms
        SETB  TR1           ;启动 T1 工作
        SETB  EA            ;开中断总控开关
        SETB  ET1           ;允许 T1 中断
WAIT:   SJMP  WAIT          ;等待中断
IV1:    RL    A             ;中断服务程序,左移一位
        MOV   P1,A          ;下一个发光二极管亮
        MOV   TH1,#3CH
        MOV   TL1,#0B0H     ;重装计数初值
        RETI                ;中断返回
```

以上程序进入循环执行。8个LED一直循环轮流点亮。

用C语言编程如下:

(1) 查询方式

```
#include<reg51.h>
void main(void){
  P1=0xfe;                      /*第一只LED亮*/
  TMOD=0x10;                    /*定时器1方式1*/
  TR1=1;                        /*启动T/C0*/
  for(;;){
    TH1=0x3c;TL1=0xb0;          /*装载计数初值*/
    do{}while(! TF1);           /*查询等待TF1置位*/
    P1<<=1;P1=P1|0x01;          /*定时时间到,下一只LED亮*/
    TF1=0;                      /*软件清TF1*/
}}
```

(2) 中断方式

```
#include<reg51.h>
timer1()interrupt 3 using1{     /*T1 中断服务程序*/
  P1<<=1;P1=P1|0x01;            /*下一只LED亮*/
  TH1=0x3c;TL1=0xb0;            /*计数初值重载*/
  }
void main(void){
  TMOD=0x10;                    /*T1 工作在定时方式1*/
  P1=0xfe;                      /*第一只LED亮*/
  TH1=0x3c;TL1=0xb0;            /*预置计数初值*/
  EA=1;ET1=1;                   /*CPU开中断,允许T1中断*/
```

```
    TR1=1;                          /* 启动 T1 开始定时 */
    do{}while(1);                   /* 等待中断 */
}
```

【例 7-2】 在 $P_{1.7}$ 端接一个发光二极管 LED，要求利用定时器控制，使 LED 亮一秒灭一秒周而复始，设 $f_{osc}=6MHz$。

解 16 位定时最大为 $2^{16}\times 2\mu s=131.072ms$，显然不能满足定时 1s 要求，可用以下两种方法解决。

方法 1：采用 T_0 产生周期为 200ms 脉冲，即 $P_{1.0}$ 每 100ms 取反一次作为 T_1 的计数脉冲，T_1 对该下降沿计数，因此，T_1 计 5 个脉冲正好 1000ms，如图 7-3 所示。

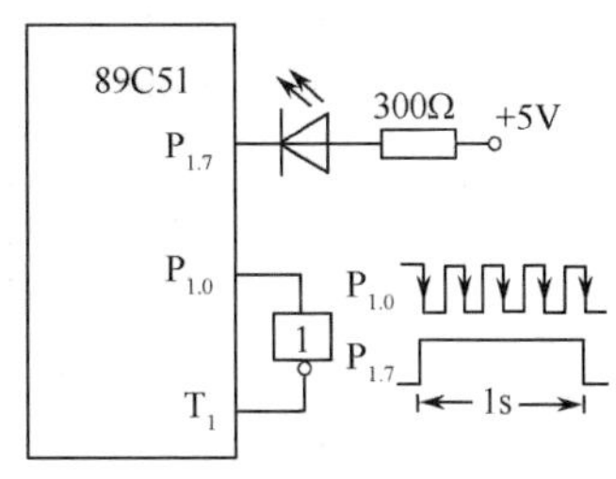

图 7-3　方法 1 图

T_0 采用方式 1，计数初值 $X=2^{16}-(100\times 10^3\div 2)=$ 3CB0H；T_1 采用方式 2，计数初值 $X=2^8-5=$ FBH，均采用查询方式，其流程图如图 7-4 所示。

程序如下：

```
        ORG   0000H
MAIN:   CLR   P1.7
        SETB  P1.0
        MOV   TMOD,#61H
        MOV   TH1,#0FBH
        MOV   TL1,#0FBH
        SETB  TR1
LOOP1:  CPL   P1.7
LOOP2:  MOV   TH0,#3CH
        MOV   TL0,#0B0H
        SETB  TR0
LOOP3:  JBC   TF0,LOOP4
        SJMP  LOOP3
LOOP4:  CPL   P1.0
        JBC   TF1,LOOP1
        AJMP  LOOP2
        END
```

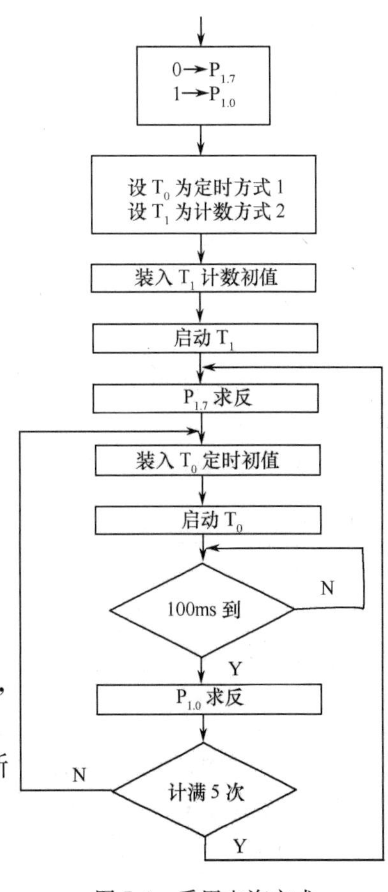

图 7-4　采用查询方式

程序中用 JBC 指令对定时/计数器溢出标志位进行检测，当标志位为 1 时跳转并清标志。

方法 2：T_0 每隔 100ms 中断一次，利用软件对 T_0 的中断次数进行计数，中断 10 次即实现了 1s 的定时。程序如下：

```
        ORG   0000H
        AJMP  MAIN
        ORG   000BH          ;T0 中断服务程序入口
        AJMP  IP0
        ORG   0030H          ;主程序开始
MAIN:   CLR   P1.7
        MOV   TMOD,#01H      ;T0 定时 100ms
        MOV   TH0,#3CH
        MOV   TL0,#0B0H
        SETB  ET0
```

```
        SETB  EA
        MOV   R4,#0AH          ;中断10次计数
        SETB  TR0
        SJMP  $                ;等待中断
IP0:    DJNZ  R4,RET0          ;10次未到再等中断
        MOV   R4,#0AH
        CPL   P1.7             ;10次到P1.7取反
RET0:MOV  TH0,#3CH
        MOV   TL0,#0B0H
        SETB  TR0
        RETI
```

下面对方式1用C语言编程：T_0 定时100ms，初值$=100\times10^3/2=50000$，赋初值为-50000。T_1 计数5个脉冲工作于方式2，计数初值为-5，T_0 和 T_1 均采用中断方式。程序如下：

```
#include<reg51.h>
sbit  P1_0=P1^0;
sbit  P1_7=P1^7;
timer0() interrupt 1 using1          /* T0中断服务程序 */
{P1_0=! P1_0;                        /* 100ms到P1.0反相 */
TH0=-50000/256;                      /* 重载计数初值 */
TL0=-50000%256;
}
timerl() interrupt 3 using2          /* T1中断服务程序 */
{P1_7=! P1_7;                        /* 1s到,灯改变状态 */
}
main(){
P1_7=0;                              /* 置灯初始亮 */
P1_0=1;                              /* 保证第一次反相便开始计数 */
TMOD=0x61;                           /* T0方式1定时,T1方式2计数 */
TH0=-50000/256;                      /* 预置计数初值 */
TL0=-50000%256;
TH1=-5;
TL1=-5;
IP=0x08;                             /* 置优先级寄存器 */
EA=1;ET0=1;ET1=1;                    /* 开中断 */
TR0=1;TR1=1;                         /* 启动定时/计数器 */
for(;;){}                            /* 等待中断 */
}
```

【例7-3】 由 $P_{3.4}$ 引脚（T_0）输入一低频脉冲信号（其频率<0.5kHz），要求 $P_{3.4}$ 每发生一次负跳变时，$P_{1.0}$ 输出一个500μs的同步负脉冲，同时 $P_{1.1}$ 输出一个1ms的同步正脉冲。已知晶振频率为6MHz。

解 按题意，设计方法如图7-5所示。

初态 $P_{1.0}$ 输出高电平（系统复位时实现），$P_{1.1}$ 输出低电平，T_0 选方式2计数方式（计一个脉冲，初值为FFH）。当加在 $P_{3.4}$ 上的外部脉冲负跳变时，T_0 加1，计数器溢出，程序查询到 TF_0 为1时，改变 T_0 为500μs定时工作方式，并且 $P_{1.0}$ 输出0，$P_{1.1}$ 输出1。T_0 第一次定时500μs溢出

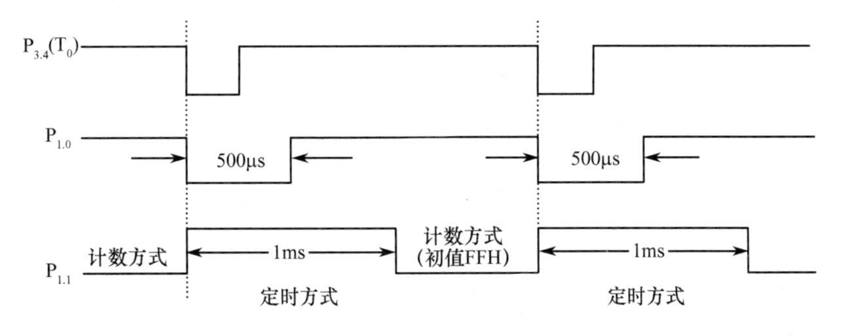

图 7-5 波形示意图

后，$P_{1.0}$恢复 1，T_0 第二次定时 500μs 溢出后，$P_{1.1}$恢复 0，T_0 恢复计数方式，对 $P_{3.4}$上的外部脉冲计数，重复前述过程。

设定时 500μs 的初始值为 X，则

$$(256-X)\times 2\times 10^{-6}=500\times 10^{-6}$$

解得 $X=6$。

源程序如下：

```
BEGIN: MOV   TMOD,#6H        ;设 T0 为方式 2 外部计数
       MOV   TH0,#0FFH       ;计数一个脉冲
       MOV   TL0,#0FFH
       CLR   P1.1            ;P1.1初值为 0
       SETB  TR0             ;启动计数器
DELL:  JBC   TF0,RESP1       ;检测外跳变信号
       AJMP  DELL
RESP1: CLR   TR0
       MOV   TMOD,#02H       ;重置 T0 为 500 μs 定时
       MOV   TH0,#06H        ;重置定时初值
       MOV   TL0,#06H
       SETB  P1.1            ;P1.1置 1
       CLR   P1.0            ;P1.0清 0
       SETB  TR0             ;启动定时/计数器
DEL2:  JBC   TF0,RESP2       ;检测第一次 500 μs 到否
       AJMP  DEL2
RESP2: SETB  P1.0            ;P1.0恢复 1
DEL3:  JBC   TF0,RESP3       ;检测第二次 500 μs 到否
       AJMP  DEL3
RESP3: CLR   P1.1            ;P1.1清 0
       CLR   TR0
       AJMP  BEGIN
```

7.4.4 门控位的应用

当门控位 GATE 为“1”时，$TR_x=1$，$\overline{INT}_x=1$ 才能启动定时器。利用这个特性可以测量外部输入脉冲的宽度。

【例 7-4】 利用 T_0 门控位测试$\overline{INT}_0$ 引脚上出现的正脉冲宽度，将所测得值的高位存入片内 71H 单元，低位存入 70H 单元。已知晶振频率为 12MHz。

解　设外部脉冲由($P_{3.2}$)输入，T_0 工作于定时方式 1(16 位计数)，GATE 设为 1。测试时，应在$\overline{INT_0}$低电平时，设置 TR_0 为 1；当$\overline{INT_0}$变为高电平时，就启动计数，$\overline{INT_0}$再次变低时，停止计数。此计数值与机器周期的乘积即为被测正脉冲的宽度。因 $f_{osc}=12MHz$，机器周期为 1μs。测试过程如下图。

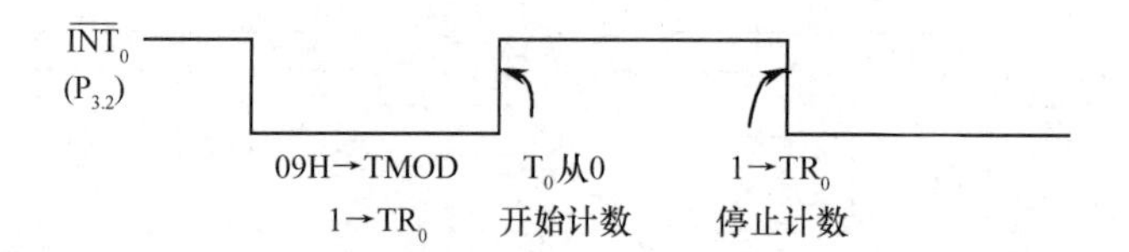

程序如下：

```
MOV   TMOD,#09H      ;设 T0 为方式 1
MOV   TL0,#00H       ;设定计数初值为最大值
MOV   TH0,#00H
MOV   R0,#70H
JB  P3.2,$           ;等 P3.2(INT0)变低
SETB  TR0            ;启动 T0,准备工作
JNB  P3.2,$          ;等待 P3.2(INT0)变高
JB  P3.2,$           ;等待 P3.2(INT0)再变低
CLR  TR0
MOV  @R0,TL0
INC  R0
MOV  @R0,TH0
SJMP  $
```

这种方案被测脉冲的宽度最大为 65535 个机器周期。由于靠软件启动和停止计数，有一定的测量误差。其可能的最大误差与指令的执行时间有关。

此例中，在读取定时器的计数之前，已把它停住。但在某些情况下，不希望在读计数值时打断定时的过程，在这种情况下，读取时需特别加以注意。否则，读取的计数值有可能是错的。因为我们不可能在同一时刻读取 TH_x 和 TL_x 的内容。比如，我们先读 TL_0，然后读 TH_0，由于定时器在不停地运行，读 TH_0 前，若恰好产生 TL_0 溢出向 TH_0 进位的情形，则读得的 TL_0 值就完全不对了。同样，先读 TH_0 再读 TL_0 也有可能出错(对于 T_1 情况相同)。

一种可能解决错读的方法是：先读 TH_x 后读 TL_x，再读 TH_x，若两次读得的 TH_x 没有发生变化，则可确定读到的内容是正确的。若前后两次读到的 TH_x 有变化，则再重复上述过程，重复读到的内容就应该是正确的了。下面是按此思路编写的程序段，读到的 TH_0 和 TL_0 放在 R1 和 R0 内：

```
    ⋮
RP: MOV   A,TH0
    MOV   R0,TL0
    CJNE  A,TH0,RP
    MOV   R1,A
    ⋮
```

在增强型的 51 单片机中，定时/计数器 T_2 的捕捉方式可解决此问题。

8XX52 增强型的 8 位单片机除了片内 RAM 和 ROM 增加一倍外，还增加了一个定时/计数器 T_2，T_2 除了具备和定时/计数器 T_1、T_0 的定时计数功能外，还具有 16 位自动重装载、捕获方式和加、减计数方式。所谓捕获方式，就是把 16 位瞬时计数值同时记录在特殊功能寄存器的 RCAP2H 和 RCAP2L 中，这样 CPU 在读计数值时，就避免了在读高字节时低字节在变化，从而引起读数误差。由此，增强型单片机又增加了一个 T_2 中断源，由 TF_2 或 EXF_2 为 1 时产生 T_2 中断，中断矢量地址为 002BH。

7.5 小　　结

定时/计数器的应用非常广泛，定时的应用如定时采样、定时控制、时间测量、产生音响、产生脉冲波形、制作日历时钟等。利用计数特性可以检测信号波形的频率、周期、占空比、检测电机转速、工件的个数（通过光电器件将这些参数变成脉冲）等，因此它是嵌入式系统技术中的一项重要技术，应该很好掌握。

① 51 单片机具有 2 个 16 位的定时/计数器，每个定时/计数器有 4 种不同的工作方式，各方式的特点归纳于表 7-4 中。

表 7-4　定时/计数器的工作方式

方　式	方式 0 13 位定时计数方式	方式 1 16 位定时计数方式	方式 2 8 位自动再装入方式	方式 3 T_0 两个 8 位方式 （TH_0，TL_0）
模值 （即计数最大值）	$2^{13}=8192=2000H$	$2^{16}=65536$ $=10000H$	$2^{8}=256=100H$	$2^{8}=256=100H$
计数初值 C 的装入	高 8 位→TH_x 低 5 位→TL_x	高 8 位→TH_x 低 8 位→TL_x	8 位→TH_x、TL_x	同左
	每启动一次工作，需装入一次计数初值		第一次装入，启动工作后，每次 TL_x 回零后，不用程序装入，由 TH_x 自动装入到 TL_x	同方式 0、1
应用场合（设 f_{osc} =12MHz）	用于定时时间<8.19ms，计数脉冲<8192 个场合	用于定时时间<65.5ms，计数脉冲<65536 个场合	定时、计数范围小，不用重装时间常数，多用作串行通信的波特率发生器	TL_0 定时、计数占用 TR_0、TF_0，TH_0 定时，使用 T_1 的 TR_1、TF_1，此时 T_1 只能工作于方式 2，作为波特率发生器情况

② 使用定时/计数器要先进行初始化编程，这就是写方式控制字 TMOD，置计数初值于 TH_x 和 TL_x，并要启动工作（TR_x 置 1）；如果工作于中断方式，还需开中断（EA 置 1 和 ET_x 置 1）。

由于 8XX51 的定时/计数器是加 1 计数，输入的计数初值为负数，计算机的有符号数都以补码表示。在求补时，不同的工作方式其模值不同，且置 TH_x 和 TL_x 的方式不同，这是应该注意的。

③ 定时和计数实质都是对脉冲的计数，只是被计数脉冲的来源不同。定时方式的计数初值和被计脉冲的周期有关，而计数方式的计数初值只和被计脉冲的个数有关（计由高到低的边沿数），在计算计数初值时应予以区分。

④ 无论计数还是定时，当计满规定的脉冲个数，即计数初值回零时，会自动置位 TF_x 位，可以通过查询方式监视，查询后要注意清 TF_x。在允许中断情况下，定时/计数器自动进入中断。中断后会自动清 TF_x。若采用查询方式，CPU 不能执行别的任务；如果用中断方式可提高 CPU 的工作效率。

思考题与习题 7

7.1 8XX51 单片机内部设有几个定时/计数器？它们是由哪些专用寄存器组成的？

7.2 8XX51 单片机的定时/计数器有哪几种工作方式？各有什么特点？

7.3 定时/计数器用作定时时，其定时时间与哪些因素有关？用作计数时，对外界计数频率有何限制？

7.4 设单片机的 f_{osc} =6MHz，定时器处于不同工作方式时，最大定时范围分别是多少？

7.5 利用 8XX51 的 T_0 计数，每计 10 个脉冲，$P_{1.0}$ 变反一次，用查询和中断两种方式编程。

7.6 在 $P_{1.0}$ 引脚接一驱动放大电路驱动扬声器，利用 T_1 产生 1000Hz 的音频信号从扬声器输出。

7.7 已知 8XX51 单片机系统时钟频率为 6MHz，利用定时器 T_0 使 $P_{1.2}$ 每隔 350μs，输出一个 50μs 脉宽的正脉冲。

7.8 在 8XX51 单片机中，已知时钟频率为 12MHz，编程使 $P_{1.0}$ 和 $P_{1.1}$ 分别输出周期为 2ms 和 50μs 的方波。

7.9 设系统时钟频率为 6MHz，试用定时器 T_0 作为外部计数器，编程实现每计到 1000 个脉冲后，使 T_1 定时 2ms，然后 T_0 又开始计数，这样反复循环。

7.10 利用 8XX51 单片机定时器 T_0 测量某正单脉冲宽度，已知此脉冲宽度小于 10ms，主机频率为 12MHz。编程测量脉宽，并把结果转换为 BCD 码，顺序存放在以片内 50H 单元为首地址的内存单元中（50H 单元存个位）。

第8章 单片机的串行接口

☞**教学要点**

本章主要介绍串行通信的基本概念、51单片机的串行通信接口结构、4种工作方式、通信连线和应用编程。其中最后一节单片机和PC的串行通信涉及8086(或8X86)的串行接口编程，可作为选学部分。

串行通信是CPU与外界交换信息的一种基本方式。单片机应用于数据采集或工业控制时，往往作为前端机安装在工业现场，远离主机，现场数据采用串行通信方式发往主机进行处理，以降低通信成本，提高通信可靠性。51单片机自身有全双工的异步通信接口，实现串行通信极为方便。本章将介绍串行通信的概念、原理及51单片机串行接口的结构及应用。

8.1 概　　述

计算机与外界的信息交换称为通信。基本的通信方式有两种：并行通信和串行通信。**并行通信**中所传送数据的各位同时发送或接收；**串行通信**中所传送数据的各位按顺序一位一位地发送或接收。两种通信方式如图8-1所示。

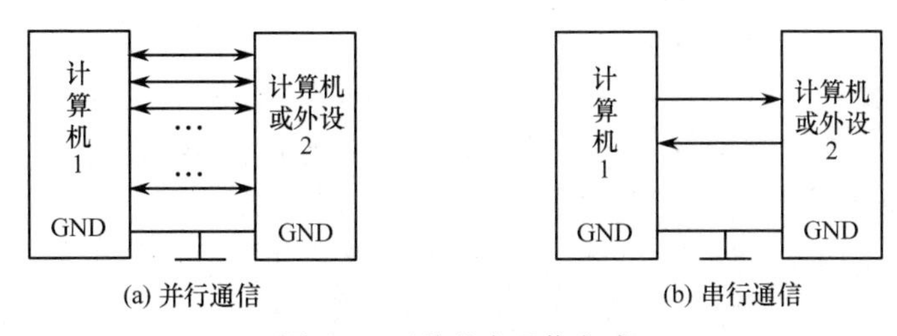

图8-1　两种基本通信方式

在并行通信中，一个并行数据占多少位二进制数，就要有多少根数据传输线。这种方式的特点是通信速度快，但传输线多，价格较贵，适合近距离传输。而串行通信仅需一到两根数据传输线即可，故在长距离传送数据时，比较经济；但由于它每次只能传送一位，所以传送速度较慢。如图8-1(a)、(b)分别为计算机与外设或计算机之间的并行通信及串行通信的连接方法。

下面先介绍串行通信中的几个概念。

8.1.1 同步和异步方式

串行通信根据帧信息的格式分为异步通信和同步通信。

1. 异步通信

串行通信的数据或字符是一帧一帧地传送的，在异步通信中，一帧数据先用一个起始位“0”表示字符的开始，然后是5～8位数据，即该字符的代码，规定低位在前，高位在后，接下来是奇偶校验位(可省略)，最后一个停止位“1”表示字符的结束。下面是异步通信一帧数据为11位的帧格式。

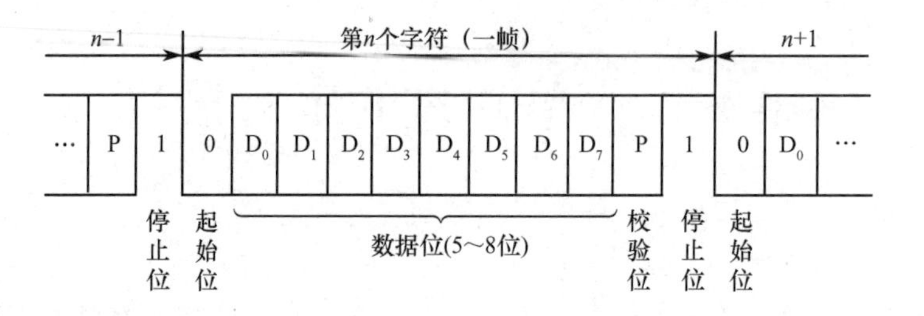

2. **同步通信**

在同步通信中，发送方在数据或字符前面用 1～2 字节同步字符指示一帧的开始，同步字符是双方约定好的，接收方一旦检测到与规定的同步字符符合就开始接收，发送方接着连续按顺序传送 n 个数据。当 n 个数据传送完毕，发送 1～2 字节的校验码，由时钟来实现发送端和接收端同步。同步通信的一帧数据传送格式如下：

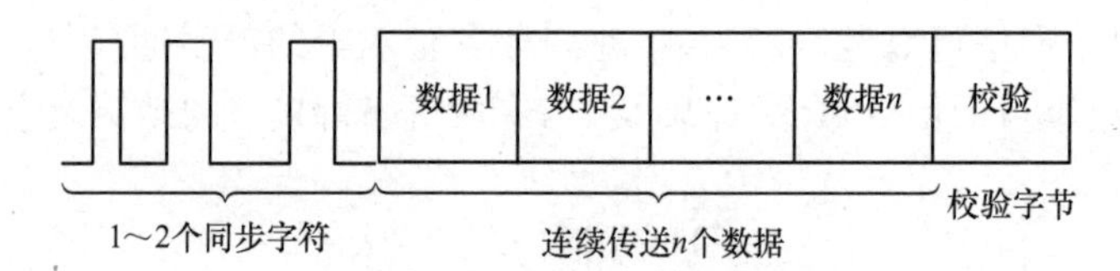

因为同步通信数据块传送时省去了字符开始和结束的标志，一帧可以连续传送若干个数据，所以其速度高于异步传送，但这种方式对硬件结构要求较高。

8.1.2 通信方向

在串行通信中，如果某机的通信接口只能发送或接收，这种单向传送的方法称**单工传送**。而通常数据需在两机之间双向传送，这种方式称**双工传送**。

在双工传送方式中，如果接收和发送不能同时进行，只能分时接收和发送，这种传送称为**半双工传送**；若两机的发送和接收可以同时进行，则称为**全双工传送**，如图 8-2 所示。在半双工通信中，因发、收使用同一根线，因此各机内还需有换向器，以完成发送接收方向的切换。

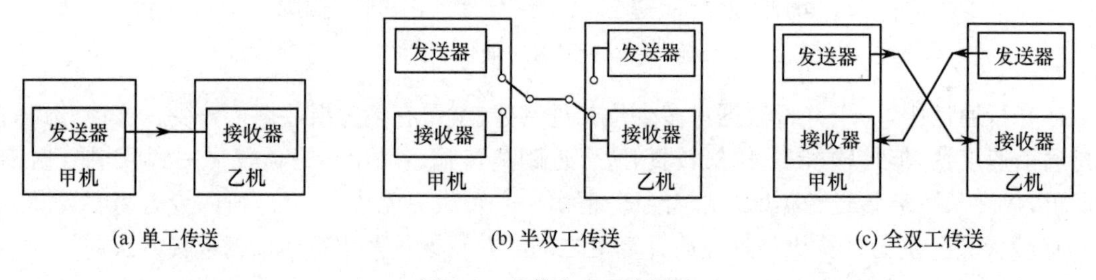

图 8-2　通信方向示意图

8.1.3 串行通信接口的任务

CPU 只能处理并行数据，要进行串行通信，必须接串行接口，并遵从串行通信协议。所谓**通信协议**，就是通信双方必须共同遵守的一种约定，约定包括数据的格式、同步的方式、传送的步骤、检纠错方式及控制字符的定义等。串行接口的基本任务就是：

(1) 实现数据格式化

因为 CPU 发出的数据是并行数据，接口电路应实现不同串行通信方式下的数据格式化任务，如自动生成起、止位的帧数据格式(异步方式)或在待传送的数据块前加上同步字符等。

(2) 进行串行数据与并行数据的转换

在发送端，接口将 CPU 送来的并行信号转换成串行数据进行传送；而在接收端，接口要将接收到的串行数据变成并行数据送往 CPU，由 CPU 进行处理。

(3) 控制数据的传输速率

接口应具备对数据传输速率——波特率的控制选择能力，即应具有波特率发生器。

(4) 进行传送错误检测

在发送时，接口对传送的数据自动生成奇偶校验位或校验码；在接收时接口检查校验位或校验码，以确定传送中是否有误码。

51 单片机内有一个全双工的异步通信接口，通过对串行接口写控制字可以选择其数据格式，内部有波特率发生器，提供可选的波特率，可完成双机通信或多机通信。

8.1.4 串行通信接口

串行接口通常分为两种类型：串行通信接口和串行扩展接口。

串行通信接口(Serial Communication Interface，SCI)是指设备之间的互连接口，它们互相之间距离比较长。如 PC 的 COM 接口(COM1～COM4)和 USB 接口等。

串行扩展接口是设备内部器件之间的互连接口，常用的串行扩展接口规范有 SPI、I^2C 等，用串行接口扩展的芯片很多，后面章节予以介绍。

数字信号的传输随着距离的增加和信号传输速率的提高，在传输线上的反射、衰减、共地噪声等影响将引起信号畸变，从而影响通信距离。普通的 TTL 电路由于驱动能力差、抗干扰能力差，因而传送距离短。国际电子工业协会(EIA)制定 RS-232 串行通信标准接口，通过增加驱动、增大信号幅度使通信距离增大到 15m，近年来推出的有 RS-422/423、RS-485 等串行通信标准。其采用平衡通信接口，即在发送端将 TTL 电平信号转换成差分信号输出，接收端将差分信号变成 TTL 电平信号输入，提高了抗干扰能力，使通信距离增加到几十米至上千米，并且增加了多点、双向通信能力。USB(Universal Serial Bus，通用串行总线)是近几年开发的新规范，它使得设备的连接简单快捷，并且支持热插拔，易于扩展，被广泛应用于 PC 和嵌入式系统上。以上标准都有专用芯片实现，这些接口芯片称为收发器。

PC 上的 COM1～COM4 口使用的是 RS-232C 串行通信标准接口，本章仅介绍 RS-232C 接口，其他接口可参考有关资料。

8.1.5 波特率和发送接收时钟

1. 波特率(Baud rate)、比特率(bps)和带宽(Band width)

在数字通信中，单位时间内传输二进制代码的有效位(bit)数称为**比特率**，其单位为每秒比特 bit/s(bps)、每秒千比特(kbps)或每秒兆比特(Mbps)，此处 k 和 M 分别为 1000 和1000 000。**波特率**即调制速率，可以理解为单位时间内传输码元符号的个数(传符号率)，其单位为波特(Baud)。不同的调制方法在一个码元上负载的比特信息不同，比特率在数值上和波特率的关系是：比特率＝波特率×单个调制状态对应的二进制位数。显然，两相调制(单个调制状态对应 1 个二进制位)的比特率等于波特率；四相调制(单个调制状态对应 2 个二进制位)的比特率为波特率的 2 倍；八相调制(单个调制状态对应 3 个二进制位)的比特率为波特率的 3 倍；依此类推(关于信号调制超出本课程范围，相关内容参考通信原理方面的教材)。单片机的串行通信属两相调制，一个状态对应一个“1”或一个“0”，因此波特率和比特率数值上是相等的。

假如异步传送数据的速率每秒为 120 个字符，每个字符由 1 个起始位、8 个数据位和 1 个停止位组成，则数据传送速率为：10×120＝1200bps，传送一个 bit 所需的时间为：T1＝1/1200＝0.833ms。

在模拟信号中，信号所占频率范围称为带宽，而在数字系统中，传送数字信号的速率称为**带宽**，常用来衡量数字产品传输数据的能力。带宽越宽，说明该系统的传输速率越快，即单位时间内的数字信息流量越大。如网络带宽、总线带宽等。带宽的单位有 b/s（bit/s 或 bps）或 kbps、Mbps。

2. **发送、接收时钟**

在串行传输中，二进制数据序列是以数字波形出现的，发送时在发送时钟作用下将发送移位寄存器的数据串行移位输出；在接收时，在接收时钟的作用下将通信线上传来的数据串行移入移位寄存器，所以，发送时钟和接收时钟也可称作移位时钟。能产生该时钟的电路称为**波特率发生器**。

为提高采样的分辨率，准确地测定数据位的上升沿或下降沿，时钟频率总是高于波特率的若干倍，这个倍数称为**波特率因子**。在单片机中，发送/接收时钟可以由系统时钟 f_{osc} 产生，其波特因子取为 12、32 和 64，根据方式而不同，具体取值见 8.4 节。如果波特率由 f_{osc} 决定，称为**固定波特率方式**。也可以由单片机内部定时器 T_1 产生，T_1 工作于自动再装入 8 位定时方式（方式 2），由于定时器的计数初值可以人为改变，T_1 产生的时钟频率也就可变，因此称为**可变波特率方式**。单片机串行通信的波特率选择因工作方式不同而不同，见 8.4 节。

8.1.6 通信线的连接

串行通信的距离、传输的速率与传输线的电气特性有关，传输距离随传输速度的增加而减少。

根据通信距离不同，电路的连接方式是不同的，如果是近距离，又不使用握手信号，只需 3 根信号线：TXD（发送线）、RXD（接收线）和 GND（地线）（见图 8-3(a)）；如果距离在 15m 左右，通过 RS-232 接口，提高信号的幅度以加大传送距离（见图 8-3(b)）；如果是远程通信，通过电话网通信，由于电话网是根据音频 300～3400Hz 的音频模拟信号设计的，而数字信号的频带非常宽，在电话线上传送势必产生畸变，因此，传送中先通过调制器将数字信号变成模拟信号，通过公用电话线传送，在接收端再通过解调器解调还原成数字信号。现在调制器和解调器通常做在一个设备中，这就是调制解调器 Modem。

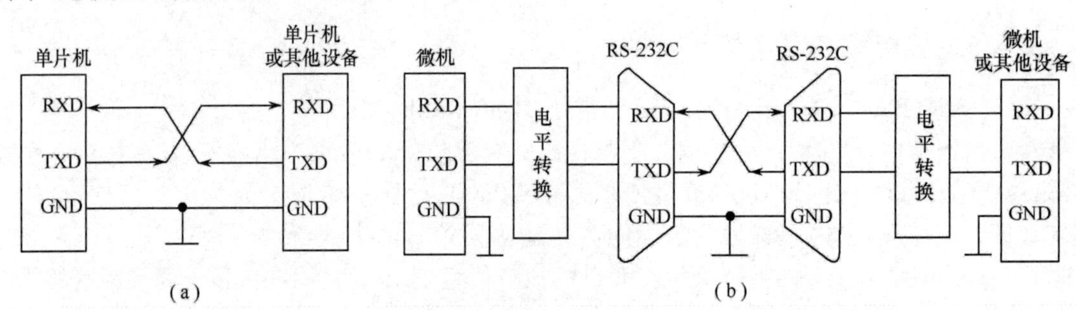

图 8-3 通信线的连接

8.1.7 关于 RS-232

RS-232 接口实际上是一种串行通信标准，是由美国 EIA（电子工业联合会）和 BELL 公司一起开发的通信协议，它对信号线的功能、电气特性、连接器等都做了明确的规定，RS-232C 是其中的一个版本。

1. **RS-232C 的信号**

由于 RS-232 早期不是专为计算机通信设计的，因此有 25 针的 D 型连接器和 9 针的 D 型连接器，目前微机都采用 9 针的 D 型连接器，因此这里只介绍 9 针 D 型连接器。9 针 D 型连接器的信号及引脚如图 8-4 所示。

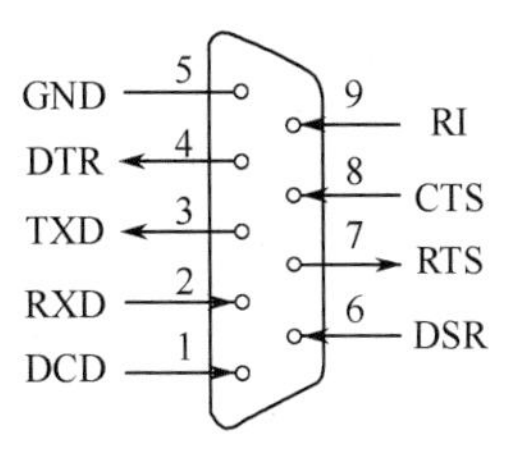

图 8-4　RS-232C 9 针 D 型连接器的信号及引脚

RS-232C 除通过它传送数据（TXD 和 RXD）外，还对双方的互传起协调作用，这就是握手信号。因此 9 根信号分为两类。

（1）基本的数据传送引脚

TXD（Transmitted Data ）数据发送引脚。串行数据从该引脚发出。

RXD(Received Data)数据接收引脚。串行数据由此输入。

GND(Groud)信号地线。

在串行通信中，最简单的通信只需连接这 3 根线。在微机与微机之间、微机与单片机、单片机与单片机之间，多采用这种连接方式（见图 8-3(a)）。

（2）握手信号

RTS(Request to Send)请求发送信号，输出信号。

CTS(Clear to Send)清除传送，是对 RTS 的响应信号，输入信号。

DCD(Data Carrier Detection)数据载波检测，输入信号。

DSR(Data Set Ready)数据通信准备就绪，输入信号。

DTR(Data Set Ready)数据终端就绪，输出信号，表明计算机已做好接收准备。

以上握手信号在和 Modem 连接时使用，本节不进行详细介绍。

2. **电气特性**

RS-232C 采用的是 EIA 电平，其规定如下：

（1）在 TXD 和 RXD 数据线上

逻辑 1 (MARK)＝－3～－15V；逻辑 0 (SPACE)＝＋3～＋15V。

（2）在 RTS，CTS，DSR，DTR，DCD 等控制线上

信号有效（接通，ON 状态，正电压）＝＋3～＋15V；信号无效（断开，OFF 状态，负电压）＝－3～－15V。

介于－3V 和＋3V 之间的电压无意义，低于－15V 或高于＋15V 的电压也认为无意义，因此，实际工作时，应保证电平为±3～±15V。

（3）RS-232C 的 EIA 电平和 TTL 电平转换

很明显，RS-232 的 EIA 标准是以正负电压来表示逻辑状态的，与 TTL 以高、低电平表示逻辑状态的规定不同。因此，为了能够同计算机接口或终端的 TTL 器件连接，必须在 EIA 电平与 TTL 电平之间进行电平变换。目前广泛地使用集成电路转换器件，如 MC1488、SN75150 芯片，可完成 TTL 电平到 EIA 电平的转换，而 MC1489、SN75154 芯片可实现 EIA 电平到 TTL 电平的转换，但它们需要±12V 两种电源，使用不方便，而美国 MAXIM 公司的 MAX232 芯片可完成 TTL 和 EIA 之间的双向电平转换，且只需单一＋5V 电源，因此获得广泛应用。

3. **电平变换电路**

新型电平转换芯片 MAX232，可以实现 TTL 电平与 RS-232 电平双向转换。MAX232 内部有电压倍增电路和转换电路，仅需外接 5 个电容和＋5V 电源便可工作，使用十分方便。

图 8-5 所示为 MAX232 的引脚图和连线图。由图可知，一个 MAX232 芯片可连接两对收/发线。MAX232 把通信接口的 TXD 和 RXD 端 TTL 电平（0～5V）转换成 RS-232 的电

平(+10～-10V),送到传输线上,也可以把传输线上 RS-232 的+10～-10V 电平,转换成 0～5V的 TTL 电平送通信接口 TXD 和 RXD。

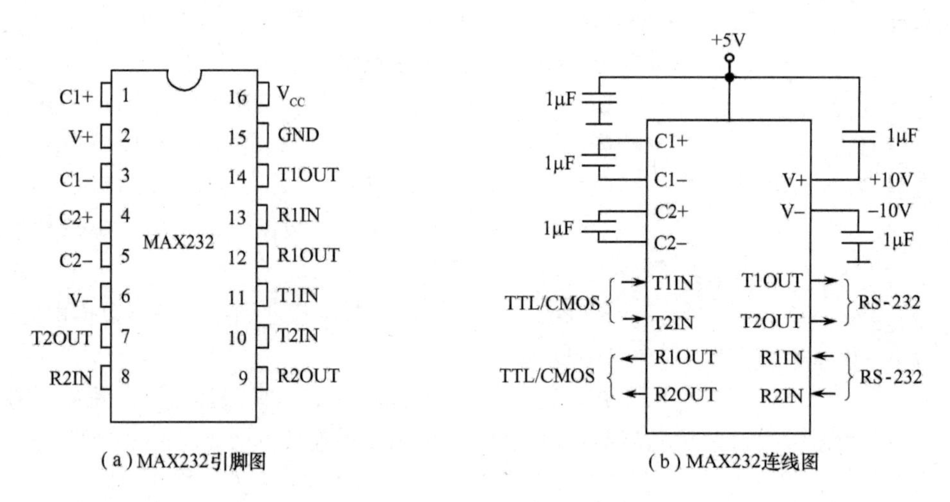

图 8-5 MAX232 的引脚和连线

8.1.8 单片机串行通信电路

由于单片机的串行口不提供握手信号,因此通常采用直接数据传送方式,如果需要握手信号,可由 P_1 口编程产生所需的信号。

1. 单片机和单片机的连接

甲机的发送端 TXD 接乙机的接收端 RXD,两机的地线相连即可完成单工通信连接,当启动甲机的发送程序和启动乙机的接收程序时,就能完成甲机发送而乙机接收的串行通信。

如果甲机和乙机的发送与接收都交叉连接、地线相连,就可以完成甲机和乙机的双工通信。电路见图 8-3(a)。程序设计见后面章节。

2. 单片机和主机(PC)的连接

单片机和 PC 的串行通信接口电路如图 8-6 所示。

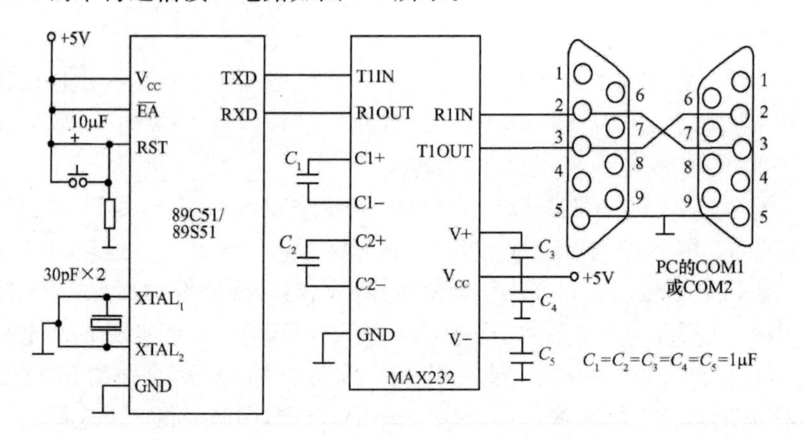

图 8-6 单片机和 PC 的串行通信接口电路

在 PC 内接有 PC16550(和 8250 兼容)串行接口、EIA-TTL 的电平转换器和 RS-232C 连接器,除鼠标占用一个串行口以外,还留有两个串行口给用户,这就是 COM1(地址 3F8H～3FFH)和 COM2 (地址 2F8H～2FFH)。通过这两个口,可以连接 Modem 和电话线进入互联网,也可以连接其他的串行通信设备,如单片机、仿真机等。由于单片机的串行发送和接收线 TXD 和

RXD 是 TTL 电平,而 PC 的 COM1 或 COM2 的 RS-232C 连接器(D 型 9 针插座)是 EIA 电平,因此单片机需加接 MAX232 芯片,通过串行电缆线和 PC 相连接。

8.2 单片机串行口的结构与工作原理

51 单片机的串行口是一个可编程的全双工串行通信接口。通过软件编程,它可以作为通用异步接收和发送器 UART(Universal Asynchronous Receiver/Transmitter),也可作为同步移位寄存器。其帧格式可有 8 位、10 位和 11 位,并能设置各种波特率,使用上灵活方便。

8.2.1 串行口结构

51 单片机串行口结构框图如图 8-7 所示。由图可见,它主要由两个数据缓冲寄存器 SBUF 和一个输入移位寄存器组成,其内部还有一个串行控制寄存器 SCON 和一个波特率发生器(由 T_1 或内部时钟及分频器组成)。接收与发送缓冲寄存器占用同一个地址 99H,其名称也同样为 SBUF。CPU 写 SBUF 操作,一方面修改发送寄存器,同时启动数据串行发送;读 SBUF 操作,就是读接收寄存器,完成数据的接收。特殊功能寄存器 PCON 用以存放串行口的控制和状态信息。根据对其写的控制字决定工作方式,从而决定波特率发生器的时钟源是来自系统时钟还是来自定时器 T_1。特殊功能寄存器 PCON 的最高位 SMOD 为串行口波特率的倍增控制位。8XX51 串行口正是通过对上述专用寄存器的设置、检测与读取来管理串行通信的。

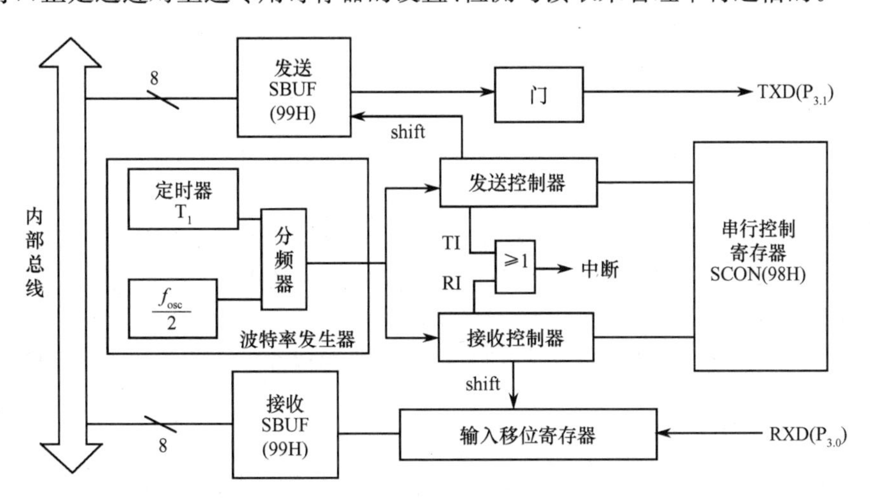

图 8-7 串行口结构框图

在进行通信时,外界的串行数据是通过引脚 RXD($P_{3.0}$)输入的。输入数据先逐位进入输入移位寄存器,再送入接收 SBUF。在此采用了双缓冲结构,这是为了避免在接收到第二帧数据之前,CPU 未及时响应接收器的前一帧中断请求把前一帧数据读走,而造成两帧数据重叠的错误。对于发送器,因为发送时 CPU 是主动的,不会产生写重叠问题,一般不需要双缓冲器结构,以保持最大传送速率,因此,仅用了 SBUF 一个缓冲器。图中,TI 和 RI 为发送和接收的中断标志,无论哪个为"1",只要中断允许,都会引起中断。

8.2.2 工作原理

设有两个单片机串行通信,甲机为发送,乙机为接收,为说明发送和接收过程,以图 8-8 简化框图示意。串行通信中,甲机 CPU 向 SBUF 写入数据(MOV SBUF,A),就启动了发送过程,

A 中的并行数据送入了 SBUF，在发送控制器的控制下，按设定的波特率，每来一个移位时钟，数据移出一位，由低位到高位一位一位移位发送到电缆线上，移出的数据位通过电缆线直达乙机，乙机按设定的波特率，每来一个移位时钟移入一位，由低位到高位一位一位移入到 SBUF；一个移出，一个移进，显然，如果两边的移位速度一致，甲移出的正好被乙移进，就能完成数据的正确传送；如果不一致，必然会造成数据位的丢失。因此，两边的波特率必须一致。

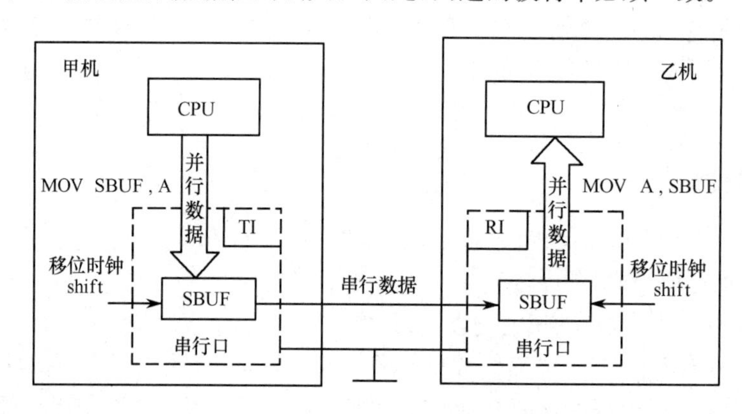

图 8-8　串行传送示意图

当甲机一帧数据发送完毕（或称发送缓冲器空），硬件置位发送中断标志位 TI(SCON. 1)，该位可作为查询标志；如果设置为允许中断，将引起中断，甲的 CPU 方可再发送下一帧数据。接收的乙方，需预先置位 REN(SCON. 4)即允许接收，对方的数据按设定的波特率由低位到高位顺序进入乙的移位寄存器；当一帧数据到齐（接收缓冲器满），硬件自动置位接收中断标志 RI (SCON. 0)，该位可作为查询标志；如设置为允许中断，将引起接收中断，乙的 CPU 方可通过读 SBUF(MOV　A，SBUF)，将这帧数据读入，从而完成一帧数据的传送。

由此得出以下两点。

① 查询方式发送的过程：发送一个数据→查询 TI →发送下一个数据（先发后查）；查询方式接收的过程：查询 RI→读入一个数据→查询 RI→读下一个数据（先查后收）。在通信程序的编制中应注意以上过程。

② 无论是单片机之间还是单片机和 PC 之间，串行通信双方的波特率必须相同。

8.2.3　波特率的设定

在串行通信中，收发双方对发送和接收数据的速率（即波特率）要有一定的约定，8XX51 的波特率发生器的时钟来源有两种：一是来自于系统时钟的分频值，由于系统时钟的频率是固定的，所以此种方式的波特率是固定的；另一种是由定时器 T_1 提供，波特率由 T_1 的溢出率控制，T_1 的计数初值是可以用软件改写的，因此是一种可变波特率方式，此时 T_1 工作于定时方式 2(8 位自动重装入方式)。波特率是否提高一倍由 PCON 的 SMOD 值确定，SMOD＝1 时波特率加倍。串行口的工作方式中，方式 0 和方式 2 采用固定波特率，方式 1 和方式 3 采用可变波特率。

8.3　串行口的控制寄存器

8.3.1　串行口的控制寄存器 SCON

8XX51 串行通信的方式选择、接收和发送控制及串行口的标志均由专用寄存器 SCON 控制和指示，其格式如下：

SM_0	SM_1	SM_2	REN	TB_8	RB_8	TI	RI
方式选择		多机控制	串行接收允许/禁止	欲发的第9位	收到的第9位	发送中断有/无	接收中断有/无

SCON (98H) 1/0

SM_0,SM_1:为串行口工作方式控制位。0 0——方式 0；0 1——方式 1；1 0——方式 2；1 1——方式 3。

REN:串行接收允许位。0——禁止接收；1——允许接收。

TB_8:在方式 2,3 中，TB_8 是发送机要发送的第 9 位数据。

RB_8:在方式 2,3 中，RB_8 是接收机接收到的第 9 位数据，该数据来自发送机的 TB_8。

TI:发送中断标志位。发送前必须用软件清零，发送过程中 TI 保持零电平，发送完一帧数据后，由硬件自动置 1。如果再发送，必须用软件再清零。

RI:接收中断标志位。接收前，必须用软件清零，接收过程中 RI 保持零电平，接收完一帧数据后，由片内硬件自动置 1。如果再接收，必须用软件再清零。

SM_2:多机通信控制位。当串行口工作为方式 2 或方式 3 时，发送机设置 $SM_2=1$，以发送第 9 位 TB_8 为 1 作为地址帧寻找从机，以 TB_8 为 0 作为数据帧进行通信。从机初始化时设置 $SM_2=1$，若接收到的第 9 位数据 $RB_8=0$，不置位 RI，即不引起接收中断，即不接收数据帧，继续监听；若接收的 $RB_8=1$，置位 RI，引起接收中断，中断程序中判断所接收的地址帧和本机的地址是否符合，若不符合，维持 $SM_2=1$，继续监听，若符合，则清 SM_2，接收发送方发来的后续信息。

综上所述，SM_2 的作用为：

① 在方式 2,3 中：
- 发送机，$SM_2=1$（程序设置）
- 接收机：
  - $SM_2=1$，若：
    - $RB_8=1$，激活 RI，引起接收中断
    - $RB_8=0$，不激活 RI，不引起接收中断
  - $SM_2=0$，无论 $RB_8=0$，还是 $RB_8=1$，均激活 RI 引起接收中断

② 在方式 1 中，当接收时，$SM_2=1$，则只有收到有效停止位才激活 RI。

③ 在方式 0 中，SM_2 应置为 0。

8.3.2 电源控制寄存器 PCON

PCON 的字节地址为 87H，PCON 的格式如下所示。串行通信中只用了其中的最高位 SMOD 波特率加倍位。

SMOD	×	×	×	GF_1	GF_0	PD	IDL

PCON (87H)

SMOD:波特率加倍位。在串行方式 1、2、3 的波特率计算中，SMOD=0，波特率不加倍；SMOD=1，波特率增加 1 倍。

需指出的是，对 CHMOS 的单片机而言，PCON 还有几位有效控制位。

GF_1,GF_0:为通用标志位，用户可作为软件使用标志。

PD:为掉电方式位，PD=1，激活掉电工作方式（片内振荡器停止工作，一切功能停止，V_{CC} 可降到 2V 以下）。

IDL:为待机方式位，IDL=1，激活待机工作方式（提供给 CPU 的内部时钟被切断，但串行口定时器的时钟依然提供，工作寄存器状态被保留）。

PCON 地址为 87H，不能位寻址，只能字节寻址。初始化时，SMOD=0。

8.4 串行口的工作方式

根据串行通信数据格式和波特率的不同，51 单片机的串行通信有 4 种工作方式，通过编程进行选择，各工作方式的特点如下。

1. 方式 0(移位寄位器方式)

串行数据通过 RXD 输入或输出，TXD 输出频率为 $f_{osc}/12$ 频率的时钟脉冲。数据格式为 8 位，低位在前，高位在后，波特率固定：

$$波特率=f_{osc}/12\ (f_{osc}为单片机外接的晶振频率)$$

发送过程以写 SBUF 寄存器开始，当 8 位数据传送完，TI 被置为“1”，方可再发送下一帧数据。接收必须预先置 REN=1(允许接收)和 RI=0，当 8 位数据接收完，RI 被置为“1”，此时，可通过读 SBUF 指令，将串行数据读入。

移位寄位器方式多用于接口的扩展，当用单片机构成系统时，往往感到并行口不够用，此时可通过外接串入并出移位寄存器扩展输出接口，通过外接并入串出移位寄存器扩展输入接口。方式 0 也可应用于短距离的单片机之间的通信。

2. 方式 1(波特率可变 10 位异步通信方式)

方式 1 以 TXD 为串行数据的发送端，RXD 为数据的接收端，每帧数据为 10 位：1 个起始位“0”、8 个数据位、1 个停止位“1”。其中，起始位和停止位在发送时是自动插入的。由 T_1 提供移位时钟，是波特率可变方式。波特率的计算公式为：

$$\begin{aligned}波特率&=\frac{2^{SMOD}}{32}\times(T_1\ 的溢出率)\\&=\frac{2^{SMOD}}{32}\times\frac{f_{osc}}{12\times(256-X)}\end{aligned}$$

根据给定的波特率，可以计算 T_1 的计数初值 X。

3. 方式 2(波特率固定 11 位异步通信方式)

方式 2 以 TXD 为串行数据的发送端，RXD 为数据的接收端。每帧数据为 11 位：一个起始位“0”，9 个数据位和 1 个停止位“1”。发送时，第 9 个数据位由 SCON 寄存器的 TB_8 位提供，接收到的第 9 位数据存放在 SCON 寄存器的 RB_8 位。第 9 位数据可作为检验位，也可作为多机通信中传送的是地址还是数据的特征位。波特率固定：

$$波特率=(2^{SMOD}\times f_{osc})/\ 64$$

4. 方式 3(波特率可变 11 位异步通信方式)

引脚使用和数据格式同方式 2，所不同的是为波特率可变，计算公式同方式 1。

8.5 串行口的应用编程

当串行通信的硬件接好以后，要编制串行通信程序。串行通信的编程要点归纳如下：

① 定好波特率，串行口的波特率有两种方式：固定波特率和可变波特率。当使用可变波特率时，应先计算 T_1 的计数初值，并对 T_1 进行初始化；如使用固定波特率(方式 0、方式 2)，则此步骤可省略。

② 填写控制字，即对 SCON 寄存器设定工作方式，如果是接收程序或双工通信方式，需要置 REN=1(允许接收)，同时也将 TI、RI 进行清零。

③ 串行通信可采用两种方式：查询方式和中断方式，TI 和 RI 是一帧发送完否或一帧数据到齐否的标志，可用于查询；如果设置允许中断，可引起中断。

查询方式：

发送程序：发送一个数据→查询 TI →发送下一个数据（先发后查）。

接收程序：查询 RI→读入一个数据→查询 RI→读下一个数据（先查后收）。

中断方式：

发送程序：发送一个数据→等待中断，在中断中再发送下一个数据。

接收程序：等待中断，在中断中再接收一个数据。

两种方式中，当发送或接收数据后都要注意清 TI 或 RI。

④ 为保证收、发双方的协调，除两边的波特率要一致外，双方可以约定以某个标志字符作为发送数据的起始，发送方先发这个标志字符，待对方收到该字符并给以回应后再正式发数据。以上是针对点对点的通信，如果是多机通信，标志字符就是各个分机的地址。

8.5.1 查询方式

对可变波特率的方式 1 和方式 3 查询方式的发送流程图如图 8-9(a)所示，接收流程图如图 8-9(b)所示。

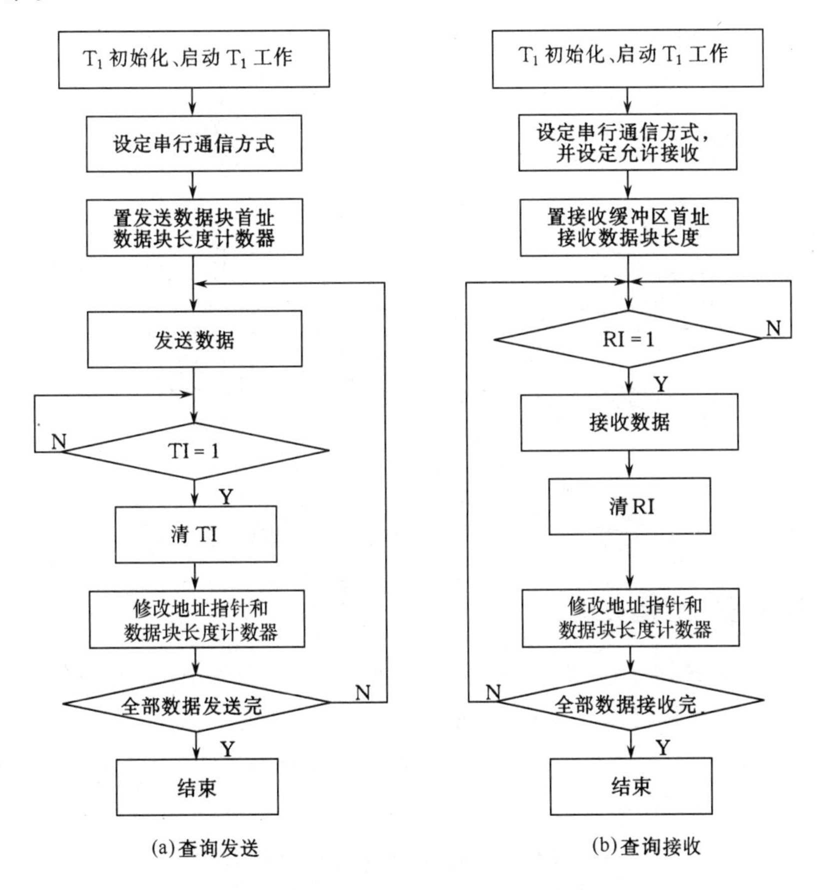

(a)查询发送　　(b)查询接收

图 8-9　查询方式程序流程图

8.5.2 中断法

中断法对 T_1 和 SCON 的初始化同查询法，不同的是要置位 EA（中断总开关），置位 ES（允许串行中断)，中断方式的发送和接收的流程如图 8-10(a)和(b)所示。

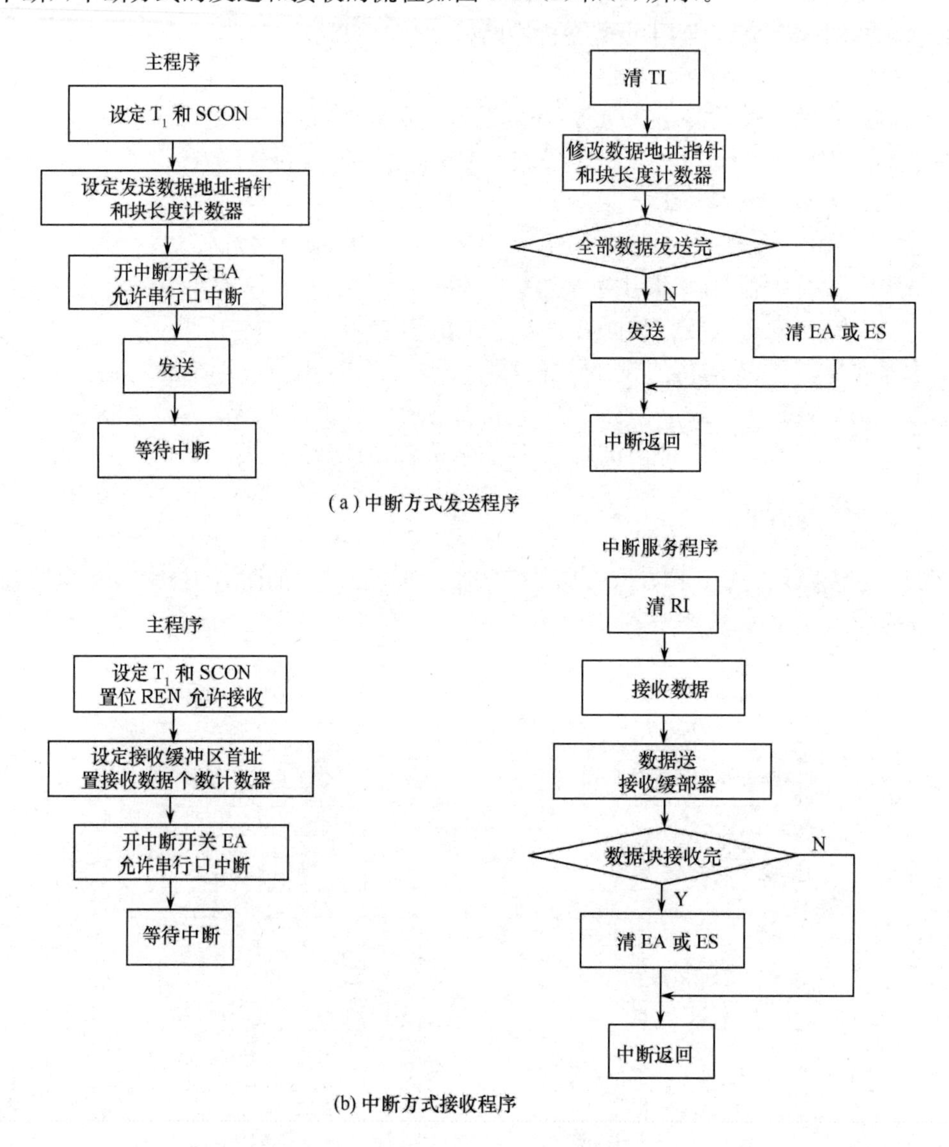

图 8-10　串行通信中断方式程序流程

8.5.3　串行通信编程实例

【例 8-1】　在内部数据存储器 20H～3FH 单元中共有 32 个数据，要求采用方式 1 串行发送出去，传送速率为 1200 波特，设 $f_{osc}=12\text{MHz}$。

解　T_1 工作于方式 2，作为波特率发生器，取 SMOD=0，T_1 的时间常数计算如下：

$$波特率=\frac{2^{SMOD}}{32}\times\frac{f_{osc}}{12\times(256-X)}$$

$$1200=\frac{1}{32}\times\frac{12\times10^6}{12\times(256-X)}$$

$$X=230=E6H$$

（1）查询方式编程

发送程序：

```
        ORG   0000H
        MOV   TMOD,#20H    ;T1 方式 2
        MOV   TH1,#0E6H
        MOV   TL1,#0E6H    ;T1 时间常数
        SETB  TR1          ;启动 T1
        MOV   SCON,#40H    ;串行方式 1
        MOV   R0,#20H      ;发送缓冲区首址
        MOV   R7,#32       ;发送数据计数
LOOP:   MOV   SBUF,@R0     ;发送数据
        JNB   TI,$         ;一帧未完查询
        CLR   TI           ;一帧发完清 TI
        INC   R0
        DJNZ  R7,LOOP      ;数据块未发完继续
        SJMP  $
```

接收程序：

```
        ORG   0000H
        MOV   TMOD,#20H
        MOV   TH1,#0E6H
        MOV   TL1,#0E6H
        SETB  TR1          ;初始化 T1,启动 T1
        MOV   SCON,#50H    ;串行方式 1,允许接收
        MOV   R0,#20H
        MOV   R7,#32
LOOP:   JNB   RI,$         ;一帧收完
        CLR   RI           ;收完清 RI
        MOV   @R0,SBUF     ;将数据读入
        INC   R0
        DJNZ  R7,LOOP
        SJMP  $
```

查询方式 C 语言编程

发送程序：

```
#include<reg51.h>
main( ){
unsingned char i;
char *p;
TMOD=0x20;
TH1=0xe6;TL1=0xe6;
TR1=1;
SCON=0x40;
p=0x20;
for (i=0;i<=32;i++){
SBUF=*p;
p++;
while (!TI);
TI=0;
}}
```

接收程序：

```
#include <reg51.h>
main( ){
unsingned char i;
char *p;
TMOD=0x20;
TH1=0xe6;TL1=0xe6;
TR1=1;
SCON=0x50;
p=0x20;
for (i=0;i<=32;i++){
while (!RI);
RI=0;
*p=SBUF;
p++
}}
```

（2）中断方式编程

中断方式的初始化部分同查询方式，以下仅写不同部分。

中断发送程序：

```
        …
        SETB  EA            ;开中断
        SETB  ES            ;允许串行口中断
        MOV   SBUF,@R0      ;发送
LOOP:   SJMP  $             ;等待中断
AGA:    DJNZ  R7,LOOP       ;数据块未发完继续
        CLR   EA            ;发送完关中断
```

```
        SJMP   $                      ;结束
        ORG   0023H                   ;中断服务
IOIP:   CLR   TI                      ;清 TI
        POP   DPH
        POP   DPL                     ;弹出原断点
        MOV   DPTR,#AGA               ;修改中断返回点为 AGA
        PUSH  DPL
        PUSH  DPH                     ;新返回点 AGA 压入堆栈
        INC   R0
        MOV   SBUF,@R0                ;发送下一个
        RETI                          ;返回到 AGA
```

中断接收程序：

```
        …
        SETB  EA                      ;开中断
        SETB  ES                      ;允许串行口中断
LOOP:   SJMP  $                       ;等待中断
AGA:    DJNZ  R7,LOOP                 ;数据块未收完继续
        CLR   EA                      ;收完关中断
        SJMP  $                       ;结束
        ORG   0023H                   ;中断服务
IOIP:   CLR   RI                      ;清 RI
        MOV   @R0,SBUF                ;接收
        POP   DPH                     ;弹出原断点
        POP   DPL
        MOV   DPTR,#AGA               ;修改中断返回点为 AGA
        PUSH  DPL
        PUSH  DPH                     ;新返回点 AGA 压入堆栈
        INC   R0
        RETI                          ;返回到 AGA
```

【例 8-2】 将 89C51/89S51 的 RXD($P_{3.0}$)和 TXD($P_{3.1}$)短接，将 $P_{1.0}$ 接一个发光二极管，如图 8-11 所示，编一个自己发送自己接收程序，检查本单片机的串行口是否完好。

解 本例题能说明双工通信方式的编程方法。当将两机的 TXD 和 RXD 按规定连接后，下面程序能完成两机的双工通信。

f_{osc}＝12MHz，波特率＝600，取 SMOD＝0。依据公式：

$$\text{波特率}=\frac{1}{32}\times\frac{f_{osc}}{12\times(256-X)}$$

求得 $X=204=\text{CCH}$。

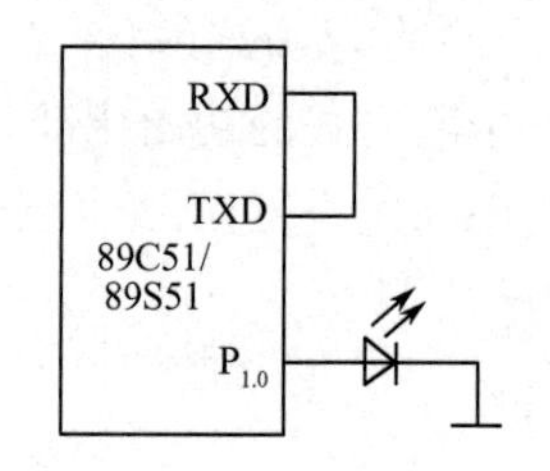

图 8-11 例 8-2 图

汇编语言编程：

```
        ORG   0000H
        MOV   TMOD,#20H
        MOV   TH1,#0CCH
        MOV   TL1,#0CCH               ;设定波特率
        SETB  TR1
```

```
        MOV   SCON,#50H
ABC:    CLR   TI
        MOV   P1,#0FEH            ;LED灭
        ACALL  DAY                ;延时
        MOV   A,#0FFH
        MOV   SBUF,A              ;发送数据FFH
        JNB   RI,$                ;RI≠1等待
        CLR   RI
        MOV   A,SBUF              ;接收数据,A=FFH
        MOV   P1,A                ;灯亮
        JNB   TI,$                ;TI≠1等待
        ACALL  DAY                ;延时
        SJMP  ABC
DAY:    MOV   R0,#0
DAL:    MOV   R1,#0
        DJNZ  R1,$
        DJNZ  R0,DAL
        RET
        END
```

如果发送接收正确,可观察到$P_{1.0}$接的发光二极管一闪一闪地亮,如果断开TXD和RXD的连线,发光二极管将不会闪烁。

该例用C语言编程如下:

```
#include <reg51.h>
main(){
  unsigned int i;
  TMOD=0x20;TH1=0xcc;TL1=0xcc;     /*初始化T1*/
  TR1=1;                           /*无限循环执行一下发送和接收语句*/
  SCON=0x50;
  while(1)
  {
    TI=0;
    P1=0xfe;                       /* LED灭*/
    for(i=0;i<10000;i++);          /*延时*/
    SBUF=0xff;                     /*发送数据FFH*/
    while(RI==0);                  /* RI=0等待*/
    RI=0;                          /* RI=1清RI*/
    P1=SBUF;                       /*接收数据并送P1口,灯亮*/
    while(TI==0);                  /* TI=0等待*/
    for(i=0;i<10000;i++);          /*延时*/
  }}
```

上面例题发送和接收没有进行校验,往往不可靠,校验可以有多种方式,如加奇/偶校验、累加和校验等。下面例子采用累加和校验。

【例8-3】 设甲、乙两机进行通信,波特率为2400bps,晶振均采用6MHz。甲机将外部数据存储器4000H~40FFH单元内容向乙机发送,发送数据之前将数据块长度发给乙机,当数据发

送完向乙机发送一个累加校验和。乙机接收数据进行累加和校验，如果和发送方的累加和一致，发数据“0”，以示接收正确；如果不一致，发数据 FFH，甲方再重发，编出程序。

解 (1) 计算 T_1 计数初值

串行口采用方式 1，T_1 采用方式 2，取 SMOD=0。

$$2400=\frac{1}{32}\times\frac{6\times 10^6}{12\times(256-X)}$$

得 $X=249.5=$FAH。

(2) 约定 R6 作为数据长度计数器，计数 256 个字节。采用减 1 计数，初值取 0，R5 作为累加和寄存器。

甲机发送程序如下：

```
TRT: MOV   TMOD,#20H
     MOV   TH1,#0FAH
     MOV   TL1,#0FAH
     SETB  TR1                 ;T1 初始化
     MOV   SCON,#50H           ;串行口初始化为方式 1,允许接收
RPT: MOV   DPTR,#4000H
     MOV   R6,#00H             ;长度寄存器初始化
     MOV   R5,#00H             ;校验和寄存器初始化
     MOV   SBUF,R6             ;发送长度
L1:  JBC   TI,L2               ;等待发送
     AJMP  L1
L2:  MOVX  A,@DPTR             ;读取数据
     MOV   SBUF,A              ;发送数据
     ADD   A,R5                ;形成累加和送 R5
     MOV   R5,A
     INC   DPTR
L4:  JBC   TI,L3
     AJMP  L4
L3:  DJNZ  R6,L2               ;判发送完 256 个数据否
     MOV   SBUF,R5             ;发送校验码
     MOV   R5,#00H
L6:  JBC   TI,L5
     AJMP  L6
L5:  JBC   RI,L7               ;等乙机回答
     AJMP  L5
L7:  MOV   A,SBUF
     JZ    L8                  ;发送正确返回
     AJMP  RPT                 ;发送有错,重发
L8:  RET
```

(3) 乙机接收程序

乙机接收甲机发送的数据，并写入以 4000H 为首址的外部数据存储器中，首先接收数据长

度，接着接收数据；当接收 256 字节后，接收校验码，进行累加和校验，数据传送结束时，向甲机发送一个状态字节，表示传送正确或出错。

接收程序的约定同发送程序。

接收程序清单：

```
RSU: MOV   TMOD,#20H      ;T1 初始化
     MOV   TH1,#0FAH
     MOV   TL1,#0FAH
     SETB  TR1
     MOV   SCON,#50H      ;串行通信方式 1,允许接收
RPT: MOV   DPTR,#4000H    ;置接收缓冲区首址
L0:  JBC   RI,L1
     AJMP  L0
L1:  MOV   A,SBUF         ;接收发送长度
     MOV   R6,A
     MOV   R5,#00H        ;累加和寄存器清零
WTD: JBC   RI,L2
     AJMP  WTD
L2:  MOV   A,SBUF         ;接收数据
     MOVX  @DPTR,A
     INC   DPTR
     ADD   A,R5
     MOV   R5,A           ;计算累加和校验码
     DJNZ  R6,WTD         ;未接收完,继续
L5:  JBC   RI,L4          ;接收对方发来的校验码
     AJMP  L5
L4:  MOV   A,SBUF
     XRL   A,R5           ;接收的校验码和计算的校验码相同
     MOV   R5,#00H
     JZ    L6             ;同,正确转 L6
     MOV   SBUF,#0FFH     ;不同,出错发送 0FFH
L8:  JBC   TI,L7
     AJMP  L8
L7:  AJMP  RPT            ;重新接收
L6:  MOV   SBUF,#00H      ;正确回送 00H
L9:  JBC   TI,L10         ;发送完返回
     AJMP  L9
L10: RET
```

8.6 利用串行口方式 0 扩展 I/O 口

当串行口工作于方式 0 时，RXD 端接收、发送数据，TXD 发送移位脉冲，因此，可用 TXD，RXD 方便地控制串入并出移位寄存器（如 74LS164），扩展并行输出接口；如果用 TXD，RXD 控制并入串出移位寄存器（如 74LS165），可以扩展并行输入接口。

【例 8-4】 利用串行通信方式 0 和串入并出移位寄存器 74LS164 扩展输出接口，接 8 个数

码管,使内部数据存储器 58H～5FH 单元的内容依次显示在 8 个数码管上。数码管为共阳极,字形码“0”～“F”列在表 TBA 中,58H～5FH 单元的内容均为 0XH。

分析 $P_{3.3}$用于显示器的输入控制,通过 74LS164 接 8 个数码管,电路如图 8-12 所示。

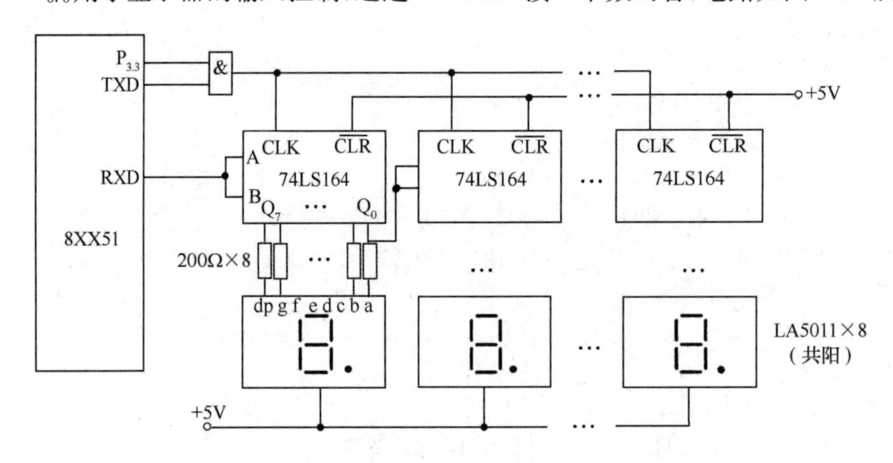

图 8-12　例 8-4 图

程序如下:

```
        ORG   0000H
        SETB  P3.3                          ;允许移位寄存器工作
        MOV   SCON,#0                       ;选串行通信方式 0
        MOV   R7,#08H                       ;显示 8 个字符
        MOV   R0,#5FH                       ;先送最后一个显示字符
        MOV   DPTR,#TBA                     ;DPTR 指向字形表首址
DLO:    MOV   A,@R0                         ;取待显示数码
        MOVC  A,@A+DPTR                     ;查字形表
        MOV   SBUF,A                        ;送出显示
        JNB   TI,  $                        ;一帧未输出完等待
        CLR   TI                            ;已完,清中断标志
        DEC   R0                            ;修改显示数据地址
        DJNZ  R7,DLO
        CLR   P3.3                          ;8 位送完,关发送脉冲,数码静态显示在数码管上
        SJMP  $                             ;
TBA:    DB 0C0H,0F9H,0A4H,0B0H,99H,92H      ;字形表
        DB 82H,0F8H,80H,90H,83H,83H,0C6H
        DB 0A1H,86H,84H,0FFH,0BFH
```

* 8.7　单片机和 PC 的串行通信

前面对单片机的串行通信进行了介绍,要和 PC 通信,还需对 PC 串行通信接口有所了解,现简略介绍如下。

PC 的串行通信接口使用的是 8250(实际上是 16650,传输效率和速度比 8250 更高,信息吞吐量更大,但编程方法等和 8250 一样)。8250 是可编程串行接口,内部有 10 个寄存器,共占用 7 个地址(COM1 通信口的端口地址见表 8-1)。

表 8-1　8250 的端口地址

DLAB	选择寄存器	地　址
0	发送缓冲器 THR(写)	3F8H
0	接收缓冲器 RDR(读)	3F8H
1	除数锁存器 BRDL(低 8 位)	3F8H
1	除数锁存器 BRDH(高 8 位)	3F9H
0	中断允许寄存器	3F9H
×	中断识别寄存器 IIR	3FAH
×	线路控制寄存器 LCR	3FBH
×	Modem 控制寄存器 MCR	3FCH
×	传输线状态寄存器 LSR	3FDH
×	MODEM 状态寄存器 MSR	3FEH

注:COM2 使用地址为 2F8～2FEH。

由于地址 3F8H 和 3F9H 为两个寄存器公用,由线路控制寄存器最高位 DLAB 进行选择。8250 通信编程的步骤:

1. **选定波特率,即写波特率除数锁存器 BRD**

先使线路控制寄存器 LCR 的最高位 D_7(DLAB)为“1”,以选中除数锁存器,然后分别将波特率除数的高 8 位和低 8 位写入 BRDH 和 BRDL。

2. **写控制字**

将通信的数据格式写入线路控制寄存器 LCR,同时使其最高位 DLAB 为“0”,选中发送缓冲器和接收缓冲器,以便后面进行发送和接收。

3. **传送数据**

发送数据时先查状态寄存器 LSR 的 D_5 位(THRE 位),发送保持寄存器空(THRE=1)才能发送。对发送缓冲器写即启动发送过程。

接收数据时,先查状态寄存器 LSR 的 D_1 位(OE 位),接收数据准备好(OE=1),即说明已收到一个数据,这时可以从接收缓冲器读入数据。

针对上述步骤做如下说明:

(1) 波特率除数锁存器(BRD)

8250 使用内部时钟的频率为 1.8432MHz,波特率除数锁存器(BRD)和波特率(Baud)的关系为:

$$BRD=时钟频率/(16\times Baud)$$

如 Baud=1200bps,则有 $BRD=1.8432\times 10^6/(16\times 1200)=0060H$。

表 8-2 给出了波特率与波特率除数锁存器取值的对应关系,可供用户查询。

表 8-2　波特率与波特率除数锁存器取值的对应关系表

波 特 率	波特率除数锁存器取值		波 特 率	波特率除数锁存器取值	
	高 8 位(H)	低 8 位(H)		高 8 位(H)	低 8 位(H)
300	01	80	1800	00	40
600	00	C0	2000	00	3A
1200	00	60	2400	00	30

(续表)

波 特 率	波特率除数锁存器取值		波 特 率	波特率除数锁存器取值	
	高8位(H)	低8位(H)		高8位(H)	低8位(H)
3600	00	20	7200	00	10
4800	00	18	9600	00	0C

(2) 控制字(LCR)

进行串行通信前,应将通信的数据格式写入线路控制寄存器 LCR,即填写控制字。控制字为 8 位,每一位的意义如下:

D_7	D_6	D_5	D_4	D_3	D_2	D_1	D_0
DLAB	SB	SP	EPS	PEN	STB	WLS_1	WLS_0
寄存器 0 其他 1 除数	0 正常 1 中止	奇偶标志 0 不附加 1 附加	0 奇 1 偶 校验	校验位 0 不要 1 要	停止位位数 0 1位 1 1.5～2位	数 00 据 01 位 10 11	5位 6位 7位 8位

(3) 状态字(LSR)

状态寄存器 LSR 用来向 CPU 提供发送和接收过程中产生的状态,这些状态可用于 CPU 查询,如果允许中断,也可引起中断。

D_7	D_6	D_5	D_4	D_3	D_2	D_1	D_0
0	TSRE	THRE	BI	FE	PE	OE	DR
标识位	发送移位 寄存器 0 不空 1 空	发送保持 寄存器 0 不空 1 空	发送检测 0 正常 1 中止	接收格式 0 正确 1 错误	接收奇偶 0 正确 1 错误	接收重叠 0 正确 1 错	接收数据 0 未准备好 1 准备好

【例 8-5】 完成 PC 和单片机的串行双工通信,单片机的 P_1 口接一共阴极数码管,阴极接地。要求 PC 键盘每按"0～9"数字键能发送到单片机,并显示在单片机接的数码管上,单片机发送一串字符能显示在 PC 的屏幕上,采用查询方式。波特率为 1200。

分析 PC 的发送和接收程序用 Turbo C 完成,利用库函数 inportb( )完成对 8250 端口的读操作;利用库函数 outportb( )完成对 8250 端口的写操作。

PC 的 COM1 接口采用 RS-232 标准,因此,单片机方需用 MAX232 进行电平转换。PC 的 COM1 和单片机的硬件连接如图 8-6 所示。

单片机采用方式 1、双工通信,波特率 1200 时计算得 T_1 的计数初值为 E6H,单片机开始工作,先显示提示符"P",汇编语言编程如下:

```
ORG  0000H
MOV  TMOD,#20H        ;T1 方式 2
MOV  TH1,#0E6H        ;1200 波特
MOV  TL1,#0E6H        ;T1 时间常数
SETB  TR1             ;启动 T1
MOV  SCON,#50H        ;串行口工作于方式 1
MOV  P1,#0F3H         ;P1 口显示"P"提示符
```

```
ABC:   MOV   R0,#0
NEXT:  MOV   A,R0
       MOV   DPTR,#TAB2
       MOVC  A,@A+DPTR
       MOV   SBUF,A          ;发送
       INC   R0              ;发送计数
       CJNE  R0,#11,REX
       MOV   R0,#0
REX:   JNB   RI,$            ;RI≠1 等待接收
       CLR   RI
       MOV   A,SBUF          ;接收数据
       ANL   A,#0FH
       MOV   DPTR,#TAB1
       MOVC  A,@A+DPTR
       MOV   P1,A            ;查表并送 P1 口的数码管显示
       ACALL DAY             ;延时
       JNB   TI,$            ;等待发下一帧数据
       CLR   TI
       AJMP  NEXT
DAY:   MOV   R2,#0
DAL:   MOV   R3,#0           ;延时
       DJNZ  R3,$
       DJNZ  R2,DAL
       RET
TAB1:DB 3FH,06H,5BH,4FH,66H,6DH,7DH,07H,7FH,6FH
TAB2:DB "CHINA&HUST"
       END
```

单片机如用C语言编程,程序如下:

```
#include<reg51.h>
#define uchar unsigned char
uchar cgf1[10]={"CHINA&HUST"};                    /* 发送的字符串 */
uchar cgf2[10]={0x3f,0x06,0x5b,0x4f,0x66,
                0x6d,0x7d,0x07,0x7f,0x6f};        /* 数码管显示字形表 */
main(){
  uchar i,j;
  TMOD=0x20;
  TH1=0x0e6;TL1=0x0e6;
  TR1=1;
  SCON=0x50;
  P1=0xf3;                    /* 数码管显"P"提示符 */
  while(1){                   /* 循环 */
    RI=0;
    while(! RI);              /* RI=0 等待 */
    i=SBUF;                   /* RI=1 接收,存入 i 变量 */
    i=i&0x0f;                 /* 保留低 4 位 */
```

```
        P1=cgf2[i];                    /* 查字形表送P1口数码管*/
        RI=0;                          /* 清RI */
        for(j=0;j<200;j++);            /* 延时 */
        TI=0;
        SBUF=cgf1[i];                  /* 取cgf1字符串中第i个字符发送 */
        while(! TI);
        TI=0;
    }}
```

PC的发送接收程序(采用Turbo C编程)：

```
  #include<graphics.h>
  #include<process.h>
  #include<stdlib.h>
  #include<stdio.h>
  void port(void)                    /* 初始化8250函数*/
   {outportb(0x3fb,0x80);            /* 选波特率除数锁存器*/
    outportb(0x3f8,0x60);            /*波特率为1200bps,送波特率除数锁存器的低8位*/
    outportb(0x3f9,0);               /* 送波特率除数锁存器的高8位*/
    outportb(0x3fb,0x03);            /* 每帧8位,1个停止位,无校验位*/
   }
  void send(unsigned char s)         /* 发送函数*/
   {unsigned char x;
    outportb(0x3f8,s);               /* 发送s*/
    begin:
    x=inportb(0x3fd);                /* 检测发送数据寄存器空? */
    x=x&0x20;
    if(x==0)goto begin;
   }
  unsigned char data()               /* 接收函数*/
   {
  unsigned char a;
    begin:
    a=inportb(0x3fd);                /* 读状态寄存器*/
    a=a&0x01;                        /* 检测接收数据准备好? */
    if(a! =1) goto begin;            /* 未准备好,再测*/
  else
   { a=inportb(0x3f8);               /* 接收数据*/
   return(a);                        /* 返回接收的数据*/
  }}
  void main(void){                   /* 主函数*/
    int i;
    unsigned char c,b;
    port();                          /* 初始化8250 */
    puts("PC USE COM1 1200B/S,press "A" to exit");   /* 屏幕显示提示信息*/
    puts("89C51/89S51 fosc=12MHz");
    puts("input(0-9)");
```

```
while(1)                    /* 循环执行后面程序 */
{
 c=getchar();               /* 键盘输入,键码送 C */
 if(c==65)                  /* 如果"A"键退出 */
  exit(0);                  /* 返回 DOS */
   else
     {if(c>=0x30 && c<=0x39)        /* 如果按键在 0~9 发送 */
      {
       send(c);       /* 发送按键的 ASCII 码 */
       b=data();      /* 接收单片机发来的字符存于 b  */
       puts("AT89C51/89S51 send 〈CHINA&HUST〉");
       printf("        %c\n",b);      /* 显示接收的字符 */
       for(i=0;i<2000;i++);       /* 延时 */
 }}}}
```

*8.8　USB 接口

USB (Universal Serial Bus,通用串行总线)是由 Intel 和 Microsoft 开发的一种高速串行传输总线,它使用标记分别为 D+和 D-的双绞线采用半双工差分信号传输数据。其接插件外形、图标及引脚信号如图 8-13 所示。差分传输是区别于传统的一根信号线和一根地线的一种传输方法,信号在两根线上都传输,这两个信号的振幅相等、相位相反,信号接收端比较这两个信号电压的差值来判断发送端发送的是逻辑 0 还是逻辑 1。差分信号互相参考,没有公共地,可以有效抵制共模信号,抵消长导线的电磁干扰。

(a)USB 接口外形

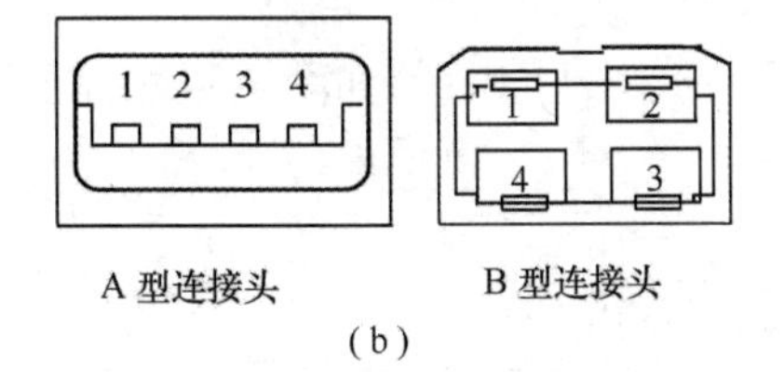

(b)

引脚编号	信号名称	缆线颜色
1	V_{CC}	红
2	Data-(D-)	白
3	Data+(D+)	绿
4	Ground	黑

(c)

图 8-13　USB 接口外形及引脚图

图 8-13 (a)为 USB 接口外形图,从左往右依次为:A 型 miniUSB 插头、B 型 miniUSB 插头、B 型 USB 插头、A 型 USB 插座、A 型 USB 插头。图 8-13(b)和(c)为 USB 的信号引脚及说明。D+和 D-是差分数据传输线,在 FS(全速)和 LS(低速)下输出的低电平电压为 0~0.3V,输出高电平电压为 2.8~3.6V;在 HS (高速 480Mbps)下输出的差分低电平电压为-10~+10mV,输出差分高电平电压为 360~440mV。V_{CC}(电源线)和地线可向设备提供 5V 电压,最大电流为 500mA。

8.8.1 USB协议简介

USB协议内容很多，这里只做简单扼要的介绍，使读有一个初步的了解，具体使用时，可查阅USB2.0协议。

① USB支持热插拔和即插即用，使用差分信号来传输数据，最高数据传输速率可达480Mbps。

② USB支持“总线供电”和“自供电”两种供电模式。在总线供电模式下，USB2.0设备最多可以获得500mA的电流。

③ USB2.0被设计成向下兼容的模式，当有全速（USB 1.1）或低速（USB 1.0）设备连接到高速（USB 2.0）主机时，主机可以通过分离传输来支持它们。一条USB总线上，可达到的最高数据传输速率等级由该总线上最慢的“设备”决定，“设备”包括主机、Hub及USB功能设备。

④ USB体系包括主机、设备及物理连接3个部分。

一个USB系统中仅有一个USB主机，主机是一个提供USB接口及接口管理能力的硬件、软件及固件的复合体，可以是PC，也可以是OTG设备[①]。

设备包括USB功能设备和USB Hub（USB集线器，一种可以将一个USB接口转换为多个USB接口，并可以使这些接口同时使用的装置）。

物理连接即指USB的传输线及连接头。在USB 2.0系统中，要求使用屏蔽的双绞线作为传输线。

⑤ USB体系采用分层的星形拓扑来连接所有USB设备，一个USB系统中最多可以允许5个USB Hub级联。如果一个设备只占用一个地址，主机最多可支持127个USB设备（含USB Hub）。Root Hub是一个特殊的USB Hub，它集成在主机控制器里，不占用地址。

⑥ USB采用NRZI编码（不归零取反编码）来传输数据，当传输线上的差分数据输入0时就取反，输入1时就保持原值。为了确保信号发送的准确性，当在USB总线上发送一个包时，传输设备就要进行位插入动作（即在数据流中每连续6个1后就插入一个0），这些都是由专门硬件处理的。

⑦ USB采用轮询的广播机制传输数据，所有的传输都由主机发起，任何时刻整个USB体系内仅允许一个数据包的传输。

⑧ 主机和USB设备之间要处理的事务是它们之间数据传输的基本单位，由一系列各具特点的信息包构成，包由字段（或称域）构成。事务处理有IN（输入）、OUT（输出）、SETUP（设置）、SOF（帧开始）等7种事务类型等。一个典型的事务处理分为3个阶段，如图8-14所示。

图8-14 一个典型的事务处理

令牌包表示事务的开始，通过PID（标识字段）指明处理的事务类型。例如，如果标识为IN、OUT事务，接着就指明数据包传送的设备地址、端点（或称端口）地址等。令牌包有IN、OUT、

---

① 注：OTG是On-The-Go的缩写，从字面上可以理解为“安上即可用”，是近年发展起来的新技术，主要应用于各种不同的设备或移动设备间的连接并进行数据交换。例如，甲、乙两设备没有OTG功能而要进行通信，那么必须通过PC来充当USB系统的主机，甲先将文件拷贝到PC，再把PC上的文件传到乙设备。再如，将手机中的照片打印出来，如果手机有OTG功能，就不需要像以往那样先将照片拷贝到PC，手机可直接和打印机连接打印照片。USB的OTG功能让移动设备摆脱了PC的束缚，能够直接通过简单的方式将各种设备连接到一起。

SETUP 和 SOF 等 7 种。

数据包传送相关数据，数据长度 0～1023 字节，根据传输类型的不同而不同。

握手包表示传输的成功与否。

字段(或称域)有 SYNC(同步字段)、PID(标识字段)、DATA(数据字段)、CRC(校验字段)及 EOP(结束字段)、ADDR(地址字段)、ENDP(端点字段)、FRAM(帧号字段)。不同的包由不同字段组成。如图 8-15 是几个常用的包格式，USB1.0、USB1.1、USB2.0 包的格式有所差异，详情查阅相关协议。

8 位	8 位		7 位	4 位	5 位
SYNC	PID	$\overline{PID}$	ADDR	ENDP	CRC

8 位	8 位		0~1023 字节	16 位
SYNC	PID	$\overline{PID}$	DATA	CRC

8 位 /32 位	8 位	
SYNC	PID	$\overline{PID}$

图 8-15　USB 的令牌包、数据包和握手包格式

⑨ USB 体系 4 种传输类型：

控制传输——主要用于在设备连接时对设备进行枚举及其他因设备而异的特定操作；

中断传输——用于对延迟要求严格、小量数据的可靠传输，如键盘、游戏手柄等；

批量传输——用于对延迟要求宽松、大量数据的可靠传输，如 U 盘等；

同步传输——用于对可靠性要求不高的实时数据传输，如摄像头、USB 音响等。不同的传输类型在物理上并没有太大的区别，只是在传输机制、主机安排传输任务、可占用 USB 带宽的限制及最大包长度上有一定的差异。

8.8.2　USB 协议的实现

USB 接口有 USB 控制器芯片和 USB Hub 控制器芯片。USB 控制器芯片完成并串及实现差分的转换、NRZI 编码、产生校验字，完成对设备的识别和配置等，并实现数据通信功能。USB Hub 控制器则对多个 USB 设备进行管理和协调。USB 协议很多条款是 USB 控制器芯片硬件完成的，用户需要完成初始化设置等编程及应用编程。

USB 控制器一般有两种类型：一种是 MCU 集成在芯片里面的，如 Intel 的 8X930AX、Cypress 的 EZ－USB、Siemens 的 C541U 等公司的产品；另一种就是纯粹的 USB 接口芯片，仅处理 USB 通信，如主机控制器有 CMD 公司的 USB0670、USB0673 等。前一种由于开发时需要单独的开发系统，因此开发成本较高；而后一种只是一个芯片与 MCU 对接实现 USB 通信功能，因此成本较低，而且可靠性高。USB Hub 控制器有 Alcor Micro 公司的 AU2916、AU9412，Atmel 公司的 AT43301、AT43311 等。每一种芯片厂家都提供了控制字格式或驱动程序，用户只需根据自己系统的情况进行一些初始化编程和应用编程即可。

目前有较多的单片机内集成了 USB，如 Atmel 公司的 AT83C5130～5136 就是内置了全速 USB 的 51 单片机，AT90USB646～647、AT90USB1286～1287 是具有 USB 的 AVR 单片机。

8.8.3　用 USB 连接 PC 和单片机

单片机如果和 PC 用 USB 接口相连，PC 为主机，已安装了 USB 驱动程序并有 USB 接口，单片机必须加 USB 接口。下面介绍使用 CH340 芯片使 PC 的 USB 接口和单片机对接的电路。

CH340 是一个 USB 总线的转接芯片，实现 USB-串口、USB-IrDA 红外(红外线数据标准协议)或 USB-打印口的功能。在串口方式下，CH340 提供常用的 Modem 联络信号，用于为计算机扩展异步串口，详情可查 CH340 手册。

CH340 有 4 种型号芯片：CH340T、CH340R、CH340G、CH340B，其中前两种芯片为 20 脚封

装，后两种芯片为16脚封装。前3种需要外部向XI引脚提供12MHz的时钟信号，而CH340B芯片已经内置时钟发生器，无须外部晶振及振荡电容。CH340B芯片提供了配置数据区域，可以通过专用的计算机工具软件为每个芯片设置产品序列号等信息。

CH340B的引脚排列及部分引脚功能说明如图8-16所示，因为通信不使用Modem，所以有关Modem联络信号的引脚(带#号的)不予介绍。

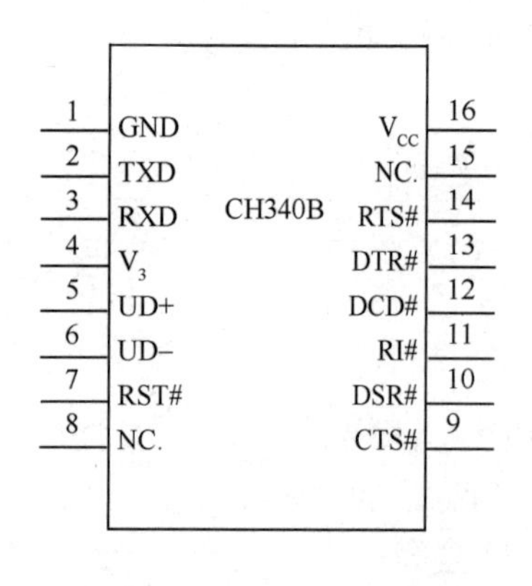

引脚号	引脚名称	类型	引脚说明
16	V_{CC}	电源	正电源输入端，需要外接0.1μF电源退耦电容
1	GND	电源	公共接地端，直接连到USB总线的地线
4	V_3	电源	在3.3V电源电压时连接V_{CC}输入外部电源；在5V电源电压时外接容量为0.01μF退耦电容
8	NC.	空脚	必须悬空
5	UD+	USB信号	直接连到USB总线的D+数据线
6	UD−	USB信号	直接连到USB总线的D−数据线
2	TXD	输出	串行数据输出
3	RXD	输入	串行数据输入，内置可控的上拉和下拉电阻

图8-16　CH340B的引脚排列及部分引脚功能说明

图8-17所示为USB转常用的3线制RS-232串口电路。它适用于单片机的串行口信号TXD/RXD已经通过RS-232芯片转换成了EIA电平及使用9针D型插件的输入/输出，所以转换电路中需用U5(MAX232)进行EIA-TTL电平转换后接入CH340B，再使用DB9与之对接。

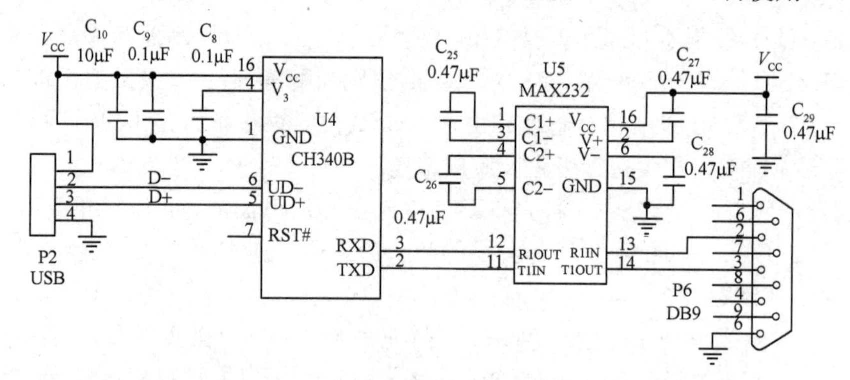

图8-17　USB转常用的3线制RS-232串口电路

如果单片机没有接RS-232，其TXD/RXD是TTL电平，那么可以去掉图中的U5、DB9及附属电路，CH340B的RXD、TXD直接连接单片机的RXD、TXD，两边的地线相连，其他信号线根据需要选用，不需要时都可以悬空。

USB转串口的CH341/CH340驱动程序安装包CH341SER.exe可以在网站http://wch.cn/上下载，安装在Windows操作系统的PC上，CH340的驱动程序能够仿真标准串口，所以绝大部分原串口应用程序完全兼容，通常不需要做任何修改。

8.9　小　　结

在长距离通信中采用串行传送方式具有成本低、通信可靠的优点。

① 51单片机内有一个全双工的异步通信接口，可以工作于4种工作方式，归纳在表8-3中。

表 8-3　串行通信的 4 种方式

方　式	方式 0 8 位移位寄存器 输入/输出方式	方式 1 10 位异步通信方式 波特率可变	方式 2 11 位异步通信方式 波特率固定	方式 3 11 位异步通信方式 波特率可变
一帧数据格式	8 位数据	1 个起始位“0” 8 个数据位 1 个停止位“1”	1 个起始位“0”　9 个数据位　1 个停止位“1” 发送第 9 位由 SCON 的 TB_8 提供 接收的第 9 位存于 SCON 的 RB_8 位 第 9 位可作为校验位，也可作为多机通信的地址/数据特征位	
波特率	固定为 $f_{osc}/12$	波特率可变 $=(2^{SMOD}/32)\times(T_1 溢出率)=$ $(2^{SMOD}/32)\times(f_{osc}/12(256-X))$	波特率固定 $=(2^{SMOD}/64)f_{osc}$	波特率可变 $=2^{SMOD}/32\times(T_1 溢出率)$ $=(2^{SMOD}/32)\times$ $(f_{osc}/12(256-X))$
引脚功能	TXD 输出 $f_{osc}/12$ 频率的同步脉冲 RXD 作为数据的输入、输出端	TXD 数据输出端 RXD 数据输入端	同方式 1	同方式 1
应用	常用于扩展I/O口	两机通信	多用于多机通信	多用于多机通信

注：f_{osc}为系统的时钟频率，SMOD=0 或 1。

② 在串行通信的编程中，如果是方式 1 和方式 3，初始化程序中必须对定时/计数器 T_1 进行初始化编程以选择波特率。发送程序应注意先发送，再检查状态 TI，再发送；而接收程序应注意先检查状态 RI 再接收，即发送过程是先发后查，而接收过程是先查后收。无论发送前或接收前，都应该先清状态 TI 或 RI，无论是查询方式还是中断方式，发送或接收后都不会自动清状态标志，必须用程序清零 TI 和 RI。

③ 本章的重点是：串行通信的基本概念、连线和应用编程。

思考题与习题 8

8.1　什么是串行异步通信？它有哪些特点？51 单片机的串行通信有哪几种帧格式？

8.2　某异步通信接口按方式 3 传送，已知其每分钟传送 3600 个字符，计算其传送速率。

8.3　为什么定时器 T_1 用作串行口波特率发生器时，常采用工作方式 2？若已知系统时钟频率、通信选用的波特率，如何计算其初值？

8.4　已知定时器 T_1 设置为方式 2，用作波特率发生器，系统时钟频率为 6MHz，求可能产生的最高和最低的波特率是多少？

8.5　设甲、乙两机采用方式 1 通信，波特率为 4800bps，甲机发送 0，1，2，…，1FH，乙机接收存放在内部 RAM 以 20H 为首址的单元，试用查询方式编写甲、乙两机的程序（两机的 f_{osc}=6MHz）。

8.6　一个 8XX511 单片机的双机通信系统波特率为 9600bps，f_{osc}=12MHz，用中断方式编写程序，将甲机片外 RAM 3400H～34A0H 的数据块通过串行口传送到乙机的片外 RAM 4400H～44A0H 单元中去。

8.7　数据传送要求同题 8.6，要求每帧传送一个奇校验位，编出查询方式的通信程序。

8.8　利用 89C51 串行口设计 4 位静态数码管显示器，画出电路并编写程序，要求 4 位显示器上每隔 1s 交替地显示“0123”和“4567”。

第 9 章　单片机总线与系统扩展

☞**教学要点**

在嵌入式系统设计中，如果单片机片内的资源不够，就需要扩展，本章介绍单片机的三总线、扩展 EPROM、E^2PROM、Flash、RAM 和 I/O 接口等外围芯片的扩展方法及地址的译码方法。计算机接口芯片有千万种，但是只要掌握了总线扩展的规律，那么看懂复杂的嵌入式系统的资料和设计嵌入式系统的能力就会大大提高，因此本章是硬件设计的基础。

单片机的特点就是体积小，功能全，系统结构紧凑，硬件设计灵活，对于小型的嵌入式系统，最小系统即能满足要求。所谓最小系统，是指在最少的外部电路条件下，形成一个可独立工作的应用系统。事实上单片机内部资源已经很丰富，一个内部带程序存储器的单片机就构成了一个最小系统。但对于中型或大型的嵌入式系统，单片机内的存储器和 I/O 接口数量有限，不够使用，这种情况下就需要进行扩展。因此，单片机的系统扩展主要是指外接数据存储器、程序存储器或 I/O 接口等，以满足嵌入式应用系统的需要。

9.1　单片机系统总线和系统扩展方法

CPU 总是通过地址总线、数据总线和控制总线（俗称三总线）来与外部交换信息的。数据总线传送指令码和数据信息，各外围芯片都要并接在它上面和 CPU 进行信息交流。由于数据总线是信息的公共通道，各外围芯片必须分时使用才不至于产生使用总线的冲突，什么时候哪个芯片使用，是靠芯片的地址编号区分的，什么时候打开指定地址的那个芯片通往数据总线的门，是受控制总线上 CPU 发出的控制信号控制的，这好比一把钥匙开一扇门的锁。而这些信号是通过执行相应的指令产生的，这就是计算机的工作机理。因此，单片机的系统扩展就归结到外接数据存储器、程序存储器和 I/O 接口与三总线的连接。总线把单片机引脚和外围芯片引脚连接起来，而外围芯片成千上万，而且还在不断出现新型芯片，那么，它们的引脚有什么特点和规律呢？下面先介绍引脚规律及其连接规律，然后再联系芯片具体介绍扩展方法。

9.1.1　单片机系统总线信号

51 单片机的系统总线接口信号如图 9-1 所示。由图可见：

① P_0 口为地址/数据线复用，分时传送数据和低 8 位地址信息。在接口电路中，通常配置地址锁存器，用 ALE 信号锁存低 8 位地址 $A_0 \sim A_7$，以分离地址和数据信息。

② P_2 口为高 8 位地址线，扩展外部芯片时传送高 8 位地址 $A_8 \sim A_{15}$。

③ $\overline{PSEN}$为程序存储器的控制信号，$\overline{RD}(P_{3.7})$、$\overline{WR}(P_{3.6})$为数据存储器和 I/O 口的读/写控制信号，它们是在执行不同指令时，由硬件产生的不同的控制信号。

9.1.2　外围芯片的引脚规律

外围芯片种类成千上万，功能各不相同，但能与计算机接口的专用芯片通常具备三总线引

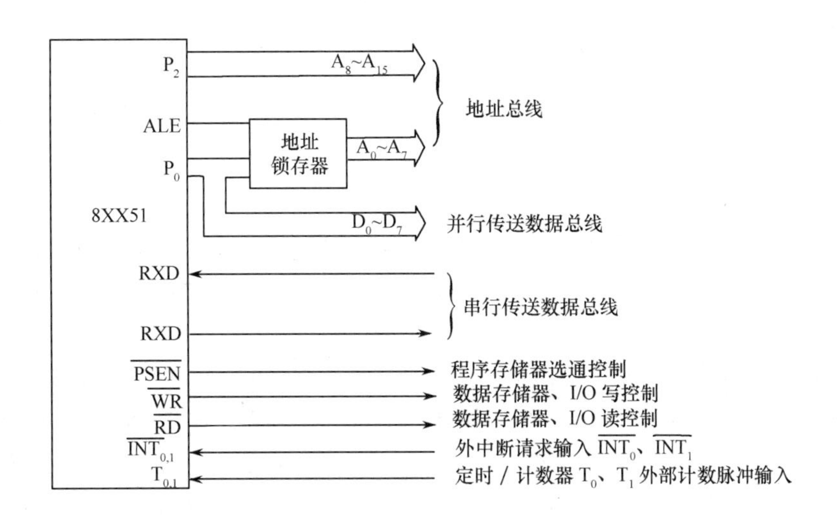

图 9-1 51 单片机系列总线信号

脚，即数据线引脚、地址线引脚和读、写控制线引脚，此外还有片选线引脚。

并行传送芯片的数据线引脚通常为 8 根，地址线引脚的根数因芯片不同而不同，取决于片内存储单元的个数或 I/O 接口内寄存器（又称为端口）的个数，N 根地址线和单元的个数的关系是：**单元的个数 $=2^N$**。这是因为每根地址线只有 0 或 1 两种状态，N 个 0 或 1 的排列组合，有 2^N 个编号，使得每个单元有一个唯一的编号（地址），例如，存储器地址线和单元的个数对应关系见表 9-1。又如并行接口芯片 8255 内部有 4 个端口，它就有 2 根地址线。当然对于I/O接口也有例外，有的是通过地址线和某些标志共同决定内部端口地址，具体查看芯片资料。外围芯片通常都有一个片选引脚$\overline{CS}$（或$\overline{CE}$），而且一般是低电平有效，仅当片选引脚为有效电平时，该芯片才会被选中使用总线，因此，一个芯片的某个单元或 I/O 接口的某个端口的地址由片选的地址和片内字选地址共同组成。能与计算机接口的专用芯片通常都有读、写控制信号，通常用符号$\overline{OE}$或$\overline{RD}$表示输出允许或读允许，用符号$\overline{WE}$或$\overline{WR}$表示写允许，片选线、地址线和控制线引脚相当于楼号、门牌号码和出口门锁或进口门锁，只有 CPU 查找门牌号码（地址线送出地址信息）并用相应的钥匙（发出读或写控制信号）打开相应的门，数据才能流入或流出。某 RAM 内部结构能说明地址信号和控制信号对数据流动的控制（见图 9-2）。

表 9-1 存储器容量和地址线根数的对应关系

地址线根数(根)	10	11	12	13	14	15	16
存储单元数(个)	1024(1K)	2048(2K)	4096(4K)	8192(8K)	16384(16K)	32768(32K)	65536(64K)

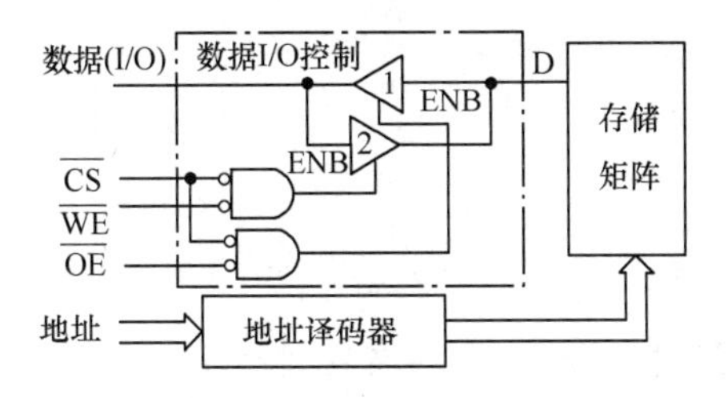

图 9-2 存储器内部结构

I/O 接口尽管千差万别，与控制器（CPU 或 MCU）接口方的引脚是相同或相似的，所不同的是，由于接口的功能不同，和外设方相连的引脚各不相同。

9.1.3　系统扩展的方法

有了上面引脚的规律，CPU 或 MCU 与这些芯片的连接就很容易了，主要是两端对应的线相连。具体规律如下：

1. 数据线的连接

外接芯片的数据线 $D_0 \sim D_7$ 接图 9-1 单片机的数据线的 $D_0 \sim D_7$，对于并行接口，数据线通常为 8 位，各位对应连接就可以了。当挂接在数据线上的外围芯片很多时，可以在两者之间加数据驱动器，如 74LS245 等。

2. 控制线的连接

由于$\overline{PSEN}$为程序存储器的选通控制信号，因此单片机的$\overline{PSEN}$连接 ROM 的输出允许端$\overline{OE}$；$\overline{RD}$($P_{3.7}$)、$\overline{WR}$($P_{3.6}$)为数据存储器(RAM)和 I/O 口的读写控制信号，因此，单片机的$\overline{RD}$应连接扩展芯片(RAM 或 I/O 口)的$\overline{OE}$(输出允许)或$\overline{RD}$端，单片机的$\overline{WR}$应连接扩展芯片的$\overline{WR}$或$\overline{WE}$端。

3. 地址线的连接

如前所述，和计算机接口的专用芯片会有 N 根地址线引脚，用于选择片内的存储单元或端口，称为字选或片内选择，为区别同类型的不同芯片。外围芯片还有一个片选引脚，字选和片选引脚均应接到单片机的地址线上。因此，一个芯片的某个单元或某个端口的地址由片选的地址和片内字选择地址共同组成，连线的方法是：

字选——外围芯片的字选(片内选择)地址线引脚直接接单片机的从 A_0 开始的低位地址线。

片选——片选引脚的连接方法有 3 种。

① 片选引脚接单片机用于片内寻址剩下的某根高位地址线，此法称为线选法，用于外围芯片不多的情况，是最简单、最低廉的方法，如图 9-3(a)所示。

② 片选引脚接对单片机高位地址线进行译码后的输出。译码可采用部分译码或全译码法，所谓部分译码就是用片内寻址剩下的高位地址线中的几根进行译码；所谓全译码就是用片内寻址剩下的所有的高位地址线进行译码。该法的缺点是要增加地址译码器。全译码法的优点是地址唯一，如图 9-3(b)所示。

③ 当接入单片机的某类芯片仅一片时，其芯片的片选端可直接接地。因为此类芯片仅此一片，别无选择，使它始终处于选中状态。此法可用于最小系统，如图 9-3(c)所示。

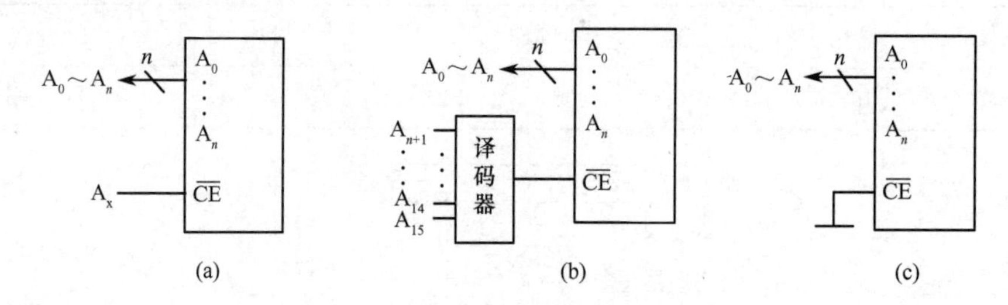

图 9-3　外围芯片片选引脚的 3 种连接方法

系统扩展的原则是：**使用相同控制信号的芯片之间不能有相同的地址，使用相同地址的芯片之间，控制信号不能相同**，如 I/O 口和外部数据存储器均以$\overline{RD}$和$\overline{WR}$作为读、写控制信号，均使用 MOVX 指令传送信息，它们不能具有相同的地址；外部程序存储器和外部数据存储器的操作采用不同的选通信号(程序存储器使用$\overline{PSEN}$控制，使用 MOVC 指令操作，外部数据存储器使用$\overline{RD}$和$\overline{WR}$作为读、写控制信号，使用 MOVX 指令操作)，它们可具有相同的地址。

9.1.4 地址译码器

全译码和部分译码就是使用译码器对地址总线中字选余下的高位地址线进行译码，以其译码的输出作为外围芯片的片选信号。这是一种最常用的地址译码方法，能有效地利用地址空间，适用于大容量多芯片的连接。译码电路可以用逻辑门，也可以用现有的译码器芯片。

1. 使用逻辑门译码

设某一芯片的字选地址线为 $A_0 \sim A_{11}$(4KB 容量)，使用逻辑门进行地址译码，其输出接芯片片选 $\overline{CE}$，电路如图 9-4 所示，字选地址线直接接 CPU 的地址线 $A_0 \sim A_{11}$。图 9-4(a)是用混合逻辑表示输入和输出的逻辑关系，小圆圈表示低电平有效，该逻辑关系需用两个非门和一个与非门实现，如图 9-4(b)所示，这是用正逻辑表示的电路。计算机电路中通常用简洁、直观的混合逻辑表示输入和输出的逻辑关系。

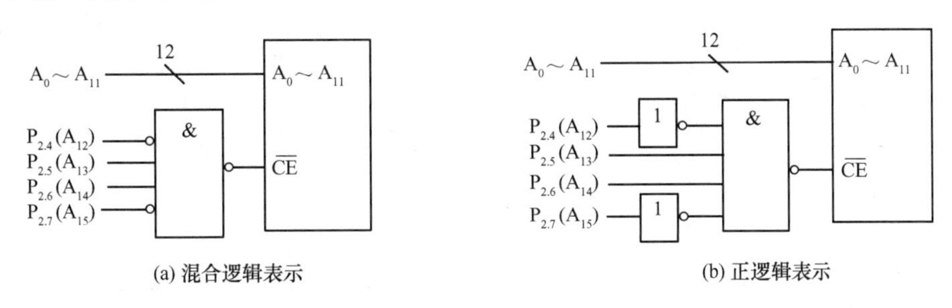

(a) 混合逻辑表示　　(b) 正逻辑表示

图 9-4　用逻辑门进行地址译码

该芯片的地址排列如下：

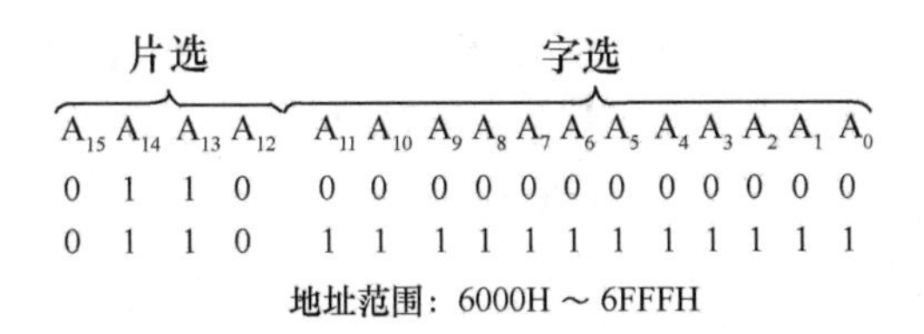

片选				字选											
A_{15}	A_{14}	A_{13}	A_{12}	A_{11}	A_{10}	A_9	A_8	A_7	A_6	A_5	A_4	A_3	A_2	A_1	A_0
0	1	1	0	0	0	0	0	0	0	0	0	0	0	0	0
0	1	1	0	1	1	1	1	1	1	1	1	1	1	1	1

地址范围：6000H ～ 6FFFH

在上面地址的计算中，16 位地址的字选部分是从片内最小地址 $A_{11} \sim A_0$ 全为“0”到片内最大地址 $A_{11} \sim A_0$ 全为“1”选片内 4096 个地址，16 位地址的高 4 位地址由 $A_{15} \sim A_{12}$ 的硬件电路接法决定，仅当 $A_{15}\ A_{14}\ A_{13}\ A_{12}$ = 0 1 1 0 时，$\overline{CE}$才为低电平，选择该芯片工作。因此，它的地址范围为 6000H～6FFFH。由于 16 根地址线全部接入，因此是全译码方式，每个单元的地址是唯一的。如果 $A_{15} \sim A_{12}$ 的 4 根地址线中只有 1～3 根接入电路，即采用部分译码方式，未接入电路的地址可填“1”也可填“0”，单片机中通常填“1”。

例如，如图 9-5 所示的接法。$A_{12}=1$，$\overline{CE_2}$ 有效，$\overline{CE_2}$ 的地址范围为 F000H～FFFFH；$A_{12}=0$，$\overline{CE_1}$ 有效，$\overline{CE_1}$ 的地址范围为 E000H～EFFFH。

2. 利用译码器芯片进行地址译码

如果利用译码器芯片进行地址译码，常用的译码芯片有 74LS139(双 2-4 译码器)，74LS138(3-8 译码器)和 74LS154(4-16 译码器)等。下面仅介绍 74LS138 译码器。

74LS138 是 3-8 译码器，它有 3 个输入端、3 个控制端及 8 个输出端，引线及功能如图 9-6 所示。74LS138 译码器只有当控制端 $G_1\overline{G_{2B}}\,\overline{G_{2A}}$ 为 100 时，才会在输出的某一端(由输入端 C、B、A 的状态决定)输出低电平信号，其余的输出端仍为高电平。

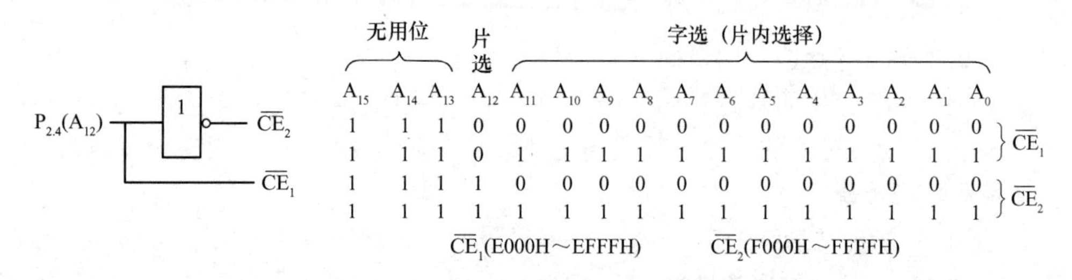

A_{15}	A_{14}	A_{13}	A_{12}	A_{11}	A_{10}	A_9	A_8	A_7	A_6	A_5	A_4	A_3	A_2	A_1	A_0	
1	1	1	0	0	0	0	0	0	0	0	0	0	0	0	0	$\overline{CE}_1$
1	1	1	0	1	1	1	1	1	1	1	1	1	1	1	1	
1	1	1	1	0	0	0	0	0	0	0	0	0	0	0	0	$\overline{CE}_2$
1	1	1	1	1	1	1	1	1	1	1	1	1	1	1	1	

图 9-5　用非门进行地址译码的电路及地址排列

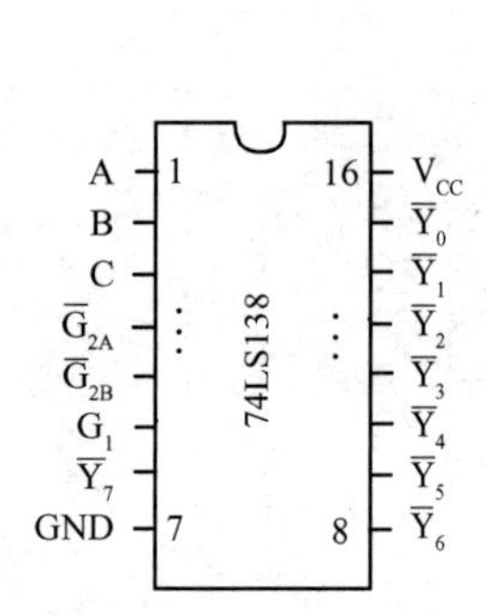

控制端			输入端			输出端							
G_1	$\overline{G}_{2B}$	$\overline{G}_{2A}$	C	B	A	$\overline{Y}_7$	$\overline{Y}_6$	$\overline{Y}_5$	$\overline{Y}_4$	$\overline{Y}_3$	$\overline{Y}_2$	$\overline{Y}_1$	$\overline{Y}_0$
1	0	0	0	0	0	1	1	1	1	1	1	1	0
			0	0	1	1	1	1	1	1	1	0	1
			0	1	0	1	1	1	1	1	0	1	1
			0	1	1	1	1	1	1	0	1	1	1
			1	0	0	1	1	1	0	1	1	1	1
			1	0	1	1	1	0	1	1	1	1	1
			1	1	0	1	0	1	1	1	1	1	1
			1	1	1	0	1	1	1	1	1	1	1

图 9-6　74LS138 引线及功能

例如，图 9-7 所示 74LS138 作为地址译码器，由于 $A_9 \sim A_0$ 没有参与译码，最小值为全 0，最大值为全 1，按译码器真值表要求列表，可排列出各输出端的输出地址范围，如图 9-7 所示。

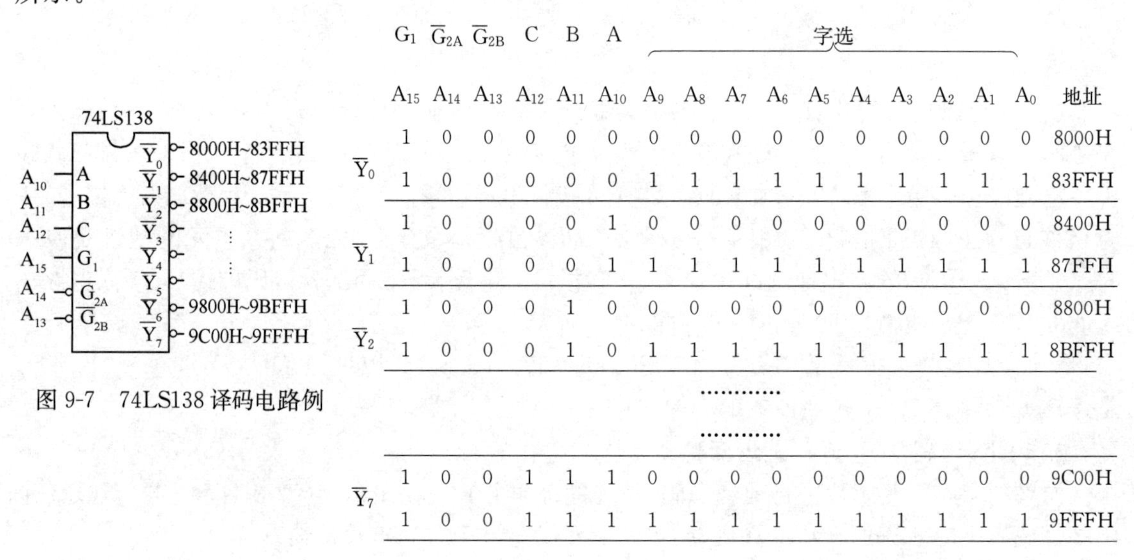

	G_1	$\overline{G}_{2A}$	$\overline{G}_{2B}$	C	B	A	字选										
	A_{15}	A_{14}	A_{13}	A_{12}	A_{11}	A_{10}	A_9	A_8	A_7	A_6	A_5	A_4	A_3	A_2	A_1	A_0	地址
$\overline{Y}_0$	1	0	0	0	0	0	0	0	0	0	0	0	0	0	0	0	8000H
	1	0	0	0	0	0	1	1	1	1	1	1	1	1	1	1	83FFH
$\overline{Y}_1$	1	0	0	0	0	1	0	0	0	0	0	0	0	0	0	0	8400H
	1	0	0	0	0	1	1	1	1	1	1	1	1	1	1	1	87FFH
$\overline{Y}_2$	1	0	0	0	1	0	0	0	0	0	0	0	0	0	0	0	8800H
	1	0	0	0	1	0	1	1	1	1	1	1	1	1	1	1	8BFFH
	…………																
	…………																
$\overline{Y}_7$	1	0	0	1	1	1	0	0	0	0	0	0	0	0	0	0	9C00H
	1	0	0	1	1	1	1	1	1	1	1	1	1	1	1	1	9FFFH

图 9-7　74LS138 译码电路例

9.2 存储器的扩展

9.2.1 存储器的基本知识

存储器是用来存储程序或数据的集成电路或介质，常用的存储器有半导体存储器（ROM/RAM）、光存储器（光盘）和磁介质存储器（磁盘、磁带、硬盘）。半导体存储器容量有限，通常用来构成内存，光盘、磁盘等构成外存，其容量无限。近年来出现了一种利用硫化物的结晶态和非结晶态存储数据的新型存储器——相变存储器 PCRAM（也称 PCM），其既可以构成内存，也可以构成外存。无论哪种存储器，主要指标都有容量（存放二进制的位数和字节数）及读写的速度。当然，容量大、读/写速度快、数据安全可靠是我们的追求。

1. 半导体存储器的分类

半导体存储器分为只读存储器 ROM 和随机存储器 RAM，只读存储器特点是掉电后信息不会丢失，称为非易失性存储器，用它存放程序、常数和表格，即 ROM 构成程序存储器。由于是只读存储器，因此它的引脚只有输出允许端$\overline{OE}$，而无写允许端$\overline{WE}$，它们在满足一定的条件下才能写入（称为烧录或编程），有专门的编程器完成烧写。随机存储器 RAM 的特点是能读能写，掉电后信息会丢失，称为易失性存储器，用它存放现场数据、中间结果等经常要改变的数据。由于 RAM 能读能写，因此它的引脚既有输出允许端$\overline{OE}$，也有写允许端$\overline{WE}$。

RAM 又分为静态存储器（Static RAM，即 SRAM）和动态存储器（Dynamic RAM，即 DRAM），SRAM 以触发器为基本存储单元，只要不掉电，其所存信息就不会丢失。该类芯片的集成度不高，功耗高，但速度快，也不需要刷新电路。嵌入式系统中常用它构成小容量的存储系统。SRAM 在通用型计算机中构成高速缓冲存储器。DRAM 以 MOS 管为基本单元，以极间的分布电容是否持有电荷作为信息的存储手段，其结构简单，集成度高。但是，如果不及时充电（即刷新），极间电容上的电荷会在很短时间内自然泄漏，致使信息丢失。所以，必须为它配备专门的刷新电路。DRAM 芯片的集成度高、价格低廉，所以多用在存储容量较大的系统中。目前，微型计算机中的主存几乎都使用 DRAM。目前还出现了一种 NVRAM 芯片，称为不挥发随机存储器，它将电池和 SRAM 整合在一个芯片中，在断电后由片内电池供电，保持存储器内的信息不丢失，适于作为需保留随机数据的数据存储器。

2. 半导体存储器的指标

（1）存储容量

存储器存放二进制的位数，如某芯片容量为 256 Mbit（256 兆位），一般用“字×位”的形式来进行描述，其中“字”表示芯片中有多少个单元，和地址线的根数直接相关，N 根地址线可寻址 2^N 个单元；“位”表示每个单元存放二进制的位数。位数和数据线的根数一致。在扩展存储器时，既要满足计算机系统的“字”要求，还要满足“位”要求。有时需要几片才能达到所要求的存储容量。可用下列公式计算：

所需要的片数＝要求的存储容量÷单片的存储容量

一般选用单片容量较大的存储器，这样可减少连线及电路板的占用面积，并且可使系统工作更加可靠，其译码、驱动电路也可简单些。目前单片机大多内部有 ROM，能满足要求的就不需要扩展存储器。

（2）存取速度

该项指标一般可用以下两个参数中的一个来进行描述：

- 存取时间(Access Time),即 T_A,指从存取命令发出到操作完成所经历的时间。
- 存取周期(Access Cycle),即 T_{AC},指在对存储器进行连续访问的情况下每次访问所需的最小时间。因为在一次数据访问后,芯片不可能无间歇地进入下一次访问,所以,T_{AC}要略大于 T_A。在表示上,该参数常表示为读周期 T_{RC}或写周期 T_{WC},存取周期 T_{AC}是其统称。

在微型计算机系统中,存储器的存取速度必须和 CPU 的时序或系统总线时序相匹配,如果它跟不上 CPU 时序,要在 CPU 的总线周期中插入等待周期,就要设计能产生等待周期的电路,以使 CPU 读/写操作的时间往后推移。

(3) 制作工艺

制作工艺决定了存储器芯片的集成度、存取速度、功耗等项指标。例如,采用 NMOS 工艺,芯片功耗约 0.1mW/b;而采用 CMOS 工艺,芯片功耗将降为 μW/b 级。

【例 9-1】 一系统要求有 4K×8 位存储容量,如果用容量为 1K×4 位的存储器,需要几片这样的存储器构成?最少需要几根地址线?

解 1K×4 位的存储器芯片上,数据线有 4 根,地址线有 10 根,每两片才能组成 1K×8 位,因此,需要 4 组这样的芯片才能构成 4K×8 位存储容量

片数=要求的容量/单片容量=(4K×8)÷(1K×4)=8 片

因为 2^{12}=4K,共需 12 根地址线,其中片内字选择使用 10 根,组选(4 组)需要 2 根。

【例 9-2】 用 8K×8 的存储器芯片组成容量为 64K×8 的存储器,试问:

(1) 共需几个芯片?共需多少根地址线寻址?其中几根作为字选线?几根作为片选线?

(2) 若用 74LS138 进行地址译码,试画出译码电路,并标出其输出线的选址范围。

(3) 若改用线选法,能够组成多大容量的存储器?试写出各线选线的选址范围。

解 (1)(64K×8)÷(8K×8)=8, 即共需要 8 片 8K×8 的存储器芯片。

64K=65536=2^{16},所以组成 64KB 的存储器共需要 16 根地址线寻址。8K=8192=2^{13},即 8K×8 的存储器每片有 13 根作为字选线,选择存储器芯片片内的单元。16-13=3,即 3 根作为片选线,选择 8 片存储器芯片。

(2) 8K×8 芯片有 13 根地址线 A_{12}~A_0 为字选,余下的高位地址线是 A_{15}~A_{13},所以译码电路对 A_{15}~A_{13}进行译码,译码电路及译码输出线的选址范围如图 9-8 所示。

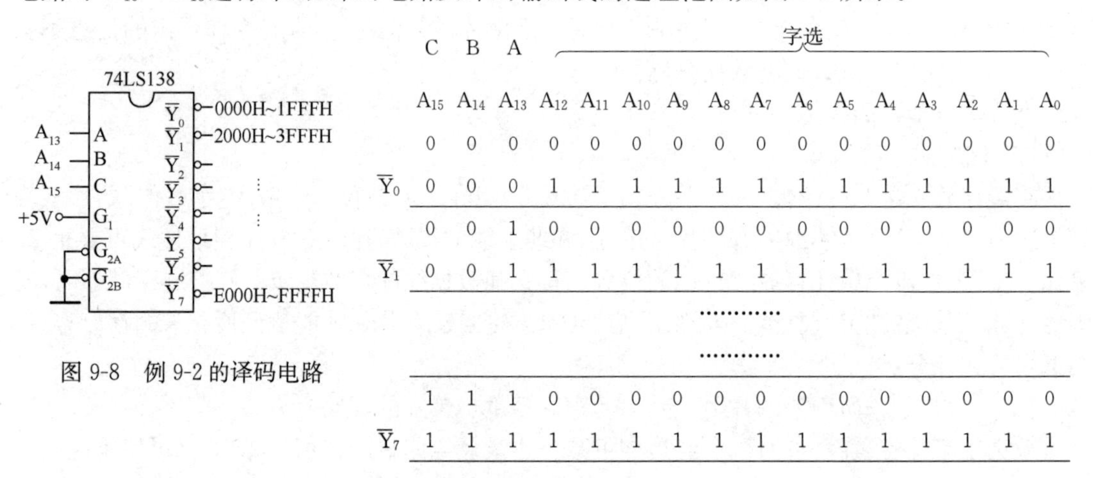

图 9-8 例 9-2 的译码电路

(3) 如果改用线选法,A_{15}~A_{13} 3 根地址线各选一片 8K×8 的存储器芯片,只能接 3 个芯片,故仅能组成容量为 24K×8 的存储器,A_{15}、A_{14}和 A_{13}所选芯片的地址范围分别为:6000H~7FFFH、A000H~BFFFH 和 C000H~DFFFH。

9.2.2 程序存储器的扩展

程序存储器由 ROM 构成，因为掉电后其里面存放的信息不会丢失，一上电 CPU 就可以执行里面已经预先烧录好的程序，因此，计算机用它存放程序、常数和表格。ROM 有以下 5 种类型。

- ROM，该类芯片通过工厂的掩模制作，已将信息做在芯片当中，出厂后不可更改。
- PROM，可编程 ROM，该类芯片允许用户进行一次性编程，此后便不可更改，又称 OTP 型。
- EPROM，可擦除 ROM，允许用户多次编程和擦除。擦除时，通过向芯片窗口照射紫外光进行。
- E^2PROM，电可擦除 ROM，允许用户多次编程和在线擦除。
- Flash，闪存，是一种新型的大容量、高速度、电可擦除可编程 E^2PROM。

由于 E^2PROM 或 Flash 擦除和写入（称为烧录或编程）比较方便，成为嵌入式系统程序存储器扩展的首选。

1. **EPROM 和 E^2PROM 的扩展**

电可擦除只读存储器 E^2PROM 既可像 EPROM 那样长期非易失地保存信息，又可像 RAM 那样随时用电改写，不用紫外线擦除，在单一＋5V 电压下写入的新数据即覆盖了旧的数据。因此，E^2PROM 逐步取代 EPROM，被广泛用作单片机的程序存储器。

目前，常用的 E^2PROM 如表 9-2 所示，它们有如下共同特点：

① 单＋5V 供电，电可擦除可改写；

② 使用次数为 1 万次，信息保存时间 10 年；

③ 读出时间为 ns 级，写入时间为 ms 级；

④ 芯片引脚信号与相应 RAM(6XXX)和 EPROM(27XXX)芯片兼容。

如 2864(2864A)为 8KB E^2PROM，维持电流为 60mA，典型读出时间为 200～350ns，字节编程写入时间为10～20ms，芯片内有电压提升电路，编程时不必增高电压，单一＋5V 供电。引脚和 6264，2764 兼容，引脚配置如图 9-9 所示。2864 的操作方式及 I/O 引脚状态见表 9-3。

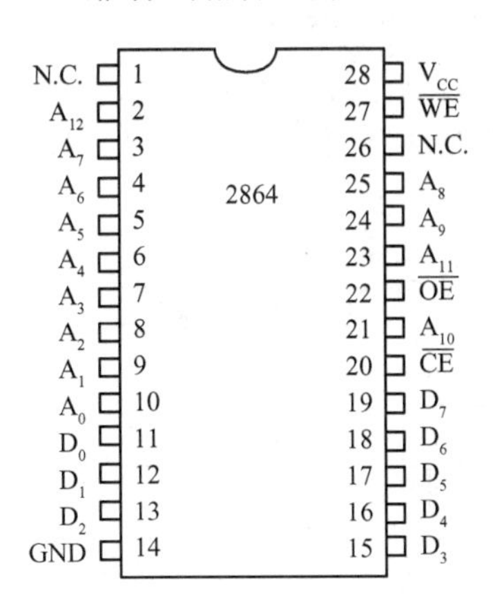

图 9-9 2864 的引脚配置

表 9-2 几种常用的 E^2PROM

型号	引脚数	容量/字节	引脚兼容的存储器
2816	24	2KB	2716,6116
2817	28	2KB	
2864	28	8KB	2764,6264
28C256	28	32KB	27C256
28F512	32	64KB	27C512
28F010	32	128KB	27C010
28F020	32	256KB	27020
28F040	32	512KB	27C040

嵌入式系统中扩展程序存储器，要满足单片机对其控制的时序要求。

51 单片机的$\overline{PSEN}$是程序存储器允许信号，它在从外部程序存储器取指令时或执行 MOVC 指令时变为有效。图 9-10 是从外部程序存储器取指令的时序。取指令码时，程序存储器的地址由 PC 寄存器指示，由图 9-10 可见，地址锁存允许信号 ALE 的下降沿正好对应着 P_0 端口输出低 8 位地址 A_0～A_7，从而将P_0口出现的PC提供的低8位地址锁存于地址锁存器，此时PC提供

表 9-3　2864 的操作方式及 I/O 引脚状态($V_{CC}=+5V$)

方式＼功能端	$\overline{CE}$ (20)	$\overline{OE}$ (22)	$\overline{WE}$ (27)	$D_0 \sim D_7$
维持	高	×	×	高阻抗
读	低	低	高	数据输出
写	低	高	低	数据输入
数据查询	低	低	高	数据输出

的高 8 位地址出现在 P_2 口，而程序存储器允许信号$\overline{PSEN}$的上升沿正好对应着 P_0 端口从程序存储器读入指令码 $D_0 \sim D_7$ 的操作。程序存储器扩展电路应满足单片机从外存取指令的时序要求。所以，程序存储器的扩展要由 ALE、$\overline{PSEN}$、P_0 和 P_2 在一定的电路配合下共同实现。

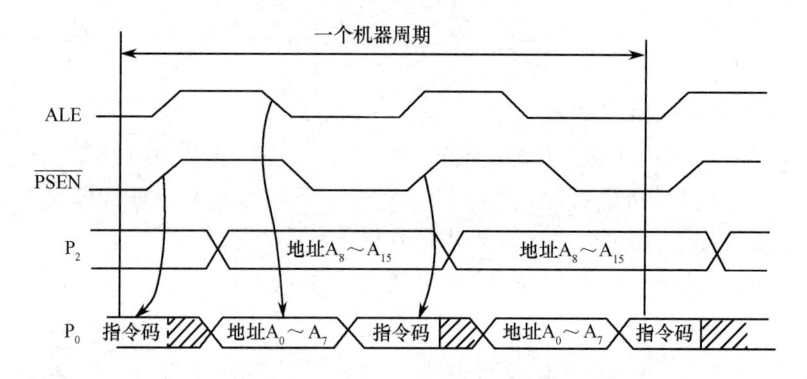

图 9-10　从外部程序存储器取指令时序

根据以上取指时序的要求，8XX51 单片机扩展程序存储器的电路如图 9-11 所示。图中，$\overline{RD}$和$\overline{PSEN}$通过与门接 2864 $\overline{OE}$端，无论$\overline{RD}$还是$\overline{PSEN}$有效(变为低电平)，均会使 2864 的$\overline{OE}$有效，因此该电路中的 2864 既可作为数据存储器，又可作为程序存储器。由于图 9-11(a)、(b)都只扩展了一片，片选端接地。

单片机扩展 2X16，2X64，2X128 等 EPROM 和 E^2PROM 的方法与图 9-8 相同，差别仅在于不同的芯片的存储容量的大小不同，因而使用高 8 位地址的 P_2 端口线的根数各不相同。扩展 2KB 的 EPROM 2X16 时，只需使用 $A_8 \sim A_{10}$ 3 条高位地址线，而扩展 2X64(8KB)或 2X128(16KB)时，分别需要 5 条($A_8 \sim A_{12}$)和 6 条($A_8 \sim A_{13}$)高位地址线。

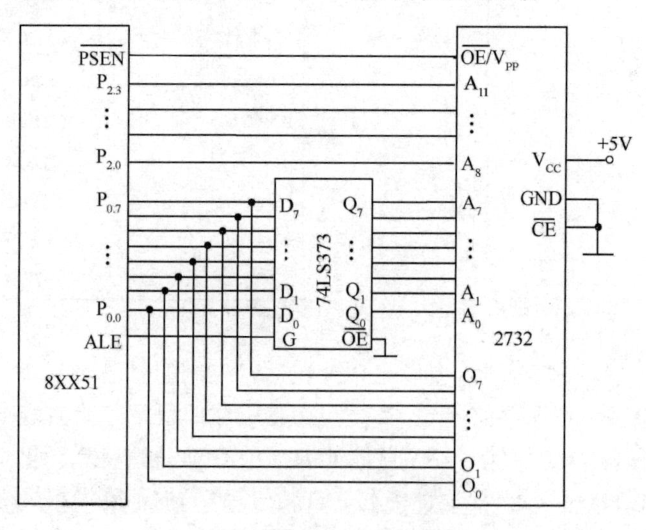

(a) 扩展 EPROM 2732 的电路

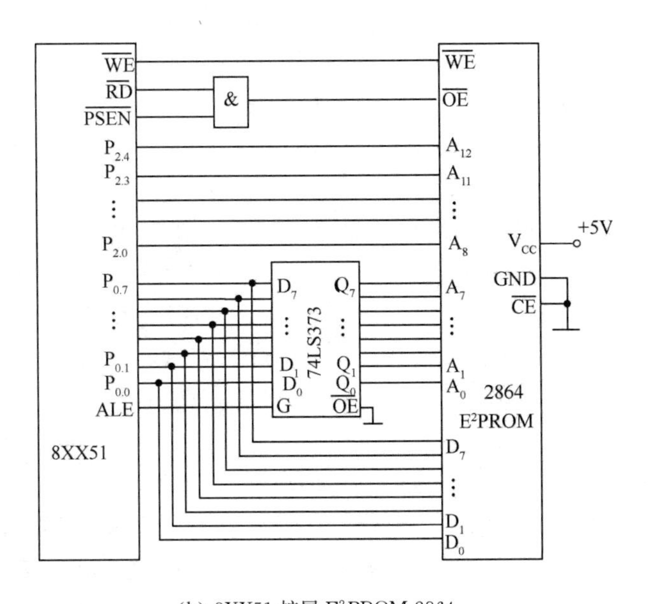

(b) 8XX51 扩展 E^2PROM 2864

图 9-11　8XX51 扩展程序存储器

2. **Flash 存储器(闪速存储器)**

Flash 存储器又称闪速存储器或 PEROM(Programmable Erasable ROM),它是在 EPROM 工艺的基础上增添了芯片整体电擦除和可再编程功能,使其成为容量大、性价比高、可靠性高、快擦写、非易失的 E^2PROM 存储器(后面简称 Flash)。其主要性能特点为:

① 高速芯片整体擦除。Flash 为电擦除,在同一系统或同一编程器的插座上即可完成擦除。

② 高速编程、高速的存储访问。

③ 可重复擦写/编程 10000 次。

④ 很多 Flash 内部集成有 DC/DC 变换器,使读、擦除、编程使用单一电压(根据不同型号,有的是单一+5V,也有的是单一+3V 低压),从而使在系统编程(ISP)成为可能。

⑤ 低功耗、集成度高、价格低、可靠性高,优于普通 E^2PROM。

由于以上优点,市场应用越来越广,有的厂家将 MCU,DMA 及数兆字节的 Flash 集成在一片小卡上,称为"Compact Flash Card",简称 CF 卡。现在闪速存储卡(简称闪卡)已取代了光盘和硬盘,广泛应用于手机、数码相机、GPS 等设备上。闪卡的存储容量已达到或超过 32GB,成为体积小、容量大的移动存储设备。

Flash 存储器是 E^2PROM 的改进,单片机外部扩展 Flash 方法和 E^2PROM 一样。单片机外扩的 Flash 既可以作为数据存储器存放需周期性更改的数据,也可作为程序存储器,由于它的扇区写特点,也可以使其中的一部分作为数据存储器而另一部分作为程序存储器。AT29C256 是 Atmel 公司生产的容量为 32K×8 位 Flash EPROM,与单片机的连接电路同图 9-11,不同的是,因存储容量大,需增加单片机的 $P_{2.5}$ 和 $P_{2.6}$ 与 AT29C256 的 A_{13}、A_{14} 相连。

3. **相变存储器 PCM**

相变存储器 PCM(Phase Change Memory),也有称 PCRAM,是近年来新出现的一种非易失存储设备。它是利用硫族化合物在晶态和非晶态时巨大的导电性差异来存储数据的。

同一物质可以有固态、液态、气态,这些状态都称为相。相变存储器便是利用特殊材料(含锗、锑、碲的合成材料)在不同相(晶态和非晶态)时的电阻不同存储信息的。

晶态(低阻)和非晶态(高阻)分别对应着逻辑数值"1"和"0",利用电脉冲可以使材料在晶态和非晶态之间相互转换，实现信息的写入与擦除，然后通过流经器件电流的大小来识别数据存储状态。

如同RAM或E^2PROM，PCM可变的最小单元是1位。闪存在改变存储的信息时要求先行擦除，而改变相变存储器中存储的信息无须单独的擦除，可直接由"1"变为"0"或由"0"变为"1"。因此它优于闪存，可以用它代替闪存。

RAM需要稳定的供电来维持信号，DRAM需配备刷新电路定时为它充电保持信息，而PCM是利用硫族化合物在晶态和非晶态导电性的差异来存储数据的，没有电脉冲，它的相就不会改变，因此，它具备非易失性；而且随机存取速度快，不像硬盘那样需先将程序拷贝到RAM后才能执行，PCM中的程序可以直接执行，因此它可以代替DRAM，成为计算机主机的主存。

相变存储器如闪存一样是非易失性的存储器，也无须机械读盘设备，因此它优于硬盘，可以用它取代硬盘。

相变存储器的存储容量远远大于目前的高端硬盘，且体积小，与现有传统硬盘相比，相变存储器的执行速度快1000倍，耐久性多1万倍；耐用性数千至百万倍于闪存，编程速度比闪存快很多，因此，这一新技术被认为会带来一个颠覆性的存储新时代。相变存储器集闪存、RAM和E^2PROM三大存储器的优点于一身，必定会在嵌入式系统中大显身手。

实际上，相变存储技术已有30多年的研发历史，但是直到最近几年，由于快速结晶材料的发现才开始迈入商业化阶段。目前，全球只有Intel、三星、美光等国外厂商拥有商品化的相变存储器产品，三星已研制出最大容量为512MB的PCRAM试验芯片，并投入量产，在手机存储卡中开始应用。宁波时代全芯科技公司自主研发了55nm相变存储芯片，让我国首次闯入了由外国厂商垄断的相变存储市场。

9.3 数据存储器的扩展

51单片机内只有128B的数据RAM，应用中需要更多的RAM时，只能在片外扩展。可扩展的最大容量为64KB。RAM有DRAM(动态存储器)和SRAM(静态存储器)，动态存储器需定时刷新(充电)，单片机中不采用，SRAM扩展电路简单，单片机RAM存储器的扩展多采用SRAM。

图9-12所示为单片机对片外RAM进行读写操作的时序。

当执行指令MOVX　A,@Ri或MOVX　A,@DPTR时，进入外部数据RAM的读周期。读操作的时序如图9-12所示，读数据RAM的操作涉及ALE、$\overline{RD}$、P_2和P_0。因$\overline{PSEN}$只用于取程序存储器指令，所以在读/写外部数据RAM时处于无效状态(高电平)。在ALE的上升沿①，把外部程序存储器的指令读入后就开始了对片外RAM的读过程；ALE高电平②期间，在P_0处于高阻三态后，P_2口输出外部数据RAM的高8位地址A_{15}～A_8；在ALE下降沿③，P_0端口输出低8位地址A_7～A_0；随后P_0又进入高阻三态③，在$\overline{RD}$信号④有效后，P_0处于输入状态⑤，以读入外部RAM的数据。

当执行MOVX　@Ri,A或MOVX　@DPTR,A指令时，进入外部数据RAM的写周期。图9-13为写外部RAM的操作时序，与读外部RAM的差别在于：其一，$\overline{WR}$代替$\overline{RD}$有效，以表明这是写数据RAM的操作；其二，在P_0输出低8位地址A_0～A_7后，P_0立即处于输出状态，提供要写入外部RAM的数据，供外部RAM取走。

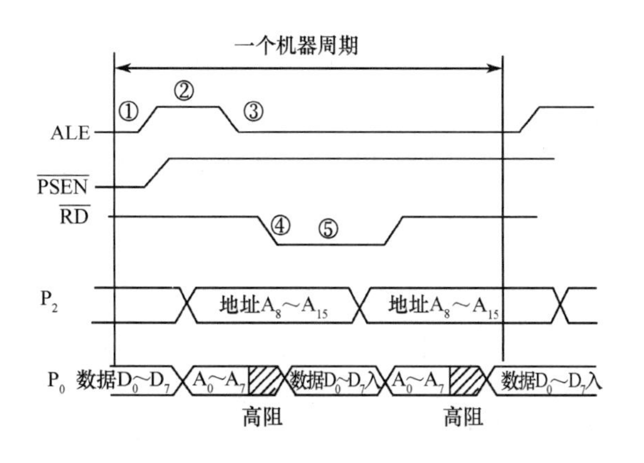

图 9-12 外部数据 RAM 的读周期

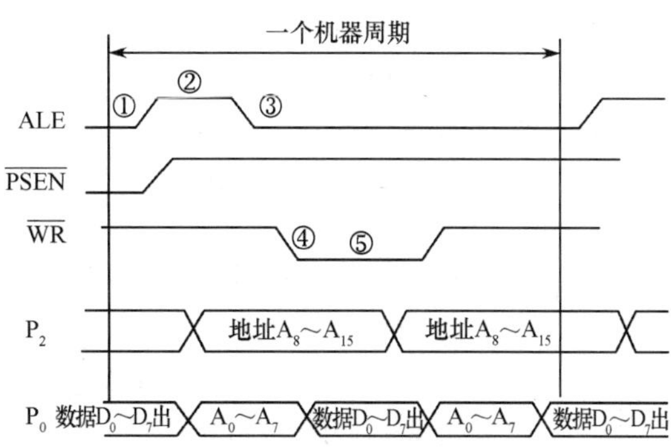

图 9-13 外部数据 RAM 的写周期

由以上时序分析可见，访问外部数据 RAM 的操作与从外部程序存储器取指令的过程基本相同，只是前者有读有写，而后者只有读而无写；前者用$\overline{RD}$或$\overline{WR}$选通，而后者用$\overline{PSEN}$选通；前者一个机器周期中，ALE 两次有效，后者则只有一次有效。因此，不难得出 51 单片机和外部 RAM 的连接方法。

8XX51 单片机扩展 8KB 静态 RAM 6264 的电路如图 9-14 所示。

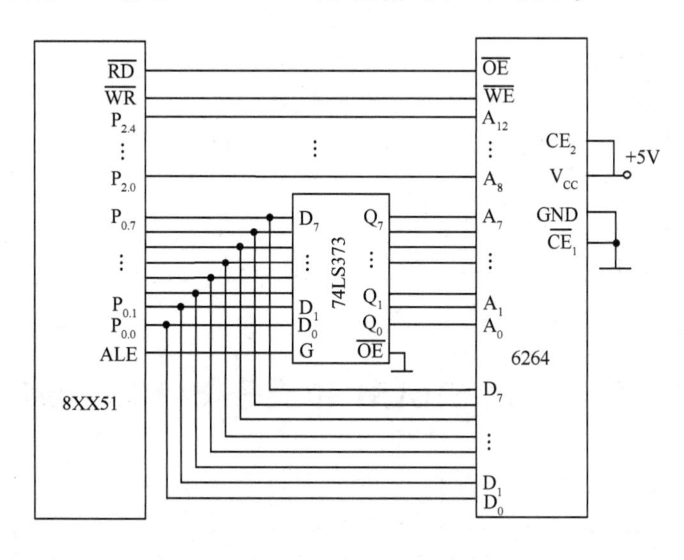

图 9-14 8XX51 单片机扩展 6264 外部数据 RAM 的电路

由图 9-14 可见，由 ALE 把 P_0 端口输出的低 8 位地址 A_0～A_7 锁存在 74LS373，P_2 端口的 $P_{2.0}$～$P_{2.4}$直接输出高 5 位地址 A_8～A_{12}，由于单片机的$\overline{RD}$和$\overline{WR}$分别与 6264 的输出允许$\overline{OE}$和写信号$\overline{WE}$相连，执行读操作指令时，$\overline{RD}$使$\overline{OE}$有效，6264 RAM 中指定地址单元的数据经 D_0～D_7 从 P_0 口读入。执行写操作指令时，$\overline{WR}$使$\overline{WE}$有效，由 P_0 口提供的要写入 RAM 的数据经 D_0～D_7 写入 6264 的指定地址单元中。

单片机 8XX51 读写外部数据 RAM 的操作使用 MOVX 指令，用 Ri(i=0,1)间址或用 DPTR 间址。例如，将外部数据 RAM 1050H 地址单元中的内容读入 A 累加器，可有如下两种程序。

第一种：

```
        MOV   P2,#10H        ;端口提供高 8 位地址
        MOV   R1,#50H        ;R1 提供低 8 位地址
```

```
        MOVX   A,@R1
第二种：  MOV   DPTR,#1050H
        MOVX   A,@DPTR    ;DPTR 提供 16 位地址
```

同样地，要把 A 累加器中内容写入外部数据 RAM 1050H 地址单元中，其程序可为：

```
第一种：  MOV   P2,#10H
        MOV   R1,#50H
        MOVX   @R1,A
第二种：  MOV   DPTR,#1050H
        MOVX   @DPTR,A
```

在 C51 中完成上述操作可以使用指向外部数据存储器的指针进行，也可以用以下语句操作：

```
#include <reg51.h>
#include <absacc.h>
   ……
ACC= XBATE[0x1050]; /* 外部数据 RAM 1050H 地址单元中的内容读入 A 累加器 */
   ……
XBATE[0x1050]= ACC; /* A 累加器内容写入外部数据 RAM 1050H 地址单元中 */
```

51 单片机中的数据存储器和程序存储器在逻辑上是严格分开的，在实际设计和开发单片机系统时，程序若存放在 RAM 中，可方便调试和修改，为此需将程序存储器和数据存储器混合使用，只要在硬件上将 $\overline{RD}$ 信号和 $\overline{PSEN}$ 相“与”后连到 RAM 的读选通端 $\overline{OE}$ 即可以实现，如图 9-15 所示。这样当执行 MOVX 指令时，产生 $\overline{RD}$ 读选通信号使 $\overline{OE}$ 有效，当执行该 RAM 中的程序时，由 $\overline{PSEN}$ 信号也使 $\overline{OE}$ 有效，选通 RAM，读出其中的机器码。

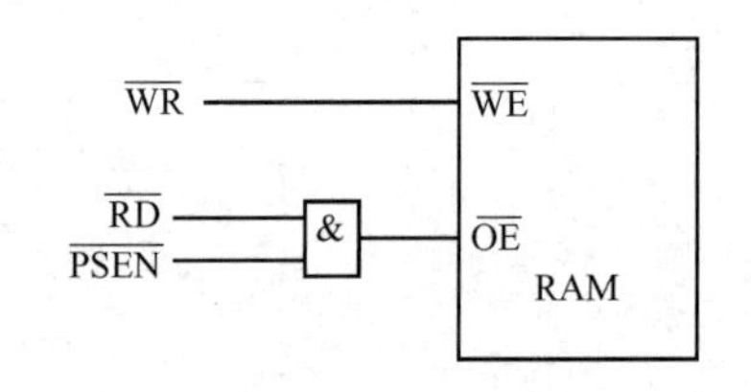

图 9-15　混合的读选通信号

*9.4　同时扩展 SRAM 和大于 64KB Flash 的例子

51 单片机的地址总线为 16 根，只有 64KB 的寻址能力，如果扩展的存储器大于 64KB，多于 16 根的地址线就需要通过其他的端口或另用逻辑电路解决。

如图 9-16 所示，在 89C51（或 89S51）上扩展一片 6264（8K×8 SRAM）和一片 29C040（512K×8 Flash）。图中 29C040 既做数据存储器又做程序存储器，因为 29C040 和 6264 均使用 $\overline{RD}$ 控制信号，地址不能重合，以 74LS138 做地址译码，以 $P_{2.7}$、$P_{2.6}$、$P_{2.5}$ 做译码器的输入，以译码器 Y_1 输出接 6264 的片选，以译码器 Y_2 输出接 29C040 的片选，29C040 有 19 根地址线，片内的 512KB 单元地址应为 00000～7FFFFH。图中用 A_0～A_{18} 中的 A_{12}～A_0 接单片机的地址线 A_{12}～A_0，29C040 的 A_{13}～A_{18} 分别接 $P_{1.0}$～$P_{1.5}$，而片选接译码器的 Y_2，因此 29C040 的一个单元的地址应由这 3 部分组成。A_{12}～A_0 决定 29C040 的页内地址，$P_{1.0}$～$P_{1.5}$ 决定 29C040 的页地址，共有 2^6 页，即 512KB 单元分为 64 页，每页 8KB，且要保证该片选中，$P_{2.7}P_{2.6}P_{2.5}$=010，由此排出 29C040 的页内地址，仅当 $P_{2.7}P_{2.6}P_{2.5}$=001 时选中 6264，排表如下：

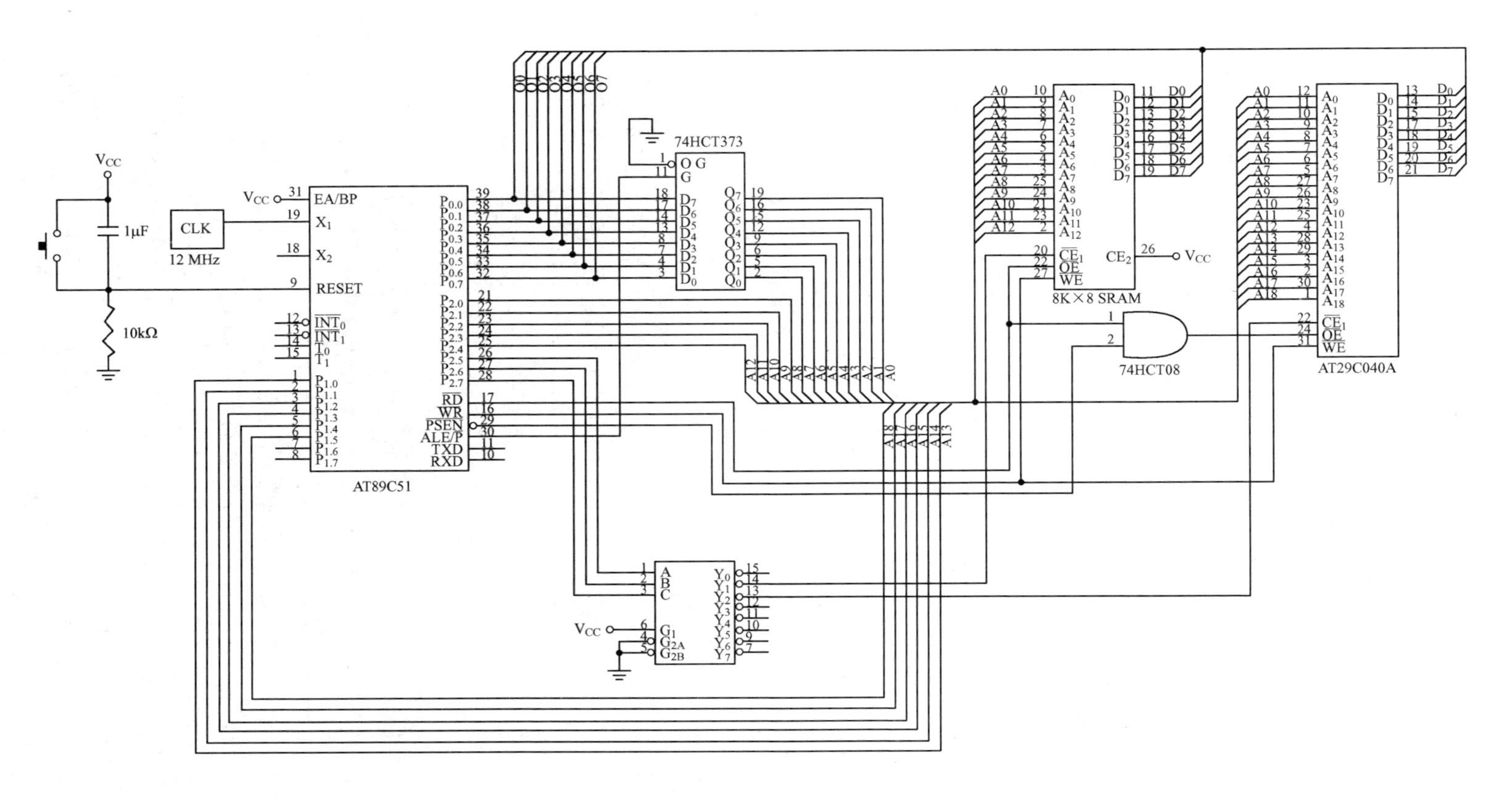

图9-16　在89C51扩展上一片6264和一片29C040的电路图

C	B	A															
$P_{2.7}$	$P_{2.6}$	$P_{2.5}$	$P_{2.4}$	$P_{2.3}$	$P_{2.2}$	$P_{2.1}$	$P_{2.0}$										
A_{15}	A_{14}	A_{13}	A_{12}	A_{11}	A_{10}	A_9	A_8	A_7	A_6	A_5	A_4	A_3	A_2	A_1	A_0		
0	0	1	0	0	0	0	0	0	0	0	0	0	0	0	0	2000H	6264 SRAM
0	0	1	1	1	1	1	1	1	1	1	1	1	1	1	1	3FFFH	
0	1	0	0	0	0	0	0	0	0	0	0	0	0	0	0	4000H	29C040 Flash
0	1	0	1	1	1	1	1	1	1	1	1	1	1	1	1	5FFFH	

例如,将 00000H 单元内容读出送 R1,将 68001H 单元内容读出送 R0,语句如下:

```
MOV   P1,#0                      ;选页地址
MOV   DPTR,#4000H                ;选页内地址 0000H
MOVX  A,@DPTR
MOV   R1,A                       ;将 00000H 单元内容读出送 R1
MOV   P1,#34H                    ;选页地址
MOV   DPTR,#4001H                ;选页内地址 0001H
MOVX  A,@DPTR
MOV   R0,A                       ;将 68001H 单元内容读出送 R0
```

例如,将 AAH 写入 05555H 单元,55H 写入 02AAAH 单元,语句如下:

```
MOV   P1,05                      ;选页地址
MOV   DPTR,#4555H                ;选页内地址
MOV   A,#0AAH
MOVX  @DPTR,A                    ;将 AAH 写入 05555H 单元
MOV   P1,02
MOV   DPTR,#4AAAH
MOV   A,#055H
MOVX  @DPTR,A                    ;55H 写入 02AAAH 单元
```

注:上述的写只是将数据送入了 29C040 的内部数据缓冲区,并没有烧录进单元阵列,如要烧录,参考有关资料。

9.5 并行 I/O 接口的扩展

8XX51 单片机共有 4 个 8 位并行 I/O 口 P_0~P_3,当需要外部扩展存储器或 I/O 口时,P_0 和 P_2 口作为数据和地址总线使用,因而提供给用户的 I/O 口就只有 P_1 口或 P_3 口的部分口线,当所接的外设较多时,就必须扩展 I/O 接口。

8XX51 单片机扩展的 I/O 口和外部数据存储器统一编址,采用相同的控制信号、相同的寻址方式和相同的指令,因此,扩展方法和外部数据存储器相同。

扩展并行 I/O 口所用的芯片有可编程芯片(如 8255、8155,等)和通用 TTL、CMOS 锁存器、缓冲器(如 74LS273,74LS377,74LS244,74LS245 等)。所谓可编程接口(芯片)是指接口内部除了有通用接口的数据缓冲器、锁存器外,还有用于控制接口工作方式的控制寄存器,在利用接口进行数据传送之前要先对其进行设置,称为写控制字或称为初始化。显然,通用接口价格低于可编程接口,用户可根据系统的需要予以选择。

9.5.1 通用锁存器、缓冲器的扩展

通用锁存器、缓冲器完成数据的传送,没有和计算机接口的地址和控制线引脚,需要用逻辑

门电路引进地址和控制线，以实现对它们的编地址和实现对数据输入和输出的控制，如图 9-17 所示为形成 I/O 读和写的电路。

74LS244 是常用的输入接口，内部有两个 4 位三态缓冲器，一个是 $1A_1$～$1A_4$（输入端），$1Y_1$～$1Y_4$（输出端），$\overline{1G}$（输出允许端），另一个是 $2A_1$～$2A_4$（输入端），$2Y_1$～$2Y_4$（输出端），$\overline{2G}$（输出允许端），将$\overline{1G}$，$\overline{2G}$短接，并用同一个信号控制，可作为一个 8 位的输入接口接输入设备。

74LS273 是一个 8D 触发器，CLK 为时钟端，在该引脚出现脉冲上升沿时，输入端 1D～8D 的数据信号被传送到输出端 1Q～8Q，当无脉冲上升沿时，输出端 1Q～8Q 维持不变，可作为输出接口锁存数据。

图 9-18 所示为 8XX51 扩展一个输入接口 74LS244 和一个输出接口 74LS273 的电路。图中 74LS244 的选通信号由$\overline{RD}$和 $P_{2.0}$ 相或产生，当执行读该片的指令 MOVX　A，@DPTR 时，$\overline{RD}$有效，打开三态门，把输入设备的数据通过 74LS244 读入 8XX51。74LS273 的选通信号由$\overline{WR}$和 $P_{2.0}$ 相或产生，当执行对该片的写指令 MOVX　@DPTR，A 时，$\overline{WR}$和 $P_{2.0}$ 有效，使 8XX51 的数据通过 74LS273 输出到输出设备。8XX51 内部有 ROM/EPROM，不用扩展外部程序存储器，P_0 口作为双向数据线使用。它们使用同一根地址线，因此具有相同的地址 FEFFH（只有保证 $P_{2.0}$ ＝0，其他地址位无关紧要），由于它们使用不同的控制信号（一个为$\overline{RD}$，另一个为$\overline{WR}$），不会发生数据传送错误。

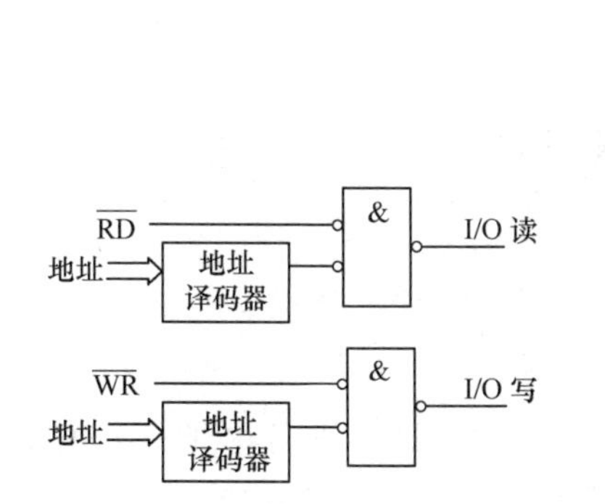

图 9-17　I/O 读、写信号产生的电路

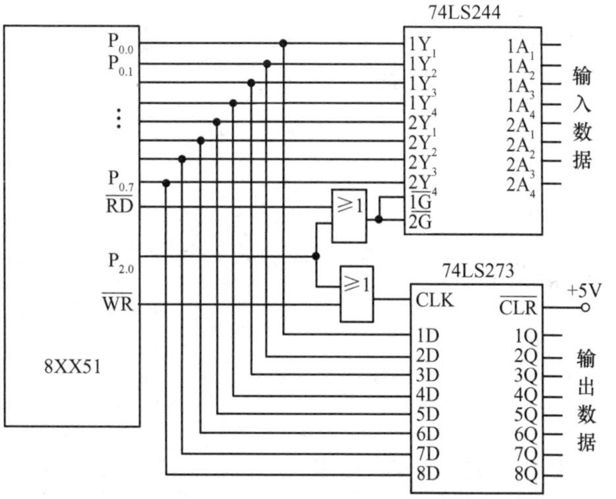

图 9-18　8XX51 扩展 74LS244 和 74LS273

【例 9-3】 将 74LS244 的输入数据从 74LS273 输出。

使用汇编语言指令：

```
MOV   DPTR,#0FEFFH     ;DPTR 指向扩展 I/O 地址
MOVX  A,@DPTR          ;从 74LS244 读入数据
MOVX  @DPTR,A          ;向 74LS273 输出数据
```

C 语言实现如下：

```
#include <reg51.h>
#include <absacc.h>
main(){
ACC= XBATE[0xfeff];
XBATE[0xfeff] = ACC;
}
```

9.5.2　可编程并行接口芯片的扩展

可编程并行接口芯片是专为和计算机接口而制作的，它有和计算机接口的三总线引脚，与

CPU 或 MCU 连接非常方便。下面以 8255 为例进行介绍，对其他各种可编程外围接口芯片的接口电路设计和工作方式的理解都是有益的。

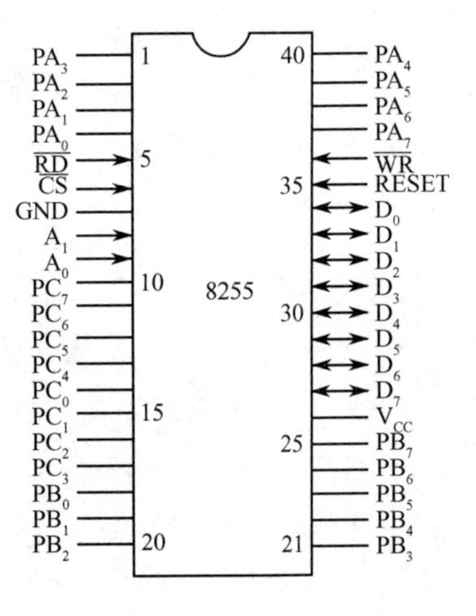

图 9-19 8255 的引脚

8255 是一个可编程并行接口芯片，其引脚如图 9-19 所示。

1. 8255 主要性能

① 有一个 8 位控制口和 3 个 8 位数据口 A 口(PA)、B 口(PB)和 C 口(PC)。其中，控制口用于写控制字，控制各数据口的工作方式和数据传送方向；数据口用于外设与 CPU 或单片机进行数据通信，其中，C 口可作为两个独立的 4 位接口。各口地址由 A_1、A_0 决定。

② 有 3 种工作方式：方式 0、方式 1 和方式 2。

2. 8255 的引脚

(1) 与 CPU 接口的引脚

8255 与 CPU 接口的引脚有数据线 D_0～D_7、读控制线 $\overline{RD}$、写控制线 $\overline{WR}$、RESET(高电平复位)、地址线 A_1、A_0。当 A_1A_0 分别为 00、01、10、11 时，对应选择 A 口、B 口、C 口和控制口。

(2) 和外设相连的引脚

PA(A 口)、PB (B 口)和 PC (C 口)，它们各为 8 根。

3. 8255 的控制寄存器

8255 的控制字有两个：工作方式控制字和 C 口置位/复位控制字，**两个控制字均应写入控制口。**

(1) 工作方式控制字

8255 的工作方式控制字决定了 3 个口的工作方式及数据的传送方向。其格式为：

D_7	D_6	D_5	D_4	D_3	D_2	D_1	D_0
1 标志	A 口方式		A 口 I/O	$C_{7\sim4}$ I/O	B 口 方式	B 口 I/O	$C_{3\sim0}$ I/O

1/0

其中 I/O 表示输入/输出，选择输入时填入 1，选择输出时填入 0，D_6D_5 两位选择 A 口的工作方式，D_6D_5 为 00、01 和 10 时，分别选择方式 0、方式 1、方式 2。

【例 9-4】 设 8255 的口地址为 80H～83H，将 A 口设定为方式 0 输入，B 口为方式 0 输出，C 口为方式 0 输出，写出控制字。

分析 根据上面控制字格式，对应位填写 1 或 0：1 0 0 1 0 0 0 0，即控制字 90H，且控制字只能写入控制口，按口地址的规定 A_1A_0 为 11 时选择控制口，控制口的地址必为 80～83H 中的 83H。

用汇编语言设定：

```
MOV   A,#90H
MOV   DPTR,#0083H        ;指向控制口
MOVX  @DPTR,A            ;写入控制口
```

用 C 语言设定：

```
#include<absacc.h>
……
XBATE[0x0083]=0x90;/*控制字写入控制口*/
```

【例 9-5】 设定 8255 的 A 口为方式 1 输出，B 口为方式 0 输入，C 口不用。已知 8255 的地址为 128H～12BH。

分析 控制字为 10100010B，即 A2H，控制口地址必为 12BH，按上面相同的方法写入。

（2）C口置位/复位控制字

8255的C口置位/复位控制字是使C口指定位输出“1”或输出“0”，此控制字使8255具有位控制功能，控制字格式见表9-4。**注意：在写C口置位/复位控制字之前，必须先写工作方式控制字。**

表9-4　8255的CD置位/复位控制字

0	D_6	D_5	D_4	D_3	D_2	D_1	D_0
标志位	不用 （一般置0）			C口的位选择 000=C口位0 001=C口位1 …… 111=C口位7			1=置位 0=复位

例如，使PC_3位输出“1”，控制字为0000 0111B(07H)，如果8255的控制口地址为EFFFH，汇编语言和C语言编程如下：

```
MOV   DPTR,#0EFFFH   ;指向控制口
MOV   A,#80H  ;先写工作方式控制字
MOVX   @DPTR,A
MOV   A,#07H      ;使PC3位输出“1”
MOVX   @DPTR,A
```

```
#include<absacc.h>
……
XBATE[0xefff]=0x80;   /*写方式控制字*/
XBATE[0xefff]=0x07;   /*PC3位输出1*/
……
```

4. 8255的工作方式

（1）8255的3种工作方式

方式0：基本方式，无须联络信号，写了控制字后，直接对数据口输入或输出即可。

方式1：选通方式，需要联络信号进行查询、应答和产生中断，仅A口和B口具有此方式，此时C口高4位为A口的联络线，低4位为B口的联络线。

方式2：双向方式，仅A口有，此时A口既可作为输入接口，又可作为输出接口使用，此时输入和输出各使用一套联络线。

（2）8255的联络信号

A口、B口方式1联络信号见表9-5，A口工作于方式2时，表9-5中的输入和输出联络信号均需使用。

表9-5　8255方式1、2的联络信号

	输　入	输　出
B口	PC_0—INTR中断请求	PC_0—INTR中断请求
	PC_1—IBF输入缓冲器满	PC_1—$\overline{OBF}$输出缓冲器满
	PC_2—$\overline{STB}$选通脉冲(也是中断允许位)	PC_2—$\overline{ACK}$选通脉冲(也是中断允许位)
A口	PC_3—INTR中断请求	PC_3—INTR中断请求
	PC_4—$\overline{STB}$选通脉冲(也是中断允许位)	PC_6—$\overline{ACK}$选通脉冲(也是中断允许位)
	PC_5—IBF输入缓冲器满	PC_7—$\overline{OBF}$输出缓冲器满

说明：①上有横线的为低电平有效；②当8255工作于中断方式时，必须将表中的中断允许位置1，8255才能发出中断请求，置1的方式是用C口置位/复位控制字完成的。

联络信号用于查询、应答和产生中断，所以查询方式和中断方式必须选择工作方式1或2。

① 以8255 A口作为输入接口，采用方式1的电路框图和联络信号的时序如图9-20所示。

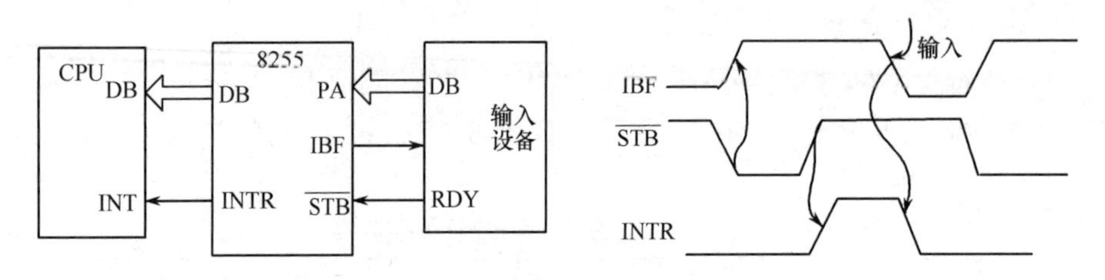

图 9-20　输入接口的电路框图和输入接口的联络信号的时序

方式 1 输入操作的工作过程如下(参看时序图):

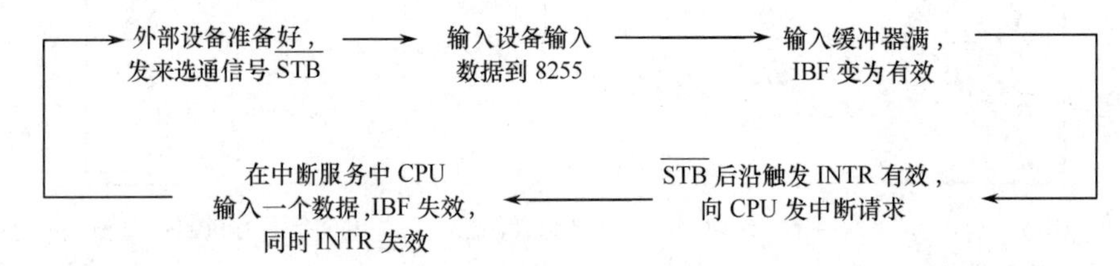

② 以 8255 A 口作为输出接口,采用方式 1 的电路框图和联络信号的时序如图 9-21 所示。

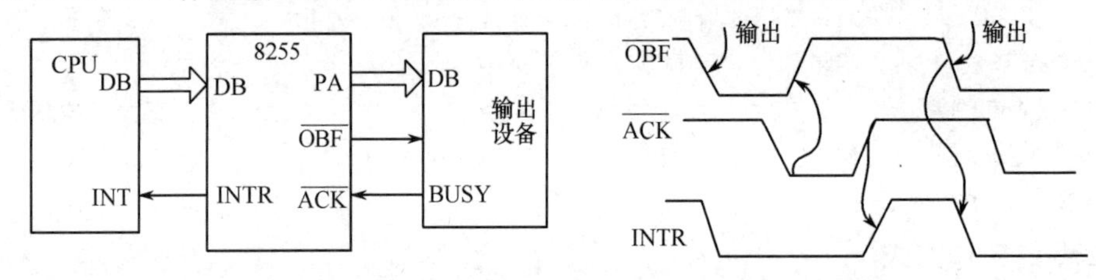

图 9-21　输出接口的电路框图和输出接口的联络信号的时序

方式 1 输出操作的工作过程如下(参看时序图):

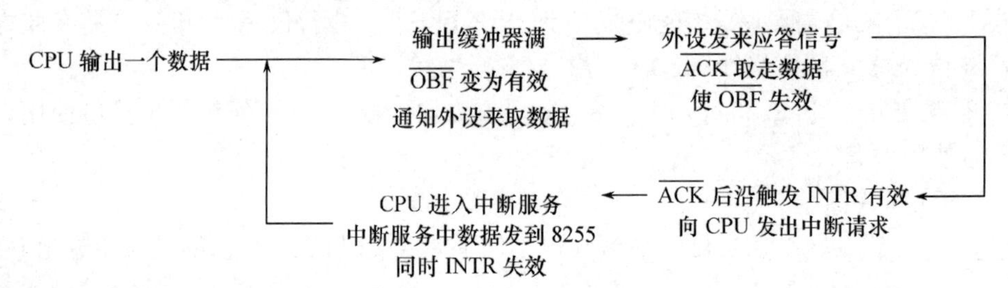

由上述分析可见:

① 查询方式输出查$\overline{OBF}$,只有在输出缓冲器空($\overline{OBF}$=1),CPU 才能再输出一个数据;查询方式输入查 IBF,只有在输入缓冲器满(IBF=1),CPU 才能输入一个数据。

② 当 8255 工作于中断方式时,要允许 8255 中断,8255 才能发出中断请求,这就要先将中断允许位置 1。

③ 8255 中断请求信号的产生依靠$\overline{STB}$或$\overline{ACK}$,如果外设不能提供,应设计能产生此负脉冲的电路。

5. 8255 和单片机的连接和应用举例

8255 和单片机的连接很简单,只需两者的数据线、$\overline{RD}$、$\overline{WR}$对接,地址线和片选线接单片机的地址线即可。外部设备根据需要接 PA、PB 或 PC 线。

【例 9-6】　图 9-22 所示为一个用 8XX51 扩展 1 片 8255 的电路,8255 的 A 口接输出设备(8 个发光二极管)、B 口接输入设备(8 个开关)、PC 口不用,均采用方式 0,将 8255 B 口输入的开关置的数据从 A 口输出,要求开关合上的对应 LED 亮。编出程序段。

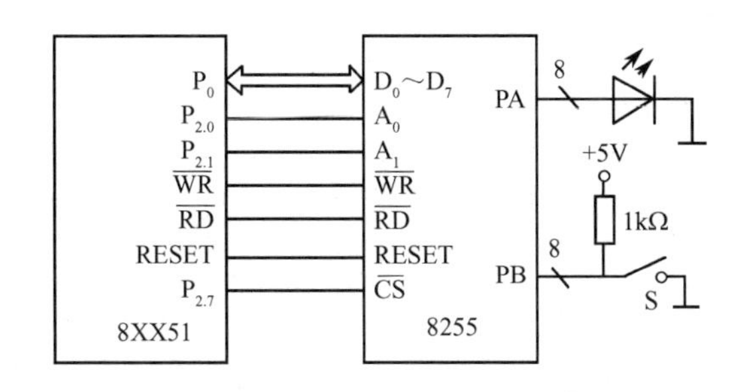

图 9-22　8255 和单片机的连接电路

分析　由图可知，$P_{2.7}=0$ 选中该 8255，A_1A_0（$P_{2.1}$ $P_{2.0}$）为 00，01 对应 A 口和 B 口、为 11 时对应控制口。其余地址位写 1，A 口、B 口、控制口地址分别为 7CFFH、7DFFH、7FFFH。

设定 A 口方式 0 输出，B 口方式 0 输入，控制字 10000010B=82H，编程如下：

```
MOV   DPTR,#7FFFH        ;DPTR 指向控制口
MOV   A,82H
MOVX   @DPTR, A          ; 控制字写入控制口
MOV   DPTR,#7DFFH        ;DPTR 指向 B 口
MOVX   A, @DPTR          ;从 B 口输入数据
CPL   A                  ;开关合上的对应 LED 亮
DEC   DPL                ;DPTR 指向 A 口
MOVX   @DPTR, A          ;从 A 口输出
SJMP    $
```

用 C 语言编程：

```
#include<absacc.h>
#include<reg51.h>
#define   COM8255   XBYTE[0x7fff]
#define   PA8255   XBYTE[0x7cff]
#define   PB8255   XBYTE[0x7dff]
main( )
{
unsigned char   a;
COM8255=0x82;              /*  写方式控制 */
a=PB8255;                  /* B 口输入 */
a=~a;                      /* 为使开关合上的对应 LED 亮，输入量取反 */
PA8255=a;                  /* A 口输出 */
}
```

9.6　存储器和 I/O 口综合扩展电路

图 9-23 所示为一个用 8XX51 扩展 1 片 2732（4K×8 位 EPROM）、2 片 6116（2K×8 位 SRAM）和 1 片 8255 的电路，8255 的 PA、PB 和 PC 可以接输入/输出设备。

图 9-23 中采用线选法，$P_{2.4}$ 为 6116(1)片选，$P_{2.5}$ 为 6116(2) 片选，$P_{2.6}$ 为 8255 的片选，而 2732 仅一片，片选端接地。由于复位时 PC 为 0，因此，2732 作为程序存储器地址必须从 0 开始。

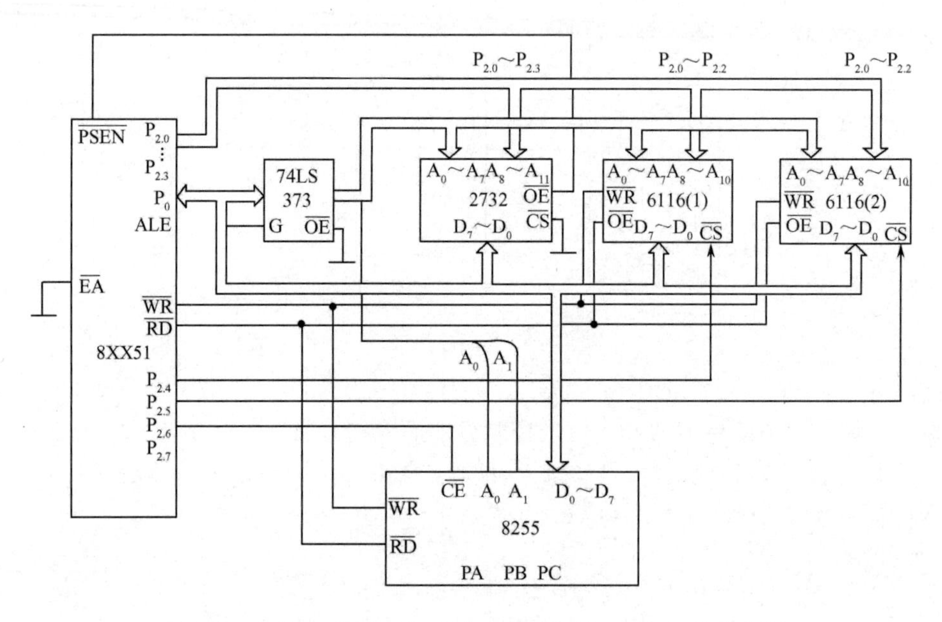

图 9-23　8XX51 扩展 1 片 2732、2 片 6116 和 1 片 8255 的电路

各片的地址范围如下：

$P_{2.7}$	$P_{2.6}$	$P_{2.5}$	$P_{2.4}$														
A_{15}	A_{14}	A_{13}	A_{12}	A_{11}	A_{10}	A_9	A_8	A_7	A_6	A_5	A_4	A_3	A_2	A_1	A_0		
0	0	0	0	×	×	×	×	×	×	×	×	×	×	×	×	0000H～0FFFH	2732
1	1	1	0	1	×	×	×	×	×	×	×	×	×	×	×	E800H～EFFFH	6116(1)
1	1	0	1	1	×	×	×	×	×	×	×	×	×	×	×	D800H～DFFFH	6116(2)
1	0	1	1	1	1	1	1	1	1	1	1	1	1	×	×	BFFCH～BFFFH	8255

8255 的 A 口、B 口、C 口的地址分别为 BFFCH、BFFDH、BFFEH，控制口地址为 BFFFH。

＊9.7　扩展多功能接口芯片 8155

在完成系统功能的前提下，单片机系统采用尽量少的芯片是大有好处的，因为系统中每一个元件、芯片都会影响系统的速度、功能和可靠性，并有噪声干扰，从而影响整机性能。8155 片内具有 256B 的静态 RAM、2 个 8 位和 1 个 6 位的可编程并行 I/O 端口、1 个 14 位的有多种工作方式的减法计数器，以及 1 个地址锁存器。8XX51 单片机外接一片 8155 后，就综合地扩展数据 RAM、I/O 端口和定时/计数器。

1. 8155 的内部结构框图及芯片引脚配置

8155 的内部结构框图及芯片引脚配置如图 9-24(a)所示。图中，$AD_0\sim AD_7$ 为三态地址/数据线，可以用来与 8XX51 单片机的总线直接相连。由于 8155 片内有地址锁存器，由总线送来的地址信号在地址锁存允许信号 ALE 下降沿予以锁存。$IO/\overline{M}$为端口/存储器选择信号，当 $IO/\overline{M}$为低时，选中片内 RAM；$\overline{RD}$和$\overline{WR}$是用来读写片内 RAM 和实现数据由 I/O 端口输入/输出的操作信号，TIMER IN 为片内定时/计数器的输入时钟信号，TIMER OUT 为计数器计满回零后的输出信号，RESET 为复位信号，高电平有效，复位后各端口处于基本输入状态。

8155 的地址分配如图 9-24(b)所示。当 $IO/\overline{M}=1$ 时，片内 I/O 端口及定时/计数器的地址

由 AD_2～AD_0编码决定。当 IO/$\overline{M}$=0 时，选中片内 RAM 00H～FFH 256 个单元。

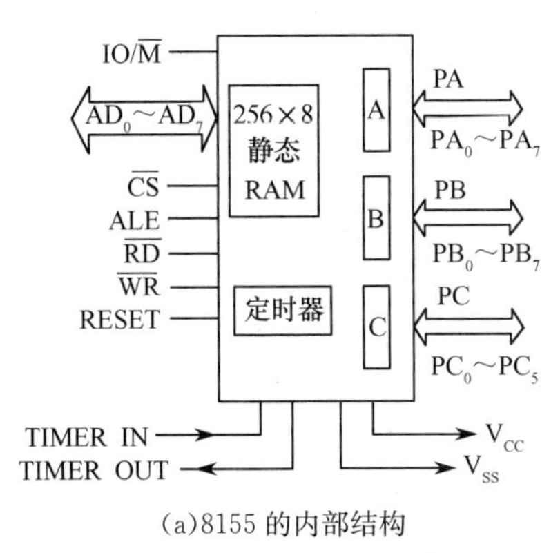

(a)8155 的内部结构

IO/$\overline{M}$	AD_2	AD_1	AD_0	
1 (I/O 口)	0	0	0	命令/状态口
	0	0	1	PA 口
	0	1	0	PB 口
	0	1	1	PC 口
	1	0	0	TIME 低 8 位 TL
	1	0	1	TIME 高 8 位 TH
0 (存储器)	AD_7～AD_0 00H～FFH			内部 RAM

(b)地址分配

图 9-24　8155 的内部结构和地址分配

8155 的 PA 口和 PB 口为 8 位并行 I/O 口，PC 口为 6 位的 I/O 口，通过编程选择输入、输出的工作方式。其中，PA，PB 端口可工作于基本 I/O 方式和选通 I/O 工作方式，PC 只能工作在基本 I/O 方式，当 PA 或 PB 口工作在选通工作方式时，PC 口的部分或全部端口线将用作 PA 或 PB 口的联络信号。

2. 8XX51 和 8155 的连接

8XX51 和 8155 的连接如图 9-25 所示。各地址分配如下：

命令/状态口：7FF0H。

并行口地址：PA 口——7FF1H；PB 口——7FF2H；PC 口——7FF3H。

定时/计数器地址：TL——7FF4H；TH——7FF5H。

RAM 地址：3F00H～3FFFH。

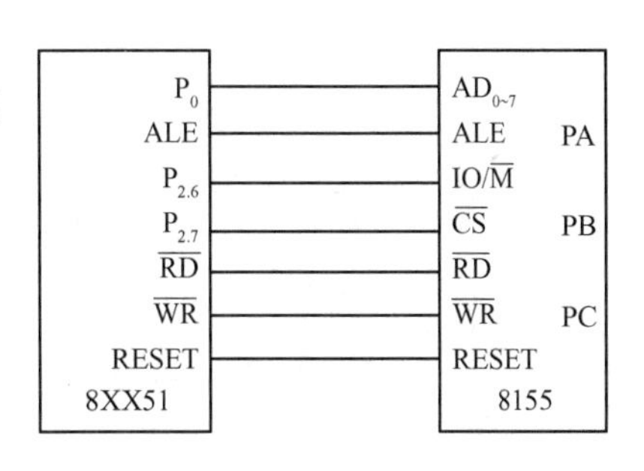

图 9-25　8XX51 和 8155 的连接电路

3. 8155 的命令控制字

8155 的命令控制字包含对定时/计数器、并行口和中断控制，其格式如下：

D_7	D_6	D_5	D_4	D_3	D_2	D_1	D_0
TM_2	TM_1	IE_B	IE_A	PCⅡ	PCⅠ	PB	PA
TIMER 工作方式		B 口中断允/禁	A 口中断允/禁	I/O 端口工作方式		B 口 O/I	A 口 O/I

1/0

PA 和 PB 分别选择 A 口和 B 口是输入还是输出：置“1”选择输出方式；置“0”选择输入方式。

IEA 和 IEB 分别选择 A 口和 B 口表示允许中断还是禁止中断：置“1”选择允许中断；置“0”禁止中断。

PCⅡ和 PCⅠ选择并行口的工作方式：

PCⅡ	PCⅠ	
0	0	PA，PB 基本 I/O 方式，PC 输入方式
1	1	PA，PB 基本 I/O 方式，PC 输出方式
0	1	PB 基本 I/O 方式，PA 选通 I/O 方式，PC_2～PC_0 为 A 口联络信号
1	0	PA，PB 为选通 I/O 方式，PC 为联络信号

当 A 口、B 口工作于选通 I/O 方式时，C 口为联络信号，各位意义如下：

PC_5	PC_4	PC_3	PC_2	PC_1	PC_0
$\overline{STB}_B$	BF_B	$INTR_B$	$\overline{STB}_A$	BF_A	$INTR_A$

其中，$\overline{STB}$为选通信号，BF 为缓冲器满信号，INTR 为中断请求信号。

命令字的 TM_2、TM_1 控制定时/计数器的工作方式：

TM_2	TM_1	
0	0	不影响计数器工作
0	1	停止计数器工作
1	0	计数器回零停止工作
1	1	启动计数器工作

4. 8155 的状态字

8155 的状态字用于查询或检测中断状态，状态字如下：

X	$TIME_B$	$INTE_B$	BF_B	$INTR_B$	$INTE_A$	BF_A	$INTR_A$
不用	计数满/未满	PB 中断允许/禁止	PB 缓冲器满/空	PB 中断有/无	PA 中断允许/禁止	PA 缓冲器满/空	PA 中断有/无

8155 的计数器是一个 14 位减法计数器，计数初值的低 8 位写入 TL，计数初值的高 6 位写入 TH 的低 6 位。TH 的高 2 位为 M_2M_1，决定计数器回零的输出方式，格式如下：

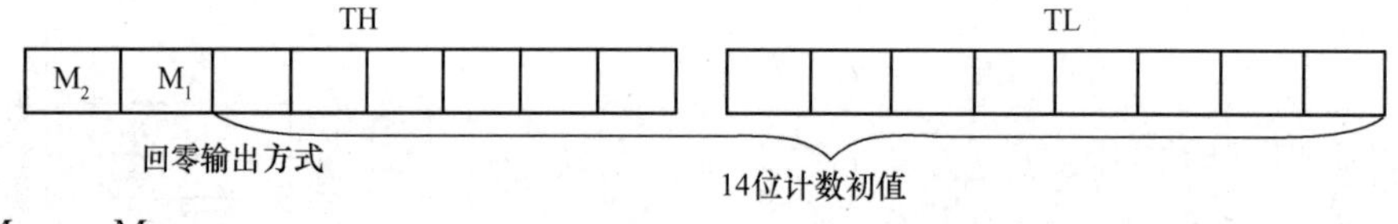

M_2	M_1	
0	0	电平输出，计数期间输出低电平，回零输出高电平
0	1	方波输出，计数长度的前半部分输出高电平，后半部分输出低电平
1	0	单脉冲输出，回零后输出单脉冲
1	1	连续单脉冲输出，计满回零自动重装初值，重复输出单脉冲

当用于计数时，计数初值＝欲计脉冲个数，所计脉冲个数最多不得超过 2^{14}(16384 个)。

当用于定时时，计数初值＝(定时时间)÷(TIME IN 引脚输入脉冲周期)。

有了前面所学的知识，不难编出其应用程序。

【例 9-7】 用 8155 作为 6 位共阴极 LED 显示器接口，PB 口经驱动器 7407 接 LED 的段选，PA_0～PA_5 经反相驱动器 7406 接位选，按从左向右顺序，动态显示"123456"6 个字符。

分析 8155A 口输出数码管位选码，B 口输出数码管字形码，均采用基本方式，命令字为 03。8155 和 8XX51 的接口如图 9-26 所示，以 $P_{2.7}$接片选，以 $P_{2.6}$接 8155 IO/$\overline{M}$端。当 $P_{2.7}$ $P_{2.6}$为 01 时，选中 8155 并行口，各口地址为：A 口，7FF1H；B 口，7FF2H；C 口，7FF3H；命令/状态口，7FF0H。

汇编语言编程如下：

```
        ORG   0000H
        MOV   DPTR,#7FF0H          ;指向控制口
        MOV   A,#03H               ;A 口 B 口均采用基本输出方式
        MOVX  @DPTR,A              ;写控制字
        MOV   DPTR,#7FF1H
        MOV   A,#0
        MOVX  @DPTR,A              ;清显示
```

```
AGAIN: MOV   R0,#0                  ;R0存字形表偏移量
       MOV   R1,#01                 ;R1置数码表位选代码
NEXT:  MOV   DPTR,#7FF1H            ;指向A口
       MOV   A,R1
       MOVX  @DPTR, A               ;从A口输出位选码
       MOV   A, R0
       MOV   DPTR,#TAB              ;置字形表头地址
       MOVC  A, @A+DPTR             ;查字形码表
       MOV   DPTR,#7FF2H            ;指向B口
       MOVX  @DPTR, A               ;从B口输出字形码
       ACALL DAY                    ;延时
       INC   R0                     ;指向下一位字形
       MOV   A,R1
       RL    A                      ;指向下一位
       MOV   R1,A
       CJNE  R1,#40H,NEXT           ;6个数码管显示完?
       SJMP  AGAIN
DAY:   MOV   R6,#50                 ;延时子程序
DL2:   MOV   R7,7DH
DL1:   NOP
       NOP
       DJNZ  R7,DL1
       DJNZ  R6,DL2
       RET
TAB1:  DB  06H,5BH,4FH ,66H,6DH,7DH;"1~6"的字形码
```

C语言编程显示“2468AC”：

```
#include<absacc.h>
#include<reg51.h>
#define uchar unsigned char
#define COM8155     XBYTE[0x7ff0]
#define PA8155      XBYTE[0x7ff1]
#define PB8155      XBYTE[0x7ff2]
#define PC8155      XBYTE[0x7ff3]
uchar idata dis[6]={2,4,6,8,10,12};   /* 存放显示字符2,4,6,8,A,C */
uchar code table[18]={0x3f,0x06,0x5b,0x4f,0x66,0x6d,0x7d,0x07,0x7f,
                      0x6f,0x77,0x7c,0x39,0x5e,0x79,0x71,0x40,0x00};
void display(uchar idata *p)
{
 uchar sel,i,j;
 COM8155=0x03;sel=0x20;             /*送命令字,选最右边的LED*/
 for(i=0;i<6;i++)
  {
  PB8155=table[*p];PA8155=sel;      /*送段码和位码*/
  for(j=400;j>0;j--);               /*延时*/
  p--;                              /*地址指针下移位*/
```

```
        sel=sel≫1;                              /*左移一位*/
      }
    }
  main(){
  display(dis+5)
  }
```

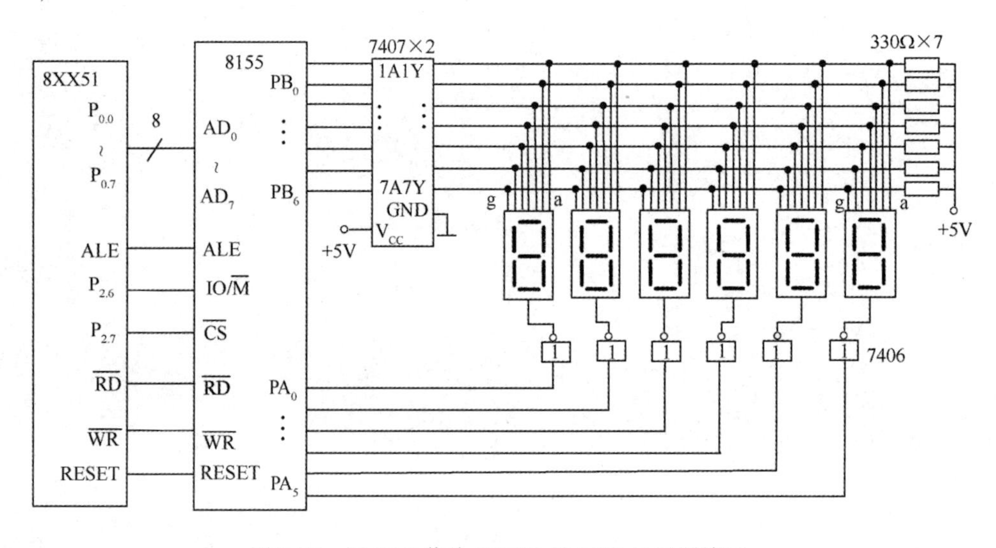

图 9-26　用 8155 作为 8XX51 的 LED 显示器接口

9.8　小　　结

单片机应用系统的设计中如果片内的资源不够，就需要扩展，扩展无非是加接 ROM、RAM 和 I/ O 接口等外围芯片。本章重点要掌握单片机扩展的方法及地址的译码。

① 外围芯片和单片机的连接归结为三总线(数据总线、地址总线和控制总线)的连接，因此，单片机三总线的定义应十分熟悉，即要求掌握图 9-1，这是扩展的基础。

② 在微机系统中，控制外围芯片的数据操作有三要素：地址、类型控制(RAM、ROM)和操作方向(读、写)。三要素中有一项不同，就能区别不同的芯片。如果三项都相同，就会造成总线操作混乱。因此在扩展中应注意：

● 扩展 ROM 程序存储器使用$\overline{PSEN}$作选通控制，扩展 RAM 和 I/O 接口使用$\overline{WR}$(写)和$\overline{RD}$(读)作选通控制，RAM 和 I/O 口使用相同的指令 MOVX 进行控制。如果将 RAM(或 E^2PROM)既作为程序存储器又作为数据存储器使用，即存放可随时修改的程序时，使$\overline{PSEN}$和$\overline{RD}$通过与门接入芯片的$\overline{OE}$即可。这样无论$\overline{PSEN}$或$\overline{RD}$哪个信号有效，都能允许输出。

● 当一种类型的芯片只有一片时，片选端可接地，如果使用同类型控制信号和芯片较多时，要通过选取不同的地址加以区分，注意 RAM 和 I/O 接口不能有相同的地址。

最简单的地址译码是线选法，即用片内选择剩下的某根高位地址线选择，不同高位的地址线接不同芯片的片选端，此时要注意地址表的填写不能有相同的。也可以将这些高位地址线通过加接地址译码器进行部分译码或全译码。

③ 关于芯片的选取。市场上的存储器和 I/O 接口种类较多，应根据使用要求和性价比进行选取，对某一容量存储器，用多片小容量不如用一片大容量的存储器。用多个单功能的芯片不如用一片多功能的芯片，这样连线少、占地面积小、可靠性高。要注意尽量使用单片机的内部资源。

④ I/O 接口扩展有两类：通用型和可编程型，在硬件连接中，无论哪种芯片，都要将单片机的$\overline{WR}$(写)或$\overline{RD}$(读)连接上，以此作为输出或输入的选通控制，对于通用型输入接口，应使用$\overline{RD}$，而对于通用型输出接口，应使用$\overline{WR}$，对于可编程型，芯片本身有$\overline{WR}$和$\overline{RD}$信号，使其和单片机的$\overline{WR}$和$\overline{RD}$对应连接就可以了。

⑤ 在软件设计中，外围 I/O 接口使用 MOVX 指令完成输入或输出，使用可编程型 I/O 接口芯片时要先写控制字，且要注意控制字要写入控制口，数据的输入/输出使用数据口。

目前与 CPU 接口的器件何止万千，限于篇幅就不一一列举了，但只要计算机程序控制的基本原理不变，三总线的基本构架不变，掌握了本章外部芯片的接口方法和编程方法，就可以“以不变应万变”，只要查阅到各种芯片的功能、结构和引脚、控制字格式后，各种芯片和单片机的连接是轻而易举的，也就具备了嵌入式系统的设计能力。

思考题与习题 9

9.1　51 单片机扩展系统中，程序存储器和数据存储器公用 16 位地址线和 8 位数据线，为什么两个存储空间不会发生冲突？

9.2　在 8XX51 单片机上扩展一片 6116（2KB×8 位 RAM）。

9.3　在 8XX51 单片机上扩展一片 EPROM 2732 和一片 RAM 6264。

9.4　在 8XX51 单片机上扩展一片 RAM 6116 和一片 EPROM 2716，要求 6116 既能作为数据存储器，又能作为程序存储器使用。

9.5　在 8XX51 单片机上扩展 4 片 2764，地址从 0000～7FFFH，采用 74LS138 作地址译码，写出每片的地址空间范围。

9.6　在 8XX51 单片机上接一片 74LS244 和一片 74LS273，使 74LS244 的地址为 BFFFH，74LS273 的地址为 DFFFH，并编程从 74LS244 输入向 74LS273 输出。

9.7　在题 9.6 的基础上，74LS244 接一按键开关，74LS273 接一个数码管 LED，编程序，使数码管显示按键次数。

9.8　设置 8255 地址为 CFFCH～CFFFH，使用部分译码法设计电路，并设置 A 口方式 1 输出，B 口方式 0 输入，C 口不用的初始化程序。

9.9　在 8XX51 单片机上扩展一片 8255，使 A 口可接 1 个数码管，PC_0 接阴极，使用 C 口的置位/复位控制字，数码管显示的“P”字闪烁。

9.10　在 8XX51 单片机上扩展一片 8255，使用 A 口和 C 口设计 4 位数码管动态显示电路，显示“good”字符。

9.11　在 8XX51 单片机上扩展一片 EPROM 27128、一片 RAM 6264 和一片 8255，采用线选方式，写出各自的地址范围。

9.12　列出图 9-27 中的 I/O 口 RAM、计数器、控制口地址。

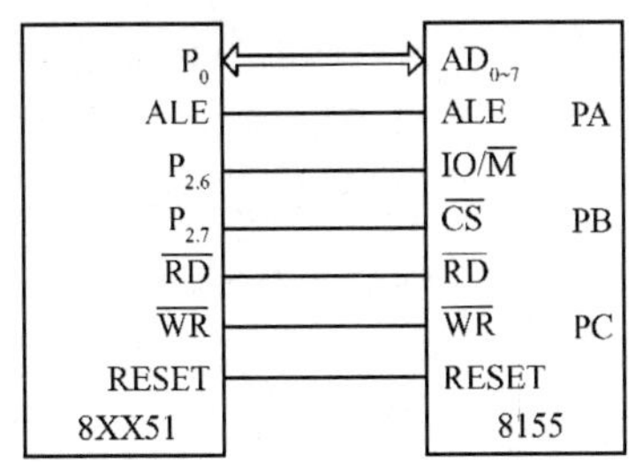

图 9-27　习题 9.12 图

第10章　单片机应用接口技术

☞**教学要点**

本章主要介绍并行D/A转换器、并行A/D转换器、V/F(电压/频率)转换器、F/V(频率/电压)转换器、键盘和显示器接口、驱动和隔离接口的接口技术和编程方法。

第5章和第9章的并行接口解决了数字量或开关量的检测和控制，然而很多应用系统中，测量、控制的对象是模拟量，计算机只能处理数字量，因此必须进行数字量和模拟量之间的转换，这就需要使用A/D(模数)转换和D/A(数模)转换接口，如图10-1所示。近年来，慢速的A/D转换多采用V/F(电压/频率)式A/D转换器和F/V(频率/电压)式D/A转换器等。A/D和D/A接口又有串行接口和并行接口之分。本章主要介绍并行D/A转换器、并行A/D转换器、V/F(电压/频率)转换器、F/V(频率/电压)转换器、键盘和显示器接口，后面章节将介绍串行D/A和串行A/D转换器。

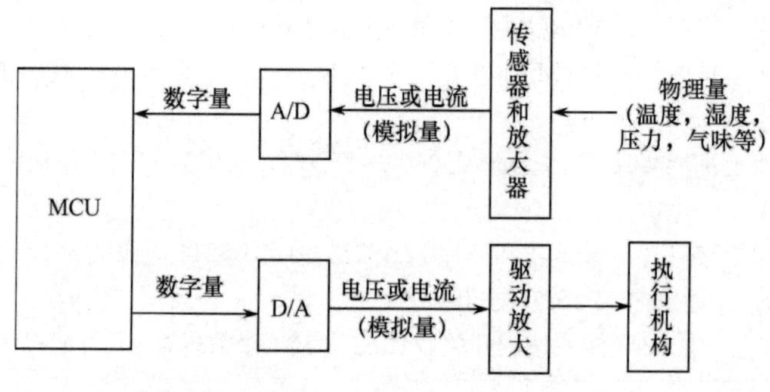

图10-1　模拟量的输入和输出

D/A和A/D的技术指标包括以下几个方面。

① 分辨率：指数字量对应于模拟量的分辨能力，通常用数字量的位数表示，如8位、10位、12位等，对n位的转换器，分辨率为$1/2^n$。例如，8位转换器的分辨率1 LSB为$1/2^8$，用百分数表示为0.39%。对BCD码的A/D转换器用BCD码的位数表示，如3位半的BCD码A/D转换，满刻度输出为1999，其分辨率为1/2000，用百分数表示为0.05%，相当于二进制11位的A/D转换器。

② 转换精度：可用绝对精度和相对精度表示，绝对精度是理论值与实际值之间的偏差，而相对精度是偏差相对于满量程的百分比。

③ 转换时间：完成一次数字量和模拟量之间转换所需要的时间。

④ 量化误差：有限数字对模拟值进行离散取值(量化)而引起的误差，理论值为±1/2LSB。

⑤ 量程：转换模拟电压的范围。

10.1　并行D/A接口技术

10.1.1　D/A概述

D/A转换器是一种将数字信号转换成模拟信号的器件，为计算机系统的数字信号和模拟环境的连续信号之间提供了一种接口。D/A 转换器的输出是由数字输入和参考电压组合进行控制的。大多数常用的 D/A 转换器的数字输入是二进制或 BCD 码形式，输出可以是电流也可以是电压，而多数是电流。因此，在多数电路中，D/A 转换器的输出需要用运算放大器组成的 I/V 转换器将电流输出转换成电压输出。D/A 转换器的数字输入是由数据线引入的，而数据线上的数据通常是变动的，为保持 D/A 转换器输出的稳定，就必须在微处理器与 D/A 之间增加数据锁存功能，目前常用的 D/A 转换器内部都带有数据锁存器。

D/A 转换器的主要性能指标有：

① 分辨率。通常用数字输入信号的有效位表示，有 8 位、10 位、12 位等。

② 转换精度。

③ 建立时间。描述 D/A 转换速率快慢的一个重要参数，一般是指输入数字量变化后，输出模拟量稳定到相应数值范围内所经历的时间。

10.1.2 DAC0832 的扩展接口

DAC0832 是 8 位的 D/A 转换器，其结构如图 10-2 所示。片内有两个数据缓冲器：输入寄存器，其控制端 $\overline{LE_1}$ 和 $\overline{LE_2}$ 分别受 ILE、$\overline{CS}$、$\overline{WR_1}$ 和 $\overline{WR_2}$、$\overline{XFER}$ 的控制。DI_0～DI_7 为数据输入线，转换结果从 I_{OUT1}、I_{OUT2} 以模拟电流形式输出。当输入数字为全“1”时，I_{OUT1} 最大；全“0”时，其值最小，I_{OUT1} 和 I_{OUT2} 之和为常数，当希望输出模拟电压时，需外接运算放大器进行 I/V 转换。如图 10-3 所示为两级运算放大器组成的模拟电压输出电路。V_{01} 和 V_{02} 端分别输出单、双极性模拟电压，如果参考电压端 V_{REF} 为＋5V，则 V_{01} 输出电压范围为 0～5V，V_{02} 输出电压范围为－5～＋5V。

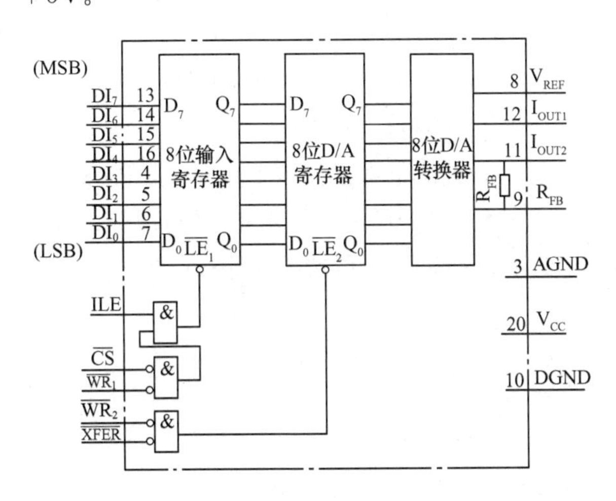

图 10-2 DAC0832 逻辑结构框图

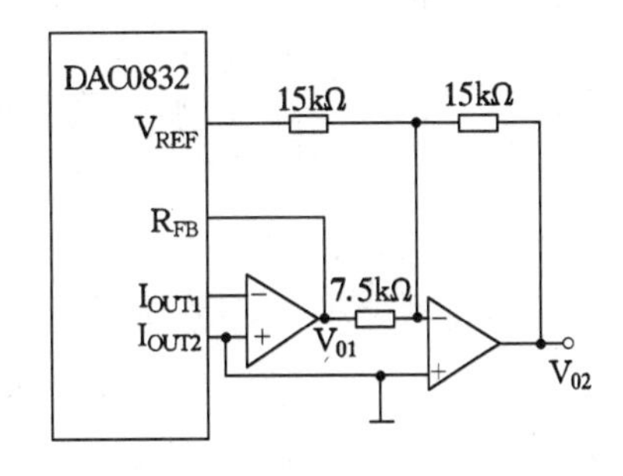

图 10-3 DAC0832 的模拟电压输出电路

DAC0832 有如下 3 种工作方式。

1. 直通工作方式

将 $\overline{CS}$，$\overline{WR_1}$，$\overline{WR_2}$ 和 $\overline{XFER}$ 引脚都直接接数字地，ILE 引脚接高电平，芯片处于直通状态。此时，8 位数字量只要输入到 DI_7～DI_0 端，就立即进行 D/A 转换。但在此种方式下，DAC0832 不能直接与单片机的数据总线相连接，故很少采用。

2. 单缓冲工作方式

此方式是使两个寄存器中的一个处于直通状态，另一个工作于受控锁存状态。一般使 DAC 寄存器处于直通状态，即把 $\overline{WR_2}$ 和 $\overline{XFER}$ 端接数字地，或者将两个寄存器的控制信号并接，使之同时选通。此时，数据只要写入 DAC 芯片，就立刻进行转换。此种工作方式接线简单，并可减少一条输出指令。

如图 10-4 所示为是单缓冲工作方式下的 DAC0832 与 51 单片机的接口电路图。由图可见，输入寄存器的控制信号与 DAC 寄存器的控制信号并接，输入信号在控制信号作用下，直接通过 DAC 寄存器并启动转换。图中，电位器 R_W 用于调整输入的 I/V 转换系数。

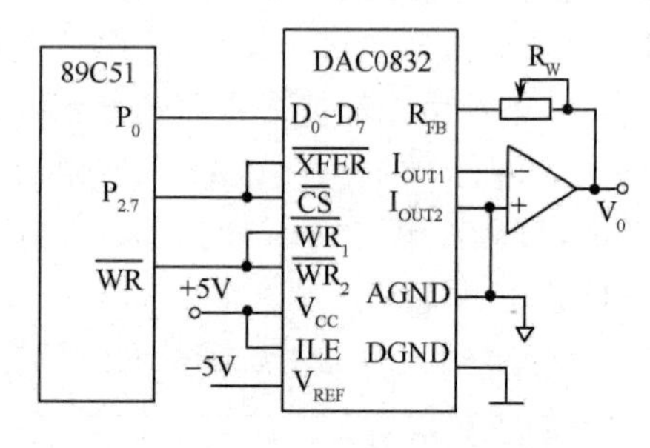

图 10-4　DAC0832 的单缓冲方式接口

3. 双缓冲工作方式

在双缓冲工作方式下，单片机要对两个寄存器分别控制，要进行两步写操作：先将数据写入输入寄存器；再将输入寄存器的内容写入 DAC 寄存器并启动转换。

双缓冲工作方式可以使数据接收和启动转换异步进行，在 D/A 转换的同时接收下一个转换数据，因而提高了通道的转换速率。在要求多个输出通道同时进行 D/A 转换时使用双缓冲工作方式。

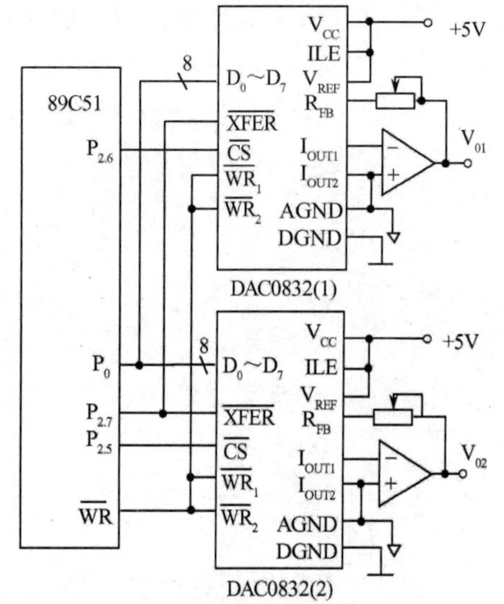

图 10-5　DAC 双缓冲同步工作方式

如图 10-5 所示为双缓冲工作方式下的 DAC0832 与 51 单片机的接口电路图，$P_{2.6}$ 控制 0832(1)的输入寄存器，$P_{2.5}$ 控制 0832(2)的输入寄存器，$P_{2.7}$ 同时控制两片 0832 的 DAC 寄存器。两片 DAC0832 可同步输出模拟电压信号。

【例 10-1】 要求在图 10-4 输出端产生频率为 500Hz、幅值为 3V 的方波信号。

分析 500Hz 信号的周期为 2ms，要求 0832 输出 1ms 高电平，1ms 低电平，0V 电平对应数字量为 0，3V 对应数字量为 X，可按下式计算：

$$\frac{5V}{3V}=\frac{255}{X}$$

解得 $X=153=99H$。

程序如下：

```
        MOV   DPTR,#7FFFH          ;指向 0832 地址
  NEXT: MOV   A,#0
        MOVX  @DPTR,A              ;输出 0V
        ACALL D1MS                 ;延时 1ms
        MOV   A,#99H
        MOVX  @DPTR,A              ;输出 3V
        ACALL D1MS                 ;延时 1ms
        SJMP NEXT
```

D1MS 延时程序可由用户自行编出。

同样可以用 C 语言编程，程序如下：

```
#include<reg51.h>
```

```
#include<absacc.h>
#define da0832 XBYTE[0X7fff]
main(){
unsigned char i,j;
while(1)
  {da0832=0;                              /* 输出 0V */
   for(j=0;j<=255;j++);                   /* 延时 */
   da0832=153;                            /* 输出 3V */
   for(j=0;j<=255;j++);                   /* 延时 */
}}
```

【例 10-2】 要求在图 10-4 输出端输出锯齿波电压，产生频率随意，幅值为 5V，见图 10-6。

```
      MOV   DPTR,#7FFFH          ;指向 0832 地址
DA1:  MOV   R0,#00H              ;置转换数字初值
DA2:  MOV   A,R0
      MOVX  @DPTR,A              ;启动转换
      INC   R0                   ;转换数字量加 1
      ACALL TIMER                ;TIMER 为延时子程序
      AJMP  DA2
```

同样可以用 C 语言编程，程序如下：

```
#include<reg51.h>
#include<absacc.h>
#define da0832 XBYTE[0X7fff]
main(){
unsigned char i,j;
while(1){
  for(i=0;i<255;i++)
  {da0832=i;                    /* 启动转换 */
  for(j=0;j<255;j++);           /* 延时 */
}}}
```

图 10-6 锯齿波电压信号

请读者考虑，如何控制其频率。

【例 10-3】 采用图 10-5 中 DAC0832 双缓冲工作方式，使内部 RAM DATA1 和 DATA2 两单元的数据同时转换输出。

编程如下：

```
MOV DPTR,#0BFFFH         ;指向 1 号 0832
MOV   A, DATA1
MOVX  @DPTR,A            ;DATA1 单元的数据写入 1 号 0832 的输入寄存器
MOV   DPTR,#0DFFFH       ;指向 2 号 0832
MOV   A, DATA2
MOVX  @DPTR,A            ; DATA2 单元的数据写入 2 号 0832 的输入寄存器
MOV   DPTR,#7FFFH        ;指向两个 0832DAC 寄存器
MOVX  @DPTR,A            ;同时启动两个 0832 转换
```

*10.1.3 DAC1210 的扩展接口

DAC1210 是 12 位 D/A 转换芯片，其内部逻辑结构如图 10-7 所示。由图可见，其逻辑结构

与 DAC0832 类似，所不同的是，DAC1210 具有 12 位数据输入端，一个 8 位输入寄存器和一个 4 位输入寄存器组成 12 位数据输入寄存器。两个输入寄存器的输入允许控制都要求$\overline{CS}$和$\overline{WR_1}$为低电平，8 位输入寄存器的数据输入还同时要求 $B_1/\overline{B_2}$端为高电平。

DAC1210 与 8 位数据线的 8XX51 单片机接口方法如图 10-8 所示，将 DAC1210 输入数据线的高 8 位 DI_{11}～DI_4 与 8XX51 单片机的数据总线 DB_7～DB_0 相连，低 4 位 DI_3～DI_0 接至 8XX51 数据线的高 4 位 DB_7～DB_4。12 位数据输入经两次写入操作完成，首先输入高 8 位，然后输入低 4 位。

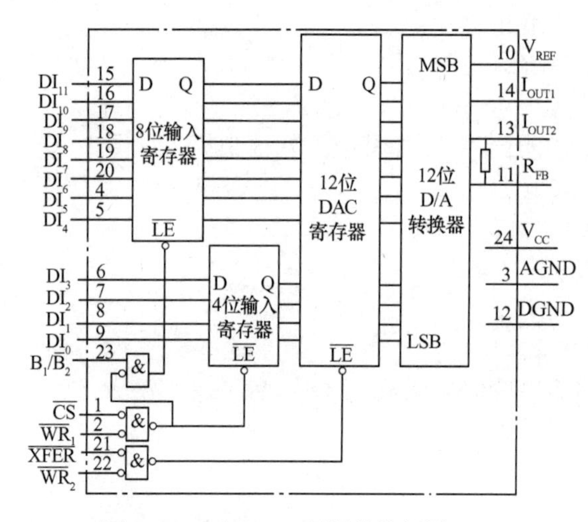

图 10-7 DAC1210 逻辑结构框图

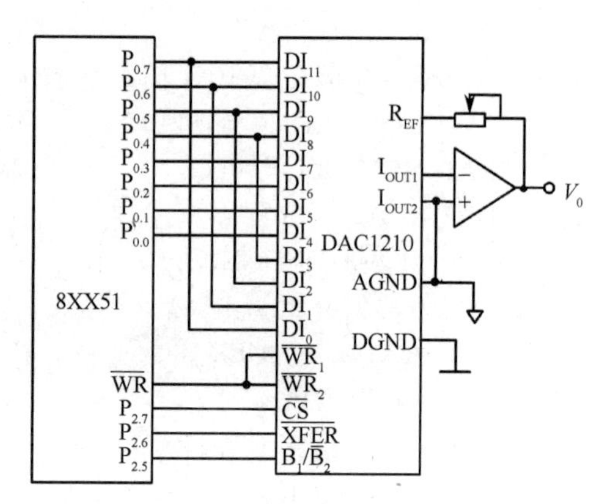

图 10-8 DAC1210 与 8XX51 的接口

程序段如下：

```
MOV   DPTR,#7FFFH      ;CS=0,XFER=1,B1/B2=0,选 8 位输入寄存器
MOV   A,#DATA1
MOVX  @DPTR,A          ;数据 DATA1 写入 DAC1210 的高 8 位 DI11～DI4
MOV   DPTR,#5FFFH      ;B1/B2=1,送 4 位输入寄存器
MOV   A,#DATA2
MOVX  @DPTR,A          ;数据 DATA2 写入 DAC1210 的低 4 位 DI3～DI0
MOV   DPTR,#0BFFFH     ;XFER=0,指向 12 位 DAC 寄存器
MOVX  @DPTR,A          ;12 位数据写入 DAC 寄存器,启动转换
```

10.2 A/D 接口技术

10.2.1 A/D 概述

A/D 转换器是一种用来将连续的模拟信号转换成二进制数的器件。一个完整的A/D转换器通常包括这样一些信号：模拟输入信号、参考电压、数字输出信号、启动转换信号、转换结束信号、数据输出允许信号等。高速 A/D 一般还有采样保持电路，以减少孔径误差（在 A/D 转换的孔径时间内，因输入模拟量的变动所引起输出的不确定性误差）。

常见的 A/D 转换器有计数式 A/D 转换器、双积分式 A/D 转换器、逐次逼近式 A/D 转换器、并行直接比较式 A/D 转换器、V/F 式 A/D 转换器等。逐次逼近式 A/D 转换器速度较高，外围元件较少，是使用较多的一种 A/D 转换电路，但其抗干扰能力较差。双积分式 A/D 转换器具有抗干扰能力强、转换精度高的优点，但速度较慢。V/F 式 A/D 转换器具有与双积分式

A/D类似的特点，在一些非快速的检测通道中，越来越多地使用 V/F 取代通常的 A/D 转换。

正确选用 A/D 转换器，应当注意以下几个问题。

① 选择恰当的位数和转换速率。分辨率和转换速率的选择应比实际的要求略高一点，稍留余地。

② 确定是否需加采样/保持电路。采样/保持电路主要用来减少孔径误差。由孔径误差、转换速率、信号最高频率共同决定是否需加采样/保持电路。一般定性而言，对于分辨率高、转换速率低的 A/D，当信号频率高时，需要加采样/保持电路，通常有不少 A/D 转换器内部已经含有采样/保持电路。

③ 注意 A/D 转换器的工作电压和基准电压及模拟输入电压的极性、量程等。

并行 A/D 转换器的分辨率有 8 位、10 位、12 位、$3\frac{1}{2}$位、$4\frac{1}{2}$位等，下面以 AD 公司的 ADC0809 为例，介绍并行 A/D 和单片机的接口方法。

10.2.2 ADC0809 的扩展接口

ADC0809 是逐次逼近型 8 位 A/D 转换器，片内有 8 路模拟开关，可对 8 路模拟电压量实现分时转换。典型转换时间为 100μs。片内带有三态输出缓冲器，可直接与单片机的数据总线相连接。

ADC0809 的内部逻辑结构和引脚如图 10-9 所示。由图可见，ADC0809 由 8 位模拟开关、SAR8 位逐次逼近式 A/D 转换器、地址锁存器、控制与时序电路及输出锁存器组成。

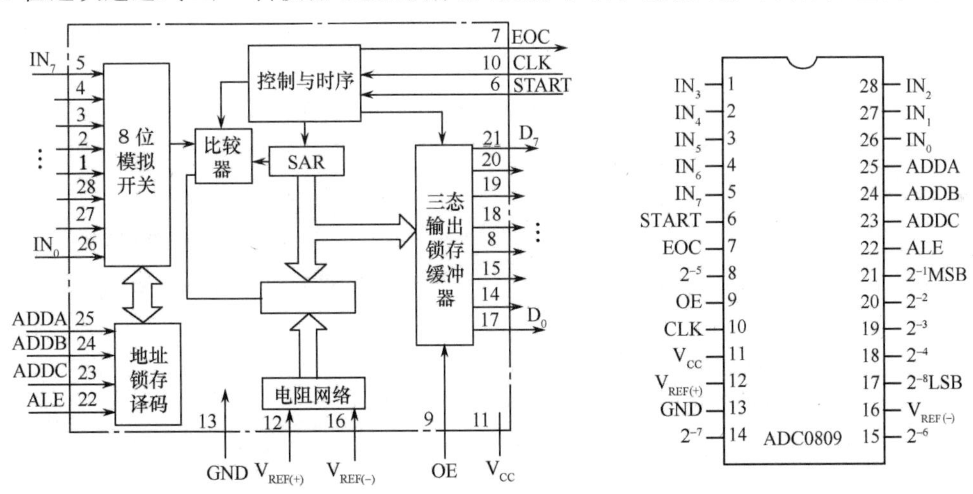

图 10-9　ADC0809 的结构框图和引脚图

IN_0～IN_7：8 路模拟通道信号输入，通过模拟开关实现 8 路模拟输入信号分时选通。

ADDC，ADDB 和 ADDA：模拟通道选择，编码 000～111 分别选中 IN_0～IN_7。

ALE：地址锁存信号，其上升沿锁存 ADDC，ADDB，ADDA 的信号，译码后控制模拟开关，接通 8 路模拟输入中相应的一路。

CLK：输入时钟，为 A/D 转换器提供转换的时钟信号，典型工作频率为 640kHz。

START：A/D 转换启动信号，正脉冲启动 ADDC～ADDA 选中的一路模拟信号开始转换。

OE：输出允许信号，高电平时打开三态输出缓冲器，使转换后的数字量从 D_0～D_7 脚输出。

EOC：转换结束信号，启动转换后，EOC 变为低电平，转换完成后变为高电平。根据读入转换结果的方式，此信号可有 3 种方式和单片机相连。

① 延时方式:EOC 悬空,启动转换后,延时 100μs 后输入转换结果。

② 查询方式:EOC 接单片机端口线,查得 EOC 变高,输入转换结果,作为查询信号。

③ 中断方式:EOC 经非门接单片机的中断请求端,转换结束作为中断请求信号向单片机提出中断申请,在中断服务中输入转换结果。

$V_{REF(+)}$ 和 $V_{REF(-)}$:基准电压输入,用于决定输入模拟电压的范围。允许 $V_{REF(+)}$ 和 $V_{REF(-)}$ 是差动的或不共地的电压信号,多数情况下,$V_{REF(+)}$ 接+5V,$V_{REF(-)}$ 接 GND,此时输入量程为 0~5V。当转换精度要求不高或电源电压 V_{CC} 较稳定和准确时,$V_{REF(+)}$ 可以接 V_{CC},否则应单独提供基准电源。

ADC0809 与 8XX51 单片机的接口电路如图 10-10 所示。

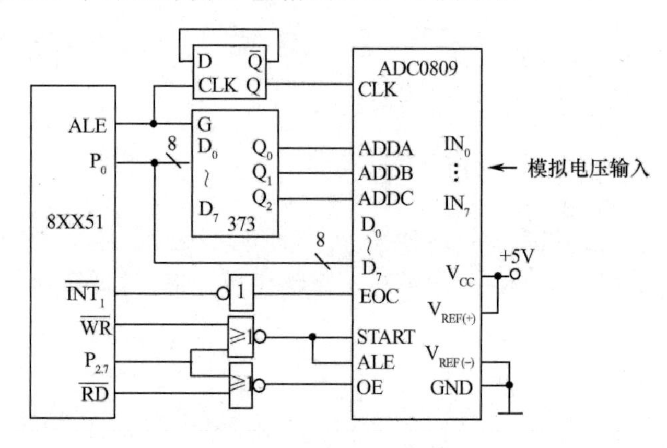

图 10-10　ADC0809 和 8XX51 的连接

ADC0809 的时钟信号 CLK 由单片机的地址锁存允许信号 ALE 提供,若单片机晶振频率为 12MHz,则 ALE 信号经分频输出为 500kHz,满足 CLK 信号低于 640kHz 的要求。当 $P_{2.7}$ 和 $\overline{WR}$ 同时有效时,以线选方式启动 A/D 转换,同时使 0809 的 ALE 有效,P_0 口输出的地址 A_2,A_1 和 A_0 经锁存器 74LS373 的 Q_2,Q_1,Q_0 输出到 0809 的 ADDC,ADDB 和 ADDA,选定转换通道,IN_0~IN_7 地址为 7FF8H~7FFFH。当 $P_{2.7}$ 和 $\overline{RD}$ 信号同时有效时,OE 有效,输出缓冲器打开,单片机接收转换数据。

对图 10-10 所示的接口电路,采用中断方式巡回采样从 IN_0~IN_7 输入的 8 路模拟电压信号,检测数据依次存放在 60H 开始的内存单元中,程序如下:

主程序:

```
        ORG   0000H
        LJMP  MAIN
        ORG   0013H           ;INT1 中断入口地址
        LJMP  INTV1
        ORG   0030H
MAIN:   MOV   R0,#60H         ;置数据存储区首址
        MOV   R2,#08H         ;置 8 路数据采集初值
        SETB  IT1             ;设置边延触发中断
        SETB  EA
        SETB  EX1             ;开放外部中断 1
        MOV   DPTR,#7FF8H     ;指向 0809 通道 0
RD:     MOVX  @DPTR,A         ;启动 A/D 转换(该指令使WR和P2.7变低,产生 START 需要的上升沿)
```

```
HE:    MOV   A,R2              ;8路巡回检测数送A
       JNZ   HE                ;等待中断,8路未完继续
```

中断服务程序:

```
INTV1: MOVX  A,@DPTR           ;读取A/D转换结果(该指令使RD和P2.7变低,产生OE有效信号)
       MOV   @R0,A             ;向指定单元存数
       INC   DPTR              ;输入通道数加1
       INC   R0                ;存储单元地址加1
       MOVX  @DPTR,A           ;启动新通道A/D转换
       DEC   R2                ;待检通道数减1
       RET                     ;中断返回
```

因为要修改地址,采用指针比较方便,将采样的数据依次存放在数组中,C语言程序如下:

```
#include<reg51.h>
#define uchar unsigned char
xdata uchar *ad;
uchar i=0;
uchar data adtab[8];
addv() interrupt 2 {             /*中断服务*/
    adtab[i]=*ad;                /*输入转换数据*/
    ad++;                        /*指向下一通道*/
    i++;                         /*中断方式接收*/
    *ad=0;                       /*启动转换*/
}
main(){
    EA=1;EX1=1;IT1=1;            /*开中断,下降沿触发中断*/
    ad=0x7ff8;                   /*置地址指针*/
    *ad=0;                       /*启动A/D转换,产生START需要的上升沿*/
    while(i<8){};                /*8路未转换完,继续等待中断*/
    EA=0;
}
```

*10.2.3 AD574的扩展接口

AD574是逐位比较式12位模数转换器,转换时间小于25μs,可以方便地与8位或16位单片机接口。其内部结构框图和外部引脚如图10-11所示。

1. 芯片引脚

(1) 与外围器件接口的引脚

10VIN:0~+10V的单极性或-5~+5V的双极性输入线。

20VIN:0~+20V的单极性或-10~+10V双极性输入线。

REFOUT:片内基准电压输出线。

REFIN:片内基准电压输入线。

BIPOFF:极性调节线。

模拟量从10VIN或20VIN输入,输入极性由REFIN,REFOUT和BIPOFF的外部电路确定。如图10-11所示,不论输入模拟量是单极性还是双极性,均按从小到大的顺序将输入模拟量变换为数字量000H~FFFH。

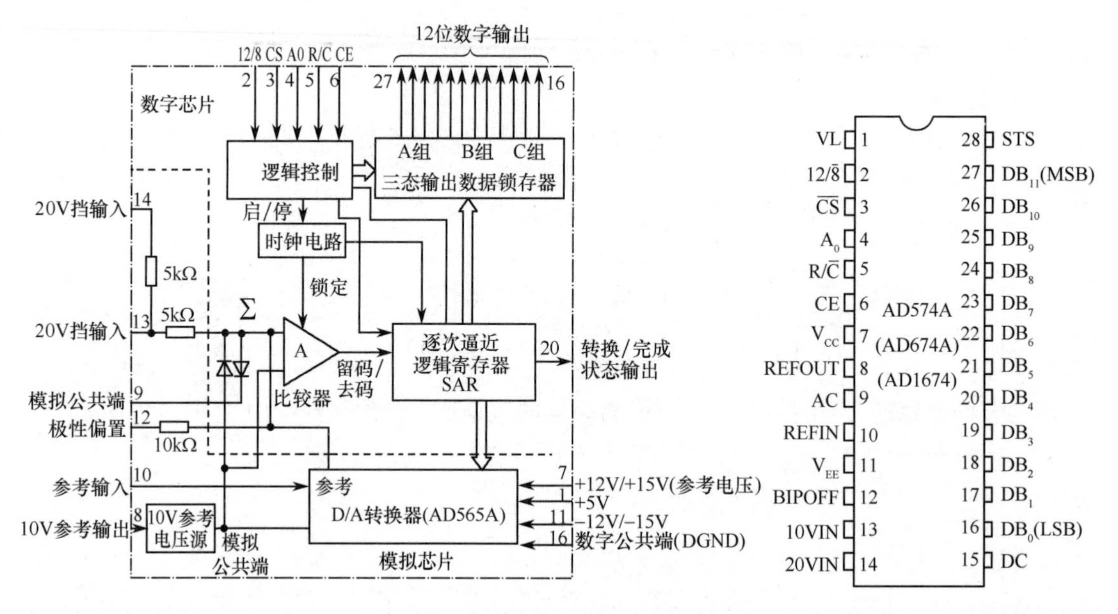

图 10-11　AD574 的内部结构和外部引脚

对单极性的模拟量，0V 对应 000H，最大电压值对应 FFFH；对双极性的模拟量，负幅值对应 0，0V 对应 800H，正幅值对应 FFFH；如果把转换结果减去 800H，可以得到与模拟量极性、大小对应的数字量。即：

0－800H＝800H（负幅值）　800H－800H＝0（零值）　FFFH－800H＝7FFH（正幅值）

（2）与单片机接口的引脚

$12/\overline{8}$：12 位转换或 8 位转换线。$12/\overline{8}=1$，12 位转换结果同时输出到数据线上；$12/\overline{8}=0$，则根据 A_0 的状态来确定输出是高 8 位或低 4 位有效：当 $A_0=0$，读出高 8 位数据；当 $A_0=1$，读出低 4 位数据，通常数据线低 4 位连接到数据线高 4 位上。

$\overline{CS}$：片选线，低电平选通芯片。

A_0：端口地址线。启动转换时：$A_0=0$，启动 12 位转换；$A_0=1$，启动 8 位转换。输出转换数据时：$A_0=0$，输出高 8 位数据；$A_0=1$，输出低 4 位数据。

$R/\overline{C}$：读结果/启动转换线，高电平读结果，低电平启动转换。

CE：芯片允许线，高电平允许转换。

这 5 个控制信号之间的逻辑关系见表 10-1。

STS：转换状态指示，转换开始变为高电平，转换结束后输出变为低电平。

表 10-1　AD574 的逻辑控制真值表

CE	$\overline{CS}$	$R/\overline{C}$	$12/\overline{8}$	A_0	工作状态
0	×	×	×	×	不允许转换
×	1	×	×	×	未选通芯片
1	0	0	×	0	启动 12 位转换
1	0	0	×	1	启动 8 位转换
1	0	1	1	×	12 位数据并行输出
1	0	1	0	0	输出高 8 位数据
1	0	1	0	1	输出低 4 位数据

(3) 电源与地线

VL：+5V 电源。

V_{CC}：12V/15V 参考电压源。

V_{EE}：-12V/-15V 参考电压源。

DC：数字地。

AC：模拟地。

2. AD574 与单片机的接口

AD574 与 AT89C51 的接口电路如图 10-12 所示，其中，$\overline{CS}$接 3/8 译码器的$\overline{Y}_2$端，12/$\overline{8}$接地，AD574 的 A_0 接地址总线的 A_0，故可知其一组地址为 5FFFH 和 5FFEH。转换结束信号 STS 接到$\overline{INT}_1$上，可用查询方式，也可用中断方式采集数据。以中断方式为例，编程如下：

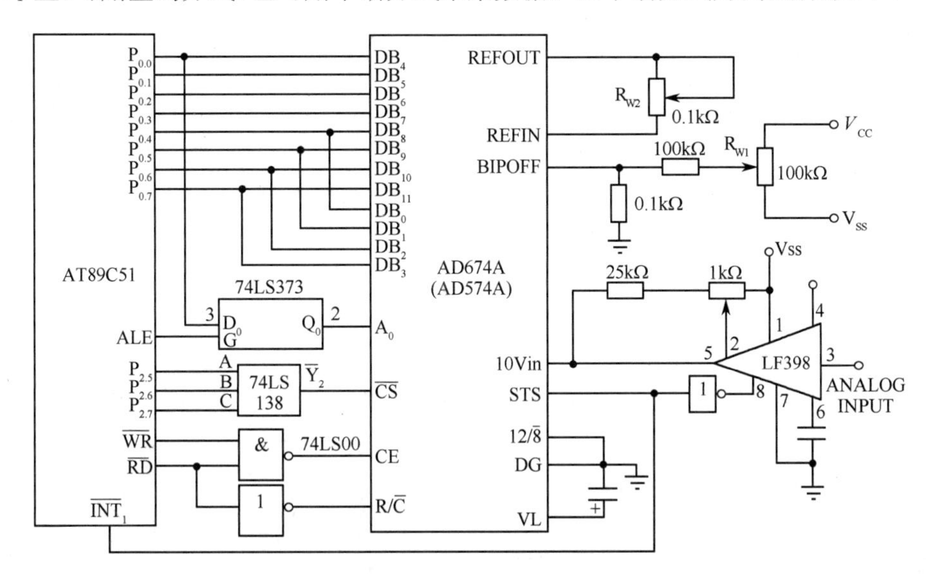

图 10-12　AT89C51 与 AD574 的接口电路

```
        ORG   0013H
        LJMP  INTS0
        ORG   0100H            ;主程序
        MOV   R0,#30H          ;设定数据缓冲区首地址
        MOV   DPTR,#5FFEH      ;AD574 的启动地址
        SETB  EX1              ;外部中断 1 允许
        SETB  EA               ;开 CPU 中断
        MOVX  @DPTR,A          ;启动 12 位转换
        ⋮
        ORG   0300H
INTS0:  MOV   DPTR,#5FFEH      ;准备数据高 8 位地址
        MOVX  A,@DPTR          ;读入 A/D 转换值的高 8 位
        MOV   @R0,A            ;存 A/D 转换值的高 8 位数据
        INC   DPTR             ;准备数据低 4 位地址
        INC   R0               ;调整数据缓冲区指针
        MOVX  A,@DPTR          ;读入 A/D 转换值的低 4 位
        MOV   @R0,A            ;保存低 4 位数据
        RETI                   ;中断返回
```

* 10.3 V/F (电压/频率)转换接口

在数字测量控制领域中，两种最常用的信号是电压量和频率量。电压量通过A/D转换而成为数字量，频率量通过计数器计数而成为数字量。而计数器通常是单片机的必备部分，采用单片机直接测量频率量有着许多应用优势。频率量输入不但接口极为简单、灵活，一根线即可输入一路频率信号，而且频率量较电压量有着十分优越的抗干扰性能，特别适合远距离传输。它还可以调制在射频信号上，进行无线传播，实现遥测。因此，在一些非快速的场合，越来越倾向使用V/F转换来代替通常的 A/D 转换。V/F 器件就是将输入电压的幅值转换成频率与输入电压幅值成正比的脉冲串。专用的 V/F 集成电路芯片有很多，如 AD651，LMX31，VFC32 等。下面以 LM331 为例来说明压频转换的原理。

LM331 是美国国家半导体公司生产的一种高性能、低价位的单片集成 V/F 转换器。由于芯片在设计上采用了新的温度补偿能隙基准电源，所以芯片能够达到通常只有昂贵的 V/F 转换器才有的高度温度稳定性。该器件在量程范围内具有高线性度，较宽的频率输出范围，4～40V 的直流工作电源电压范围及输出频率不受电源电压变化影响等诸多优点。因此，往往成为使用者的首选器件。LM331 的内部结构如图 10-13 所示。它由基准电源、开关电流源、输入比较器、单脉冲定时器、输出驱动及输出保护电路等构成。各部分的功能如下：

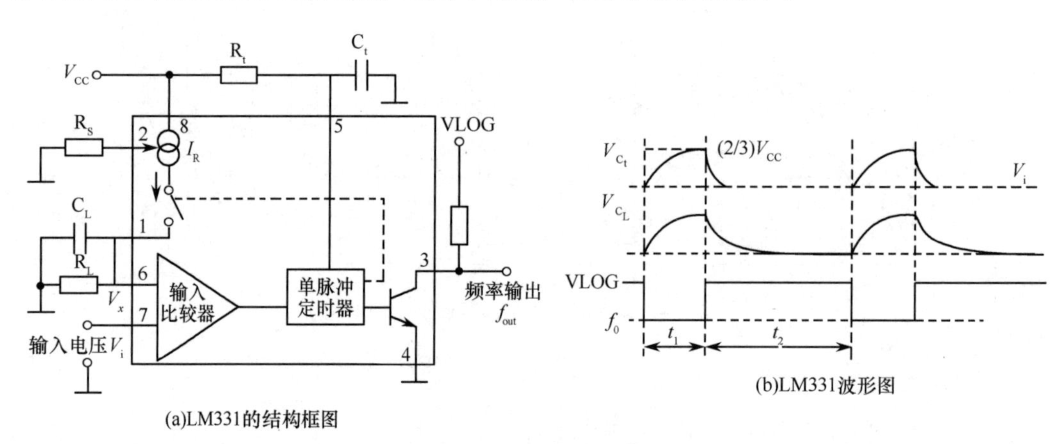

图 10-13 LM331 的转换原理图

基准电源，向电路各单元提供偏置电流并向电流泵提供稳定的 1.9V 直流电压送到 2 脚，当 2 脚外接电阻 R_S 后，形成基准电流 $i=1.9\text{V}/R_S$。

开关电流源，由精密电流镜、电流开关等组成。它在单稳定时器的控制下，向 1 脚提供 135μA 的恒定电流，向 2 脚提供 1.9V 的恒定直流电压。

输入比较器，输入比较器的一个输入端 7 脚接待测输入电压，另一端为阈值电压端。比较器将输入电压与阈值电压比较，当输入电压大于阈值电压时，比较器输出为高电平，启动单脉冲定时器并导通频率输出驱动晶体管和开通电流源。

单脉冲定时器，它由 RS 触发器、定时比较器和复位晶体管组成。加上简单的外围元件后，可获得定时周期信号。

输出驱动及保护电路，由集电极开路输出驱动管和其输出保护管组成。正常输出时，需外接上拉电阻，其输出电流最大为 50mA。输出保护管用来保护输出驱动管。

LM331 和 R_t，C_t，R_S，R_L，C_L组成的电压/频率变换电路如图 10-14 所示。

电压/频率变换原理：图 10-13 中，精密电流源产生基准电流 I_R，流经 R_L，C_L 产生电压 V_x，输入模拟 V_i 与 V_x 相比较，当 $V_i > V_x$ 时，输入比较器输出高电平，启动单脉冲定时器，使输出驱动管导通，输出端 f_{out} 为逻辑低电平，同时，电流开关打向左边，电流源 I_R 对电容 C_L 充电。此时由于单脉冲定时器内复零晶体管截止（图中未画出），电源 V_{CC} 也通过电阻 R_t 对电容 C_t 充电，充电时间 $t = 1.1R_t \cdot C_t$。电容 C_L 充电使 V_x 升高，当 $V_x > V_i$ 时，定时器复位，输出驱动管截止，输出端 f_{out} 为逻辑高电平，同时，复零晶体管导通，电容 C_t 通过复零晶体管迅速放电；电流开关打向右边，电容 C_L 对电阻 R_L 放电。当电容 C_L 放电电压等于输入电压 V_i 时，输入比较器再次输出高电平，如此反复循环。图 10-13(b)画出了电容 C_t，C_L 充放电和输出脉冲 f_{out}（VLOG）的波形。

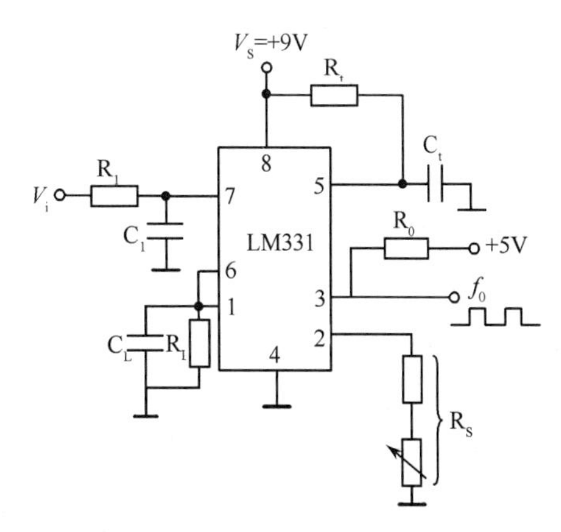

图 10-14　LM331 的电路图

设电容 C_L 的充电时间为 t_1，放电时间为 t_2，则根据电容 C_L 上电荷平衡的原理，有

$$(I_R - V_L/R_L)t_1 = t_2 V_L/R_L$$

$$(I_R - V_x/R_L)t_1 = t_2 V_x/R_L$$

而 $V_x \approx V_i$，故可得

$$f_0 = V_i/(R_L I_R t_1)$$

可见，输出脉冲频率与输入电压成正比，从而实现了电压/频率转换。将此输出脉冲送入单片机的定时/计数器外部脉冲输入端（$P_{3.4}$ 或 $P_{3.5}$），测频即可。

∗10.4　F/V（频率/电压）转换接口

一般的集成 V/F 变换器都具有 F/V 的转换功能。下面还是以 LM331 为例来说明频率/电压转换原理。

如图 10-15(a)所示，输入脉冲 f_i 经 R_1、C_1 组成的微分电路加到输入比较器的反相输入端。输入比较器的同相输入端经电阻 R_2，R_3 分压而加有约(2/3)V_{CC} 的直流电压，反相输入端经电阻

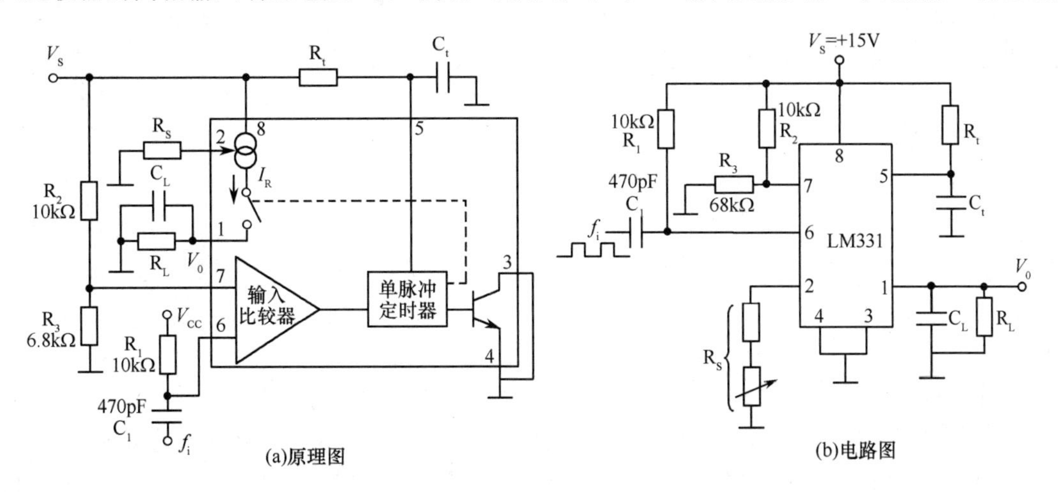

图 10-15　LM331 F/V 转换原理图及电路图

R_l 加有 V_{CC}的直流电压。当输入脉冲的下降沿到来时，经微分电路 R_l，C_l 产生一负尖脉冲，叠加到反相输入端的 V_{CC}上，当负向尖脉冲大于 $V_{CC}/3$ 时，输入比较器输出高电平，使触发器置位，此时电流开关打向右边，电流源 I_R对电容 C_L充电，同时因复零晶体管截止而使电源 V_{CC}通过电阻 R_t对电容 C_t充电。当电容 C_L两端电压达到$(2/3)V_{CC}$时，定时比较器输出高电平，使触发器复位，此时电流开关打向左边，电容 C_L通过电阻 R_L放电，同时，复零晶体管导通，定时电容 C_t迅速放电，完成一次充放电过程。此后，每当输入脉冲的下降沿到来时，电路重复上述的工作过程。从前面的分析可知，电容 C_L的充电时间由定时电路 R_t，C_t决定，充电电流的大小由电流源 I_R决定，输入脉冲的频率越高，电容 C_L上积累的电荷就越多，输出电压（电容 C_L两端的电压）就越高，实现了频率/电压的转换。按照前面推导 V/F 表达式的方法，可得到输出电压 V_0与 f_i的关系为

$$V_0=2.09R_LR_tC_tf_i/R_S$$

可见，输出电压与输入脉冲频率成正比，从而实现了频率/电压转换。图 10-15(b)是其电路图。

单片 LM331 构成的 V/F 转换器虽然具有较理想的技术指标和较宽的供电电压范围，但在实际应用中应该注意的是，在不同的电源电压下，其转换性能有着明显的差别。尽管允许电源电压从 4～40V，但从实际使用的要求上看，低电源电压的不利影响较大。如果在单片机系统中直接使用＋5V 电源供电，那么实际可用的线性工作区域很窄，如果改用＋15V 供电，则线性工作区域会更宽些。

10.5 人机接口技术

人机接口最常用的是键盘和显示器，在并行口 P_0～P_3 的应用举例中，对矩阵键盘和 LED 显示器原理作了阐述，本章介绍用 8279 芯片综合扩展键盘和显示接口，并介绍 LCD 液晶显示器的接口方法。

10.5.1 键盘接口扩展

键盘接口设计中应考虑按键去抖、按键确认、按键识别、键盘的工作方式等问题，下面对这些问题进行讨论。

1. 按键去抖

一般按键开关为机械弹性开关，一个电压信号对应于开关触点的合、断操作。而通常由于机械开关触点的弹性作用，一个按键的闭合过程不会马上稳定地接通，而断开时也不会瞬时断开，会出现所谓的“抖动”现象，其抖动时间一般为 5～10ms。按键的抖动会带来误触发，因此，消除抖动是机械按键设计所必须要考虑的问题。

去抖通常有软件去抖和硬件去抖两种方法。

软件去抖就是在检测到键按下时，执行一段延时子程序后，再确认该键电平是否仍保持键按下时的状态电平，若是，则认为有键按下。延时子程序的延时时间应大于按键的抖动时间，通常取 10ms 以上，从而消除了抖动的影响。软件去抖可节省硬件，处理灵活，但会消耗较多的 CPU 时间。

硬件去抖通常采用基本 RS 触发器来实现。电路原理图如图 10-16 所示，假设开关 S 处于 A 和 B 之间，即既不与 A 接触，又不与 B 接触时的状态为 C。由基本 RS 触发器的特性可知，开关仅与 A 或 B 接触时才会改变触发器的状态，处于 C 时将维持 RS 触发器的状态。而开关的抖动仅发生在 A 与 C(或 B 与 C)之间，不影响触发器的输出，从而消除了抖动的影响。

2. **键盘的设计方式**

从硬件连接方式看,键盘通常可分为独立式键盘和矩阵(行列)式键盘两类。

所谓独立式键盘,是指各按键相互独立,每个按键分别与单片机的 I/O 口或外扩 I/O 芯片的一根输入线相连。通常每根输入线上按键的工作状态不会影响其他输入线的工作状态。通过检测输入线的电平就可以很容易地判断哪个按键被按下了。独立式键盘电路配置灵活,软件简单,但在按键数较多时会占用大量的输入口线。该设计方法适用于按键较少或操作速度较高的场合。

为节省口线,在牺牲速度的情况下可以用并/串转换将口线数据输入到单片机的串行口,利用 51 单片机串行通信方式 0 扩展键盘接口。

矩阵式键盘适用于按键数量较多的场合。它通常由行线和列线组成,按键位于行、列的交叉点上,如图 10-17 所示。行线信号和列线信号分别通过两个接口和 CPU 相连。通过行、列扫描法判定按键的位置。

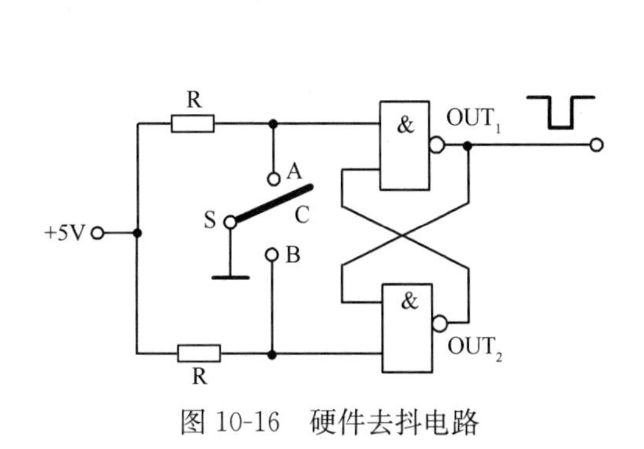

图 10-16　硬件去抖电路

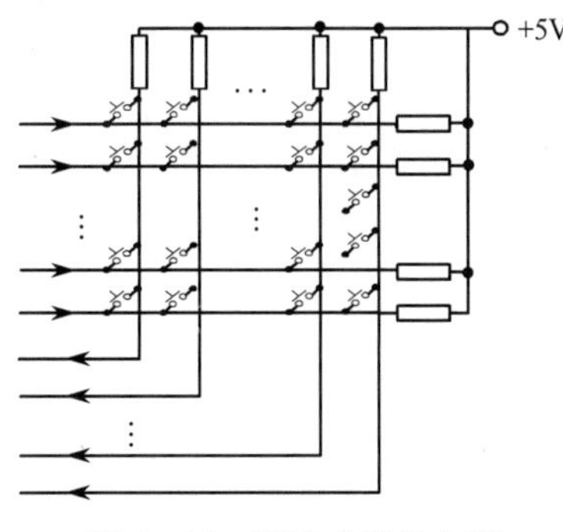

图 10-17　矩阵式键盘电路

单片机的键盘检测通常有 3 种工作方式:查询、中断、定时扫描。查询和中断方式同普通的 I/O 传送是一致的。定时扫描方式是利用单片机内部定时器产生定时中断,在中断服务程序中对键盘进行扫描获得键值。

10.5.2　LED 显示器扩展

N 个数码管可以构成 N 位 LED 显示器,共有 N 根位选线和 $8N$ 根段选线。依据位选线和段选线连接方式的不同,LED 显示器有静态显示和动态显示两种方式。

采用静态显示时,位选线同时选通,每位的段选线分别与一个 8 位锁存器输出相连,各位相互独立。各位显示一经输出,则相应显示将维持不变,直至显示下一字符为止。其电路原理如图 10-18所示。静态显示方式有较高的亮度和简单的软件编程,缺点是占用口线资源太多。

为克服这一缺点,可以将所有位的相应段选线并在一起,位线则分时轮流选通,利用人眼视觉的暂留现象可以获得稳定的视觉效果,这样一种方式则称为动态显示。电路原理如图 10-19 所示。

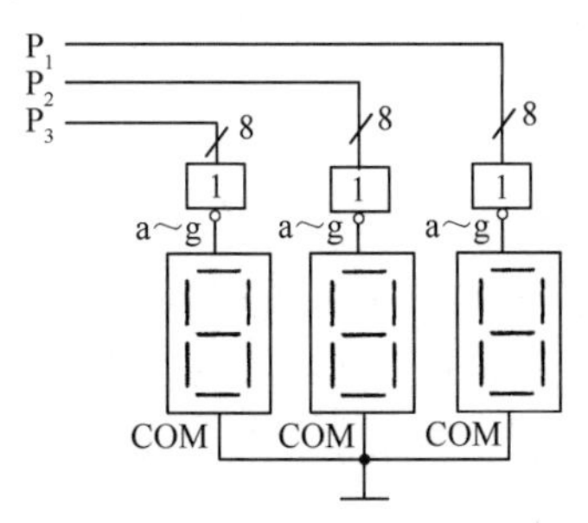

图 10-18　静态显示电路

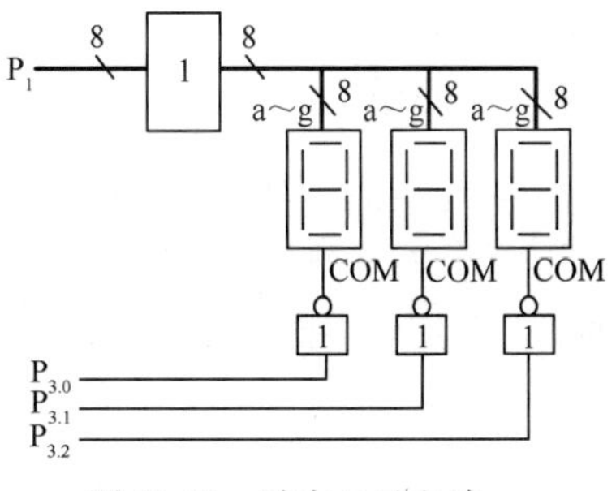

图 10-19　动态显示电路

动态显示方式在使用时需要注意3个方面的问题。

① 显示扫描的刷新频率。每位轮流显示一遍称为扫描(刷新)一次,只有当扫描频率足够高时,对人眼来说才不会觉得闪烁。对应的临界频率称为临界闪烁频率。临界闪烁频率跟多种因素相关,一般认为大于24Hz即可。

② 显示器的亮度问题。通常显示器件从导通到发光有一定的时延,导通时间太小,发光太弱。而这样一种参数决定了动态显示时所能接显示块的极限数目。通常,位选信号为一脉冲信号,该位数码管的亮度是与位线脉冲占空比相关的。

③ LED显示器的驱动问题。LED驱动器驱动能力的高低是直接影响显示器亮度的又一个重要因素。驱动能力越强,通过发光二极管的电流越大,显示亮度则越高。通常一定规格的发光二极管有响应的额定电流的要求,这就决定了段驱动器的驱动能力,而位驱动电流则应为各段驱动电流之和。从理论上看,对于同样的驱动器而言,N位动态显示的亮度不到静态显示亮度的$1/N$。

*10.5.3 用8279扩展键盘与LED显示器

8279是一款专门用于显示器、键盘管理的可编程芯片,由单一+5V电源供电。使用它作为显示器、键盘的接口,不但可以节省单片机的并行口,而且节省用于键盘扫描、动态显示的时间,从而提高CPU的执行效率。单片机扩展8279的电路如图10-20所示,8279的详细使用说明请查看相关资料。

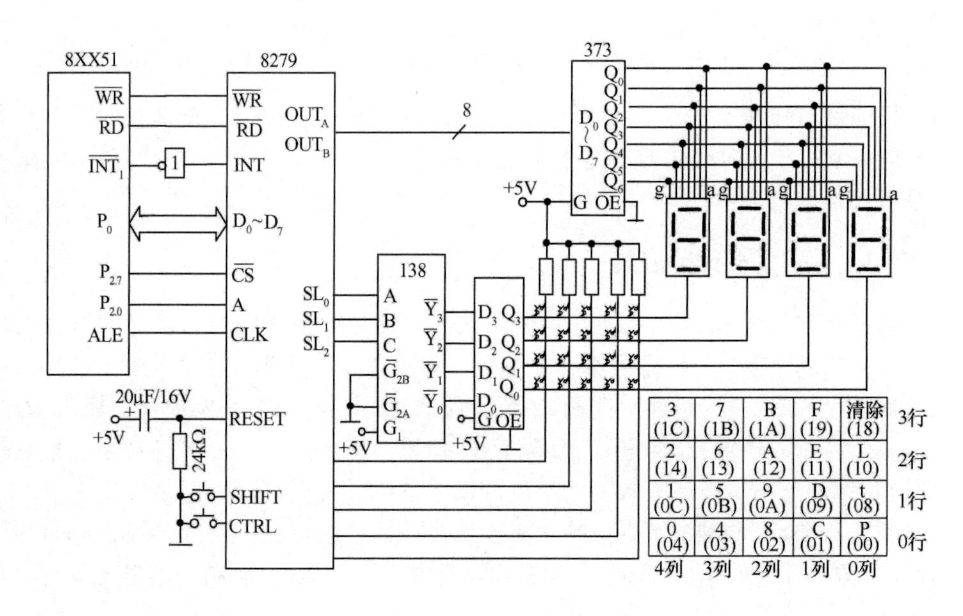

图10-20 8XX51和8279的接口电路

10.5.4 LCD显示器扩展

液晶显示器LCD具有体积小、质量轻、功耗低等优点,已经获得广泛应用。液晶显示的原理是液晶在电场的作用下,液晶分子的排列方式发生了改变,从而使其光学性质发生了变化,显示图形。由于液晶分子在长时间的单向电流作用下容易发生电解,因此,液晶的驱动不能用直流电,但是液晶在高频交流电作用下,也不能很好地显示,故一般液晶的驱动采用125~150Hz的方波。

液晶显示器从显示的形式上可分为段式(或称为笔划式)、点阵字符式和点阵图形式。本节介绍通常仪器上使用的段式显示器和单片机的接口。段型 LCD 以七段显示器最为常用，其驱动的集成电路的型号有多种，如 CD4055/4056，CC1451 3/14，ICM7211 等。下面介绍 LCD 驱动器 ICM7211 的使用。

ICM7211 系列为 4 位的液晶显示驱动器，共有 4 种型号：ICM7211，ICM7211A，ICM7211M，ICM7211AM。ICM7211 内部由脉冲发生器、数据锁存器及位译码器和驱动器构成，采用 40 脚双列直插式塑封，其引脚如图 10-21 所示，具体说明如下：

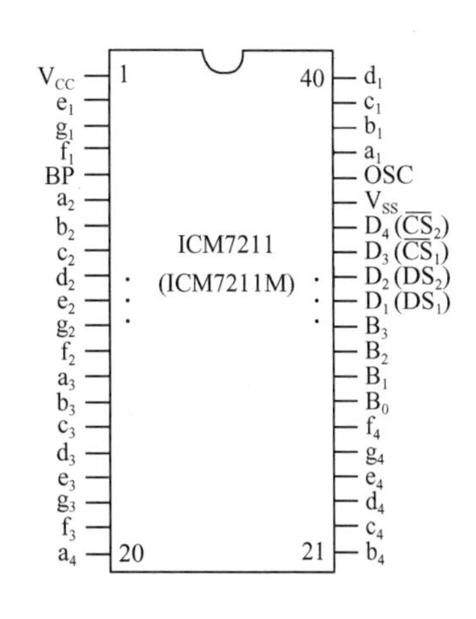

图 10-21　ICM7211 的引脚图

$a_1 \sim g_1$、$a_2 \sim g_2$、$a_3 \sim g_3$、$a_4 \sim g_4$：段码控制。这些引脚分别控制 4 位 LCD 的字形各段。

OSC：内部振荡控制。悬空时振荡器工作，接地时振荡器不工作。

BP：LCD 公共驱动极(或称为背电极)。当 OSC 悬空时，输出 125Hz 脉冲，当 OSC 接地时，是系统的工作脉冲输入极。

$B_0 \sim B_3$：显示字符数据输入位。在 ICM7211(A)中为 BCD 码输入，在 ICM7211(A)M 中可以为十六进制数输入。

$D_1 \sim D_4$($DS_1 \sim \overline{CS_2}$)：位选和片选输入。

在 ICM7211(A)中，$D_1 \sim D_4$ 为 4 位 LCD 的位选，D_1 选低位 LCD，D_4 选高位 LCD，依次类推。在 ICM7211(A)M 中，为 $DS_1 \sim \overline{CS_2}$，其中，$DS_2$，$DS_1$ 送至内部译码选 4 个 LCD 的数位，$\overline{CS_1}$，$\overline{CS_2}$ 作为片选使 ICM7211(A)M 可以多片级联，其真值表如表 10-2 所示。

表 10-2　ICM7211 的真值表

$\overline{CS_2}$	$\overline{CS_1}$	DS_2	DS_1	功　　能
0	0	0	0	选中 $a_4 \sim g_4$ 的 LCD
0	0	0	1	选中 $a_3 \sim g_3$ 的 LCD
0	0	1	0	选中 $a_2 \sim g_2$ 的 LCD
0	0	1	1	选中 $a_1 \sim g_1$ 的 LCD
其　他		×	×	未选中

OSC 和 BP 引脚的连接方法决定了 ICM7211 的工作方式，如果 OSC 悬空，则表示芯片内振荡器工作，产生 19kHz 的脉冲，此脉冲经过内部 128 分频后，产生一个频率为 150Hz 的脉冲，由 BP 输出。BP 极可以用来驱动液晶显示器的公共脚和从外部引入 ICM7211 的同步脉冲。如果 ICM7211 的 OSC 脚接地，此时片内的振荡器停止工作，BP 脚变为输入端，工作脉冲由其他的 ICM7211 的 BP 脚提供。有了这样两种工作方式，ICM7211 就可以进行级联，从而可以驱动更多的 7 段 LCD。

ICM7211(A)输入结构为 4 条数据线 $B_3 \sim B_0$ 和 4 条位选线 $D_1 \sim D_4$。数据线 $B_3 \sim B_0$ 输入为 BCD 码，BCD 码经内部译码后输出 7 段显示字形，4 条位选线 $D_1 \sim D_4$ 分别控制 4 位 7 段译码锁存器，每一位选线都是“1”选通，“0”封锁。它们可以同时为“1”，即 4 位可以完全选通，也可以 4 位全为“0”，即 4 位全封锁。只有在全部封锁时，数据线的变化才不会影响显示。由于 ICM7211(A)没有片选信号，所以不能采用总线方式连接 MCU，只能通过 I/O 接口连接。

ICM7211(A)M 的输入结构为 4 条数据线 $B_3 \sim B_0$，它们把 ICM7211(A)的 4 条位选线改为两条位地址线 DS_2，DS_1 和两条片选线$\overline{CS_2}$，$\overline{CS_1}$。当$\overline{CS_2}$ 和$\overline{CS_1}$ 全为 0 时，该片才被选通，DS_2、DS_1 经内部译码选不同位的 LCD。

ICM7211(A)的 $D_0 \sim D_3$ 为 4 位的字符代码输入。其意义如表 10-3 所示。

表 10-3　数据输入——显示译码表

D_3	0	0	0	0	0	0	0	0	1	1	1	1	1	1	1	1
D_2	0	0	0	0	1	1	1	1	0	0	0	0	1	1	1	1
D_1	0	0	1	1	0	0	1	1	0	0	1	1	0	0	1	1
D_0	0	1	0	1	0	1	0	1	0	1	0	1	0	1	0	1
显示符号	0	1	2	3	4	5	6	7	8	9	—	E	H	L	P	灭

若一片 ICM7211M 不够用，可以考虑级联。例如，设计一个 8 位的 LCD 显示器，使在 LCD8 位上分别显示"1 2 3 4 5 6 7 8"，1s 后在 LCD 的前 7 位分别显示"90HELP-"，最后一位 LCD 不显示(熄灭)，经过 1s 后又重新显示"1 2 3 4 5 6 7 8"，如此循环，反复显示。

分析　采用能显示 8 位 YXY8002 型的 LCD 显示器。一个 7211 只能驱动 4 位 LCD，8 位 LCD 需两片 7211，采用级联的形式电路，如图 10-22 所示。

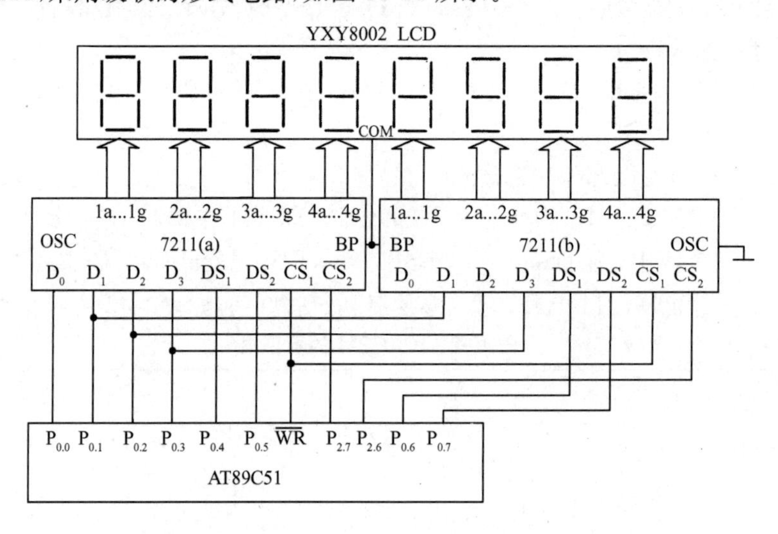

图 10-22　7211 级联驱动 8 倍液晶显示器电路原理图

LCD 显示模块公用一个 COM 端，由 BP 输出驱动，为保证两片 7211 的输出脉冲具有相同的频率和相位，7211(a)的 OSC 悬空，产生方波，并且从 BP 输出提供给 7211(b)和 LCD 的公共脚，7211(b)的 OSC 接地，禁止内部振荡器工作。$P_{2.7}$作为 7211(a)的片选，使地址为 7FFFH，$P_{2.6}$作为 7211(b)的片选，地址为 BFFFH。$P_{0.3} \sim P_{0.0}$送显示数据。$P_{0.5}$，$P_{0.4}$接7211(a)的 DS_2 和 DS_1，用于高 4 位的 LCD 位选择；$P_{0.7}$，$P_{0.6}$接 7211(b)的 DS_2，DS_1 用于低 4 位 LCD 的位选择；最高位 LCD 接 1a～ 1g，根据表 10-2 和表 10-3 高位 LCD 显"1"，送的数据为××110001即 31H，依次类推，程序清单如下：

```
POD1  EQU  7FFFH           ;7211(a) 7FFFH
POD2  EQU  BFFFH           ;7211(b) BFFFH
ORG  0000H
MOV  DPTR,#POD1            ;以下灭 LCD 所有位
MOV  A,0FH
MOVX  @DPTR,A
```

```
        MOV   A,1FH
        MOVX  @DPTR,A
        MOV   A,2FH
        MOVX  @DPTR,A
        MOV   A,3FH
        MOVX  @DPTR,A
        MOV   DPTR,#POD2
        MOV   A,0CFH
        MOVX  @DPTR,A
        MOV   A,8FH
        MOVX  @DPTR,A
        MOV   A,4FH
        MOVX  @DPTR,A
        MOV   A,0FH
        MOVX  @DPTR,A
AGAI:MOV   DPTR,#POD1          ;指向 7211(a)
        MOV   A,31H             ;LCD 第一位显示"1"
        MOVX  @DPTR,A
        MOV   A,22H             ;LCD 第二位显示"2"
        MOVX  @DPTR,A
        MOV   A,13H             ;LCD 第三位显示"3"
        MOVX  @DPTR,A
        MOV   A,04H             ;LCD 第四位显示"4"
        MOVX  @DPTR,A
        MOV   DPTR,#POD2        ;指向 7211(b)
        MOV   A,0C5H            ;LCD 第五位显示"5"
        MOVX  @DPTR,A
        MOV   A,86H             ;LCD 第六位显示"6"
        MOVX  @DPTR,A
        MOV   A,47H             ;LCD 第七位显示"7"
        MOVX  @DPTR,A
        MOV   A,08H             ;LCD 第八位显示"8"
        MOVX  @DPTR,A
        ACALL DEPAY             ;延时
        MOV   DPTR,#POD1        ;指向 7211(a)
        MOV   A,39H             ;LCD 第一位显示"9"
        MOVX  @DPTR,A
        MOV   A,20H             ;LCD 第二位显示"0"
        MOVX  @DPTR,A
        MOV   A,1CH             ;LCD 第三位显示"H"
        MOVX  @DPTR,A
        MOV   A,0BH             ;LCD 第四位显示"E"
        MOVX  @DPTR,A
        MOV   DPTR,#POD2        ;指向 7211(b)
        MOV   A,0CDH            ;LCD 第五位显示"L"
```

```
        MOVX  @DPTR,A
        MOV   A,8EH            ;LCD第六位显示"P"
        MOVX  @DPTR,A
        MOV   A,4AH            ;LCD第七位显示"—"
        MOVX  @DPTR,A
        MOV   A,0FH            ;LCD第八位灭
        MOVX  @DPTR,A
        ACALL DEPAY            ;延时
        AJMP  AGAI
```

10.6 隔离与驱动接口

在单片机应用系统中，为实现弱电(单片机输出的控制信号)对强电(执行机构电源)的控制，必须有驱动电路，常用的驱动电路有以下几种。

(1) I/O 口驱动电路

在单片机应用系统中，开关量都是通过单片机的 I/O 口或扩展 I/O 口输出的。这些 I/O 口的驱动能力有限，例如，标准 TTL 门电路的低电平吸收电流的能力约为 16mA，一般不足以驱动功率开关(如继电器等)，因此，经常需要增加 I/O 口的驱动能力。用于此目的的集成逻辑器件很多，例如，常用的集电极开路反相驱动器 7406 或同相驱动器 7407，输出电压可上拉至 30V 以上，一般用作功率开关器件的缓冲驱动级。

(2) 功率晶体管驱动电路

图 10-23(a)是简单的晶体管驱动电路。当晶体管用作开关元件时，要保证使其工作在开关状态。晶体管导通时，驱动电流必须足够大并使其饱和，否则会增加其管压降来限制负载电流，此时晶体管进入线性工作区并加大功耗。但晶体管的基极电流过大会使其饱和程度过深，并因此影响其开关速度。晶体管关断时要可靠截止，为此，有时需要下拉基极电位使其稍低于发射极电位(NPN 管)。高速晶体管开关过程中通过线性区的速度快，功耗低。

(3) 达林顿驱动电路

晶体管用作功率开关器件的主要问题是受 β 值的限制，在驱动大功率负载时，需要提供较大的基极电流，并且通常大功率晶体管的 β 值较低，如果采用复合管，其 β 值则是两个晶体管 β 值的乘积。达林顿管相当于复合晶体管(见图 10-23(b))，用达林顿管构成的驱动电路具有很高的输入阻抗和电流增益。

(4) 可控硅整流器

可控硅整流器(SCR)是一种三端固态器件，其阳极相当于晶体管的集电极，阴极相当于发射极，门控极相当于基极。可控硅整流器只工作在导通或截止状态，一般用作整流和功率开关器件。

SCR 只需极小的驱动电流，一般输出负载电流和输入驱动电流之比大于 1000，是较为理想的大功率开关器件。普通 SCR 的另一特点是脉冲触发导通，由于其内部的反馈特性，一旦导通，即使去掉门控电压也不会截止，只有关掉负载后，门控信号才会发挥作用。特殊设计的可关断晶闸管也可以由电平控制其开关。双向可控硅适用于交流负载的开关控制。

由于 SCR 通常用于开关高电压和大功率负载，故不宜直接与数字逻辑电路相连，在实际使用时常采用隔离措施，如光电隔离，图 10-23(c)是其典型应用的电路原理图。

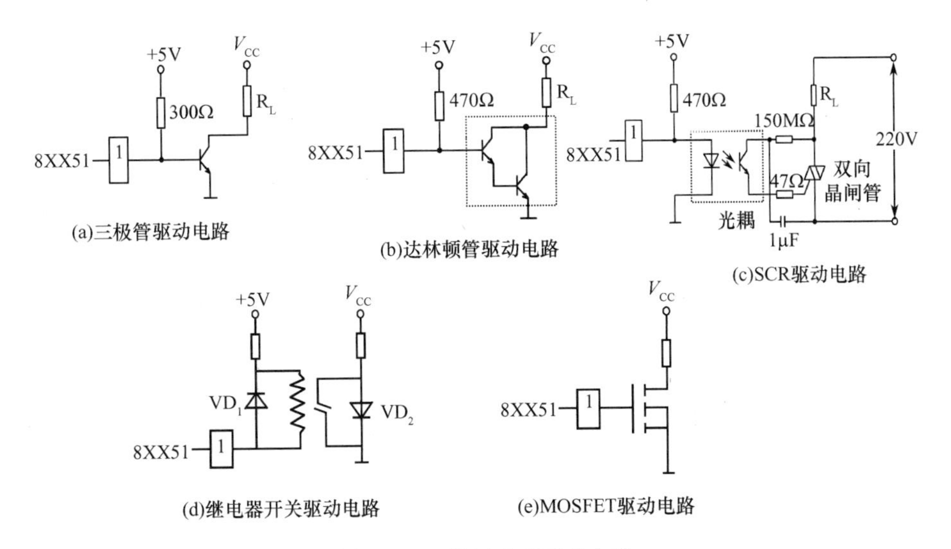

图 10-23　常用功率开关电路

（5）机械继电器

在控制中常用的有干簧继电器、水银继电器和机械振子式继电器等。与电子开关相比，机械继电器最大的优点是其开关状态是理想的。大功率的机械继电器可以开关很大的电流并承受很高的电压。

机械继电器的接口电路如图 10-23(d)所示。电阻 R 用于调整继电器的驱动电流。二极管 VD_1 用于在继电器关断时为线圈提供感生电流的放电回路。

机械继电器的开关响应时间较长，单片机应用系统中使用机械继电器时，控制程序中必须考虑开关响应时间的影响。

（6）功率场效应管(MOSEFT)

功率场效应管用作功率开关，具有开关频率高、输入电流小、控制电流大的特点，兼有晶体管开关和 SCR 的全部优点。其电路如图 10-23(e)所示。

（7）光电耦合器

在单片机应用系统中，在驱动控制大功率负载时，电磁干扰很强。例如，在控制大功率电机时，电机关断时感应的高电压可能会通过功率器件或电源的耦合作用窜入单片机系统，不仅会影响系统的正常工作，而且可能造成硬件的损坏。因此在大功率输出的情况下，普遍采用光电隔离技术。

光电耦合器的作用是：使弱、强电之间没有电接触和抑制电磁干扰。当其用于输出时，可兼作缓冲驱动器，因此要注意驱动能力，比如选达林顿输出的光电耦合器。光电耦合器应放在功率驱动电路的输入端，如图 10-23(c)是光电耦合器驱动晶闸管，图 10-24 是利用光电耦合器驱动继电器。

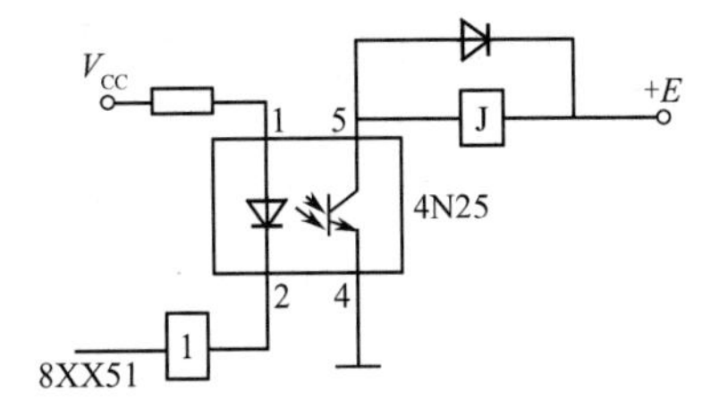

图 10-24　光电耦合输出电路图

（8）固态继电器

目前，许多种功率驱动电路趋向于模块化，其中固态继电器是最常用的功率开关模块。它是一个四端口模块，两个为输入端，两个为输出端，在输入信号控制下，可以开关大功率的交流或直流负载。

固态继电器的内部结构如图 10-25 所示，包括输入电路、光电隔离和驱动输出，考虑到负载常呈感性(如各种电机)，许多固态继电器还带有吸收网络，用以消除关断感性负载时产生的瞬时高压。

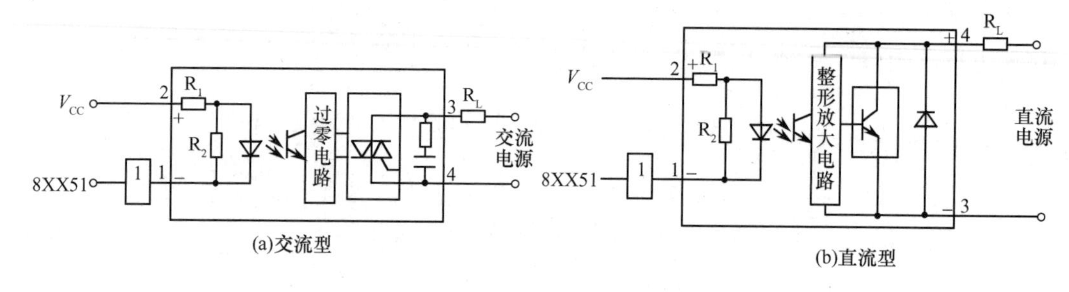

图 10-25　固态继电器

固态继电器具有下述优点：无机械触点，可靠性高，寿命长；采用光电隔离，抗干扰能力强；无机械可动部分，开关速度快；输入与逻辑电路兼容，通常可直接与 TTL 或 CMOS 电路连接；无机械噪声，电噪声较低。因此，固态继电器使用非常广泛。

*10.7　触摸屏

触摸屏（Touch Screen）大家并不陌生，每天接触的智能手机如小米、iPhone 等，以及平板电脑如 iPad 等，其屏幕就是触摸屏。触摸屏是不用学习人人都会使用的人机沟通设备，当你触摸到屏幕上某位置上的图符时，屏幕上的触觉反馈系统可根据触摸点定位执行相应的程序完成相应的操作。触摸屏取代了机械式按钮、键盘和鼠标，使用十分方便，因此，它的使用越来越广泛。在公共场合都有它的身影，如火车订票取票机、银行存取款机、大量的公共信息查询系统等。

一个触摸屏的屏幕结构如图 10-26 所示。它由保护玻璃、触摸屏、显示屏组成，有的两层之间隔一层空气或保护膜。各手机厂家除了提高触摸屏的性能外，在做得更薄且成本更低上也下了不少功夫。如苹果的 iPhone 手机，采用将触摸面板功能嵌入液晶像素中的方法，即在显示屏内部嵌入触摸传感器功能；三星、日立、LG 等厂商采用在液晶面板上配备触摸传感器的方法，这样都使屏幕变得更加轻薄。目前国内手机如天宇、金立、小米都采用了 OGS 技术，即把触控屏与保护玻璃集成在一起，使得触摸屏更薄且成本更低。

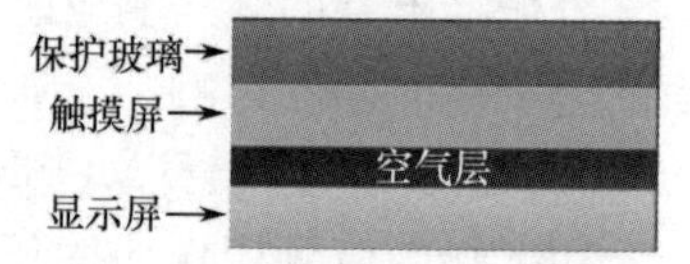

图 10-26　触摸屏的屏幕结构

从技术层面讲，触摸屏是一套透明的绝对定位系统。它是以显示屏为参照的绝对定位设备，其给出的数据是绝对坐标。对触摸屏的要求是透明、触摸感应灵敏、坐标定位准确稳定。

触摸屏的结构系统一般包括 3 个部分：触摸检测装置、触摸屏控制器和微控制器。触摸检测装置安装在显示器屏幕前面，用于检测用户的触摸位置，然后送触摸屏控制器；触摸屏控制器接收触摸检测装置发送来的触摸信息，将其转换成触点坐标送给微控制器，经过微控制器分析判断执行相应程序，并发出命令使触摸屏控制器执行。

随着科技的进步，触摸屏技术经历了从低档向高档逐步升级和发展的过程。1997 年摩托罗拉 PalmPilot 掌上电脑出现电阻式触摸屏，其需触摸笔输入，不精确；自 2007 年 3 月 LG 推出 Parada 多点电容式触摸屏以来，多点电容式触摸屏取得了飞速的发展，其后又出现了红外线式触摸屏和表面声波式触摸屏等。

10.7.1　电阻式触摸屏的工作原理

电阻式触摸屏利用压力感应进行控制，主要部分是一块与显示器表面配合得很好的电阻薄膜屏。它以一层玻璃或有机玻璃作为基层，表面涂有一层叫 ITO（铟锡氧化物）的透明导电层，上面再敷有一层外表面经过硬化处理、光滑防刮的塑料层；它的内表面也涂有一层ITO导电层，在两层导电层之间有许多细小(小于千分之一英寸)的透明隔离点把它们隔开绝缘。电阻式触摸屏有四线式、五线式、八线式几种类型，各种类型的工作原理不尽相同。

四线式电阻式触摸屏如图10-27所示。触摸屏的两个工作面X层和Y层相互绝缘，各负责X轴及Y轴坐标的工作，每个工作面的两条边线上各涂一条银胶，同时两端间加一固定电压，如一端为5V，一端为0V，两线之间形成一个均匀的电场。上下导电层是电阻性材料，一层工作面相当于一个电阻网络(见图10-28)，当某一层电极加上电压时，会在该网络上形成电压梯度。例如图10-28中，触压点为M，触压点因触压使上、下层短路。某瞬间给$X(X+,X-)$加电压V_{IN}(5,0)V电压，Y轴不加电压，根据电阻分压公式，触压点M的电压$V_X=V_{IN}*R_1/(R_1+R_2)$，V_X经Y轴传出。下一瞬间给$Y(Y+,Y-)$加电压V_{IN}(5,0)V电压，X轴不加电压，触压点M的电压$V_Y=V_{IN}*R_3/(R_3+R_4)$，V_Y经X轴传出。传出的电压送至A/D转换器各自的通道。如此两个工作面迅速交替加电并传送至A/D转换器，A/D转换器将所测得的信号转换成数字信号送至控制器，经控制器计算判断触点坐标位置，执行相应程序。

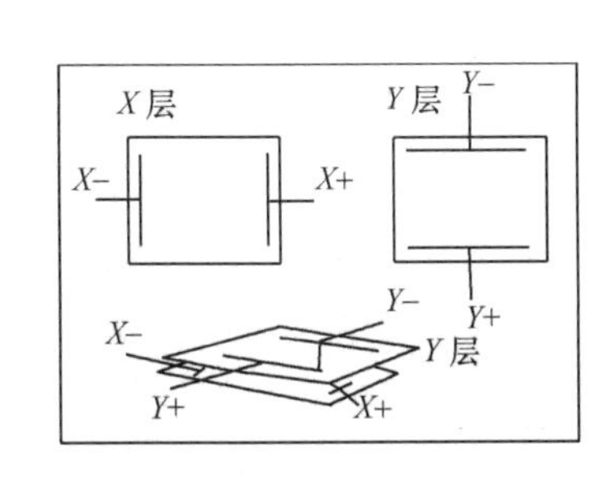

图10-27　四线式电阻式触摸屏工作面示意图

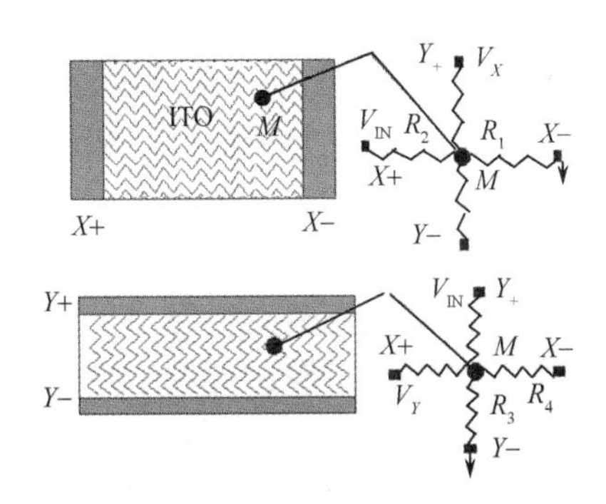

图10-28　工作面导电层示意图

五线式、八线式电阻式触摸屏其实是基于四线式产品的延伸。为了提高触摸屏的性能，避免因受环境的影响或其他周边设备导致电压的读取值有所误差及延长使用寿命等，除上下导电层的4条引线外各再增加参考线，其目的在于能读取更实际的电压值以提升操作的精准度，这里不再赘述。

10.7.2　电容式触摸屏的工作原理

电容式触摸屏是利用人体的电流感应进行工作的。2007年3月LG推出Parada多点电容式触摸屏，与电阻触摸屏相比，它无须触笔且精度好；2007年6月苹果推出多款iPhone多点电容式触摸屏后，电容式触摸屏取得飞速的发展。

电容式触摸屏分为表面电容式和投射电容式两种；投射电容式又分为自电容式和互电容式。

表面电容式包含一个普通的ITO层和一个金属边框，4个角上引出4个电极，电压加到4个电极上，当手指触摸在触摸屏上时，用户和触摸屏表面形成以一个耦合电容。电容对于高频电流来说是导体，于是手指从接触点吸走一个很小的电流。这个电流分别从触摸屏的四角上的电极中流出，而流经这4个电极的电流与手指到四角的距离成正比，控制器通过对这4个电流比例的精确计算，得出触摸点的坐标。

投射电容式由两层ITO构成。每层ITO通过一定的工艺通蚀多个电极。一层ITO的电极呈水平排列，另一层ITO的电极呈垂直排列，两层ITO的电极组成一矩阵，其定位方式是：在驱动层(见图10-29(a))，给其中一条线添加一行脉冲信号，其他线与地连接；在传感层(见图10-29(b))，所有线依次进行扫描检测，当检测到所有的交叉点中电荷减少最多的点，则该点就是触点。电量经 A/D 转换并送计算机计算后，即得(x,y)坐标。

电容式触摸屏也有相应的触摸控制器完成驱动和检测，硬件系统的构成类似于电阻式触摸屏。

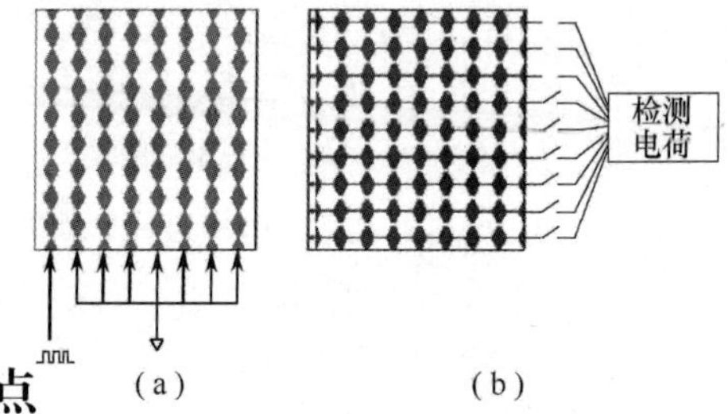

图 10-29　投射电容式触摸屏检测

10.7.3　红外线式触摸屏的工作原理及特点

红外线式触摸屏（简称红外触摸屏）利用 X、Y 方向上密布的红外线矩阵来检测并定位用户的触摸。红外触摸屏在显示器的前面安装一个电路板外框，电路板在屏幕 X 和 Y 一边的边框排布一系列的红外发射管，而在它们的对边安排有相同数量的红外接收管，这样一一对应形成横竖交叉的红外线矩阵。红外发射管在通电时发出红外线，用户在触摸屏幕时，手指就会挡住发射管发出的经过该位置的红外线，引起红外接收管的电流变化，由横竖两边的发送和接收，经控制器的检测和计算，就判断出触摸点在屏幕的位置坐标。

红外线矩阵电路和微控制器都装在屏幕的框架内，无须单独供电，微控制器通过键盘接口或串行口直接与主机通信，安装较为简单。随着技术的发展，第五代红外线触摸屏成为全新一代的智能技术产品，实现了 1000×720 高分辨率、多层次自调节和自恢复的硬件适应能力和高度智能化的判别识别，可长时间在各种恶劣环境下任意使用，并且可针对用户定制扩充功能，如网络控制、声感应、人体接近感应、用户软件加密保护、红外数据传输等。

红外触摸屏不受电流、电压和静电干扰，适宜恶劣的环境条件，只要真正实现了高稳定性和高分辨率，必将替代其他技术产品而成为触摸屏市场的主流。

10.7.4　表面声波触摸屏的工作原理

表面声波是一种沿介质表面传播的机械波。表面声波触摸屏由触摸屏、声波发生器、声波反射器和声波接收器组成。触摸屏部分可以是一块平面、球面或柱面的玻璃平板，安装在 CRT、LED、LCD 或等离子显示器屏幕的前面。声波发生器能发送一种高频声波跨越屏幕表面，声波反射器把控制器通过触摸屏电缆送来的电信号转化为声波能，声波接收器把由反射条纹汇聚成的表面声波能变为电信号。

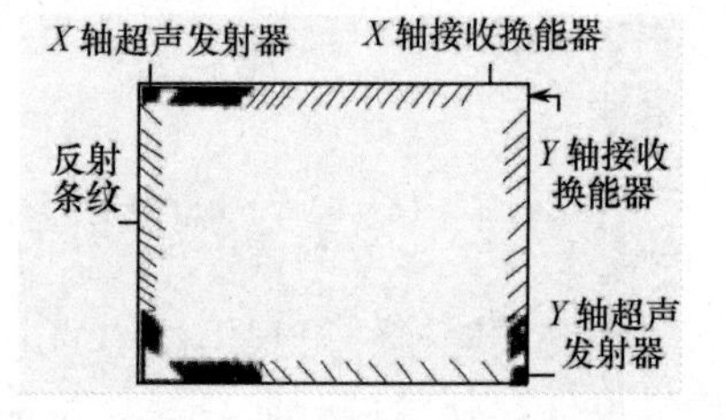

图 10-30　表面声波触摸屏

如图 10-30 所示，玻璃屏的左上角和右下角各固定了竖直和水平方向的超声波发射器，右上角则固定了两个相应的超声波接收换能器。玻璃屏的 4 个周边刻有 45°角由疏到密间隔非常精密的反射表面超声波的反射条纹。工作时，表面声波触摸屏的控制器产生 5.53MHz的超高频电信号经 X、Y 发射形成动态超声波矩阵波面，此时当某点有按压触点，触点上的声波即被阻止，接收换能器接收到信号的变化，转变成电信号送控制器，控制器经计算判断其坐标。

表面声波触摸屏不受温度、湿度等环境因素影响，分辨率极高，有极好的防刮性，寿命长（5000 万次无故障），透光率高（92%），能保持清晰透亮的图像质量，没有漂移，只需安装时一次校正，最适合公共场所使用。

10.7.5 电阻式触摸屏与单片机的接口

触摸屏是触摸屏系统的检测装置，它不但检测到触摸，而且转换成电压值，触摸屏控制器完成将此模拟电压经过 A/D 转换变成数字量送给微处理器。微处理器则完成对触摸屏控制器芯片的控制、计算及与主机的通信等。

触摸屏控制器芯片要完成电极电压的切换和接触点采集并进行 A/D 转换，对其的要求是多通道输入、A/D 转换速率高、精度高等。市面上有各种对不同类型触摸屏的专用控制芯片，如 BB(Burr-Brown)公司的 ADS7846 芯片是 4 线式触摸屏的控制器，ADS7845 是 5 线式触摸屏的控制器。图 10-31 所示是电阻式触摸屏与单片机的接口框图。

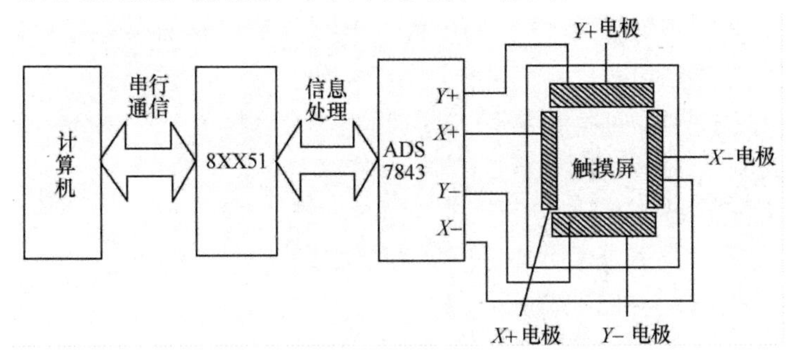

图 10-31　电阻式触摸屏与单片机的接口框图

*10.8　条形码

条形码(Barcode)以其输入速度快、可靠性高、信息量大(二维条形码可以携带数千个字符的信息)、灵活实用且成本低廉而获得广泛应用，成为人机交互的常用工具之一。

条形码是将宽度不等的多个黑条和空白，按照一定的编码规则排列，用以表达一组信息的图形标识符。它是集编码、打印、数据采集、通信、识别和处理于一身的的计算机信息识别系统。常见的条形码是由反射率相差很大的黑条(简称条)和白条(简称空)排成的平行线图案(一维码)，或排成矩阵的图案(二维码)，如图 10-32所示。条形码可以标出物品的生产国、制造厂家、商品名称、生产日期、图书分类号、邮件起止地点、类别、日期等信息，因而在商品流通、图书管理、邮政管理、银行系统等许多领域都得到了广泛的应用，甚至每个人的微信都有自己的二维码。

图 10-32　条形码示例

10.8.1　条形码的类型

条形码有一维条形码和二维条形码。

1. 一维条形码

一维条形码只是在一个方向(一般是水平方向)表达信息，而在垂直方向则不表达任何信息的条形码，其一定的高度通常是为了便于阅读器的对准。

一维条形码的应用可以提高信息录入的速度，减少差错率。其不足之处：数据容量较小(30 个字符左右)，只能包含字母和数字，由于条形码尺寸相对较大使空间利用率低，当条形码遭到损坏后便不能阅读等。

一维条形码的编码(或称码制)有以下几种。

EAN/UPC码——商品条码,是当今世界上广为使用的一种商品条形码。其中,EAN码的商品条码,已成为电子数据交换(EDI)的基础;UPC码主要为美国和加拿大使用。Code39码——因其可采用数字与字母共同组成的方式而在各行业内部管理上被广泛使用。

ITF25码——在物流管理中应用较多。

另外,还有Code93码、Code128码等。

2. 二维条形码

二维条形码是在水平和垂直方向的二维空间存储信息的条形码,简称二维码。与一维条形码一样,二维条形码也有许多不同的编码方法,就这些码制的编码原理而言,通常可分为以下两种类型。

(1) 线性堆叠式二维码

线性堆叠式二维码是在一维条形码编码原理的基础上,将多个一维码在纵向堆叠而产生的。典型的码制如Code 16K、Code 49、PDF417等。

(2) 矩阵式二维码

矩阵式二维码是在一个矩形空间通过黑、白像素的不同分布进行的编码。典型的码制如Aztec、Maxi Code、QR Code、Data Matrix等。

10.8.2 条形码的格式

1. 条形码的构成

条形码由多个黑条和空白组成,不论是采取何种规则印制的条形码,都由静区、起始符、数据符与终止符组成。有些条码在数据符与终止符之间还有校验符。一个典型的条形码如图10-33所示。

图10-33 一个典型的条形码

静区:也叫空白区,分为左空白区和右空白区,分别是让扫描设备做好扫描准备及识别条码的结束。

起始/终止符:指位于条码开始和结束的若干条与空,标志条码的开始和结束,同时提供了码制识别信息和阅读方向的信息。

数据符:位于条码中间的条、空结构,它包含条码所表达的特定信息。

校验符:检验读取到的数据是否正确。不同编码规则可能会有不同的校验规则。

为了方便双向扫描,起始/终止符具有不对称结构,因此扫描器扫描时可以自动对条码信息重新排列。

2. 商品条码数字的含义(EAN-13)

下面以条形码6936983800013为例进行说明。此条形码分为4个部分,从左到右分别为:

1～3位——共3位,对应该条码的693,是中国的国家代码之一(这一部分由国际上分配,690～695代表中国大陆,471代表中国台湾,00～09代表美国、加拿大,45～49代表日本等);

4～8位——共5位,对应该条码的69838,代表生产厂商代码,由厂商申请、国家分配;

9～12位——共4位,对应该条码的0001,代表着厂内商品代码,由厂商自行确定;

第13位——对应该条码为3,是按一定算法对前面12位数字计算而得的校验码。

10.8.3　条形码的生成

条形码编码法有宽度调节编码法和色度调节编码法。宽度调节编码法以条码的宽和窄表示逻辑“1”和逻辑“0”，Code-11 码、Code39 码、2/5Code 码等均采用宽度调节编码法。色度调节编码法是利用条和空的反差来标识的，条表示逻辑“1”，而空表示逻辑“0”。我们把“1”和“0”的条空称为基本元素宽度或基本元素编码宽度，连续的“1”、“0”则可有 2 倍宽、3 倍宽、4 倍宽等。如 EAN/UPC 码采用此编码方法。目前在国内推行使用的商品条形码分为 EAN-13(标准版，13 位数据)和 EAN-8(缩短版，8 位数据，仅由前缀码、商品项目代码和校验码组成)两种。

条形码生成使用的行政流程：先将合格的产品的有关申请资料提供给中国物品编码中心，中国物品编码中心收到初审及相关的付款凭证后，向申请人核准注册厂商并提供识别代码。

条形码生成与打印有很多软件，如 Bartender、Label view、Label matrix、Codesoft 等属于专业条形码生成与打印软件，集条码生成、标签制作、批量打印于一体，可打印固定与可变数据并支持调用数据库(如.dbf，.xls，.mdb 等)文件直接打印；CorelDRAW、Photoshop、Illustrator 属于专业的画图设计软件，利用 Word 软件中的控件 Microsoft Barcode Control 9.0 选择其中的码制(如 EAN-13)也可生成需要的条形码。

10.8.4　条形码的识别

要将按照一定规则编译出来的条形码转换成有意义的信息，需要经历扫描和译码两个过程。物体的颜色是由其反射光的类型决定的，白色物体能反射各种波长的可见光，黑色物体则吸收各种波长的可见光，所以当条形码扫描器光源发出的光在条形码上反射后，反射光照射到条码扫描器内部的光电转换器上，光电转换器根据强弱不同的反射光信号，转换成相应的电信号。电信号输出到条码扫描器的放大电路增强后，再送到整形电路将模拟信号转换成数字信号“0”或“1”。由于白条、黑条的宽度不同，相应的电信号持续时间长短也不同，然后译码器通过测量脉冲数字电信号 0、1 的数目来判别条和空的数目，通过测量 0、1 信号持续的时间来判别条和空的宽度。根据对应的编码规则，将条形符号转换成相应的数字、字符信息，由计算机系统进行数据处理与管理，物品的详细信息便被识别了。条码扫描器的硬件结构如图 10-34 所示。根据光源原理的差异，条码扫描器有光笔、红光 CCD(以 CCD 作为光电转换器，LED 作为发光光源)、激光(以激光作为发光源)、影像(以光源拍照，自带硬解码板解码，通常影像扫描可以同时扫描一维及二维条码)几种类型。

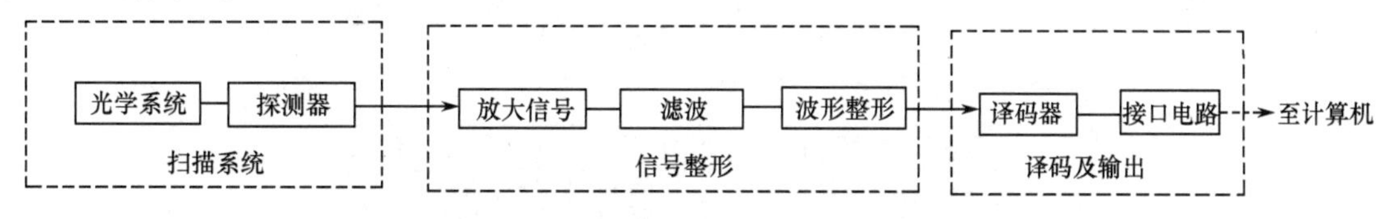

图 10-34　条码扫描器硬件结构如图

10.8.5　条形码示例

条形码是标示字符的编码，如同“0”的 ASCII 码是 30h，而它的 BCD 码是 00h。在条形码中，不同的码制，同一字符的编码不同。如条形码中数字“0”，EAN/UPC 码的 A 子集为 0001101B，B 子集为 0100111B，C 子集为 1110010B，子集中 1 对应一个条(黑条)，0 对应一个空(空白)，每一个条或空称为一个模块，一个模块的标准宽度为 0.33mm，一个字符由 7 个模块组成。表 10-4 为 EAN/UPC 码的字符集，A 子集中条的个数为奇数；B、C 子集中条的个数为偶数。究竟采用何种子集，取决于前置码。

表 10-4 EAN/UPC 码的字符集

数字字符	A 子集	B 子集	C 子集
0	0001101	0100111	1110010
1	0011001	0110011	1100110
2	0010011	0011011	1101100
3	0111101	0100001	1000010
4	0100011	0011101	1011100
5	0110001	0111001	1001110
6	0101111	0000101	1010000
7	0111011	0010001	1000100
8	0110111	0001001	1001000
9	0001011	0010111	1110100

前置码	左 1	左 2	左 3	左 4	左 5	左 6
0	A	A	A	A	A	A
1	A	A	B	A	B	B
2	A	A	B	B	A	B
3	A	A	B	B	B	A
4	A	B	A	A	B	B
5	A	B	B	A	A	B
6	A	B	B	B	A	A
7	A	B	A	B	A	B
8	A	B	A	B	B	A
9	A	B	B	A	B	A

示例：690123456789

690 代表中华人民共和国，1234 为生产商代码，56789 为产品代码，经计算得其校验码为 2（计算方法参考相关资料，软件可自动生成）。前置码（第一个字符）为 6，按规定前置码不占用条码字符。余下 901234567892 共 12 位分为两半，分别置于条形码的左侧和右侧。前 6 位因前置码为 6 而选 ABBBAA 子集（见表 10-4 前置码为 6-栏），右侧数据符及校验符按规定均采用字符集中的 C 子集表示。所以左侧数据符 901234，按 ABBBAA 子集方式绘制条码为

0001011(9)0100111(0)0110011(1)0011011(2)0111101(3)0100011(4)

右侧数据符 567892，按 CCCCCC 子集方式绘制条码为

1001110(5)1010000(6)1000100(7)1001000(8)1110100(9)1101100(2)

用条码表示为：

左侧空白区	起始符	左侧数据符	中间分隔符	右侧数据符	结束符	右侧空白区
11 个模块 000……00	3 个模块 101	42 个模块 901234	5 个模块 01010	42 个模块 567892	3 个模块 101	7 个模块 0000000

商品条码起始符、终止符的二进制数表示都为“101”（UPC-E 的终止符例外），中间分隔符的二进制数表示为“01010”（UPC-E 的无中间分隔符）。画出这个条码如图 10-35 所示。

图 10-35 条形码示例

10.9 小　　结

① 计算机只能处理数字量，并行接口解决了数字量或开关量的检测和控制问题，如果测控的对象是模拟量，必须进行数字量和模拟量之间的转换，D/A、A/D、V/F、F/V 转换器就是完成数字量和模拟量之间的转换器件，应理解它们的转换原理，掌握电路连接、编程方法。

② 嵌入式系统少不了人机接口，当单片机并行口不够用时，可选择专用的显示键盘接口，这样可以节省单片机的内部资源。

③ 为实现单片机弱电输出(TTL 电平)对强电(执行机构 220V 电源)的控制，必须加驱动电路，同时要考虑嵌入式系统工作现场环境的干扰，应了解常用的驱动电路和抗干扰的方法。

④ 对人机接口触摸屏和条形码只要求作原理性的了解。

思考题与习题 10

10.1　设计 8XX51 和 DAC0832 接口，要求地址为 F7FFH，满量程电压为 5V，采用单缓冲工作方式，画出电路图，编程使输出如下要求的模拟电压：

(1) 幅度为 3V，周期不限的三角波电压。

(2) 幅度为 4V，周期 2ms 的方波。

(3) 周期为 5ms 的阶梯波，阶梯的电压幅度分别为 0V，1V，2V，3V，4V，5V，每一阶梯为 1ms。

10.2　题目要求同题 10.1，采用双缓冲方式。

10.3　设计 89S51 和 DAC0832 的接口，采用单缓冲方式，将内部 RAM 20H～2FH 单元的数据转换成模拟电压，每隔 1ms 输出一个数据。

10.4　内部 RAM 的 30H～3FH 中存放着 8 个 12 位的二进制数，其中高 4 位放在高地址单元，低 8 位放在低地址单元，利用 DAC1210 转换成模拟电压输出，要求用 $P_{2.0}$，$P_{2.1}$，$P_{2.2}$ 进行线选，编出程序，画出硬件电路。

10.5　设计 89S51 和 ADC0809 的接口，采集 2 通道 10 个数据，存入内部 RAM 的 50H～59H 单元，画出电路图，编出：(1)延时方式；(2)查询方式；(3)中断方式的程序。

10.6　设计 89C51 和 ADC0809 的接口，使用中断方式顺序采集 8 路模拟量，存入地址为 20H～27H 的内部 RAM 中。

⁎第 11 章　串行总线技术

☞**教学要点**

本章介绍 I^2C、SPI 等常用的串行扩展接口规范、通信规程，并以串行E^2PROM、串行 A/D、串行 D/A 为例说明串行接口的扩展方法和编程方法。如果学时很少，本章可为选学内容。

串行接口引脚少、占有 PCB(印制电路板)面积少、接口简单、能节省宝贵的 I/O 口线，尤其适用于 89C1051/2051/4051 等无 P_0、P_2 引脚的单片机扩展，多应用于传输速率要求不高的场合。常用的串行扩展接口规范有 I^2C、SPI 等，本章介绍这两种接口通信规程，并以串行 E^2PROM、串行 A/D、串行 D/A 为例说明串行接口的扩展方法。

11.1　I^2C 总线扩展技术

11.1.1　I^2C 总线简介

I^2C(Intel IC)总线是 Philips 公司推出的芯片间串行传输总线。它只需要两根线(串行时钟线 SCL 和串行数据线 SDA)就能实现总线上各器件的全双工同步数据传送，可以极为方便地构成多机系统和外围器件扩展系统。I^2C 总线采用器件地址的硬件设置方法，避免了通过软件寻址器件片选线的方法，使硬件系统的扩展简单灵活。按照 I^2C 总线规范，总线传输中的所有状态都生成相对应的状态码，系统中的主机能够依照这些状态码自动地进行总线管理，用户只要在程序中装入这些标准处理模块，根据数据操作要求完成 I^2C 总线的初始化，启动 I^2C 总线就能自动完成规定的数据传送操作。由于 I^2C 总线接口已集成在片内，用户无须设计接口，使设计时间大为缩短，且从系统中直接移去芯片对总线上的其他芯片没有影响，这样方便产品的改型或升级。

I^2C 总线接口为开漏或开集电极输出，需加上拉电阻。系统中所有的单片机、外围器件都将数据线 SDA 和时钟线 SCL 的同名端相连在一起，总线上的所有节点都由器件管脚给定地址。系统中可以直接连接具有 I^2C 总线接口的单片机，也可以通过总线扩展芯片或 I/O 口的软件仿真与 I^2C 总线相连。在 I^2C 总线上可以挂接各种类型的外围器件，如 RAM/E^2PROM、日历/时钟、A/D、D/A，以及由 I/O 口、显示驱动器构成的各种模块。常用的 I^2C 接口外围器件地址见表 11-1。

表 11-1　常用 I^2C 接口外围器件地址

器件名称	类　型	地　址
PCF8570	256B RAM	1010 A_2 A_1 A_0 $R/\overline{W}$
PCF8582	256B E^2PROM	1010 A_2 A_1 A_0 $R/\overline{W}$
PCF8574	8 位 I/O	0100 A_2 A_1 A_0 $R/\overline{W}$
PCFSAA1064	4 位 LED 驱动器	0111 1 A_1 A_0 $R/\overline{W}$
PCF8591	8 位 A/D、D/A	1001 A_2 A_1 A_0 $R/\overline{W}$
PCF8583	RAM、日历	1010 A_2 A_1 A_0 $R/\overline{W}$

目前不少的单片机内部集成了 I^2C 总线接口，如 51 单片机 8XC550，8XC552，8XC652，8XC654，8XC751，8XC752 等，低价位的单片机内部没有集成 I^2C 总线接口，但可以通过软件实现 I^2C 总线通信规程。

11.1.2 I^2C 总线的通信规程

① I^2C 运用主/从双向通信。器件发送数据到总线上，则定义为发送器，器件接收数据，则定义为接收器。主器件(通常为微控制器)和从器件可工作于接收器和发送器状态。总线必须由主器件控制，主器件产生串行时钟(SCL)，控制总线的传送方向，并产生开始和停止条件。无论是主控器件，还是从控器件，接收一个字节后必须发出一个确认信号 ACK。

② I^2C 总线的时钟线 SCL 和数据线 SDA 都是双向传输线。总线备用时，SDA 和 SCL 都必须保持高电平状态，只有关闭 I^2C 总线时才使 SCL 钳位在低电平。

③ 在标准 I^2C 模式下，数据传输速率可达 100kbps，高速模式下可达 400kbps。I^2C 总线数据传送时，在时钟线高电平期间，数据线上必须保持有稳定的逻辑电平状态，高电平为数据 1，低电平为数据 0。只有在时钟线为低电平时，才允许数据线上的电平状态发生变化。

④ 在时钟线保持高电平期间，数据线出现由高电平向低电平变化时为起始信号 S，启动 I^2C 总线工作。若在时钟线保持高电平期间，数据线上出现由低到高的电平变化，为停止信号 P，终止 I^2C 总线的数据传送。

⑤ I^2C 总线传送的格式为：开始位以后，主器件送出 8 位控制字节，以选择从器件并控制总线传送的方向，其后传送数据。I^2C 总线上传送的每一个数据均为 8 位，数据传送字节数没有限制。但每传送一个字节后，接收器都必须发一位应答信号 ACK(低电平为应答信号 ACK，高电平为非应答信号 $\overline{ACK}$)，发送器确认后，再发下一数据。每一数据都是先发高位，再发低位，在全部数据传送结束后主控制器发送终止信号 P。

上述的通信规程在内部有 I^2C 接口的单片机中是通过对相关的特殊功能寄存器(I^2C 的控制寄存器、数据寄存器、状态寄存器)操作完成的，读者可自行查阅有关的单片机资料，本书不再赘述。在内部无 I^2C 接口的单片机中可以通过软件模拟完成。本章以内部无 I^2C 接口的单片机 89C51/89S51 扩展 I^2C E^2PROM 24CXX 为例，说明扩展 I^2C 接口的软件设计方法。

11.1.3 串行 I^2C E^2PROM AT24CXX

AT24CXX 的特点是：单电源供电，工作电压范围宽(1.8～5.5V)；低功耗 CMOS 技术(100kHz(2.5V)和 400kHz(5V)兼容)，自定时写周期(包含自动擦除)、页面写周期的典型值为 2ms，具有硬件写保护。

器件型号为 AT24CXX 的结构和引脚如图 11-1 所示，其中，SCL 为串行时钟端；SDA 串行数据/地址端；WP 为写保护，当 WP 为高电平时，存储器只读；当 WP 为低电平时，存储器可读可写。A_0，A_1，A_2 片选或块选。SDA 为漏极开路端，需接上拉电阻到 V_{CC}。数据的结构为×8 位。信号为电平触发，而非边沿触发。输入端内接有滤波器，能有效抑制噪声。自动擦除(逻辑“1”)在每一个写周期内完成。

AT24CXX 采用 I^2C 规程，运用主/从双向通信。主器件(通常为微控制器)和从器件均可工作于接收器和发送器状态。主器件产生串行时钟(SCL)，发出控制字，控制总线的传送方向，并产生开始和停止条件。串行 E^2PROM 为从器件。无论主控器件还是从控器件，接收一个字节后必须发出一个确认信号 ACK。

1. 控制字节要求

开始位以后，主器件送出 8 位控制字节，以选择从器件并控制总线传送的方向。控制字节的

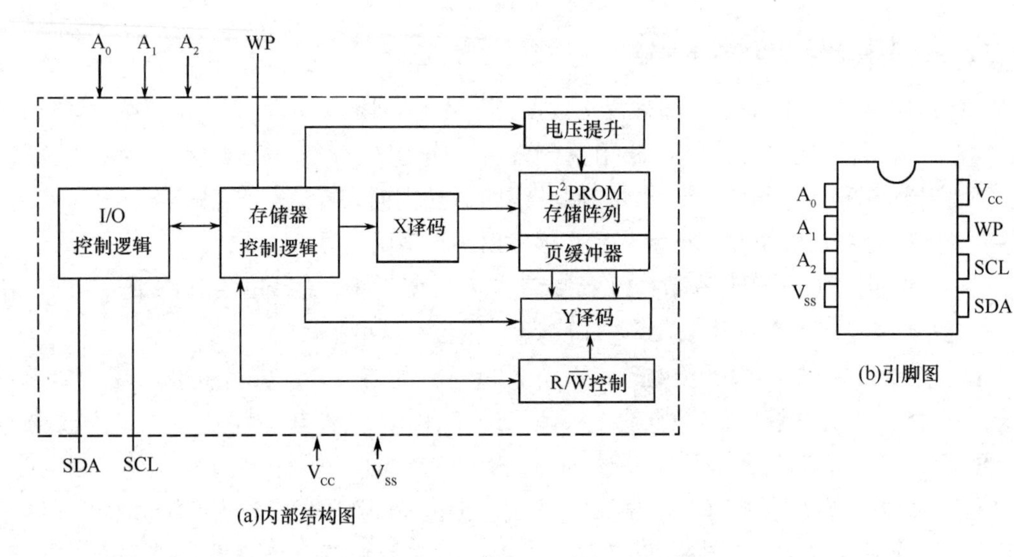

图 11-1 AT24CXX 的结构和引脚图

结构(不包括开始位)如下所示：

1 0 1 0	A_2 A_1 A_0	$R/\overline{W}$
I^2C 从器件地址	片选或块选	读/写控制位

说明：

① 控制字节的第 1～4 位为从器件地址位(存储器为 1010)，确认器件的类型。此 4 位码由 Philip 公司的 I^2C 规程所决定。1010 码即为从器件为串行 E^2PROM 的情况。串行E^2PROM将一直处于等待状态，直到 1010 码发送到总线上为止。当 1010 码发送到总线上，其他非串行 E^2PROM从器件将不会响应。

② 控制字节的第 5～7 位为 1～8 片的片选或存储器内的块地址选择位。此 3 个控制位用于片选或者内部块选择。标准的 I^2C 规程允许选择 16KB 的存储器。通过对几片器件或一个器件内的几个块的存取，可完成对 16KB 存储器的选择，见表 11-2。

表 11-2 AT24CXX 的 $A_2A_1A_0$

器　件	容　量		块数	页面/块	字节/页面	控制字(位)	引　脚
	bit	byte				A_2 A_1 A_0	A_2 A_1 A_0
24C01,85C72	1K	128		16	8	A_2 A_1 A_0	片选、接高或低电平
24C02,85C82	2K	256		32	8	A_2 A_1 A_0	片选、接高或低电平
24C04B,85C92	4K	512	2	16	16	A_2 A_1 P_0	A_2、A_1 接高或低电平
24C08	8K	1024	4	16	16	A_2 P_1 P_0	A_2 接高或低电平
24C16	16K	2048	8	16	16	P_2 P_1 P_0	不连接
24C32	32K	4096		128	32	A_2 A_1 A_0	片选、接高或低电平
24C64	64K	8192		256	32	A_2 A_1 A_0	片选、接高或低电平

AT24CXX 的存储矩阵内部分为若干块，每一块有若干页面，每一页面有若干个字节。内部页缓冲器只能接收一页字节数据，多于一页的数据将覆盖先接收到的数据。

当总线上连有多片 AT24CXX 时，引脚 A_2、A_1、A_0 的电平作器件选择(片选)，控制字节的 A_2、A_1、A_0 位必须与外部 A_2、A_1、A_0 引脚的硬件连接(电平)匹配，A_2、A_1、A_0 引脚中不连接的(表中用P_0、P_1、P_2 表示)，为内部块选择，也是存储器的高位地址。

③ 控制字节第 8 位为读、写操作控制码。如果此位为 1，下一字节进行读操作(R)；此位为 0，下一字节进行写操作($\overline{W}$)。

当串行 E^2PROM 产生控制字节并确认位以后，主器件总线上将传送相应的字地址或数据信息。

2. 确认信号、起始位和停止位

在每一个字节接收后，接收器件必须产生一个确认信号位 ACK(或称为应答位)，主器件必须产生一个与此确认位相应的额外时钟脉冲。在此时钟脉冲的高电平期间，拉 SDA 线为稳定的低电平，为确认信号(ACK)。若不在从器件输出的最后一个字节中产生确认位，主器件必须发一个数据结束信号给从器件。在这种情况下，从器件必须保持数据线为高电平(用$\overline{ACK}$表示)，使得主器件能产生停止条件。注意：如果内部编程周期(烧写)正在进行，AT24CXX 不产生任何确认位。

根据通信规程起始信号、停止信号和应答信号的时序如图 11-2 所示。

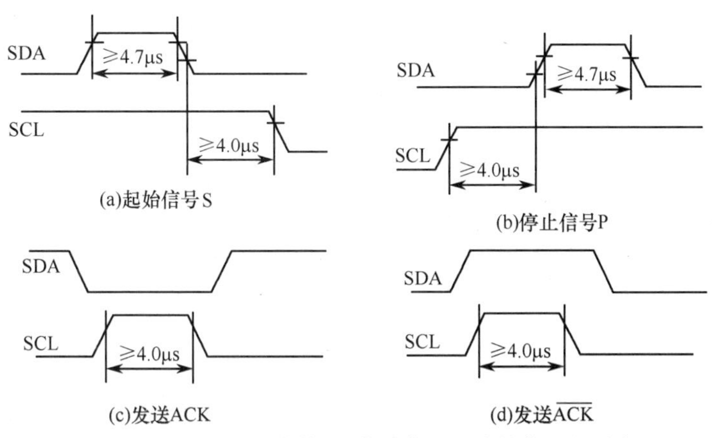

图 11-2　I^2C 总线起始信号、停止信号和应答信号的时序

3. 写操作

(1) 字节写

在主器件发出开始信号以后，主器件发送写控制字节即 $1010A_2A_1A_0 0$(其中，$R/\overline{W}$ 读写控制位为低电平“0”)。这指示从接收器被寻址，由主器件发送的下一个字节为字地址，将被写入到 AT24CXX 的地址指针。主器件接收来自 AT24CXX 的另一个确认信号以后，将发送数据字节，并写入到寻址的存储器地址。AT24CXX 再次发出确认信号，同时主器件产生停止条件 P。启动内部写周期，在内部写周期内，AT24CXX 将不产生确认信号(见图 11-3)。

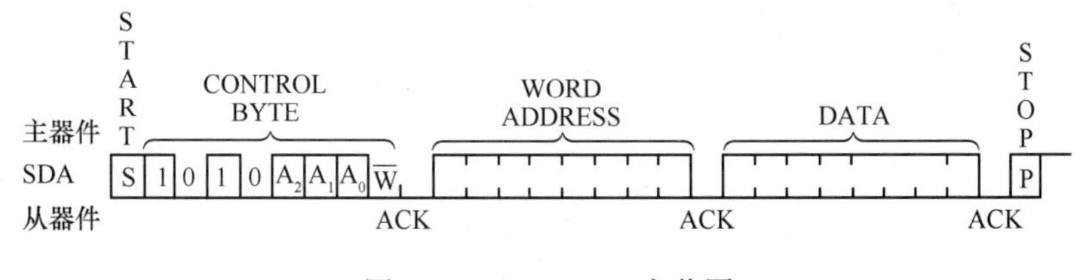

图 11-3　AT24CXX 字节写

(2) 页面写

如同字节写方式，先将写控制字节、字地址发送到 AT24CXX，接着发 n 个数据字节，主器件发送不多于一个页面字节的数据字节到 AT24CXX，这些数据字节暂存在片内页面缓存器中，在主器件发送停止信号以后写入存储器。接收每一字节以后，低位顺序地址指针在内部加 1，高位顺序字地址保持为常数。如果主器件在产生停止条件以前要发送多于一页字的数据，地址计数

器将会循环，并且先接收到的数据将被覆盖。像字节写操作一样，一旦停止条件被接收到，则内部写周期将开始（见图 11-4）。

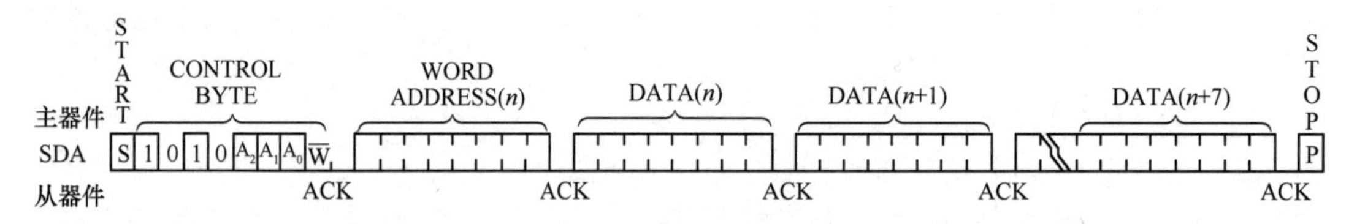

图 11-4　AT24CXX 页面写

（3）写保护

当 WP 端连接到 V_{CC}，AT24CXX 可被用于串行 ROM，编程将被禁止，并且整个存储器写保护。

4. 读操作

当从器件地址的 R/$\overline{W}$ 位被置为“1”，启动读操作。存在 3 种基本读操作类型：读当前地址内容、读随机地址内容、读顺序地址内容。

（1）读当前地址内容

AT24CXX 片内包含一个地址计数器，此计数器保持被存取的最后一个字的地址，并在片内自动加 1。因此，如果以前存取（读或者写操作均可）的地址为 n，下一个读操作从 $n+1$ 地址中读出数据。在接收到从器件的地址中 R/$\overline{W}$ 位为 1 的情况下，AT24CXX 发送一个确认位并且送出 8 位数据字。主器件将不产生确认位（相当于产生$\overline{ACK}$），但产生一个停止条件。AT24CXX 不再继续发送（见图 11-5）。

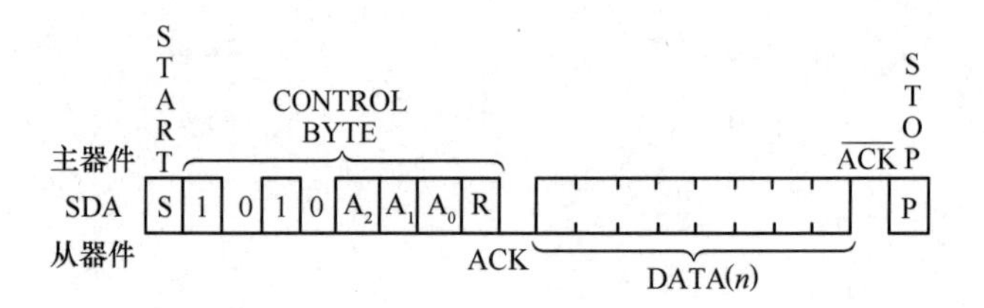

图 11-5　AT24CXX 读当前地址内容

（2）读随机地址内容

这种方式允许主器件读存储器任意地址的内容，操作如图 11-6 所示。

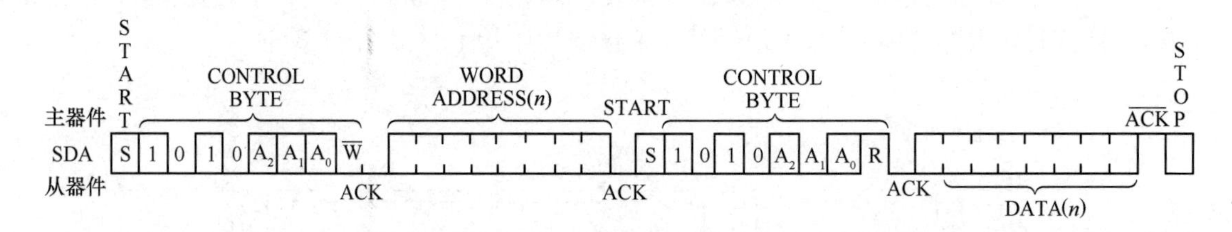

图 11-6　AT24CXX 读随机地址内容

主器件发 $1010A_2A_1A_0$ 后发 0 位，再发读的存储器地址，在收到从器件的确认位 ACK 后，产生一个开始条件 S，以结束上述写过程，再发一个读控制字节，从器件 AT24CXX 在发 ACK 信号后发出 8 位数据，主器件发$\overline{ACK}$后发一个停止位，AT24CXX 不再发后续字节。

（3）读顺序地址的内容

读顺序地址内容的方式与读随机地址内容的方式相同，只是在 AT24CXX 发送第一个字节以后，主器件不发$\overline{ACK}$和 STOP，而是发 ACK 确认信号，控制 AT24CXX 发送下一个顺序地址的 8 位数据字,直到 x 个数据读完(见图 11-7)。

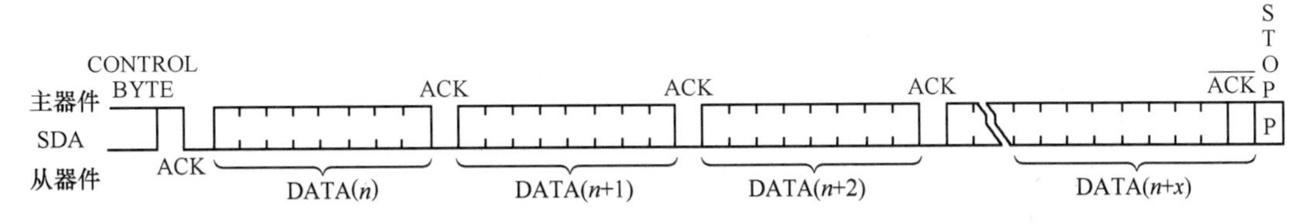

图 11-7 AT24CXX 读顺序地址的内容

(4) 噪声防止

AT24CXX 使用了一个 V_{CC}门限检测器电路。在一般条件下,如果 V_{CC}低于 1.5V,门限检测器对内部擦/写逻辑不使能。

SCL 和 SDA 输入端接有施密特触发器和滤波器电路,即使在总线上有噪声存在的情况下,它们也能抑制噪声峰值,以保证器件正常工作。

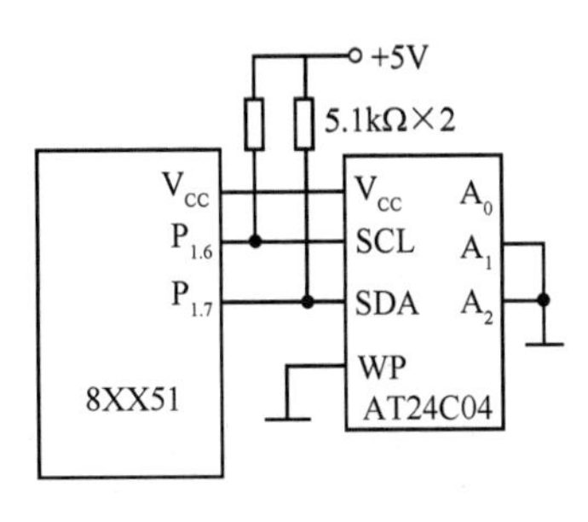

图 11-8 I²C 总线的实现电路

11.1.4 I²C 总线的编程实现

假设用 $P_{1.7}$ 和 $P_{1.6}$ 分别作为 SDA 和 SCL 信号(见图 11-8),单片机所用晶体振荡器的频率为 6MHz。每个机器周期为 2μs,我们可分别写出产生时钟 SCL 和 SDA 的发送起始条件和停止条件程序(注:若晶振频率并非 6MHz,则要相应增删下面各程序段中 NOP 指令的条数,以满足时序的要求。例如,若 f_{osc}=12MHz,则两条 NOP 指令应增至 4 条)。用软件模拟 I²C 总线产生起始位、停止位、应答位的程序如下,先进行定义:

```
SDA  EQU  P1.7
SCL  EQU  P1.6
```

(1)发送起始位和停止位子程序

① 发送起始条件(起始位时序见图 11-9)。

```
STA:  SETB  SDA
      SETB  SCL
      NOP
      NOP
      CLR   SDA
      NOP
      NOP
      CLR   SCL
      RET
```

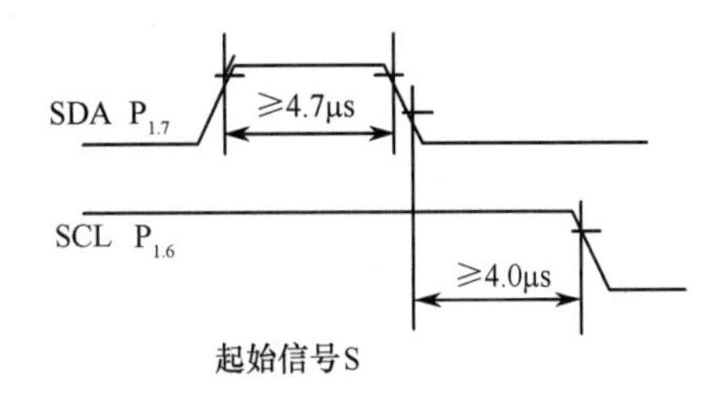

图 11-9 起始位 S 的时序

② 发送停止条件 STOP(停止位时序见图 11-10)。

```
STOP:  CLR   SDA
       SETB  SCL
       NOP
       NOP
       SETB  SDA
       NOP
```

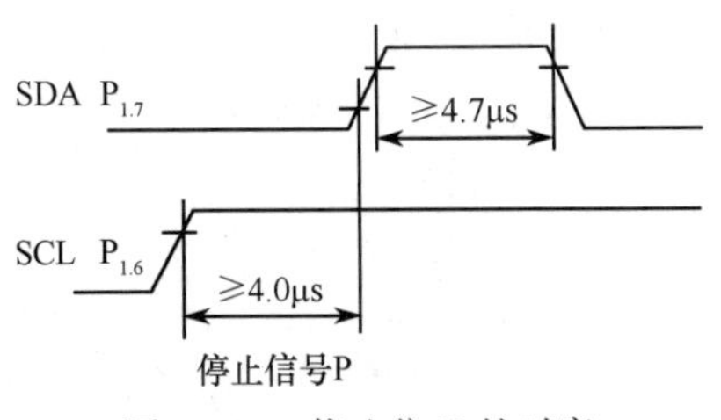

图 11-10 停止位 P 的时序

```
            NOP
            CLR   SCL
```

(2) 发送应答位和非应答位子程序

I^2C 总线上的第9个时钟对应于应答位，相应数据线上“0”为“ACK”、“1”为“$\overline{ACK}$”。发送应答位和非应答位的子程序分别如下：

① 发送应答位ACK(ACK时序参见图11-11)。

```
MACK:  CLR   SDA
       SETB  SCL
       NOP
       NOP
       CLR   SCL
       SETB  SDA
       RET
```

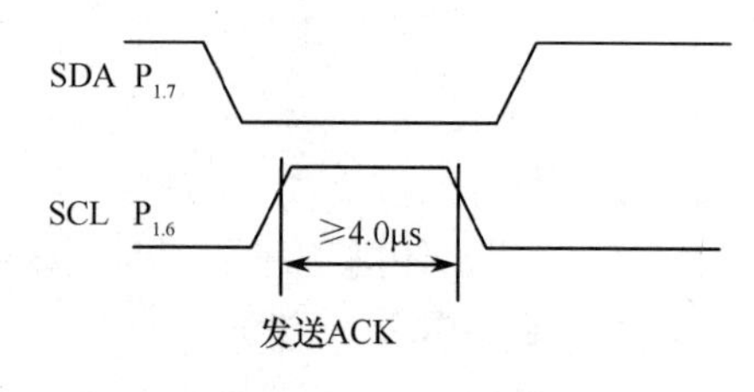

图11-11 ACK时序

② 发送非应答位$\overline{ACK}$($\overline{ACK}$时序参见图11-12)。

```
MNACK:SETB  SDA
      SETB  SCL
      NOP
      NOP
      CLR   SCL
      CLR   SDA
```

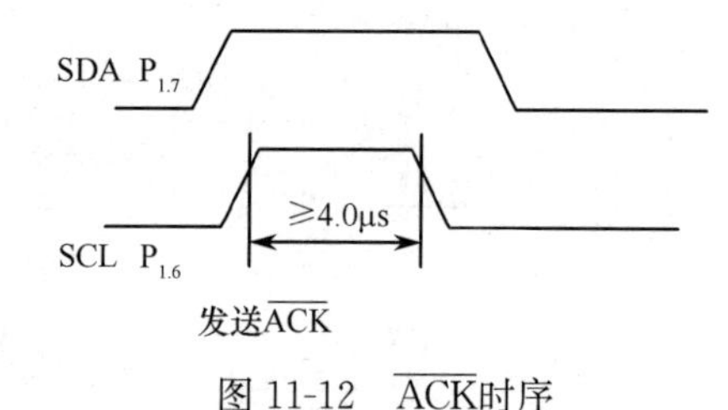

图11-12 $\overline{ACK}$时序

(3) 应答位检查子程序

在 I^2C 总线数据传送中，接收器收到发送器传送来的一个字节后，必须向SDA线上返送一个应答位ACK，表明此字节已经收妥。发送器才能再发下一个数据。本子程序使单片机产生一个额外的时钟(第9个时钟脉冲)，在脉冲的高电平期间读ACK应答位，并将它的状态复制到F0标志中，以供检查。若有正常ACK，则F0标志为0，否则为1。

```
CACK:  SETB  SDA          ;SDA作为输入
       SETB  SCL          ;第9个时钟脉冲开始
       NOP
       MOV   C,SDA        ;读SDA线
       MOV   F0,C         ;转存入F0中
       CLR   SCL          ;时钟脉冲结束
       NOP
       RET
```

(4) 字节数据发送子程序

由于SDA接在并行口线，无移位寄存器，因此，数据通过指令完成移位再从SDA串行输出。遵循时序要求，数据在时钟低电平时变化，高电平时稳定，每一个时钟脉冲传送一位，编写字节数据传送子程序，待发送的字节位于累加器ACC中。

```
WRB:MOV  R7,#8            ;位计数器初值
WLP:RLC  A                ;欲发送位移入C中
    JC   WR1              ;此位为1,转WR1
    CLR  SDA              ;此位为0,发送0
    SETB  SCL             ;时钟脉冲变为高电平
    NOP                   ;延时
```

```
        NOP
        CLR   SCL              ;时钟脉冲变为低电平
        DJNZ  R7,WLP           ;未发完 8 位,转 WLP
        RET                    ;8 位已发完,返回
WR1:    SETB  SDA              ;此位为 1,发送 1
        SETB  SCL              ;时钟脉冲变高电平
        NOP
        NOP                    ;延时
        CLR   SCL              ;时钟脉冲变低电平
        CLR   SDA
        DJNZ  R7,WLP
        RET
```

(5) 字节数据接收子程序

该子程序的功能是在时钟的高电平时数据已稳定,读入一位,经过 8 个时钟从 SDA 线上读入一个字节数据,并将所读字节存于 A 和 R6 中。

```
RDB:    MOV   R7,#8            ;R7 存放位计数器初值
RLP:    SETB  SDA              ;SDA 输入
        SETB  SCL              ;SCL 脉冲开始
        MOV   C,SDA            ;读 SDA 线
        MOV   A,R6             ;取回暂存结果
        RLC   A                ;移入新接收位
        MOV   R6,A             ;暂存入 R6
        CLR   SCL              ;SCL 脉冲结束
        DJNZ  R7,RLP           ;未读完 8 位,转 RLP
        RET                    ;8 位读完,返回
```

(6) n 字节数据发送子程序

假定控制字节已存放在片内 RAM 的 SLA 单元中;待发送数据各字节已位于片内 RAM 以 MTD+1 为起始地址的 n 个连续单元中;NUMBYT 单元中存有欲发送数据的字节数;接收到的数据存放在片内 RAM 的 MTD 单元。

```
WRNBYT:  PUSH   PSW            ;保护现场
WRNBYT1: MOV    PSW,#18H       ;改用第 3 组工作寄存器
         LCALL  STA            ;发起始条件
         MOV    A,SLA          ;读写控制字节
         LCALL  WRB            ;发送写控制字节
         LCALL  CACK           ;检查应答位
         JB     F0,WRNBYT      ;无应答位,重发
         MOV    R0,#MTD        ;有应答位,继而发数据,第一个数据为首址
         MOV    R5,NUMBYT      ;R5 存读数据字节数
WRDA:    MOV    A,@R0          ;读一个字节数据
         LCALL  WRB            ;发送此字节
         LCALL  CACK           ;检查 ACK
         JB     F0,WRNBYT1     ;无 ACK,重发
         INC    R0             ;调整指针
         DJNZ   R5,WRDA        ;尚未发完 n 个字节,继续
         LCALL  STOP           ;全部数据发完,停止
```

```
        POP   PSW              ;恢复现场
        RET                    ;返回
```

（7）读、存数据程序

假设数据接收缓冲区为片内 RAM 以 MRD 为首地址的 n 个单元。片内 RAM 中的 SLA 单元存有读控制字节；NUMBYT 单元中存有欲接收数据的字节数。将所读出的数据将存入片内 RAM 以 MRD 为首地址的 n 个连续单元内。

```
RDNBYT：  PUSH  PSW
RDNBYT1： MOV   PSW,#18H
          LCALL  STA           ;发送起始条件
          MOV   A,SLA          ;读入读控制字节
          LCALL  WRB           ;发送读控制字节
          LCALL  CACK          ;检查 ACK
          JB   F0,RDNBYT1      ;无 ACK,重新开始
          MOV   R1,#MRD        ;接收数据缓冲区指针
GO_ON：   LCALL  RDB           ;读一个字节
          MOV   @R1,A          ;存入接收数据缓冲区;
          DJNZ  NUMBYT,ACK     ;未全接收完,转 ACK
          LCALL  MNACK         ;已读完所有字节,发ACK
          LCALL  STOP          ;发停止条件
          POP   PSW
          RET
ACK：     LCALL  MACK          ;发 ACK
          INC   R1             ;调整指针
          AJMP  GO_ON          ;继续接收
```

11.1.5 串行 E²PROM 和 8XX51 接口实例

图 11-13 所示为 8XX51 微控制器与 4KB 的 AT24C04 串行 E²PROM 的典型连接。图中，$P_{1.6}$、$P_{1.7}$ 提供 AT24C04 的时钟 SCL、SDA，和 AT24C04 进行数据传送，A_2、A_1、A_0 按图连接，为无关位。WP 为 E²PROM 的写保护信号，高电平有效，因为要进行写入操作，所以只能把它接低电平。

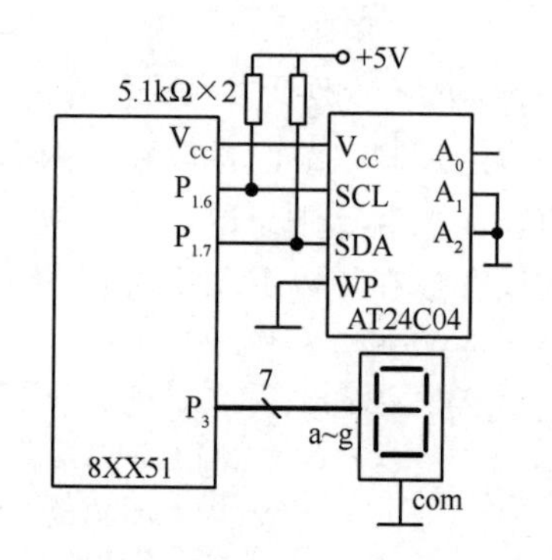

图 11-13　8XX51 与 AT24C04 的连接

利用上面的子程序，将 8XX51 单片机内部 RAM 60H～67H 存放的“1”～“8”LED 显示器的字形码写入 AT24C04 存储器的 20H～27H 单元，为检查写入效果，再将 AT24C04 的 20H～27H 单元的内容读出，存入 8XX51 内部 RAM 的 40H～47H 单元，同时送 LED 显示器显示。

程序清单如下：

```
        NUMBYT  EQU  5DH
        SLA  EQU  5EH
        MTD  EQU  5FH
        MRD  EQU  40H
        ORG  0000H
        AJMP  MAIN
```

```
        ORG   0030H
MAIN:   MOV   R0,#0FFH
        MOV   R1,#5FH
        MOV   R2,#08H
NEXT2:  INC   R0                ;以下程序将数码管字形码("1"～"8")送60H～67H单元
        MOV   A,R0
        MOV   DPTR,#TAB
        MOVC  A,@A+DPTR
        INC   R1
        MOV   @R1,A
        DJNZ  R2,NEXT2
        MOV   MTD,#20H          ;被写的24×××地址存于MTD
        MOV   NUMBYT,#09H       ;连地址共发送9个字节数据
        MOV   SLA,#0A0H         ;写控制字节10100000B存于SLA
        LCALL WRNBYT            ;调发送数据子程序发送9个字节
        MOV   R6,#02H
DL0:    MOV   R7,#0FAH          ;延时等待内部烧写完成(内部写周期)
DL1:    NOP
        NOP
        DJNZ  R7,DL1
        DJNZ  R6,DL0
        MOV   MTD,#20H          ;被读的24×××地址20H存于MTD
        MOV   SLA,#0A0H         ;写控制字节存于SLA
        MOV   NUMBYT,#01        ;发地址,一个字节数
        LCALL WRNBYT
        MOV   SLA,#0A1H         ;读控制字节10100001B存于SLA
        MOV   NUMBYT,#08H       ;读入8个数据字节
        LCALL RDNBYT            ;调读字节子程序读入8个数据字节
        MOV   R0,#3FH           ;R0指向读入的数据存放地址
        MOV   R1,#08H
NEXT1:  INC   R0
        MOV   A,@R0
        MOV   P3,A              ;将读入的数据送数码管显示
        MOV   R6,#0FFH          ;延时
DL3:    MOV   R7,#0FFH
DL4:    NOP
        NOP
        DJNZ  R7,DL4
        DJNZ  R6,DL3
        DJNZ  R1,NEXT1
        LJMP  MAIN
TAB:    DB    06H,5BH,4FH,66H,6DH,7DH,07H,7FH
        END
```

11.1.6 串行铁电 FRAM 的扩展

Ramtron 公司的 FM24C16 串行铁电读写存储器是一种 2K×8 位的新型非易失性存储器，

不像 E^2PROM 那样写入需要延迟时间，全片写入只需 185ms。铁电存储器采用可靠的铁电薄膜技术，具有高可靠性操作、抗干扰能力极强、读写寿命可高达 100 亿次、写入的数据可存放 10 年以上等优点。这种串行存储器采用 I^2C 串行总线进行通信，其引脚与其他厂商的串行 E^2PROM 产品兼容，如 Xicor 公司的 X24C16 等，可以直接取代串行 E^2PROM。

FM24C16 的引脚如图 11-14 所示，引脚功能如下：

SDA：串行数据/地址线。这个双向引脚用来传送地址和输入/输出的数据。这是一个开漏输出引脚，便于外部接的上拉电阻把多片 I^2C 总线设备并联在串行总线上。

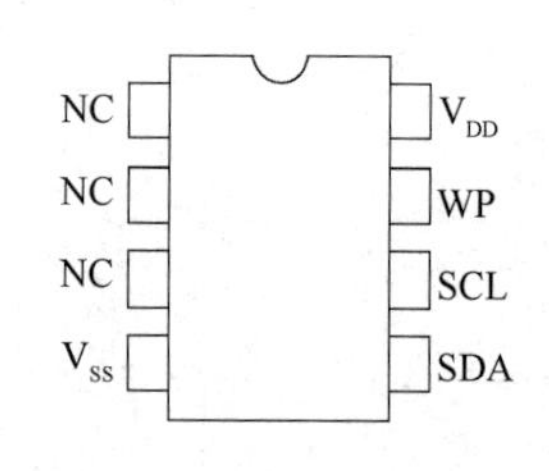

图 11-14　FM24C16 引脚图

SCL：串行时钟输入线。当其为高电平时，数据输入/输出有效。

WP：写保护线。如果该引脚接 V_{DD}，写入上一半存储器的写操作就被封锁，而对下一半存储器的读/写操作可以正常工作。如果不需要写保护功能，该引脚可以直接接地。

V_{DD}：电源输入端，通常接+5V。

V_{SS}：地。

NC：悬空引脚。

所有的串行 FRAM 芯片在接收到"启动"信号后都需要接收一个 8 位的含有芯片地址的控制字，以确定本芯片是否被选通和将进行的是读操作还是写操作。控制字格式见表 11-3。

表 11-3　FM24C16 控制字格式

D_7	D_6	D_5	D_4	D_3	D_2	D_1	D_0
1	0	1	0	P_2	P_1	P_0	$R/\overline{W}$
I^2C 从器件地址				高位（页）地址			读/写控制位

在表 11-3 中，高 4 位是统一的 I^2C 总线器件的特征编码 1010，作为 I^2C 从设备的地址，最低位是读写选择位，$R/\overline{W}=0$，表示写操作；$R/\overline{W}=1$，表示读操作。$P_2P_1P_0$ 是 FM24C16 的 11 位地址线中的高 3 位地址，称之为页地址。FM24C16 一直在监测其总线上响应的 FRAM 的地址，如果在控制字节中所接收到的地址与 FM24C16 的特征地址相同，便会产生应答信号。主机收到应答信号后，接着将一个字地址送至总线上。这个字节加上页地址共同构成 11 位的存储器访问地址。在读操作时，字地址不需要指定。在所有的地址字节发送后，数据将在 FRAM 与主机之间传送。所有的数据和地址字节都是首先发送最高位。在一个数据字节传输应答后，总线主机就可以对下一个字节进行读或写操作，如果发送一个停止命令就结束这一操作；如果发送一个启动命令，那么就结束当前的操作，并开始一次新的操作。写和读操作参阅 11.1.3 节。

11.2　SPI 总线扩展接口及应用

11.2.1　SPI 的原理

SPI（Serial Peripheral Interface，串行外设接口）总线系统是 Motorola 公司提出的一种同步串行外设接口，允许 MCU 与各种外围设备以同步串行通信方式交换信息。其外围设备种类繁多，从最简单的 TTL 移位寄存器到复杂的 LCD 显示驱动器、网络控制器等，可谓应有尽有。SPI 总线可直接与各厂家生产的多种标准外围器件直接接口，该接口一般使用 4 根线：

● SCK，串行时钟线；
● MISO，主机输入/从机输出数据线；
● MOSI，主机输出/从机输入数据线；
● SS，从机选择线，低电平有效。

由于 SPI 系统总线只需 3 根公共的时钟、数据线和若干位独立的从机选择线（依据从机数目而定），在 SPI 从设备较少而没有总线扩展能力的单片机（如 89C2051）系统中使用特别方便。即使在有总线扩展能力的单片机（如 89C51/89S51）的系统中，采用 SPI 设备也可以简化电路设计，省掉很多常规电路中的接口器件，从而提高设计的可靠性。

一个典型的 SPI 总线系统结构如图 11-15 所示。在这个系统中，只允许有 1 个作为主 SPI 设备的主 MCU 和若干作为 SPI 从设备的 I/O 外围器件。MCU 控制着数据向 1 个或多个从外围器件的传送。从器件只能在主机发命令时才能接收或向主机传送数据，其数据的传输格式是高位（MSB）在前，低位（LSB）在后。当有多个不同的串行 I/O 器件连至 SPI 上作为从设备时，必须注意两点：一是其必须有片选端；二是其接 MISO 线的输出脚必须有三态，片选无效时输出高阻态，以不影响其他 SPI 设备的正常工作。

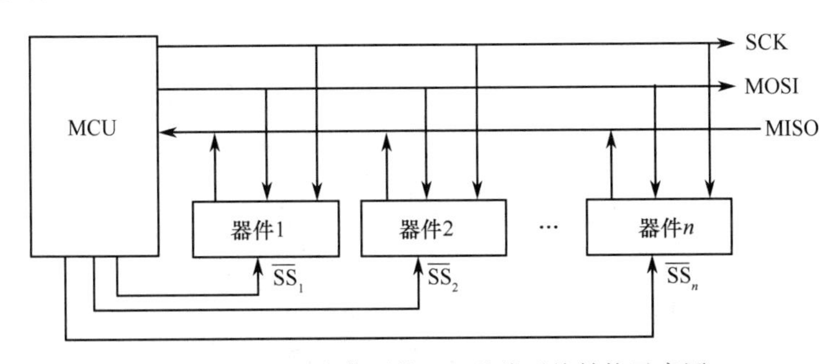

图 11-15　一个典型的 SPI 总线系统结构示意图

11.2.2　SPI 总线的软件模拟及扩展技术

大多数的 51 单片机没有提供 SPI 接口，通常可使用软件的办法来模拟 SPI 的总线操作，包括串行时钟、数据输入和输出。值得注意的是，对于不同的串行接口外围芯片，它们的时钟时序有可能不同，按 SPI 数据和时钟的相位关系来看，通常有 4 种情况，这是由片选信号有效前的电平和数据传送时的有效沿来区分的，传送 8 位数据的时序种类具体如图 11-16 所示。

由图 11-16 可见：

① SPI 总线是边沿信号触发信号传送，数据传送的格式是高位在前、低位在后；

② 片选信号是低电平有效，数据在片选有效时进行数据的传送、片选无效时停止数据传送；

③ 片选信号的跳变发生在时钟 SCK 低电平时。

用软件模拟就是要实现上面的时序要求。现在用软件来模拟图 11-16 中最上面的一种情况。假定图 11-15 中的 MCU 为 51 单片机，系统接有两个从器件，用 $P_{1.7}$ 接从器件的 SCK，$P_{1.6}$ 接从器件的 MOSI，$P_{1.5}$ 接从器件的 MISO 线，$P_{1.3}$、$P_{1.4}$ 分别接两个从器件的 SS。其模拟程序如下：

```
SCK   BIT   P1.7
MOSI   BIT   P1.6
MISO   BIT   P1.5
SS   EQU   20H                    ;20H 单元存放片选字
PF0   BIT   T0                    ;分配片选有效前电平标志位
PF1   BIT   T1                    ;分配数据传送有效沿标志位
```

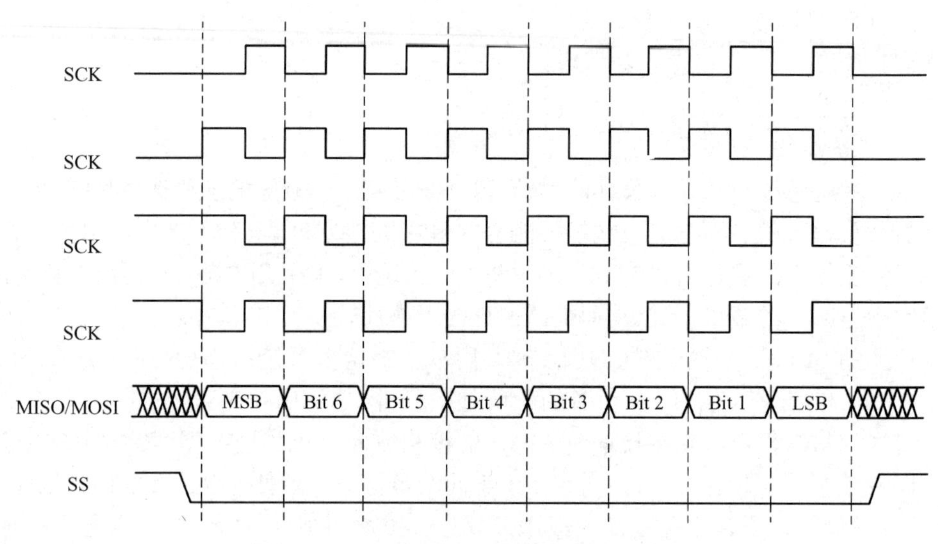

图 11-16　SPI 总线的 4 种数据/时钟时序图

初始化程序：

```
    CLR   PF0                        ;初始化电平标志位 PF0
    CLR   PF1                        ;初始化沿标志位 PF1
    MOV   SS,11101111B               ;初始化从器件选择字
```

数据发送程序：

```
          MOV   R0,DATA8             ;待发送的数据放在 R0 中
          MOV   C, PF0
          MOV   SCK, C               ;欲设置有效电平
          NOP                        ;延时,均可调整,为匹配时序要求
          MOV   A, SS
          ANL   P1, A                ;选中从器件
          NOP
          XCH   A, R0
          MOV   R0,#08H              ;置循环次数
SPIOUT:   MOV   C, PF1
          MOV   SCK, C               ;准备有效触发沿
          CPL   PF1
          RLC   A                    ;发送下一位数据(从最高位开始)
          MOV   MOSI, C
          NOP
          MOV   C, PF1
          MOV   SCK, C               ;产生有效沿,以便从器件锁存数据
          CPL   PF1
          NOP
          DJNZ  R0, SPIOUT           ;8 位数据发送未完成,则继续发送下一位
          MOV   C, PF0
          MOV   SCK, C
          MOV   A, SS
          CPL   A
          ORL   P1, A                ;结束 SPI 总线操作,关闭从器件
```

```
        RET
数据接收程序：
SPIR:   MOV   C, PF0
        MOV   SCK, C          ;欲设置有效电平
        NOP                   ;延时,均可调整,为匹配时序要求
        MOV   A, SS
        ANL   P1, A           ;选中从器件
        NOP
        MOV   R0,#08H         ;置循环次数
SPIIN:  MOV   C, PF1
        MOV   SCK, C          ;准备有效触发沿
        CPL   PF1
        NOP
        MOV   C, PF1
        MOV   SCK, C          ;产生有效沿,以便从器件锁存数据
        MOV   C, MISO         ;接收下一位数据(从最高位开始)
        RRC   A               ;接收到的数据依次存入 A
        CPL   PF1
        NOP
        DJNZ  R0, SPIIN       ;8 位数据未接收完,则继续接收下一位
        MOV   C, PF0
        MOV   SCK, C
        MOV   A, SS
        CPL   A
        ORL   P1, A           ;结束 SPI 总线操作,关闭从器件
        RET
```

如果选择另一个器件,只需改 SS 的片选选择字。对于图 11-16 的其他 3 种情况,只需改变初始相位条件即可模拟实现。

11.2.3 串行 D/A 转换器 TLC5615 的扩展

TLC5615 是 8 位封装的 10 位电压输出的 D/A 转换器,输出电压范围为基准电压的两倍,5V 单电源工作,3 线串行接口,建立时间为 12.5μs,器件具有上电复位功能,以确保可重复启动。

TLC5615 的内部结构如图 11-17 所示,其主要由 16 位移位寄存器、10 位 D/A 寄存器、D/A 转换权电阻、基准缓冲器、控制逻辑和两倍程放大器等电路组成。

TLC5615 的引脚功能介绍如下:

DIN:串行数据输入脚。

OUT:模拟信号输出脚。

SCLK:串行时钟输入脚。

$\overline{\text{CS}}$:片选端,低电平有效。

DOUT:菊花链的串行数据输出端(用于多芯片的级联)。

AGND:模拟地。

REFIN:基准输入端,一般接 2V 到($V_{CC}-2$)V。

V_{CC}:电源端,一般接+5V。

TLC5615 与 8XX51 的典型接口电路如图 11-18 所示。TLC5615 通过固定增益为 2 的运放缓冲电阻网络，把 10 位数字数据转换为模拟电压。上电时，内部电路把 D/A 寄存器复位为 0。其输出具有与基准输入相同的极性，表达式为

$$V_o = 2 \times V_{REFIN} \times Code/2^{10}$$

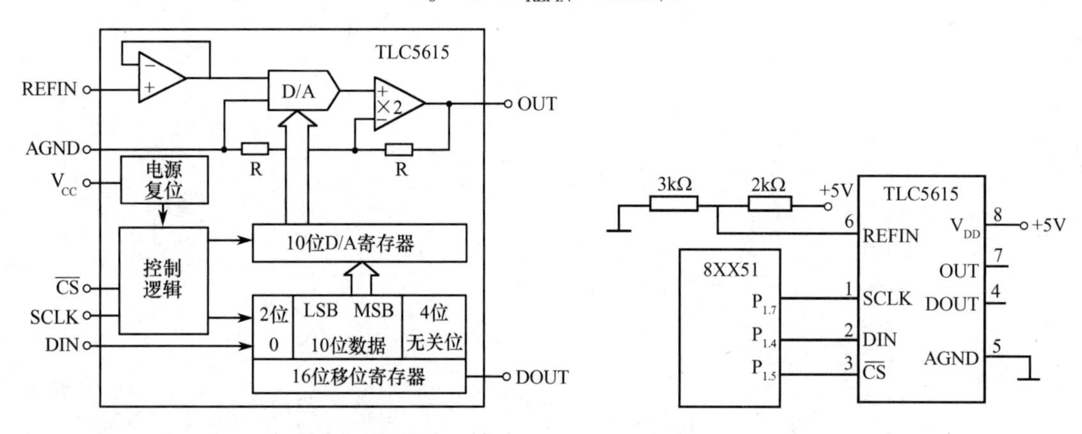

图 11-17　TLC5615 的内部结构　　　　图 11-18　TLC5615 与 8XX51 的典型接口电路

TLC5615 的典型工作时序如图 11-19 所示。

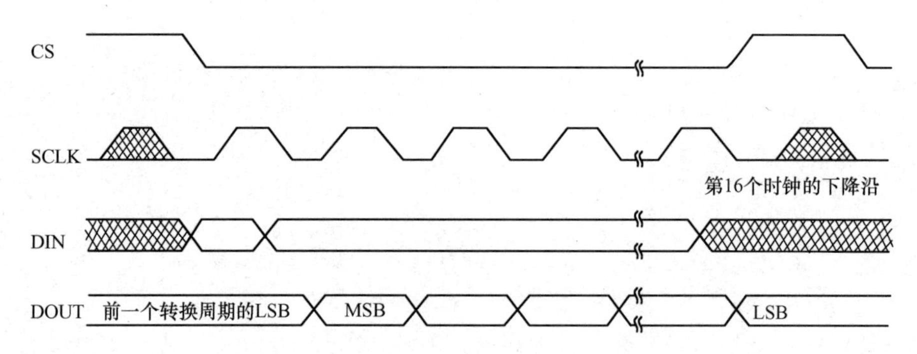

图 11-19　TLC5615 的典型工作时序

TLC5615 最大的串行时钟速率不超过 14MHz，10 位 DAC 的建立时间为 12.5μs，通常更新速率限制至 80kHz 以内。TLC5615 的 16 位移位寄存器在 SCLK 的上升沿从 DIN 引脚输入数据，高位在前，低位在后。16 位移位寄存器中的中间 10 位数据在$\overline{CS}$上升沿的作用下送入 10 位 D/A 寄存器供给 D/A 转换，16 位数据的高 4 位和低 2 位不会被转换，因此待转换的数据输入的格式位应为：

输入序号	1	2	3	4	5	6	7	8	9	10	11	12	13	14	15	16
输入数据	×	×	×	×	D_9	D_8	D_7	D_6	D_5	D_4	D_3	D_2	D_1	D_0	0	0

由于 SPI 和 AT89C52 的接口传送的是字节形式的数据，需用两个字节传送待转换的数据，因此，要把数据输入 D/A 转换器需要两个写周期。

例如，要用 TLC5615 转换 10 位数据 1111000011(3C1H)，将其存放在 31H 和 30H 单元，依据上面的数据格式，如果将无关位填 0，则(31H)＝××××1111B＝0FH，(30H)＝000011××＝0CH，TLC5615 的一个简单的应用编程如下：

```
DIN   BIT  P1.4               ;定义 I/O 口
SCLK   BIT  P1.7
CS5615   BIT  P1.5
```

```
        DATAH   EQU   31H
        DATAL   EQU   30H
TLC5615:SETB   CS5615
        CLR   SCLK                    ;准备操作 TLC5615
        CLR   CS5615                  ;选中 TLC5615
        MOV   R7,#08H
        MOV   A, DATAH                ;装入高 8 位数据
LOOPH:  NOP                           ;延时
        NOP
        RLC   A                       ;最高位移向 TLC5615
        MOV   DIN, C
        SETB   SCLK                   ;产生上升沿,移入一位数据
        NOP
        NOP
        CLR   SCLK
        DJNZ   R7, LOOPH
        MOV   R7,#08H
        MOV   A, DATAL                ;装入低 8 位数据
LOOPL:  NOP                           ;延时
        NOP
        RLC   A                       ;最高位移向 TLC5615
        MOV   DIN, C
        SETB   SCLK                   ;产生上升沿,移入一位数据
        NOP
        NOP
        CLR   SCLK
        DJNZ   R7, LOOPL
        SETB   CS5615                 ;结束移位操作,将转换数据中间 10 位送入 D/A 寄存
                                       器进行 D/A 转换
        RET
```

当系统不使用 D/A 转换器时,最好把 D/A 寄存器设置为全 0,这样可以使基准电阻阵列和输出负载的功耗降为最小。

11.2.4 8 位串行 A/D 转换器 TLC549 的扩展

TLC549 是以 8 位开关电容逐次逼近 A/D 转换器为基础而构造的 CMOS A/D 转换器。它能通过三态数据输出和模拟输入与微处理器或外围设备串行接口。TLC549 仅用输入/输出时钟(CLK)和芯片选择($\overline{CS}$)输入作为数据控制,其最高 CLK 输入频率为 1.1MHz。

TLC549 的内部提供了片内系统时钟,它通常工作在 4MHz 且不需要外部元件。片内系统时钟使内部器件的操作独立于串行输入/输出的操作,这使得用户只需关心利用 I/O 时钟读出转换结果和启动转换。TLC549 片内有采样保持电路,其转换速率可达 40kHz。

TLC549 的电源范围为+3~+6V,功耗小于 15mW,总的不可调整误差为±0.5LSB,能理想地应用于包括电池供电的便携式仪表的低成本、高性能系统中。

1. 器件引脚及等效输入电路

TLC549 的引脚与 TLC540(8 位 A/D 转换器)及 TLC1540(10 位 A/D 转换器)兼容,如

图 11-20(a)所示。其中,基准端(REF+,REF-)为差分输入,可以将 REF-接地,REF+接 V_{CC} 端,但要加滤波电容。AIN 为模拟信号输入端,大于 REF+电压时,转换为全“1”,小于 REF-电压时,转换为全“0”。通常为保证器件工作良好,REF+电压应高 REF-电压至少 1V。

TLC549 在采样期间和保持期间的等效输入电路分别如图 11-20(b),(c)所示。对于采样方式,输入电阻约 1kΩ,采样电容约 60pF;对于保持方式,输入电阻约 5MΩ。

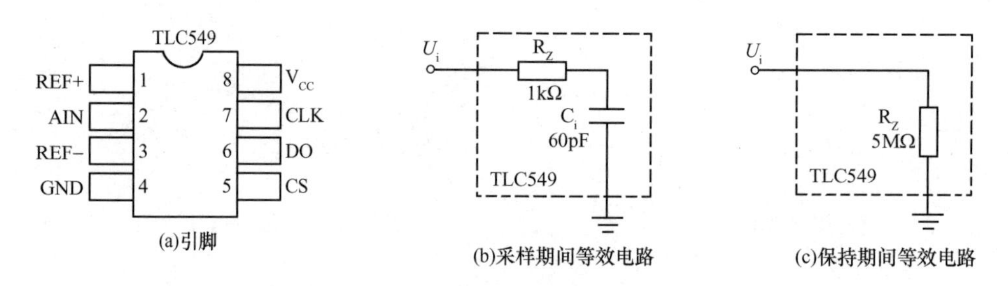

图 11-20 TLC549 的器件引脚及等效输入电路

2. TLC549 的操作时序

TLC549 的工作时序如图 11-21 所示,其正常控制时可分为 4 步。

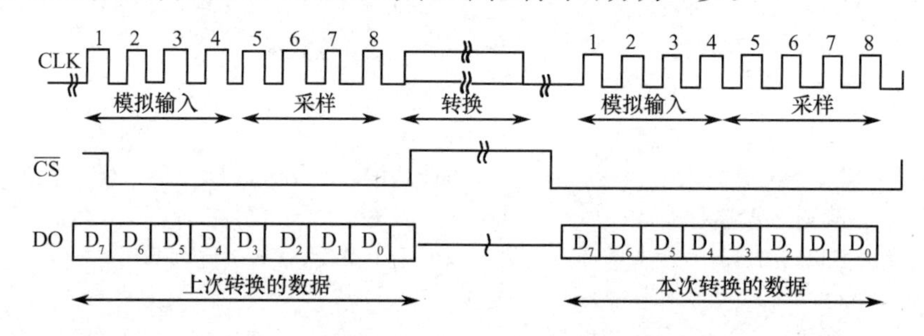

图 11-21 TLC549 的工作时序

① $\overline{CS}$被拉至低电平,经一段时延后,前次转换结果的最高有效位(MSB)开始出现在 DO 端。为使$\overline{CS}$端噪声所产生的误差最小,通常$\overline{CS}$变低后器件内部会等待系统时钟两个上升沿和一个下降沿,再响应控制输入信号。

② 在前 4 个 CLK 的下降沿经时延后分别输出前次转换结果的第 6,5,4,3,2 位。在 CLK 第 4 个高电平至低电平的跳变之后,片内采样保持电路开始对模拟输入采样。采样操作使得内部电容器充电到模拟输入电压的电平。

③ 紧接下来的 3 个 CLK 时钟的下降沿又依次将前次转换结果的第 2,1,0 位移出至 DO 端。

④ (第 8 个)时钟 CLK 下降沿的到来使得片内采样保持电路开始保持。保持功能将持续 4 个内部系统时钟,紧接的 32 个内部时钟周期内完成转换,总共为 36 个周期。在第 8 个 CLK 周期之后,$\overline{CS}$通常变为高电平,并且保持高电平直至转换结束为止。在 TLC549 的转换期间,如果$\overline{CS}$端出现高电平至低电平的跳变,将会引起复位,使正在进行的转换失败。

在 36 个系统时钟周期发生之前,通过完成以上①~④,可以启动新的转换,同时正在进行的转换终止。本次操作器件所读出的是前次转换的结果,本次转换的有效结果将在下次操作时读出,读完后同时又启动了新一轮的转换。

3. TLC549 的接口及应用

TLC549 与 51 单片机的接口电路很简单,只要将 TLC549 的 DO,CLK 端和 51 单片机的 I/O口相接即可,如图 11-22 所示为一种由 TLC549 和 89C51 构成的典型数据采集电路。其中,

N_1,R_1,R_2,C_2 组成一阶低通滤波器;C_1,R_3 可滤除直流;R_4,R_5 是将双极性的模拟输入信号变成 0～+5V,以适应 TLC549 的单极性要求。

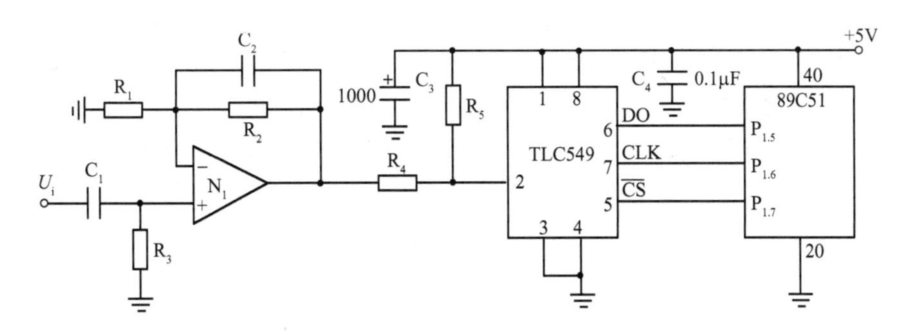

图 11-22 TLC549 的典型数据采集电路

利用本书 11.2.2 节所给出的 SPI 的模拟子程序,编程如下:

```
SCK  BIT  P1.6              ;P1.6为时钟线
MISO  BIT  P1.5             ;P1.5为数据线
CLR  PF0                    ;初始时钟电平为 0
CLR  PF1                    ;设定上升沿有效
MOV  SS,01111111B           ;初始化片选线
LCALL  SPIR                 ;调用 SPI 总线的模拟读子程序
MOV  BUFF, A                ;保存采样数据
```

11.3 现场总线 CAN

在计算机现场数据传输领域内,长期以来一直使用 RS-232 通信标准,它是一种低数据率的点对点数据传输。在日益增多的嵌入式系统应用中,工业现场控制或生产自动化领域需要使用大量的传感器、执行器和控制器等,它们分布范围较广,在最底层需要一种造价低廉而又能适应工业现场环境的通信系统,现场总线(Field Bus)就是在这种背景下应运而生的,它形成了一个全新的网络集成分布式控制系统。

CAN,全称为"Controller Area Network",即控制器局域网,是国际上应用最广泛的现场总线之一。它是 1986 年由德国电气商 Bosch 公司针对汽车提出的通信协议,现在已成为国际标准 ISO11898(高速应用,通信速率为 125kbps～1Mbps)和 ISO11519－2(低速应用,通信速率为 125kbps 以下)。由于 CAN 总线具有减少系统线缆,简化系统的安装、维护和管理,降低系统的投资和运行成本,增强系统性能等方面的优越性,因此引起了人们的广泛关注,并得到了大范围的推广,单片机厂商纷纷将 CAN 控制器集成于单片机芯片内。目前,单片机内部集成 CAN 控制器的有 Philips 公司的 P87C591、Atmel 公司的 AT89C51CC01 和 AT89C51CC02、Intel公司的 TN87C196CA 和 TN87C196CB、Motorola 公司的 MC68HC912DG128A 及 Cygnal 公司的 C8051F040 等。它被广泛应用于汽车、工业控制系统、航空工业、医疗设备等领域。

11.3.1 CAN 总线特点

(1)多主控制

在总线空闲时,所有的单元都可开始发送消息(多主控制)。最先访问总线的单元可获得发送权，多个单元同时开始发送时，发送高优先级 ID(标识符，Identifier) 消息的单元可获得发送权。

(2) 消息的发送

在 CAN 协议中，所有的消息都以固定的格式发送。总线空闲时，所有与总线相连的单元都可以开始发送新消息。两个以上的单元同时开始发送消息时，根据标识符(以下称为 ID)决定优先级。ID 并不是表示发送的目的地址，而是表示访问总线的消息的优先级。两个以上的单元同时开始发送消息时，对各消息 ID 的每个位进行逐个仲裁比较。仲裁获胜(被判定为优先级最高)的单元可继续发送消息，仲裁失利的单元则立刻停止发送而进行接收工作。

(3) 系统的扩充

与总线相连的单元没有类似于"地址"的信息。因此在总线上增加单元时，连接在总线上的其他单元的软、硬件及应用层都不需要改变。

(4) 通信的速度

根据整个网络的规模，可设定适合的通信速度。在同一网络中，所有单元必须设定为统一的通信速度。即使有一个单元的通信速度与其他的不一样，此单元也会输出错误信号，妨碍整个网络的通信。不同网络间则可以有不同的通信速度。

(5) 远程数据请求

可通过发送"遥控帧" 请求其他单元发送数据。

(6) 错误检测功能、通知功能、恢复功能

所有的单元都可以检测错误(错误检测功能)。检测出错误的单元会立即同时通知其他所有单元(错误通知功能)。正在发送消息的单元一旦检测出错误，会强制结束当前的发送。强制结束发送的单元会不断反复地重新发送此消息直到成功发送为止(错误恢复功能)。

(7) 故障封闭

CAN 可以判断出错误的类型是总线上暂时的数据错误(如外部噪声等)还是持续的数据错误(如单元内部故障、驱动器故障、断线等)。由此功能，当总线上发生持续数据错误时，可将引起此故障的单元从总线上隔离出去。

(8) 连接

CAN 总线是可同时连接多个单元的总线。可连接的单元总数理论上是没有限制的。但实际上可连接的单元数受总线上的时间延迟及电气负载的限制。降低通信速度，可连接的单元数增加；提高通信速度，则可连接的单元数减少。CAN 总线网络拓扑如图 11-23所示。

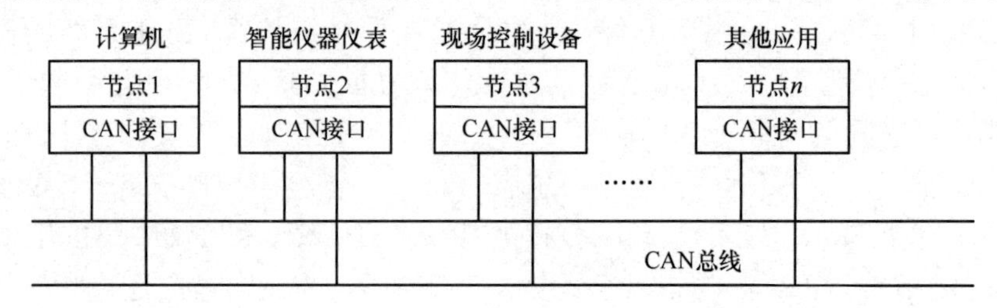

图 11-23　CAN 总线网络拓扑

11.3.2　CAN 总线协议

ISO(国际标准化组织)对 CAN 总线通信的物理层、数据链路层、传输层进行了标准化。数

据链路层的功能是将物理层收到的信号组织成有意义的消息(这里称为报文),并提供传送错误控制等传输控制的流程,即消息的帧化、仲裁、应答、错误的检测或报告。数据链路层的功能通常在 CAN 控制器的硬件中执行。

1. CAN 总线的物理层协议

在物理层规定信号规格、收发器、连接器等总线的电气特性。标准化有两种:ISO11898(高速)和 ISO11519-2(低速),两种标准主要的不同点见表 11-4。

表 11-4 国际标准 ISO11898 和 ISO11519-2 物理层的特征

<table>
<tr><td colspan="2">物理层</td><td colspan="2">ISO 11898(High speed)</td><td colspan="2">ISO 11519-2(Low speed)</td></tr>
<tr><td colspan="2">通信速度</td><td colspan="2">≤1Mbps</td><td colspan="2">≤125kbps</td></tr>
<tr><td colspan="2">总线最大长度</td><td colspan="2">≤40m(通信速率≤1Mbps)</td><td colspan="2">≤1km(通信速率≤40kbps)</td></tr>
<tr><td colspan="2">连接单元数</td><td colspan="2">最大 30 个</td><td colspan="2">最大 20 个</td></tr>
<tr><td colspan="2">总线电平</td><td>隐性</td><td>显性</td><td>隐性</td><td>显性</td></tr>
<tr><td rowspan="3">物理电位(V)</td><td>CAN_H</td><td>2.50</td><td>3.50</td><td>1.75</td><td>4.00</td></tr>
<tr><td>CAN_L</td><td>2.50</td><td>1.50</td><td>3.25</td><td>1.00</td></tr>
<tr><td>电位差
(H-L)</td><td></td><td>2.0</td><td>−1.5</td><td>3.0</td></tr>
<tr><td>电路和电平示意图</td><td colspan="3"> 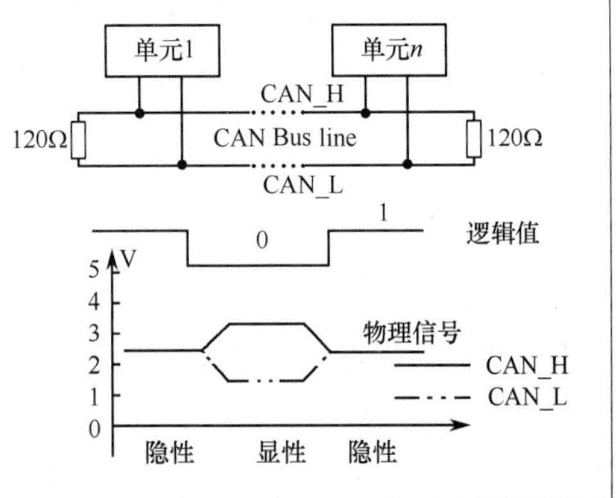单元1 单元n
CAN_H
120Ω CAN Bus line 120Ω
CAN_L
0 1 逻辑值
V 5 4 3 2 1 0
物理信号
CAN_H
CAN_L
隐性 显性 隐性</td><td colspan="2"> 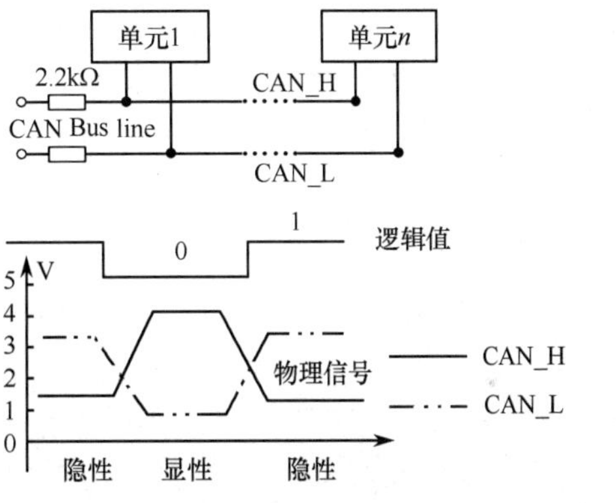单元1 单元n
2.2kΩ CAN_H
CAN Bus line
CAN_L
0 1 逻辑值
V 5 4 3 2 1 0
物理信号
CAN_H
CAN_L
隐性 显性 隐性</td></tr>
<tr><td>总线介质和物理特性</td><td colspan="3">双绞线(屏蔽/非屏蔽)
闭环总线
阻抗(Z):120Ω(最小 85Ω,最大 130Ω)
总线电阻率(r):70mΩ/m
总线延迟时间:5ns/m
终端电阻:120Ω(最小 85Ω,最大 130Ω)</td><td colspan="2">双绞线(屏蔽/非屏蔽)
开环总线
阻抗(Z):120Ω(最小 85Ω,最大 130Ω)
总线电阻率(r):90mΩ/m
总线延迟时间:5ns/m
终端电阻:2.20kΩ(最小 2.09kΩ,最大 2.31kΩ)</td></tr>
<tr><td>主要收发器型号和厂家</td><td colspan="3">HA13721RPJE(RENESAS)
PCA82C250(Philips)
Si9200(Siliconix)
CF15(Bosch)</td><td colspan="2">PCA82C252(Philips)
TJA1053(Philips)
SN65LBC032(Texas Instruments)</td></tr>
</table>

CAN 总线逻辑值是根据收发器两根线(CAN_H 和 CAN_L)的电位差来判断的,分为显性电平和隐性电平两种,总线上执行逻辑线"与"时,显性电平为逻辑"0",隐性电平为逻辑"1"。总线必须处于两种电平之一。

2. CAN 总线的数据层协议

CAN 通信是通过以下 5 种类型的帧进行的,各种帧的用途见表 11-5。

表 11-5 帧的种类及用途

帧	帧 用 途
数据帧	用于发送单元向接收单元传送数据的帧
遥控帧	用于接收单元向具有相同 ID 的发送单元请求数据的帧
错误帧	用于当检测出错误时向其他单元通知错误的帧
过载帧	用于接收单元通知其尚未做好接收准备的帧
帧间隔	用于将数据帧及遥控帧与前面的帧分离开来的帧

其中，数据帧和遥控帧有标准格式和扩展格式两种格式。标准格式(2.0A 版本)有 11 个位的 ID，扩展格式(2.0B 版本)有 29 个位的 ID。如图 11-24 所示为标准格式数据帧结构，其中数字表示该段所占的位数，D 和 R 表示总线数据，D 表示显性位(逻辑"0")，R 表示隐性位(逻辑"1")，D/R 表示可能是显性也可能是隐性。

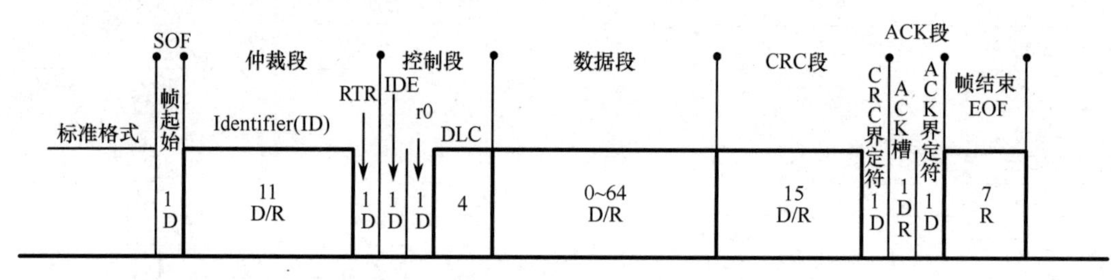

图 11-24 数据帧结构

(1)数据帧

数据帧由 7 段组成。

① 帧起始(SOF)，表示数据帧开始的段，由一个显性位组成。

② 仲裁段，表示该帧优先级的段。它包含 11 位表示优先级的 ID 和 1 位显性远程发送请求(RTR)，发送的顺序是 ID10～ID0，禁止设定高 7 位全为隐性，即禁止 1111111××××。

③ 控制段，由 6 位构成，其中 IDE 和 r0 为保留位(显性)，DLC 4 位表示数据段的字节数。字节数和 DLC 编码见表 11-6，其中 D 为显性，R 隐性。

表 11-6 数据字节编码

数据段的字节数	DLC 字节数编码			
	DLC3	DLC2	DLC1	DLC0
0	D	D	D	D
1	D	D	D	R
2	D	D	R	D
3	D	D	R	R
4	D	R	D	D
5	D	R	D	R
6	D	R	R	D
7	D	R	R	R
8	R	D	D	D

④ 数据段，数据的内容，可发送 0～8 字节的数据，先送 MSB。

⑤ CRC 段，检查帧传输错误的段。由 15 位 CRC 冗余码和 1 位显性 CRC 界定符组成。

⑥ ACK 段，发送单元发送两个隐性位，接收单元接收到正确消息 ACK 在 ACK 槽发送显性位，表示确认正常接收。

⑦ 帧结束，表示数据帧结束，由 7 个隐性位组成。

(2) 遥控帧(又称远程帧)

遥控帧是接收单元向具有相同 ID 的发送单元请求发送数据的帧。与数据帧的不同在于，遥控帧的 RTR 位为隐性位，没有数据段。数据长度码以所请求数据帧的数据长度码表示，其余部分和数据帧相同。没有数据段的数据帧和遥控帧可通过 RTR 位区别开来。没有数据段的数据帧用于各单元的定期连接确认/应答，或仲裁段本身带有实质性信息的情况。

(3) 错误帧

接收和发送消息时检测出错误并通知错误的帧。错误帧由错误标志和错误界定符构成。

错误标志包括主动错误标志和被动错误标志两种。主动错误标志：6 个位的显性位；被动错误标志：6 个位的隐性位。错误界定符由 8 个位的隐性位构成。

(4) 过载帧

过载帧是用于接收单元通知其尚未完成接收准备的帧。过载帧由 6 个显性位 DE 过载标志和 8 个隐性位过载界定符构成。

(5) 帧间隔

帧间隔是用于分隔数据帧和遥控帧的帧。数据帧和遥控帧可通过插入帧间隔将本帧与前面的任何帧（数据帧、遥控帧、错误帧、过载帧）分开。过载帧和错误帧之前不能插入帧间隔。帧间隔有 3 个隐性位，后面可跟隐性电平，无长度限制（0 也可），总线空闲时，要发送的单元可开始访问总线。

11.3.3 CAN 总线接口

CAN 总线接口通常由主控制器（MCU 或 CPU）、CAN 控制器、CAN 收发器构成，如图 11-25所示。

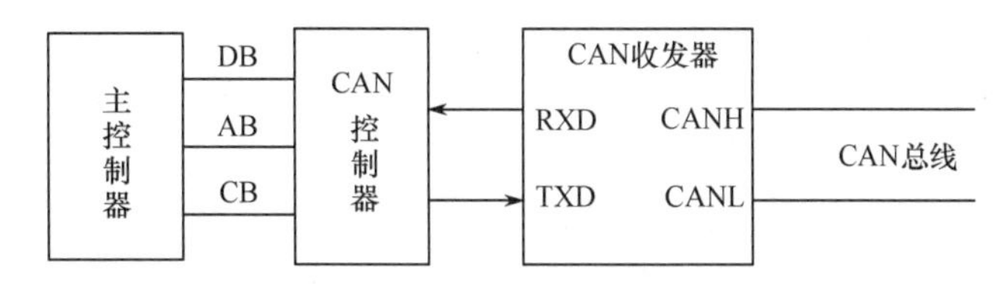

图 11-25 CAN 总线接口方框图

CAN 控制器是 CAN 总线接口电路的核心，主要完成 CAN 的通信协议；CAN 总线收发器的主要功能是将 TXD 送来的信号变成差分信号送到 CAN 总线网上（见表 11-7），同时对信号进行驱动发大，以增大差分信号的通信距离，提高系统的抗干扰能力。主控制器完成对可编程 CAN 控制器的初始化编程，现场数据的采集、测量，数据的处理、发送和接收等工作。

表 11-7 CAN 总线信号

TXD	CAN_H 电平	CAN_L 电平	CAN 总线状态
1	2.5V	2.5 V	隐性（逻辑 1）
0	3.5V	1.5V	显性（逻辑 0）

常用的 CAN 控制器有 MCP2510、SJA1000 等，常用的 CAN 总线收发器有 82C250/251（通用 CAN 收发器）、TJA1050/1040/1041（高速 CAN 收发器）、TJA1054（容错的 CAN 收发器）等。

如图 11-26 所示为一个 CAN 总线接口的实用电路。电路中 MCU 采用 51 单片机，SJA1000 为总线控制器，82C250 为总线收发器。为增强系统的抗干扰能力，在总线控制器和总线收发器之间增加了高速光电耦合器 6N137 做光电隔离电路，如果现场传输距离近、电磁干扰小，可以不采用光电隔离，以使系统达到最大的通信速率或距离。

SJA1000 有 3 对电源引脚，用于 CAN 总线控制器内部不同的数字和模拟模块：VDD1/

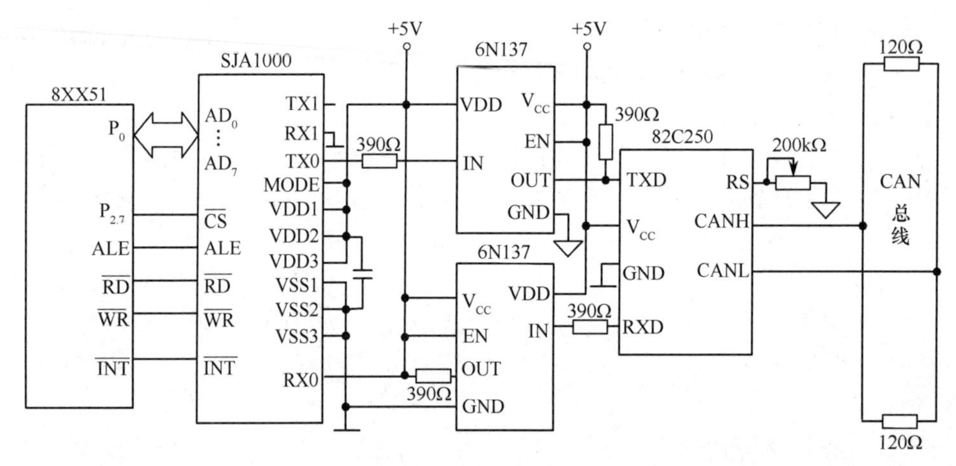

图 11-26　CAN 总线接口电路

VSS1——内部逻辑(数字);VDD2/VSS2——输入比较器(模拟);VDD3/VSS3——输出驱动器(模拟)。电源应分隔开来,可以用一个 RC 滤波器来退耦。

SJA1000 支持直接连接到两种单片机系列——80C51 和 68XX,通过 MODE 引脚可选择接口模式:Intel 模式时,MODE 接高电平;Motorola 模式时,MODE 接低电平。

1. SJA1000 总线控制器

SJA1000 总线控制器由以下几部分构成:CAN 核心模块、接口管理逻辑、发送缓冲器、验收滤波器、接收 FIFO。

SJA1000 的功能配置和数据传送由主控制器的程序执行,程序由一组寄存器控制段和一个 RAM 报文的接收和发送完成。它们对于主控制器来说,就是对 I/O 端口操作,对 51 单片机而言,单片机和 SJA1000 之间的数据交换通过 MOVX 指令对相应地址写完成。SJA1000 内部寄存器分布于 0~31 个连续的地址空间(其中包括发送/接收缓冲器的存储单元地址),控制命令的设置及数据报文的发送和接收,限于篇幅,仅做扼要介绍。

(1) SJA1000 初始化

初始化程序主要完成对 SJA1000 控制寄存器、位定时寄存器等进行设置,还要对发送报文对象和接收报文对象分别进行初始化。

假设上电后,CAN 控制器在引脚 RST 得到一个复位脉冲低电平,使它进入复位模式,在设置 SJA1000 的寄存器前,主控制器通过读复位模式/请求标志来检查 SJA1000 是否已达到复位模式。在复位模式中,主控制器必须配置下面的 SJA1000 控制段寄存器。

① 模式寄存器:仅在 PeliCAN 模式下应用,选择下面的工作模式——验收滤波器模式、自我测试模式、仅听模式。

② 时钟分频寄存器:定义使用 BasicCAN 模式还是 PeliCAN 模式,是否使能 CLKOUT 引脚,是否旁路 CAN 输入比较器,TX1 输出是否用作专门的接收中断输出。

③ 验收码寄存器和验收屏蔽寄存器:定义接收报文的验收码,对报文和验收码进行比较、定义验收屏蔽码。

④ 总线定时寄存器:定义总线的位速率,定义位周期内的采样点,定义在一个位周期里采样的数量。

⑤ 输出控制寄存器:定义 CAN 总线输出引脚 TX0 和 TX1 的输出模式——正常输出模式、时钟输出模式、双相输出模式或测试输出模式,定义 TX0 和 TX1 输出引脚配置及极性——悬空、下拉、上拉或推挽。

(2) 数据的发送或接收

① 发送程序描述：用户将数据存储区中待发送的数据取出，再根据 CAN 的数据链路层协议组成数据帧，传送到发送缓冲器，根据接收到的远程帧的 ID 将此报文对象的编码写入命令请求寄存器，然后将命令请求寄存器里的发送请求标志置位，报文的发送是 CAN 控制器硬件自动完成的。发送过程可采用中断控制方式（要置中断使能）或查询控制方式（查询发送缓冲器状态标志，如发送缓冲器空，便可再发下一帧）。

② 接收程序描述：CAN 报文的接收与发送一样，是由 CAN 控制器自动完成的，主控制器接收程序只需从接收缓存器中读取接收的数据，再进行相应的处理即可。读取接收数据的过程可采用中断控制方式（要置中断使能）或查询控制方式（查询接收缓冲器状态标志，如接收缓冲器满，便可读进传进来的一帧数据）。

2. CAN 收发器

PCA82C250 为 CAN 总线收发器，是 CAN 控制器与 CAN 总线的接口器件。PCA82C250/251 引脚图如图 11-27 所示，引脚功能见表 11-8。

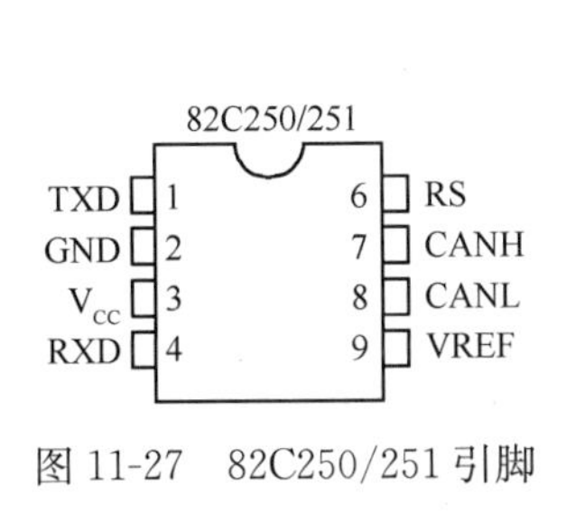

图 11-27　82C250/251 引脚

表 11-8　82C250/251 引脚功能

引脚号	引脚名称	引脚功能	描　述
1	TXD	输入	CAN 控制器发送数据输入端
2	GND	地	接地
3	V_{CC}	+5V 电源	+5V 电源电压
4	RXD	输出	CAN 控制器接收数据输出端
5	VREF	参考电压	参考电压输出
6	CANL	CAN 总线低	低电平 CAN 电压输入/输出
7	CANH	CAN 总线高	高电平 CAN 电压输入/输出
8	RS	方式选择	斜率电阻器输入

其中，RS 引脚用于选择 PCA82C250/251 的工作方式：高速方式和斜率方式。RS 引脚接地为高速方式；RS 引脚串接 1 只电阻器后再接地，用于控制上升和下降斜率，从而减小射频干扰。RS 引脚接高电平，PCA82C250 处于等待状态，此时发送器关闭，接收器处于低电流工作，可以对 CAN 总线上的显性位做出反应来通知 CPU。

由于篇幅限制，本章没有给出 SJA1000 的详细资料及具体程序，读者在需要时，可查阅相关资料进行设计。

11.4　小　　结

本章主要介绍了 I^2C、SPI 和 CAN 3 种常用的串行总线的原理，并通过串行 E^2PROM、串行 A/D、串行 D/A 介绍了串行接口的设计方法及其软件模拟。

软件模拟的方法就是用程序实现总线的时序要求，时钟靠指令产生，串行传送靠移位指令实现，如果是用时钟的电平同步，先置好电平，再读或写一位数据到数据线；如果是靠跳变沿同步，先置好数据位，再使时钟位置 1，而后使时钟位置 0，一个下跳沿就产生了；产生上跳沿方法亦然。

当前，无总线扩展的芯片日益增多。即使在有总线扩展能力的 51 芯片上，使用并行总线控制方式的人也逐渐减少。因此，掌握串行接口方式的知识和技能显得越来越重要。限于篇幅，还有诸多的串行总线(如 USB 等)在这里尚不能提及,好在不少新型的 51 单片机内部集成了这些接口,有兴趣的读者可以阅读相关的参考资料。

思考题与习题 11

11.1 在 AT89S52 上扩展两片 AT24C04。

11.2 完成将 0～9 写入 AT24C04 的 0～9 单元。

11.3 完成将 AT24C04 的 0～9 单元内容读出并分别存入内部 RAM 的 20H～29H 单元。

11.4 试用一片 TLC5615 设计一个 51 波形发生器,使能产生方波、锯齿波。

11.5 使用一片 TLC549 设计一个基于 51 单片机测量的低频有效值的电压表。

第 12 章　以 MCU 为核心的嵌入式系统的设计与调试

☞**教学要点**

本章介绍以 MCU 为核心的嵌入式系统的设计、开发工具、调试方法及实际应用中应注意的抗干扰问题，具体介绍了看门狗的使用，并以小型电子显示屏作为应用设计的实例，提供了完整的电路和程序。

12.1　嵌入式系统开发与开发工具

12.1.1　MCU 为核心的嵌入式系统的构成

以 MCU 为控制核心的嵌入式系统是嵌入式系统的一种，它是以单片机为核心构成的计算机应用系统，是最具代表性和使用最广泛的嵌入式系统。以下简称它为单片机应用系统，其电路板称为目标板。

嵌入式系统的开发步骤如下：

分析课题要求→确定方案→软硬件设计→软硬件联调及纠错→绘制印制电路板→焊接形成产品

1. 典型嵌入式应用系统的构成

一个典型的 MCU 为核心的嵌入式系统硬件构成如图 12-1 所示，通常由单片机、片外 ROM、RAM、扩展 I/O 口及对系统工作过程进行人工干预和结果输出的人机对话通道等组成。

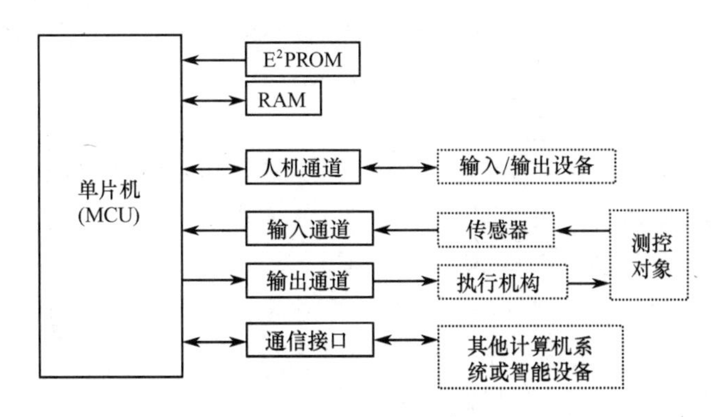

图 12-1　典型的 MCU 为核心的嵌入式系统硬件结构

单片机常用的输入、输出设备有键盘、LED、LCD 显示器、打印机等；用于检测信号采集的输入通道，一般由传感器、信号处理电路和相应的接口电路组成；向操作对象发出各种控制信号的输出通道，通常包括输出信号电参量的变换、通道隔离和驱动电路等；与其他计算机系统或智能设备实现信息交换的通信接口。一个完整的嵌入式系统的设计，一般涵盖以上部分。

2. 嵌入式应用系统的构成方式

由于设计思想和使用要求不同，应用系统的构成方式也有所不同。

(1) 专用系统

这是最典型和最常用的构成方式,其最突出的特征是系统全部的硬件资源完全按照具体的应用要求配置,系统软件就是用户的应用程序。专用系统的硬、软件资源利用得最充分,但开发工作的技术难度较高。

(2) 模块化系统

由图 12-1 可见,单片机应用系统的系统扩展与通道配置电路具有典型性,因此有些厂家将不同的典型配置做成系列模板,用户可以根据具体需要选购适当的模板组合成各种常用的应用系统。它以提高制作成本为代价换取了系统开发投入的降低和应用上的灵活性。

(3) 单机与多机应用系统

一个应用系统只包含一块 MCU 或 MPU,称为单机应用系统,这是目前应用最多的方式。如果在单机应用系统的基础上再加上通信接口,通过标准总线和通用计算机相连,即可实现应用系统的联机应用。在此系统中,单片机部分用于完成系统的专用功能,如信号采集和对象控制等,称为应用系统。通用计算机称为主机,主要承担人机对话、大容量计算、记录、打印、图形显示等任务。由于应用系统是独立的计算机系统,对于快速测控过程,可由其独立处理,大大减轻了总线的通信压力,提高了运行速度和效率。

在多点多参数的中、大型测控系统中,常采用多机应用系统。在多机系统中,每一个单片机相对独立地完成系统的一个子功能,同时又和上级机保持通信联系,上级机向各子功能系统发布有关测控命令,协调其工作内容和工作过程,接收和处理有关数据。多机应用系统还可以以局部网络的方式工作。

12.1.2 嵌入式应用系统的设计原则

① 选择单片机机型。单片机是嵌入式系统的心脏,其机型选择是否合适,对系统的性能优劣、构成繁简、开发工作的难易、产品的价格等方面影响较大。选择单片机,首先要考虑单片机的功能和性能是否满足应用系统的要求,其次要考虑供货渠道是否畅通,开发环境是否具备,对于熟悉的机型,无疑将提高开发的效率。

② 应充分利用单片机内的硬件资源,简化系统的扩展,利于提高系统的可靠性。

③ 单片机和服务对象往往结合成一个紧密的整体,应了解服务对象的特性,进行一体化设计,在性能指标上应留有余地。

④ 在保证系统的功能和性能的前提下,不要过分追究单片机或其他器件的精度,如 8 位单片机满足要求,就无须选 16 位单片机,以降低成本,增加竞争优势。总之,单片机用于产品的设计,要求性价比高,开发速度快,这样就能赢得市场。

⑤ 软件采用模块设计,便于调试、链接、修改和移植,对于实时性较强的采用汇编语言编程比较合适,对复杂的计算或实时性要求不高的,对 C 语言比较熟悉的,采用 C 语言编程比较合适。也可以采用联合设计的方式,发挥各语言的长处。

⑥ 应考虑应用系统的使用环境,采取相应的措施,如抗干扰等。

12.1.3 嵌入式系统的开发工具

对嵌入式系统的设计、软、硬件调试称为开发。嵌入式系统本身无开发能力,必须借助开发工具。

单片机的开发工具有 PC、编程器和仿真机。如果使用 EPROM 作为程序存储器,还需一台紫外线擦除器。其中最基本的、必不可少的工具是 PC 和编程器。仿真机和编程器通过串行接口和

PC 的串行口 COM1 或 COM2 相连，借助 PC 的键盘、监视器及相应的软件完成人机的交流。

1. **编程器**

编程器又称烧写器、下载器，通过它将调试好的程序烧写到程序存储器中（单片机内程序存储器或片外的 EPROM、E^2PROM 或 Flash），不同档次的编程器价格相差很大，从几百元至几千元不等，档次的差别在于烧写的可编程芯片的类型多少，使用界面是否方便及是否还有其他功能等。目前市面编程器的型号很多，需要根据应用对象及经济实力进行选择。通常专用编程器应具备以下功能：对多种型号单片机（MCU）、EPROM、E^2PROM、Flash、ROM、PLD、FPGA 等进行读取、擦除、烧写、加密等操作，高档的编程器可独立于 PC 运作。编程的方法可以脱机编程或在系统编程。

2. **仿真机**

仿真机又称为在线仿真机，英文为 In Cricuit Eluatior（简称 ICE），它是以被仿真的微处理器（MPU）或微控制器（MCU，如单片机）为核心的一系列硬件构成的，使用时拔下用户 MPU 或 MCU，换插 ICE 插头（称为仿真头），这样用户系统就成了 ICE 的一部分，原来由 MPU 或 MCU 执行的程序改由仿真机来执行，利用仿真机完整的硬件资源和监控程序实现对用户目标码程序的跟踪调试，观察程序执行过程中的单片机寄存器、存储器的内容，根据执行情况随时修改程序。

仿真机的随机软件通常为集成环境，即将文件的编辑、汇编语言的汇编和连接、高级语言的编译和连接及跟踪调试集于一体，能对汇编语言程序和高级语言程序仿真调试，采用窗口和下拉菜单操作。操作平台有 DOS 的，现在大多为 Windows 平台。熟悉 Turbo C 或 Windows 的读者，对这些操作方法不学自会。一般仿真机提供的集成软件，既可用于硬件仿真又可用于软件模拟仿真（仅用 PC，不连接仿真机），使用时，选择不同的工作模式或参数即可选择是硬件仿真还是软件仿真。仿真机的价格通常在千元以上。

12.1.4 嵌入式系统的调试

嵌入式系统的开发有以下两种方法。

1. **PC＋模拟仿真软件＋编程器**

早期开发采用脱机编程的方式，即将单片机（或 E^2PROM）从用户板（又称目标板）上拔下来，插到编程器插座上编程（烧录），烧录完成后，拔下单片机插到目标板上执行，若不成功再擦除再烧写再执行，见图 12-2，显然这种方式效率低。随着单片机的发展，出现了在系统编程（ISP）和在应用编程（IAP），通过把简单的编程电路做在目标板上，或在单片机内存储一段引导程序达到就在目标板上烧录，本书实验部分的开发板用 ISP 型的 51 单片机 89S52，实现在系统烧写功能并可立即执行，实现了编程器和实验台的双重功能，能满足 51 单片机的开发和设计型实验教学。目前英国 Labcenter Electronics 公司提供的 Proteus 电子设计软件在跟踪仿真调试时，能在屏幕上直接观察硬件的执行效果（如 LED、LCD 字符显示等），是使用最方便快捷的软件。只要模拟的硬件效果达到课题要求，程序通过，一次性烧录进单片机，系统就开发成功了。具体内容参见第 13 章。

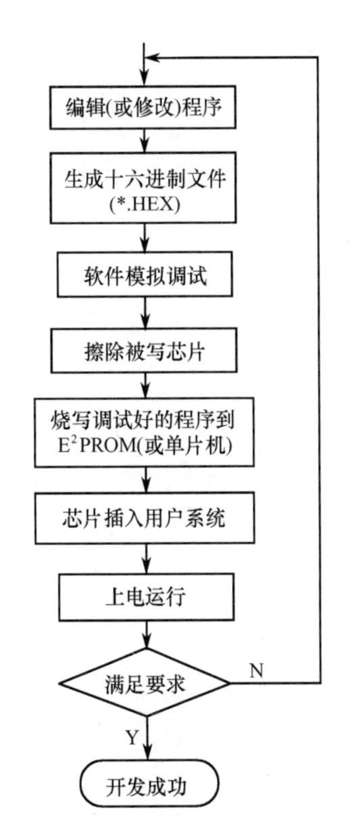

图 12-2　脱机编程方式的开发流程图

这种开发方式优点是所需的投资少，一般教学单位或小公司乃至个人,均会有PC,所需购买的只是编程器,且一个实验室只需购买一两台即可。模拟仿真软件网上可以下载或向商家索取。缺点是无跟踪调试功能,只适用于小系统开发,开发效率较低。

2. **PC+在线仿真器+编程器**

前面介绍的是软件模拟仿真方法,另一种是硬件仿真。使用该法是要购买一台在线仿真器,另外还需购买一台编程器。利用仿真器完整的硬件资源和监控程序,实现对用户目标码程序的跟踪调试,在跟踪调试中侦错和及时排除错误。操作方法是:

用串行电缆将在线仿真器通过RS-232插件和PC的COM1或COM2相连,在断电的情况下,拔下用户系统的单片机代之以仿真头(如用外部EPROM,还需拔下该EPROM),如图12-3所示。运行仿真调试程序,通过跟踪执行,观察目标板的波形或执行现象,及时地发现软、硬件的问题,进行修正。当调试到满足系统要求后,将调试好的程序通过编程器烧写到单片机或EPROM中,拔下仿真头,还原单片机或EPROM,一个嵌入式系统就调试成功了。

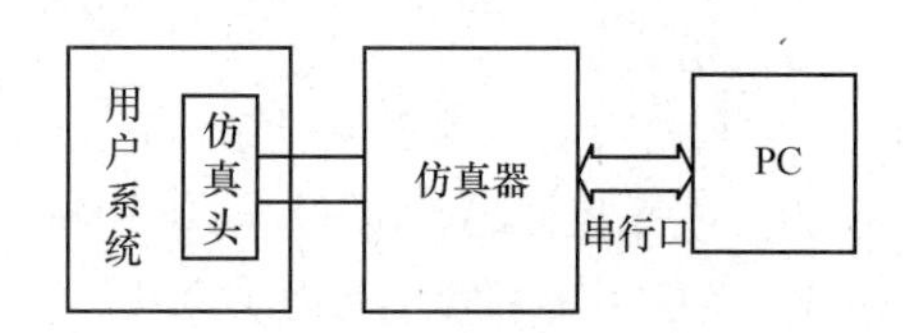

图12-3 单片机的在线仿真

使用仿真器调试,仿真效率高,能缩短开发周期,只要有条件,应采用这种调试方式。

当嵌入式应用系统设计安装完毕后,应先进行硬件的静态检查,即在不加电的情况下用万用表等工具检查电路的接线是否正确,电源对地是否短路。加电后在不插芯片情况下,检查各插座引脚的电位是否正常,检查无误后,再在断电的情况下插上芯片。静态检查可以防止电源短路或烧坏元器件,然后再进行软、硬件的联调。

*12.2 嵌入式系统的抗干扰技术

在嵌入式系统中,系统的抗干扰性能直接影响到系统工作的可靠性。干扰可来自于本身电路的噪声,也可能来自工频信号、电火花、电磁波等,一旦应用系统受到干扰,程序跑飞,即程序指针发生错误,误将非操作码的数据当作操作码执行,就会造成执行混乱或进入死循环,使系统无法正常运行,严重的可能损坏元器件。

单片机的抗干扰措施有硬件方式或软件方式。

12.2.1 软件抗干扰

1. **数字滤波**

当噪声干扰进入单片机应用系统叠加在被检测信号上时,会造成数据采集的误差,为保证采集数据的精度,可采用硬件滤波,也可采用软件滤波,对采样值进行多次采样,取平均值或程序判断剔除偏差较大的值。

2. **设置软件陷阱**

在非程序区设置拦截措施,当单片机失控进入非程序区时,使程序进入陷阱,通常使程序返回初始状态。例如,用LJMP #0000H填满非程序区。

如果程序存储器空间有足够的富裕量,且对系统的运行速率要求不高,可在每条指令后加空操作指令NOP,如果该指令字长为n字节,则在其后加$n-1$个字节的NOP指令,这样即使指令因干扰跑飞,只会使程序执行一次错误操作后,又回到下一条指令处,如果跑到别的指令处,因别的指令也做了如此处理,后面的指令还可以一条一条地往下执行。

12.2.2 硬件抗干扰

1. 良好的接地方式

在任何电子线路设备中，接地是抑制噪声防止干扰的重要方法，地线可以和大地连接，也可以不和大地相连。接地设计的基本要求是消除各电路电流流经一个公共地线，由阻抗所产生的噪声电压，避免形成环路。

单片机应用系统中的地线分为数字电路的地线（数字地）和模拟电路的地线（模拟地），如有大功率电气设备（如继电器、电动机等），还有噪声地，仪器机壳或金属件的屏蔽地，这些地线应分开布置并在一点上和电源地相连。每单元电路宜采用一个接地点，地线应尽量加粗以减小地线的阻抗。

2. 采用隔离技术

在单片机应用系统的输入、输出通道中，为减小干扰，普遍采用了通道隔离技术。用于隔离的器件主要有隔离放大器、隔离变压器、纵向扼流圈和光电耦合器等，其中应用最多的是光电耦合器。

光电耦合器具有一般的隔离器件切断地环路、抑制噪声的作用，此外，还可以有效地抑制尖峰脉冲及多种噪声。光电耦合器的输入和输出间无电接触，能有效地防止输入端的电磁干扰以电耦合的方式进入计算机系统。光电耦合器的输入阻抗很小，一般为 100Ω～1kΩ，噪声源的内阻通常很大，因此，分压到光耦输入端的噪声电压很小。

光电耦合器件的种类很多，有直流输出的，如晶体管输出型、达林顿管输出型、施密特触发的输出型。也有交流输出的，如单（双）向可控硅输出型、过零触发双向可控硅型。

利用光电耦合做输入的电路如图 12-4 所示。图 12-4(a)是模拟信号输入电路，信号的采集用光电耦合，信号可从集电极引出，也可以从发射极引出。图 12-4(b)是脉冲信号输入电路，采用施密特触发器输出的光电耦合电路。

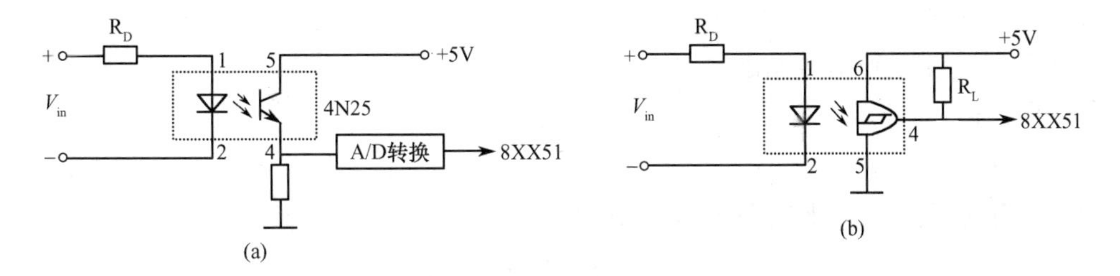

图 12-4 光电耦合输入电路

利用光电耦合做输出的电路如图 12-5 所示，J 为继电器线包。图 12-5(a)中，8XX51 的并行

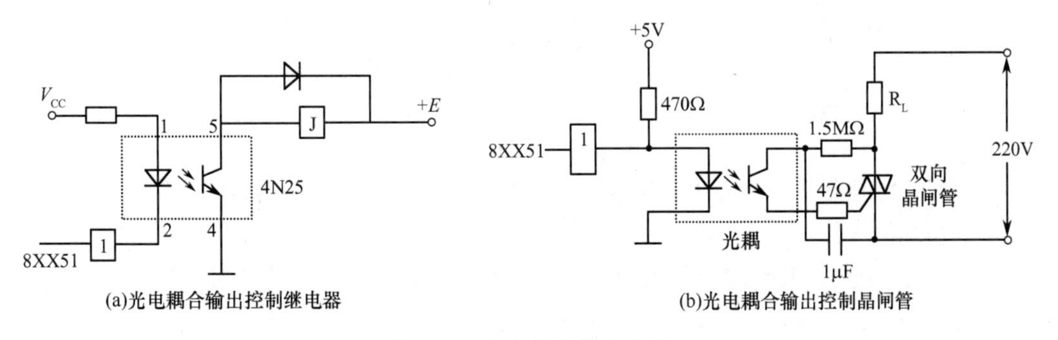

图 12-5 光电耦合输出电路

口线输出"0"，二极管导通发光，三极管因光照而导通，使继电器电流通过，控制外部电路。用光耦控制晶闸管的电路如图 12-5(b)所示，光耦控制晶闸管的栅极。

12.2.3 "看门狗"技术

"看门狗"英文为"Wacth Dog Timer"，即看门狗定时器，实质上是一个监视定时器，它的定时时间是固定不变的，一旦定时时间到，就产生中断或产生溢出脉冲，使系统复位。在正常运行时，如果在小于定时时间间隔内对其进行刷新(即重置定时器，称为喂狗)，定时器处于不断的重新定时过程，就不会产生中断或溢出脉冲，利用这一原理给单片机加一看门狗电路，执行程序中在小于定时时间间隔内对其进行重置。而当程序因干扰而跑飞时，因没能执行正常的程序而不能在小于定时时间内对其刷新，当定时时间到，定时器产生中断，在中断程序中使其返回到起始程序，或利用溢出产生的脉冲控制单片机复位。

目前有不少的单片机内部设置了看门狗电路(如 89S51/52)，同时有很多集成电路生产厂家生产了 μP 监控器，如美国 Maxim 公司生产的 MAX706P(高电平复位)、MAX706R/S/T(低电平复位)，MAX708R/S/T(高、低电平复位)，其中 R、S、T 3 种型号的差别在于复位的门限电平不同。这些芯片具有复位功能、看门狗功能和电源监视功能，下面以 MAX706P 为例介绍 μP 监控器的应用。

1. μP 监控器 MAX706P

MAX706P 内部由时基信号发生器、看门狗定时器、复位信号发生器及掉电电压比较器构成，其中，时基信号发生器提供看门狗定时器定时脉冲，芯片的引脚如图 12-6 所示，各引脚意义如下：

PFI：电源故障电压监控输入。

PFO：电源故障输出，当监控电压 $U_{PFI}<1.25V$ 时，PFO 变低。

WDI：看门狗输入。

RESET：高电平复位信号输出端。

$\overline{MR}$：手动复位输出。

$\overline{WDO}$：看门狗输出。

MAX706P 的典型应用电路如图 12-7 所示。

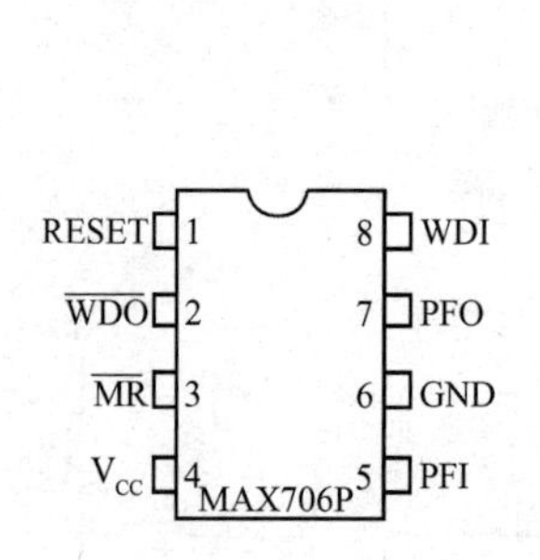

图 12-6　MAX706P 引脚图

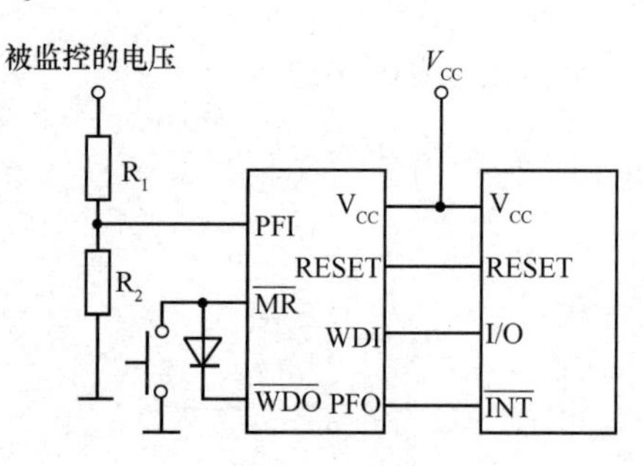

图 12-7　MAX706P 的典型应用电路

(1) 复位功能

手动复位：当接在$\overline{MR}$引脚上的按键按下时，$\overline{MR}$接收低电平信号，RESET 变为高电平，延时时间为 200ms，使 8XX51 复位。当电源电压降至 4.4V 以下时，内部的电压比较器使 RESET 变为高电平，使单片机复位，直到 V_{CC}上升到正常值。

(2) 看门狗功能

MAX706P的内部看门狗定时器的定时时间为1.6s，如果在1.6s内WDI引脚保持为固定电平(高电平或低电平)，看门狗定时器输出端$\overline{WDO}$变为低电平，二极管导通，使低电平加到$\overline{MR}$端，MAX706P产生RESET信号，使8XX51复位，直到复位后看门狗定时器被清零，$\overline{WDO}$才变为高电平。当WDI有一个跳变沿(上升沿或下降沿)信号时，看门狗定时器被清零。图12-7中，将WDI接到8XX51的某根并行口线上，程序中只要在小于1.6s时间内将该口线取反一次，即能使定时器清零而重新计数，不产生超时溢出，程序正常运行。当程序跑飞，不能执行产生WDI的跳变指令，到1.6s时$\overline{WDO}$因超时溢出而变低，产生复位信号，使程序复位。

看门狗定时器有3种情况被清零：发生复位；WDI处于三态；和WDI检测到一个上升沿或一个下降沿。

(3) 电压监控功能

当电源电压(如电池)下降，监测点小于1.25V(即$U_{PFI}<1.25V$)时，PFO变为低电平，产生中断请求，在中断服务中，可以采用相应的措施。

μP监控器的型号很多，选择时应注意是高电平复位还是低电平复位，要和自己选择的机型匹配。美国Xicor公司的X25043(低电平复位)，X25045(高电平复位)监控器，有电压检测和看门狗定时器，还有512×8位的串行E^2PROM，且价格低廉，对提高系统可靠性很有利。

2. 89S51/52单片机的看门狗

不少单片机内带有看门狗定时器。看门狗定时器也可以用软件的方式构成，这需要单片机内有富裕的定时/计数器。由于软件运行受单片机状态的影响，其监控效果远不及硬件看门狗定时器好。软件看门狗仅在环境干扰小或对成本要求高的系统中采用。

Atmel的89S51/52系列单片机中内设看门狗定时器，89S51与89C51功能相同，指令兼容。HEX程序无须任何转换可以直接使用。89S51/52比起89C51/52，除可在线编程外，就是增加了一个看门狗功能。89S51/52内的看门狗定时器是一个14位的计数器，每过16384个机器周期，看门狗定时器溢出，产生一个$98/f_{osc}$的正脉冲加到复位引脚上，使系统复位。使用看门狗功能，需初始化看门狗寄存器WDTRST(地址为0A6H)，对其写入1EH，再写入E1H，即激活看门狗。在正常执行程序时，必须在小于16383个机器周期内进行喂狗，即对看门狗寄存器WDTRST(地址为0A6H)再写入1EH和E1H。看门狗具体使用方法如下：

在程序初始化中：

```
          WDTRST   EQU 0A6H
          ORG  0000
          LJMP   STAR
           ⋮
    STAR: MOV   WDTRST,#1EH          ;激活看门狗先送1EH
          MOV   WDTRST,#0E1H         ;后送E1H
    DOG:   ⋮
          MOV   WDTRST,#1EH          ;先送1EH,喂狗指令
          MOV   WDTRST,#0E1H         ;后送E1H
           ⋮
          LJMP   DOG
```

在C语言中要增加一个声明语句：

```
//在reg51.h声明文件中,sfr WDTRST = 0xA6
```

```
main(){
WDTRST=0x1e;
WDTRST=0xe1      //初始化看门狗
while (1)
{ ⋮
WDTRST=0x1e;
WDTRST=0xe1      //喂狗指令
⋮
}}
```

注意：

① 89S51 的看门狗必须由程序激活后才开始工作，所以，必须保证 CPU 有可靠的上电复位，否则看门狗也无法工作。

② 看门狗使用的是 CPU 的晶振，在晶振停振的时候看门狗也无效。

③ 89S51 只有 14 位计数器。在 16383 个机器周期内必须至少喂狗一次，而且这个时间是固定的，无法更改。当晶振为 12MHz 时，每 16ms 以内需喂狗一次。

12.3 单片机应用系统举例——电子显示屏

电子显示屏广泛用于火车站显示火车到站时刻表、银行利率显示、股市行情显示等公众信息场合，仔细观察可以发现，它是由成千上万个发光二极管(LED)组成的，为方便安装，将若干个 LED 组合在一个模块上，若干个模块再组成大屏幕。

市售的模块按 LED 的排列有 5×7，5×8，8×8 等几种类型；LED 的直径也有大有小，有 1.9，3.0，5.0 等；点阵模块按颜色分有单色(红色)或双色，双色的 LED 在一个玻璃管中有红和绿两个 LED，如果红绿同时发亮，即可显示黄色，因此双色实际上可显示红、绿、黄 3 色。如图 12-8所示的是一个 8×8 的单色 LED 点阵模块图，型号为 LMM 2088DX。由图可见，LED 排列成点阵的形式，同一行的 LED 阴极连在一起，同一列的阳极连在一起，仅当阳极和阴极的电压被加上，使 LED 为正偏时 LED 才发亮。对于双色的 LED 模块，同一行的红管和绿管阴极连在一起控制，阳极分别控制。

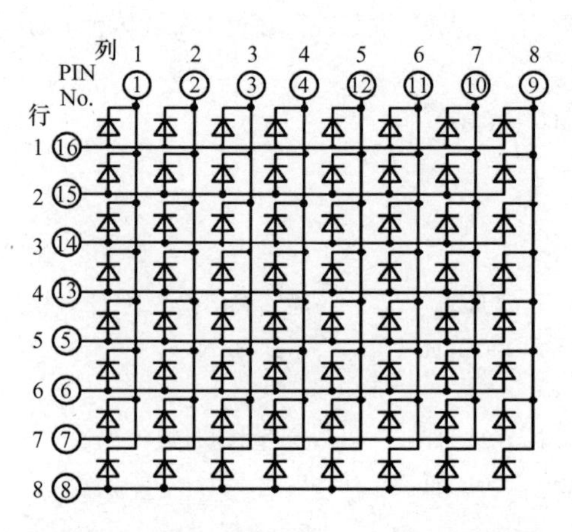

图 12-8　LMM 2088DX(8×8 单色)引脚图

为了了解电子屏幕的设计原理，便于实验实现，用 6 块 5×8 的模块构成一个 15×16 点阵的小型显示屏，可以显示一个汉字。电路如图 12-9 所示。

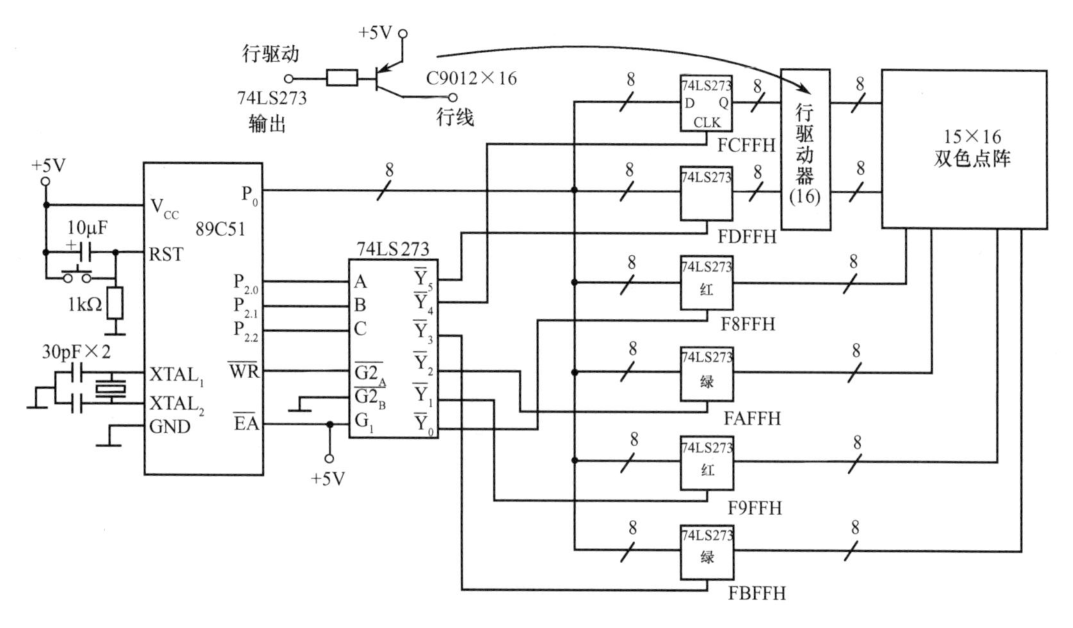

图 12-9　LED 电子显示电路

如果采用行循环扫描法，即左块第一行亮，右块第一行亮，然后左块第二行亮，右块第二行亮……对于列而言，一列只亮一个点，而对一行而言，有多个 LED 同时发亮，一个 LED 亮需 10～20mA 的电流。因此，在行线上加上行驱动三极管，列上只用了锁存器而省去了列驱动。

15 行的行选由 2 个 74LS273 完成，地址分别为 FCFFH 和 FDFFH，16 根列选也由 2 个 74LS273 完成，由于列线分为红、绿两色，共需 4 片 74LS273 控制，红色的列选地址为 FAFFH 和 FBFFH。按照“1”亮的规则，一个 16×16 的汉字点阵信息（字模编码）需占 32 字节，一个“中”的汉字字模编码显示在图 12-10 中，按照从左到右、从上到下的原则顺序排列，存放于字模编码数组中。行选轮流选通，列选查表输出，一个字循环扫描多次，就能看到稳定的汉字。

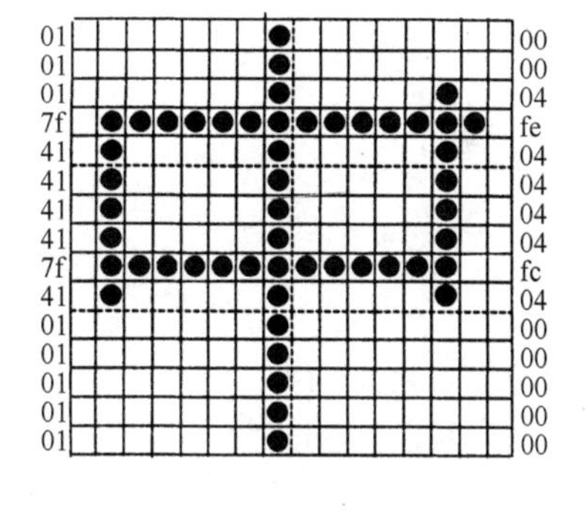

图 12-10　“中”的汉字字模编码

下面的程序在小显示屏上轮流显示“我爱中华”4 个绿色汉字。4 个字模编码占 128 字节，存放于 buff[128] 数组中，每字循环扫描显示 1000 遍，再换下一汉字，根据行、列序号，利用公式计算字模编码在数组中的位置。为消除拖尾，显示间有清屏，显示和清屏的延时由定时器 T_0 控制，程序清单如下：

```
#include <reg51.h>
#include <absacc.h>
#define red1 XBYTE[0xf8ff]          /* 第一红色 74LS273 地址 */
#define red2 XBYTE[0xf9ff]          /* 第二红色 74LS273 地址 */
#define green1 XBYTE[0xfaff]        /* 第一绿色 74LS273 地址 */
#define green2 XBYTE[0xfbff]        /* 第二绿色 74LS273 地址 */
#define hang1 XBYTE[0xfcff]
#define hang2 XBYTE[0xfdff]         /* 行 74LS273 地址 */
#define uchar unsigned char
```

```
#define uint unsigned int
void delay(uint t);
void clr(void);
void display(uint b);
uchar code buff[128]={0x04,0x80,0x0e,0xa0,0x78,0x90,0x08,0x90,
             0x08,0x84,0xff,0xfe,0x08,0x80,0x08,0x90,
             0x0a,0x90,0x0c,0x60,0x18,0x40,0x68,0xa0,
             0x09,0x20,0x0a,0x14,0x28,0x14,0x10,0x0c,
             0x00,0x78,0x3f,0x80,0x11,0x10,0x09,0x20,
             0x7f,0xfe,0x42,0x02,0x82,0x04,0x7f,0xf8,
             0x04,0x00,0x07,0xf0,0x0a,0x20,0x09,0x40,
             0x10,0x80,0x11,0x60,0x22,0x1c,0x0c,0x08,
             0x01,0x00,0x01,0x00,0x01,0x04,0x7f,0xfe,
             0x41,0x04,0x41,0x04,0x41,0x04,0x41,0x04,
             0x7f,0xfc,0x41,0x04,0x01,0x00,0x01,0x00,
             0x01,0x00,0x01,0x00,0x01,0x00,0x01,0x00,
             0x04,0x40,0x04,0x48,0x08,0x58,0x08,0x60,
             0x18,0xc0,0x29,0x40,0x4a,0x44,0x08,0x44,
             0x09,0x3c,0x01,0x00,0xff,0xfe,0x01,0x00,
             0x01,0x00,0x01,0x00,0x01,0x00,0x01,0x00}   /*"我爱中华"字模*/
main(){
char m;
for(;;){
    for(m=0;m<=96;m=m+32){
        clr();
        display(m);                 /*显示*/
        clr();                      /*清屏*/
        delay(10);                  /*延时*/
}}}
void display(uint b){               /*显示函数*/
uchar i,j,k,n=1;
uint c;
 for(c=0;c<1000;c++)
  {clr();
  for(k=0;k<2;k++)                  /* k用以选择两个左右不同的74LS273 */
   {for(i=0;i<8;i++)                /* i选择不同行*/
    {green1=~buff[b+16*k+2*i];      /* 查字模表,并取反*/
     green2=~buff[b+16*k+2*i+1];
     if(k==0)
      { hang1=~n;hang2=0xff;
     }
    else
    {hang2=~n;hang2=0xff;}          /*k=0,选上面一个74LS273,同时关闭下半屏显示*/
    hang1=0xff;hang1=0xff;n=n*2;}
  n=1;
```

```
}}}
void delay(uint t){                                    /* 延时子程序,延时 t*10ms */
uint i;
for(i=0;i<t;i++){
TMOD=0x11;
TL0=-10000%256;TH0=-10000/256;
TR0=1;
do{}while(TF0! =1);
TF0=0;
}}
void clr(void){                                        /* 清屏子程序 */
uchar xdata *ad_drl;
ad_drl=&green1;
hang1=0xff;hang2=0xff;
red1=0xff;red2=0xff;
*ad_drl=0xff;
ad_drl++;
ad_drl=0;
}
```

读者修改程序,不难变换显示颜色及跑马式显示等各种显示方式,如改换显示的汉字可从汉字字库中提取字模,提取汉字字模的方法可以查阅有关资料。

12.4 小　　结

本章介绍了以 MCU 为核心的嵌入式系统的设计方法、调试方法及实际应用中应注意的问题,并以小型电子显示屏作为应用设计的实例。读者只要自己实践,就会感到设计一个小型嵌入式系统是不难的。

思考题与习题 12

12.1 单片机的抗干扰措施有哪些?

12.2 设计一个电子数字钟,并接一个小喇叭,使:

(1) 具有交替显示年、月、日、时、分、秒的功能;(2) 具备校正功能;

(3) 具备设定闹钟和定时闹钟响功能;(4) 具备整点报时功能;

*(5) 具备生日提醒功能。

其中,* 为选做的扩展功能。

12.3 用单片机的定时器设计一个音乐盒,使能用按键选择演奏两支小乐曲,已知乐谱和频率的关系如下:

C 调音符	5	6	7	1	2	3	4	5	6	7
频率(Hz)	392	440	494	524	588	660	698	784	880	988

12.4 设计一个模拟量采集系统,将所采集的模拟量显示在 4 个 LED 显示器或 4 个 LCD 显示器上。

12.5 题目同题 12.4,要求利用串行通信,使采集的数据或波形显示在 PC 的屏幕上。

第13章 实践训练

☞**教学要点**

实践训练(实训)是学习嵌入式系统软、硬件设计之必不可少的环节,通过本章的单元实验和项目实训,使学生掌握嵌入式系统的开发方法和技能。

13.1 概　　述

本章旨在对学生的软硬件设计能力和软硬件联调及纠错能力进行训练,使学生掌握嵌入式系统的开发方法和技能。嵌入式系统的开发步骤如下:

分析课题需求→确定方案→软硬件设计→软硬件联调及纠错→绘制印制电路板→焊接形成产品

软硬件设计、软硬件联调及纠错是开发的关键步骤,实验是学习单片机必需手段和必由之路。本章的实践内容,紧密结合课堂教学,每个实验先有示例程序(汇编语言和C语言程序示例),然后由学生自行设计。用跳线改变接口的设计安排。

本章实验提供的硬件电路可以在面包板搭建(此时必须另购编程器);可以在编者提供的可在线编程ISP实验板上进行可以在外购的实验台上进行(只需改端口号);还可以通过Proteus做成80C51虚拟实验板进行。可采用任何公司的51单片机完成。

编者提供的可在线编程ISP实验板具有在线编程(又称为烧写或下载)功能和程序运行功能,因此它既是编程器又是实验板。为考虑用户的计算机接口差异,可选择3种不同的下载方式:并口下载、串行COM口下载和USB下载。它们只是选择的51单片机型号不同和下载的软件不同,硬件不做改动。详情见13.4节。

实验板为读者综合使用内部资源提供了参考,可以开出的实验见13.5节。

综合利用上述资源,用户可以设计诸如多功能数字钟、波形发生器、数字电压表、音乐盒、频率计、抢答器、计算器、模拟量采样等应用系统,作为学生的课程设计或毕业设计的平台。

板上留有用户扩展板区,用户可在上面焊接少量元件,用导线和板上的单片机旁的I/O口插针相连构成自己的小系统。

13.2 可在线编程(ISP)多功能实验板

单片机可在线编程多功能实验板的结构框图如图13-1所示,电路原理图如图13-2所示,面板外形如图13-3所示,

实验板的单片机端口安排、跳线、开关的使用见表13-1。硬件实验板和虚拟实验板除TCL549,TCL5615的连线不同外,其他线路相同。

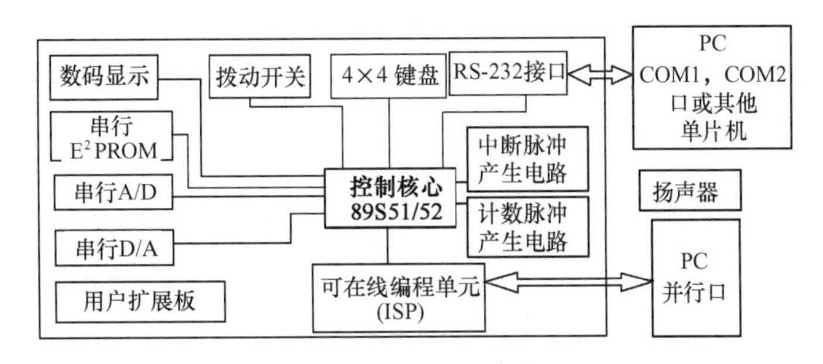

图 13-1　多功能实验板的结构框图

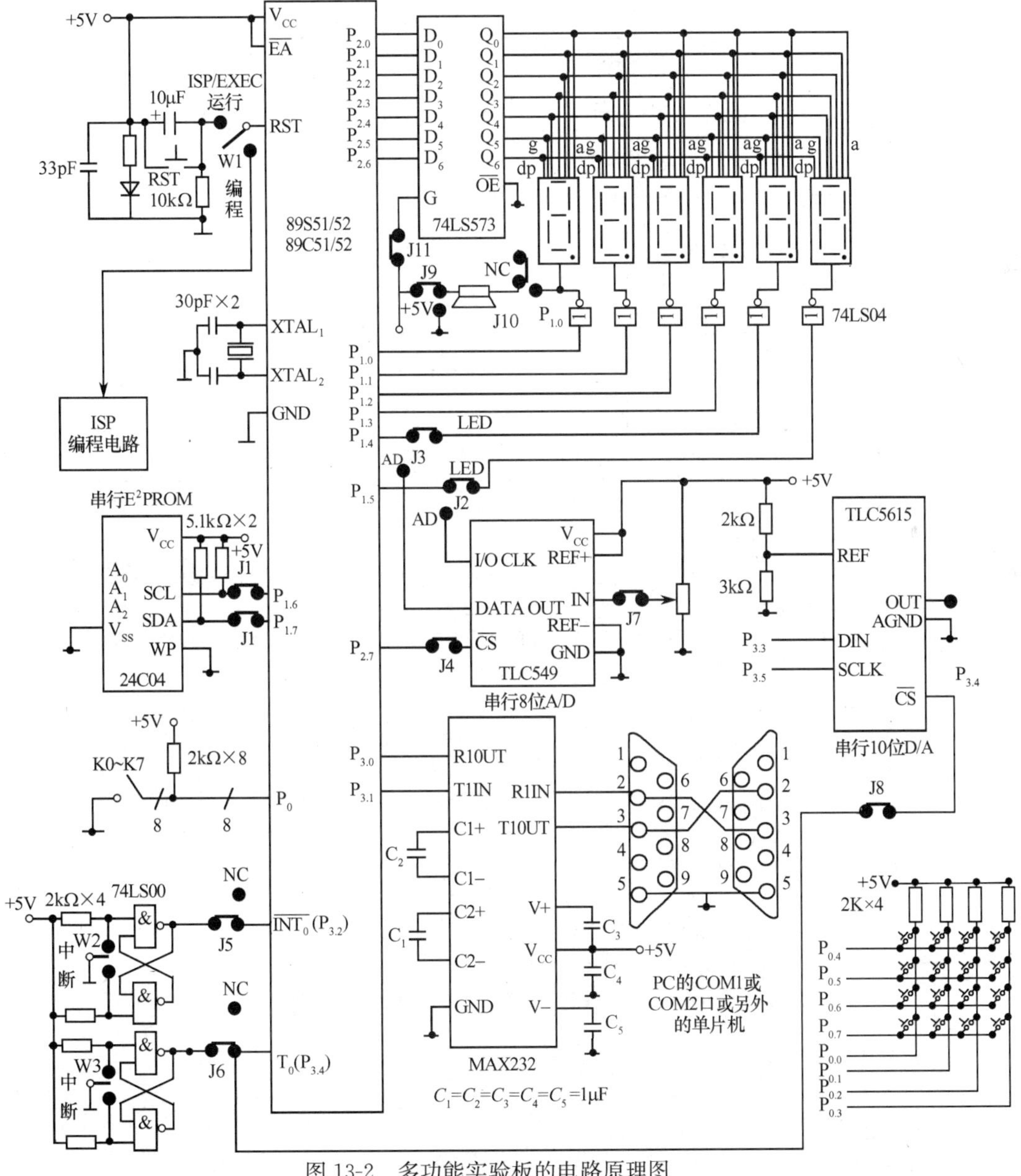

图 13-2　多功能实验板的电路原理图

说明：

① 本实验板晶振采用 12MHz，图中●●为短接块(跳线)，用户通过跳线，方便改变接口设计。

② 对于做实验，实验板对不同公司的 51/52/58 系列单片机都能适用，不同的是编程(烧写)程序不同，详见 13.4 节。

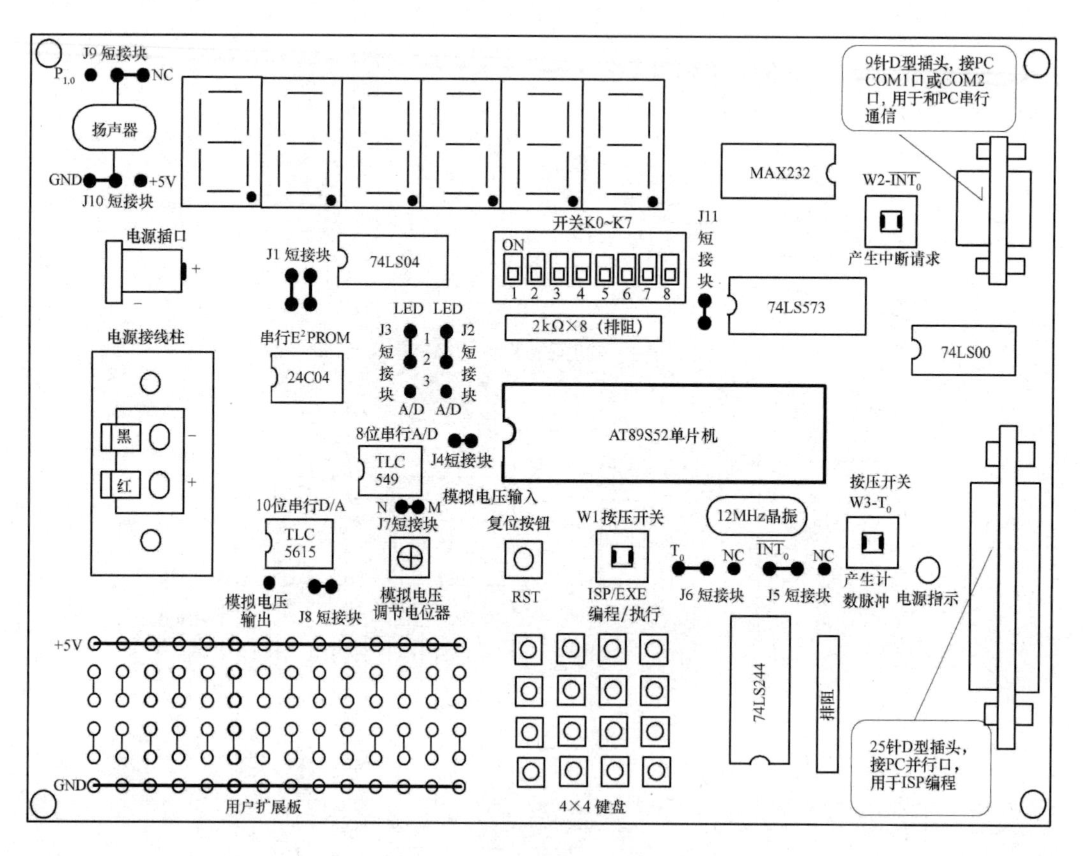

图 13-3 多功能实验板的面板

表 13-1 实验板单片机端口、跳线、开关的使用

I/O 端口	用　　途
P_0	①8 位拨码开关输入；② 4×4 矩阵键盘(使用键盘时 8 位拨码开关应处于 OFF 态)
$P_{1.0}$～$P_{1.5}$	①6 位数码管位选；②$P_{1.4}$和 $P_{1.5}$也作 AD549 的数据线和时钟线(更改跳线 J2、J3 位置，此时这两位数码管不受控)；$P_{1.0}$控制喇叭(更改跳线 J9、J10 位置)
$P_{1.6}$，$P_{1.7}$	串行 I^2C E^2PROM(24C04)时钟线 SCL 和数据线 SDA(跳线 J1 连接)
$P_{2.0}$～$P_{2.7}$	①7 段数码管段选，$P_{2.7}$控制数码管小数点；②跳线 J6 连接时，$P_{2.7}$作 TLC549 片选信号$\overline{CS}$
$P_{3.0}$，$P_{3.1}$	UART 串口 MAX232 的 TXD、RXD
$P_{3.2}$	外部中断输入$\overline{INT_0}$(跳线 J5 连接)
$P_{3.3}$	SPI 接口，TLC5615 数据线 DIN(虚拟板也作 TLC549 的数据线 SDO)
$P_{3.4}$	①计数器 T_0 外部脉冲 (跳线 J6 连接)；② TLC5615 片选信号$\overline{CS}$(跳线 J8 连接)
$P_{3.5}$	SPI 接口，TLC5615 时钟线 SCLK
$P_{3.6}$	留用，如外部扩展，作总线写$\overline{WR}$信号 (虚拟板作 TLC5615 片选信号$\overline{CS}$)

（续表）

I/O 端口	用　途
$P_{3.7}$	留用，如外部扩展，作总线读$\overline{RD}$信号（虚拟板作 TLC549 片选信号$\overline{CS}$）
带锁按压开关 W1(ISP/EXE)	并口编程方式时为编程/执行控制，按下为编程状态，弹起为执行程序状态； 串口编程方式时，W1 为无效，应一直处于弹起状态
带锁按压开关 W2-$\overline{INT_0}$	J5 的跳线连在$\overline{INT_0}$端时，每按一次 W2，脉冲源输出电平变化一次，产生中断$\overline{INT_0}$所需的外部中断请求信号（注：按两次才会产生一个脉冲）
带锁按压开关 W3-T_0	J6 的跳线连在 T_0 端时，每按一次 W3，脉冲源输出电平变化一次，产生 T_0 定时/计数器所需的外部计数脉冲（注：按两次才会产生一个脉冲）

13.3　仿真调试技术

目前嵌入式系统的仿真调试软件很多，如 Wave、Keil、Proteus 等，它们都带有汇编器，Keil 还带有 C51 编译器。Wave 软件在本书的前 3 版都有介绍，由于是全中文的，对初学者或英文不熟悉的仍可使用，本书的电子教案提供其使用方法。Wave 软件在 Wave 公司的网站下载，下面重点介绍 Proteus，由于它不带 C51 编译器，对 Keil 也作简单介绍。

13.3.1　Proteus 概述

Proteus 是英国 Labcenter Electronics 公司出品的电子设计自动化软件，它能完成软硬件设计→仿真及纠错→绘制印制电路板产品的全套设计过程，提高了设计效率，缩短了产品的开发周期。软件的最大特色之处就是可以仿真包括外围接口、模数混合电路在内的嵌入式系统，是一款优秀的单片机系统仿真平台。Proteus 实现了以软代硬，以虚拟代现实的全新的实验模式。充分利用 Proteus 单片机仿真技术，使读者只要有一台计算机，就可以随时随地进行单片机的系统仿真实验，从而更快更有效地掌握单片机技术。

Proteus 包括 ISIS 和 ARES 两部分。

1. **ISIS(Intelligent Schemitic Input System)**

ISIS 用于电路原理图的设计及交互式的仿真调试。

ISIS 提供了包括电阻、电容、三极管、集成块等 30 多个元件库，数千种元器件和多种现实存在的示波器、数字电压表等虚拟仪器仪表，可以直观地仿真数字电路、模拟电路和微控制器系统的功能与结果。ISIS 的工作界面如图 13-4 所示。图 13-4 仅简要标示了软件界面上的操作功能面板，而软件的详细操作与使用需要读者自己查阅相关的帮助文献资料。

2. **ARES(Advanced Routing and Editing Software)**

ARES 是一款高性价比的 PCB 设计软件，用于印制电路板的设计并产生光绘输出文件。其工作界面如图 13-5 所示。

Proteus 支持的单片机类型有 8051 系列、AVR 系列、PIC 系列、68000 系列、MSP430、ARM7/LPC2000 系列及 8086 等。最新 Proteus 的 demo 版本可以到 Labcenter 公司的网站 http://www.labcener.co.uk 上下载。Proteus 的 demo 版除了不能存盘与打印外，其余功能与正式版的没有差别。

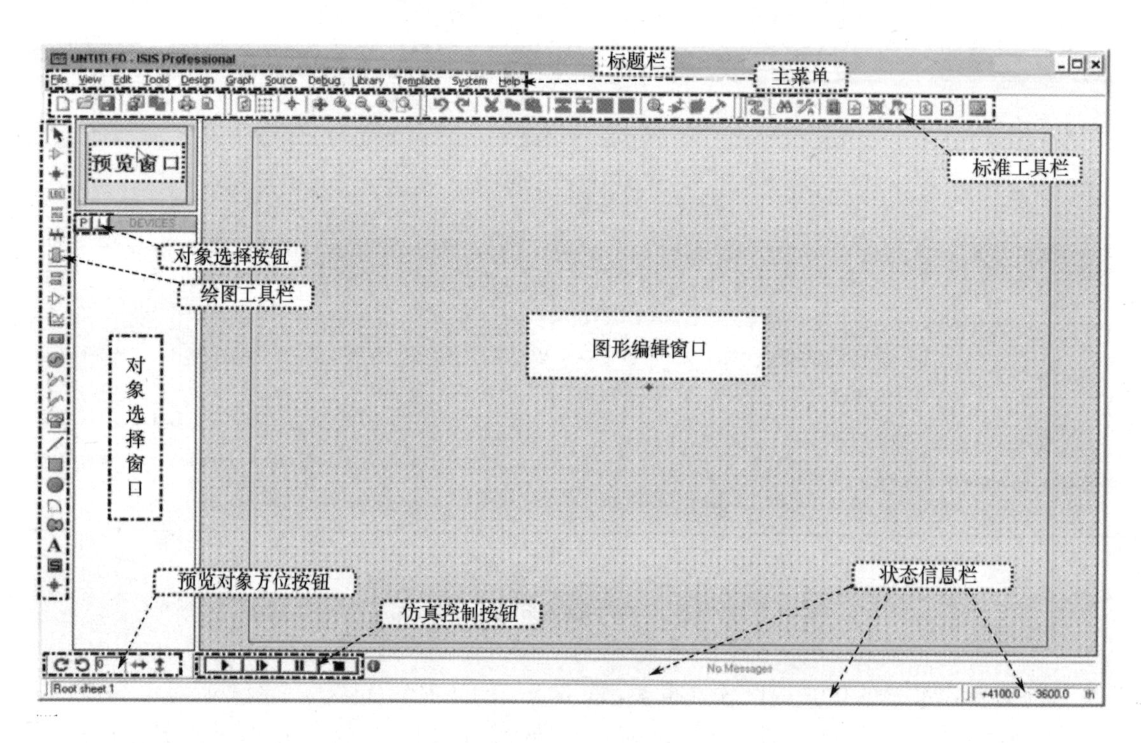

图 13-4　ISIS 软件工作界面及其功能位置示意图

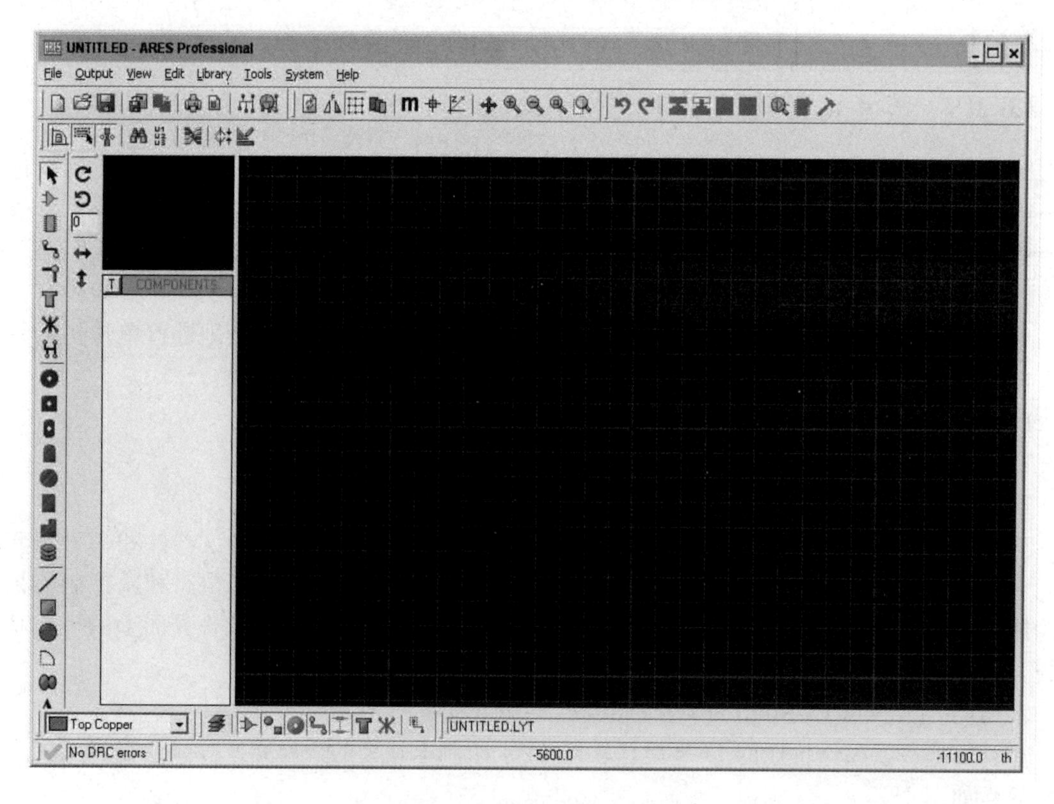

图 13-5　ARES 软件界面截屏图

ISIS 的主菜单栏包括文件、视图、编辑、工具、库、设计、图形、源程序、侦错、模板、系统设置、帮助等，使用下拉菜单选择具体功能。其中，快捷工具栏的工具很多，分为横排的标准工具栏和竖排的绘图工具栏，简要介绍如图 13-6 所示，图 13-6(a)～(d)为标准工具栏，图 13-6(e)为绘图工具栏，绘图工具栏的功能见图中的英文提示，有的还有下拉菜单。竖排绘图工具栏的↖用于选择对象。

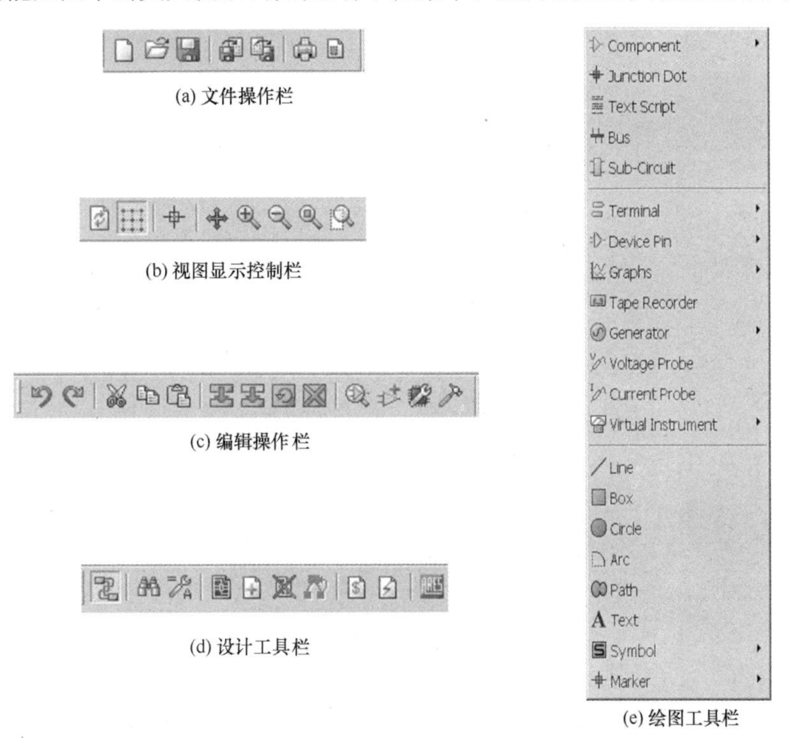

(a) 文件操作栏

(b) 视图显示控制栏

(c) 编辑操作栏

(d) 设计工具栏

(e) 绘图工具栏

图 13-6　ISIS 的快捷工具栏

13.3.2　Proteus 中 51 单片机应用系统的开发

应用 Proteus 开发 51 单片机应用系统的步骤如下：

绘制应用系统的硬件电路图（＊.DNS）→编辑源文件（＊.ASM 或＊.C 并存盘）→将源文件进行编译和连接生成＊.HEX 文件→仿真调试及纠错→绘制印制电路板（＊.DSN）→焊接形成产品

1. 用 ISIS 绘制单片机应用系统的硬件电路图

启动 ISIS 后出现图 13-4 所示画面，单击对象选择窗口的 P 或 L 按钮，选择所需要的微处理器或元器件。Proteus 所支持的元器件中英文见表 13-2。

表 13-2　Proteus 中的元件中英文对照表

分类(Category)	元器件类型(Results)
Analog ICs	三端稳压电源、时基电路、基准电源、运算放大器、V/F 转换器、比较器
Capacitors	电容、电解电容
CMOS 4000 series	4000 系列 CMOS 门电路
Connect	接插件
Data Converters	A/D 转换器、D/A 转换器、温度传感器、温度继电器
Diodes	二极管、稳压管
Electromechnical	直流电机、步进电机、伺服电机
Inductors	电感线圈、变压器
Memory ICs	数据存储器、程序存储器
Mcroprocessor ICs	微处理器、单片机
Miscellaneous	天线、电池、晶振、熔断器、交通信号灯

（续表）

分类(Category)	元器件类型(Results)
Operational Amplifiers	运算放大器
Optoelectromics	数码管、液晶显示器、发光二极管
Resistors	电阻、热敏电阻
Simulator Primitives	交流电源、直流电源、信号源、逻辑门电路
Speakers & Sounders	扬声器、蜂鸣器
Switches & Relays	按钮、开关、电磁继电器
Switching Devices	晶闸管
Themionic Valves	压力变送器、热电偶
Transistors	三极管
TTL 74 series	74 系列门电路

选择好元器件后单击“OK”按钮，元器件的型号就会列于对象选择窗口，右击其型号，该型号的图形会出现在图像编辑窗口，右击该元器件图，根据出现的菜单可对其进行旋转、翻转等操作，以摆好元器件的位置。双击该元器件图，出现元器件编辑窗口，对该元器件编号、封装等。利用图 13-4 最左边的绘图工具画总线、系列线或单根线（直接单击两个元器件，ISIS 也可以自动走线）。单击绘图工具的 LBL 可以给线加标签，对于同名标签的线是互连的。选择绘图工具中 的 POWER 和 GROUND 画出电源和地，电路原理图画好后存盘。基于 Proteus 的 80C51 实验板仿真电路图如图 13-7 所示。

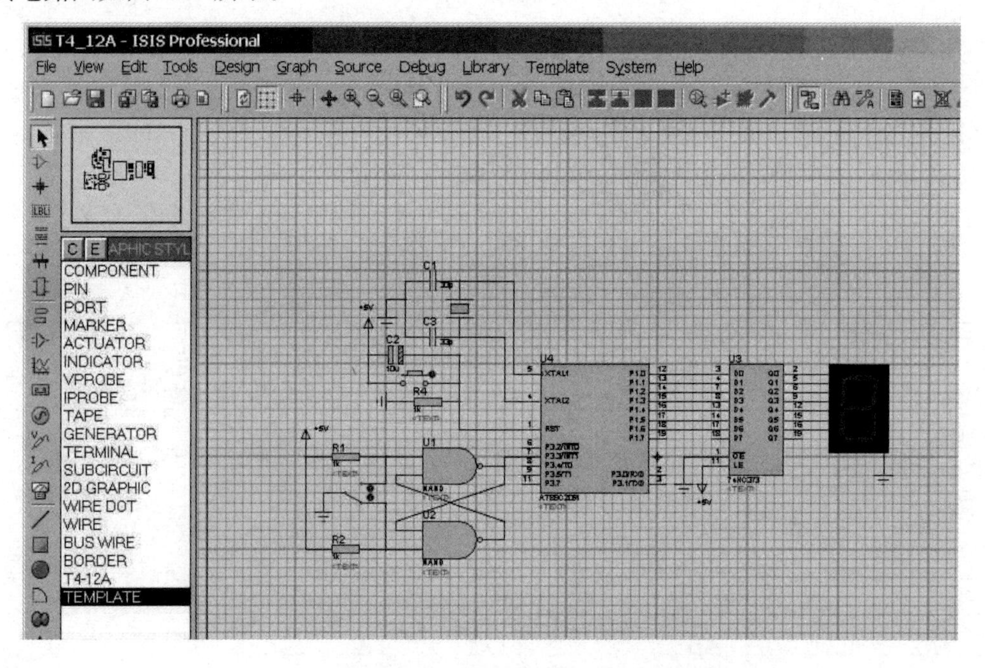

图 13-7　基于 Proteus 的 80C51 实验板仿真电路图

单击（选中）、双击、右击图 13-7 中的某一部件，都会对该部件进行操作。

2. 编辑源文件

利用文本编辑器编辑源文件，源文件可以是汇编语言（*.ASM）也可以是 C 语言（*.C）。

如果是汇编语言，首先要选择汇编工具，Proteus 软件包带有 8051 单片机汇编语言开发工具 ASEM51，该工具已经将交叉汇编和连接两步过程合二为一，但它不支持重定位段和外部符号，因此要求所有的汇编代码在一个文件中。选择汇编工具的方法是：在 ISIS 界面单击主菜单的 Source 选项，弹出如图 13-8(a)所示菜单项，选择 Define Code Generation Tools... 选项，出现如图 13-8(b)所示的设置界面。在 Tool 栏的下拉选项中选择 ASEM51。

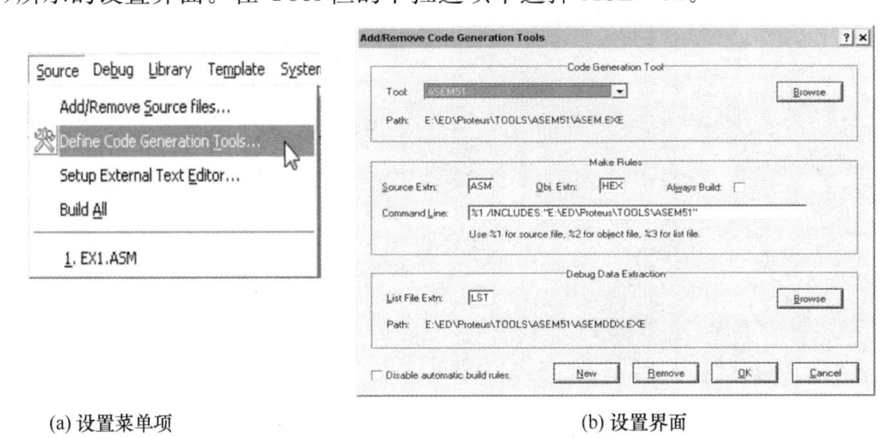

(a) 设置菜单项　　　　(b) 设置界面

图 13-8　ISIS 中 8051 汇编工具的设置

Proteus 不带 C 语言的编译工具，必须使用 C51 编译和连接，而 Keil 带有 C 语言的编译，因此要先由 Keil 的 C51 编译器编译，生成 *.HEX 文件，再进行调试。

编辑源程序的方法是：单击主菜单的 Source 选项，弹出如图 13-9(a)所示菜单项，选择 Add/Remove Source files…选项，出现图 13-9 (b)所示的设置界面。图中 Target Processor 用于设置应用系统的微控制器 80C51(U1 和电路图的 80C51 标签要一致)，如果电路中不存在微控制器，该项是无效的。Code Generation Tool 用于源程序工具的选择，单击下拉按钮选择其中的 ASEM51 选项；Source Code Filename 标明用户源文件的选择位置，单击“Change”按钮查找用户编写的源程序文件，单击“New”按钮则新建源文件。

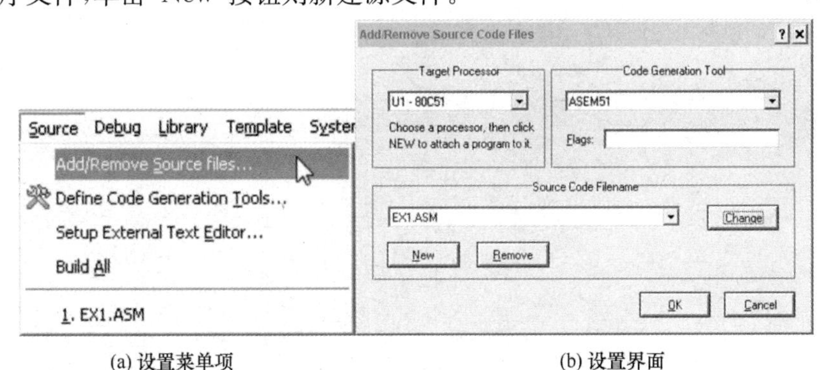

(a) 设置菜单项　　　　(b) 设置界面

图 13-9　ISIS 中 8051 汇编源文件设置

一般来讲，一片 8051 单片机对应一个源文件，一个电路中容许有多个 8051 单片机，可以对应多个汇编源文件。

3. 将源文件进行编译和连接生成 *.HEX 文件

汇编源文件设置好之后，单击 Source 菜单下的 Build All 选项，就可以启动汇编连接过程，如图 13-10 所示。图 13-10 (b)是汇编成功后出现的提示信息，如果汇编过程中出现错误，其文本框中也会给出相应的错误提示，用户根据提示处修改源文件，再次汇编，直至通过为止。

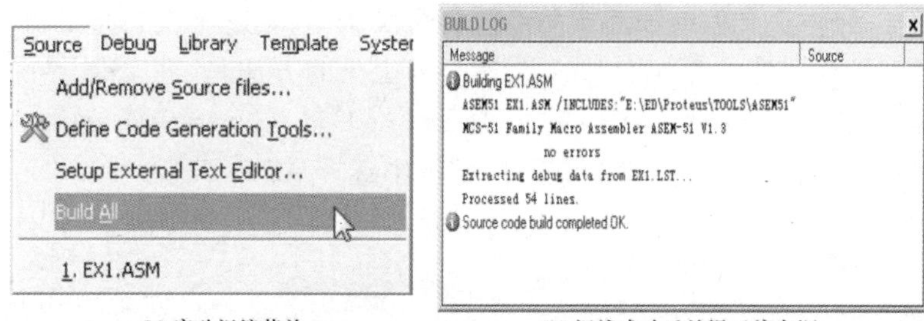

(a) 启动汇编菜单　　　　(b) 汇编成功后的提示信息框

图 13-10　ISIS 单片机仿真电路中汇编源文件的汇编

汇编成功后，生成的 . HEX 文件会自动地装载到 8051 单片机中，如果加载非当前汇编的文件，双击电路图中的单片机，出现如图 13-11 所示对话框，可以为单片机选择新的执行文件。为使实验效果观察更为有利，也可以更改时钟频率。

4. Proteus 的仿真调试

将 *. HEX 文件加载到原理图文件的单片机中，利用单步、断点等运行手段仿真调试，发现错误，修改程序或硬件电路。

在 Proteus 中的调试均采用软件仿真的方式进行。单击主菜单的 Debug 选项，出现如图 13-12所示的菜单项，选择 Start/Restart Debugging 选项，或者单击 ISIS 仿真面板上的 Step 和 Pause 按钮，均可以启动仿真调试。如果有错误，就会出现提示信息，读者依据提示信息将故障排除。

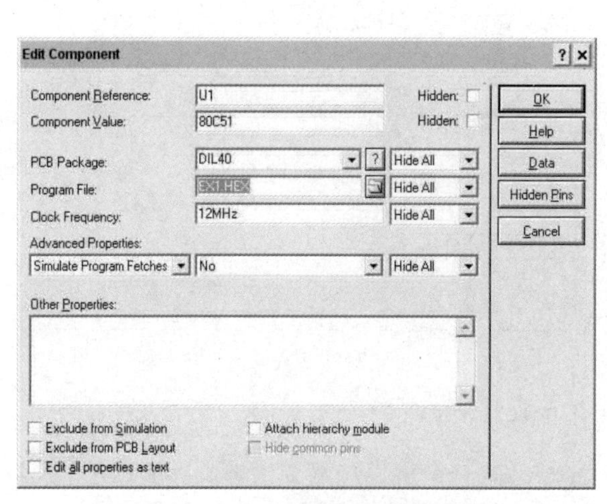

图 13-11　ISIS 单片机属性设置对话框

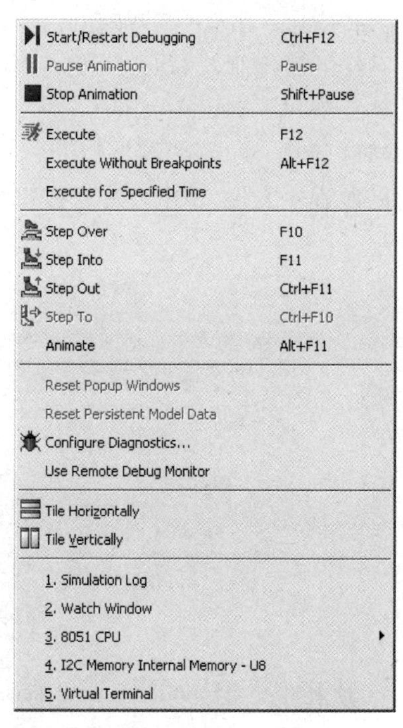

图 13-12　Debug 菜单项

程序调试有单步、断点、全速等多种运行方式，在 Debug 菜单项中选择，其中：

Execute：全速执行，执行完程序后退出调试状态。

Step Over：若是子程序调用语句，将视为一条指令执行。

Step Into：遇到子程序调用语句，进入子程序中，跟踪执行。

Step Out：执行程序直到当期的子程序返回。

需要注意的是，仿真面板上的 STEP 一般不是指令的单步操作，而是指仿真动画的单步方式，具体使用时应加以区别。在调试过程中，当程序运行暂停时，单击图 13-12 中的“3. 8051 CPU”，选择希望看到的单片机相关的调试信息，如图 13-13所示。调试窗口中所显示的寄存器或者存储器的内容是不能手动修改的，只能查看其结果。在源码显示窗口中右击，进一步设置还可以显示行号、地址、机器码等信息，同时也可以设置断点，如图 13-13 (d)中第 8 行处的实心圆点所示。

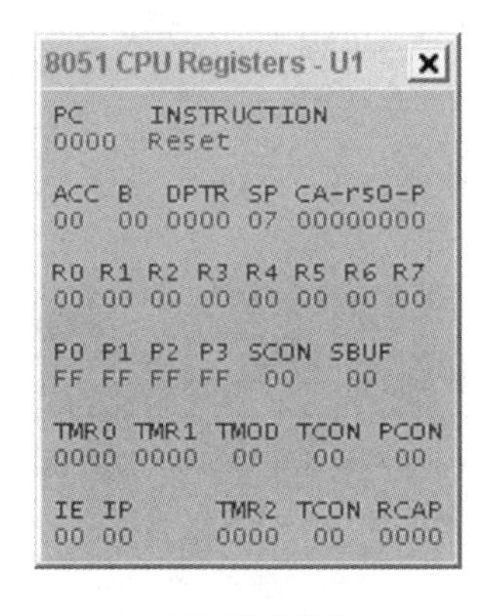

(a) 8051 寄存器窗口

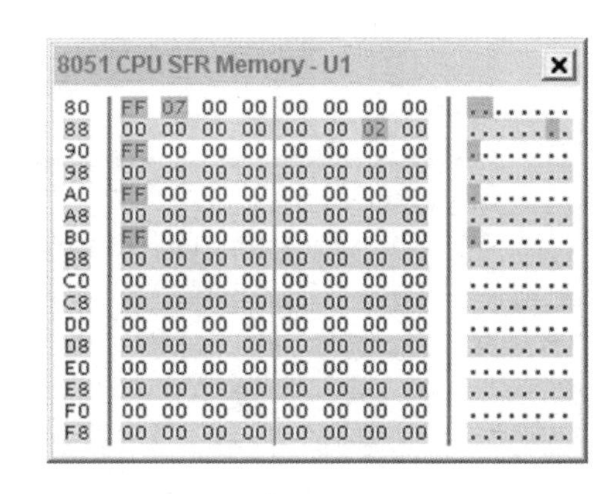

(b) 8051 特殊功能寄存器窗口

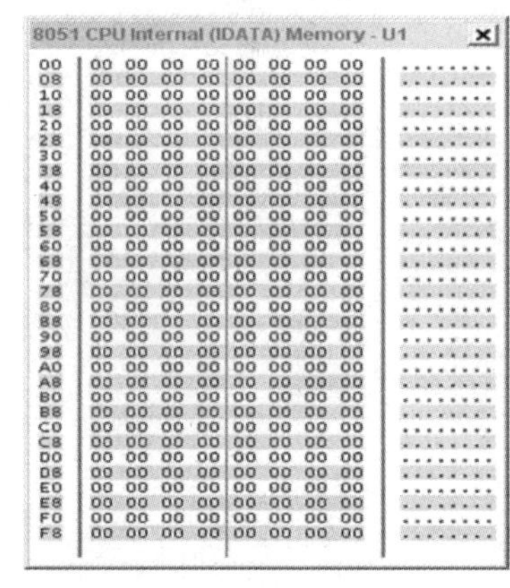

(c) 8051 内部 RAM 窗口

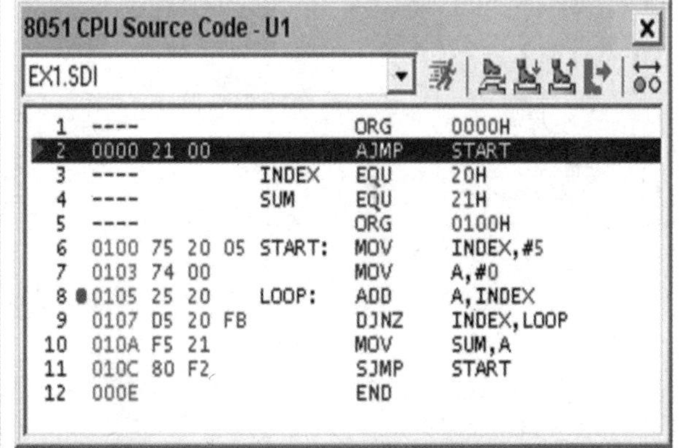

(d) 8051 源代码窗口

图 13-13　Proteus 的 8051 各种调试信息显示窗口

更为方便地查看多个变量值的方法是：可以将它们集中在 Watch Window 窗口中，如图 13-14 (a)所示，其查看变量的添加可由鼠标右键弹出菜单设置，如图 13-14 (b)所示。添加方式有按照名称和按照地址两种，分别如图 13-15 (a)、(b)所示。

13.3.3　单片机仿真调试集成软件包 Keil μVision2 介绍

Keil μVision2 是 Keil 公司推出的集编辑、项目管理、编译于一体的单片机集成开发软件包，其视窗是全英文的，对于英文比较好的开发者适用。由于它功能强大，当然选项多而繁，由于篇幅有限，不能详细介绍，下面仅介绍主要的操作，其他的读者在使用中体会。Keil 的界面如图 13-16所示。

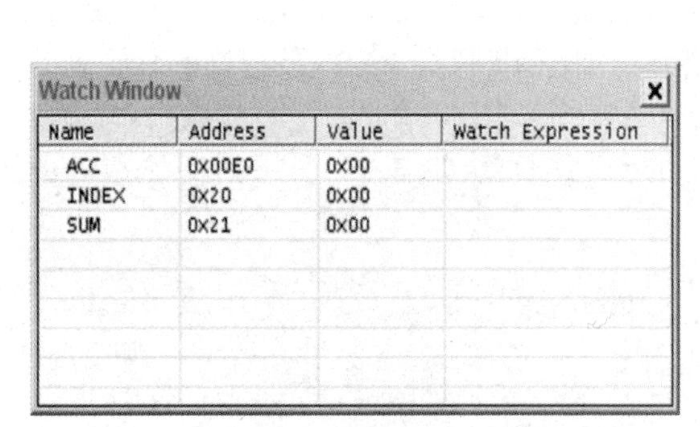

(a) Watch Window 显示框

(b) Watch Window 窗口设置弹出菜单

图 13-14　Proteus 的 Watch Window 窗口

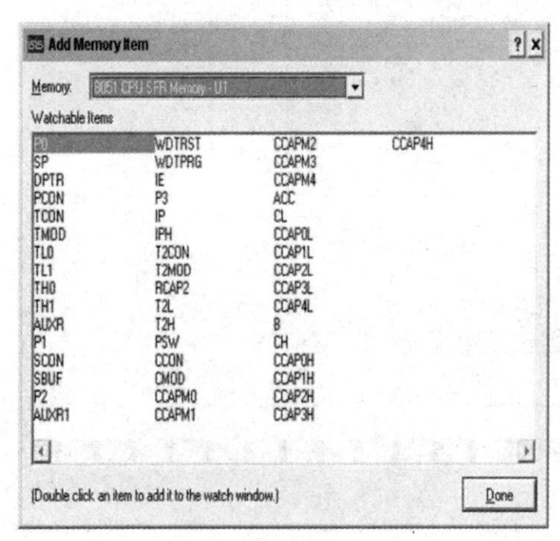

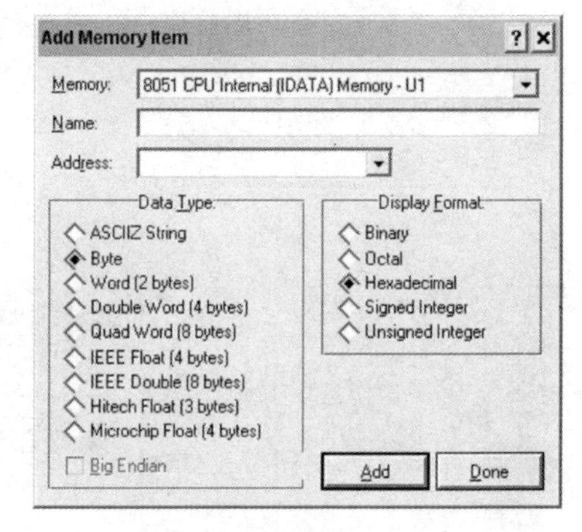

(a) 按名称　　　　(b) 按地址

图 13-15　Watch Window 窗口的变量添加方式

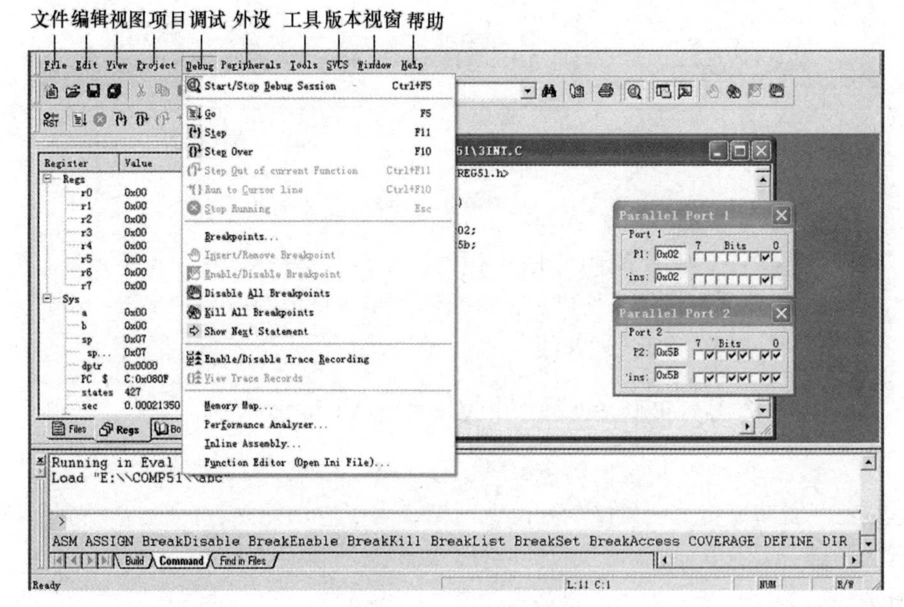

图 13-16　Keil 的界面

对于 File、Edit、Window、Help 菜单，和普通工具软件使用差不多，仅对调试中用得多的菜单功能用表格说明，见表 13-3 至表 13-6。

表 13-3 视图菜单(View)

View 菜单	工 具 栏	快 捷 键	说 明
Status Bar			显示或隐藏状态栏
File Toolbar			显示或隐藏文件工具栏
Build Toolbar			显示或隐藏 Build 工具栏
Debug Toolbar			显示或隐藏调试工具栏
Profect Window			显示或隐藏项目窗口
Output Window			显示或隐藏输出窗口
Source Browser			打开源(文件)浏览器窗口
Disassembly Window			显示或隐藏反汇编窗口
Watch & Call Stack Window			显示或隐藏观察和调用堆栈窗口
Memory Window			显示或隐藏存储器窗口
Code Coverage Window			显示或隐藏代码覆盖窗口
Performance Analyzer Window			显示或隐藏性能分析窗口
Symbol Window			显示或隐藏符号变量窗口
Serial Window#1			显示或隐藏串行窗口 1
Symbol Window#2			显示或隐藏串行窗口 2
Toolbox			显示或隐藏工具箱
Periodic Window Update			在运行程序时，周期刷新调试窗口
Workbook Mode			以窗口制表符显示工作簿帧
Options...			改变颜色、字体、快捷键和编辑器选项

表 13-4 项目菜单和项目命令(Project)

Project 菜单	工 具 栏	快 捷 键	说 明
New Project...			创建一个新项目
Import μVision1 Project...			转换一个 μVision1 项目文件
Open Project...			打开一个已有的项目
Open Project...			关闭当前的项目
Target Environment			定义工具键、包含文件和库文件的路径
Targets, Groups, Files			维护项目的目标、文件组和文件
Select Device for Target			从器件数据库选择一个 CPU
Remove...			从项目中删去一个组或文件
Options...		Alt+F7	改变目标、组或文件的工具选项
			改变当前目标的选项
	MCB251		选择当前目标
File Extensions			选择文件的扩展名以区别不同的文件类型

（续表）

Project 菜单	工　具　栏	快　捷　键	说　　明
Build Target		F7	编译修改过的文件并 Build 应用
Rebuild Target			重新编译所有的源文件并 Build 应用
Translate...		Ctrl+F7	编译当前文件
Stop Build			停止当前的 Build 过程
1～9			打开最近使用的项目文件

表 13-5　调试菜单和调试命令(Debug)

Debug 菜单	工　具　栏	快　捷　键	说　　明
Start/Stop Debuging		Ctrl+F5	启动或停止 μVision2 调试模式
Go		F5	运行(执行)，直到下一个激活的断点
Step		F11	执行单步进入函数
Step Over			执行单步越过函数
Step out of Curront Function		Ctrl+F11	执行单步跳出当前函数
Stop Running		Esc	停止程序运行
Breakpoints...			打开断点对话框
Insert/Remove Breakpoint			在当前行设置/清除断点
Enable/Disable Breakpoint			在当前行使能/禁止断点
Disable All Breakpoints			禁止程序中所有断点
Kill All Breakpoints			清除程序中所有断点
Show Next Statment			显示下一条可执行的语句/指令
Enable/Disable Trace Recording			使能跟踪记录，用于指令的观察
View Trace Records			观察以前执行的命令
Memory Map...			打开存储器映像对话框
Performance Analyzer...			打开性能分析器的设置对话框
Inline Assembly...			对某一行重新汇编，可以修改汇编代码
Function Editor			编辑调试函数和调试配置文件

表 13-6　外围部件菜单(Peripherals)

Peripherals 菜单	工　具　栏	快　捷　键	说　　明
Resst CPU			复位 CPU
Interrupt I/O-Ports Serial Timer A/D Converter D/A Converter I²C Controller CAN Controller Watchdog			打开片内外围部件对话框。对话框的列表和内容由在器件数据库中选择的 CPU 决定，不同的 CPU 会有所不同

操作步骤如下：

① 新建项目：单击 Project/New Project 选项，弹出“文件”对话框，“文件名”中输入程序项目名称。

② 选择所要的单片机，这里选择常用的 Ateml 公司的如 AT89C52。

③ 编辑文件：通过菜单 File/New（或快捷键）创建新的程序文件或加入旧程序文件。在文本编辑窗口编写程序并保存。

④ 文件添加到项目中：在屏幕的左边单击 Source Group1 文件夹图标出现文件名，单击文件名出现源程序，可以在项目中进行增加/减少文件等操作。“Add File to Group 'SourceGroup 1'”弹出文件窗口，选择刚刚保存的文件，单击“ADD”按钮，它被保存在项目所在的目录中。

⑤ 选择菜单 Project/Options for Target 'Target1'，弹出项目选项窗口（见图 13-17），选择 Output 项，单击选项窗口中的 Create HEX，使方框中出现“√”并确定，生成可供烧写的. HEX 文件。

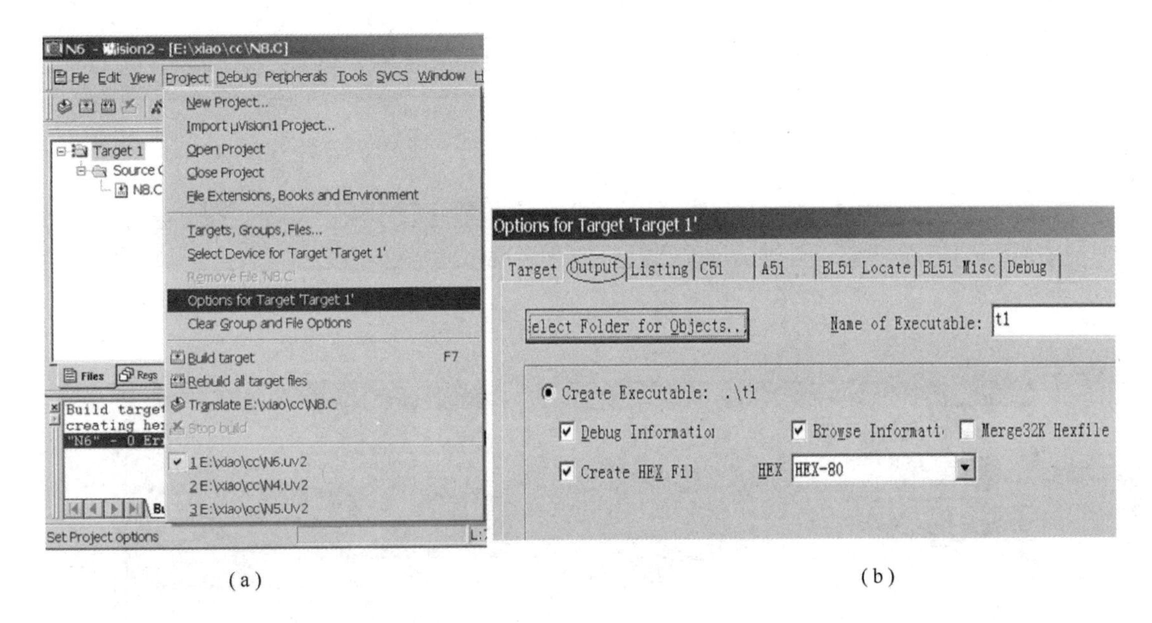

(a)

(b)

图 13-17　项目选项窗口

⑥ 编译文件：单击 Project/Build target 对源程序进行编译，生成可供调试的文件。

⑦ 调试：单击 Debug/Start/Stop Debug Session 进入调试模式，可以单步、设断点等方法进行调试，同时打开存储器、外设窗口观察（见图 13-18）。

13.3.4　Keil 和 Proteus 的联合使用仿真 C51 程序

Proteus 不带 C51 语言的编译工具，但可以看到虚拟器件的执行效果，而 Keil 带有 C 语言的编译工具，同时它调试的方法、修改手段等功能强大，充分发挥两者的长处，是不错的调试方法。如果仅使用汇编仿真，启动 pro-setup77 的 Setup. exe 即可；如果要和 Keil 连调，在安装了 Keil 后，还要执行 Proteus 的 Keil 驱动程序 vdmagdi. exe，它会修改相关文件的设置。此外，在 Keil 和 Proteus 中还要设置，按图 13-17（a）、（b）顺序选择 Keil 菜单的 Project/Options for Target 'Target 1'/ Debug，按图 13-19 设置，其中 Use 栏为 Proteus VSM Simulator。

在 Proteus 的主菜单 Debug 下拉菜单中，单击 Use Remote Debug Monitor（使用远程调试设备）选项，使之打“√”，如图13-20所示。设置完成后，打开 Proteus 的设计图，并打开 Keil 的文

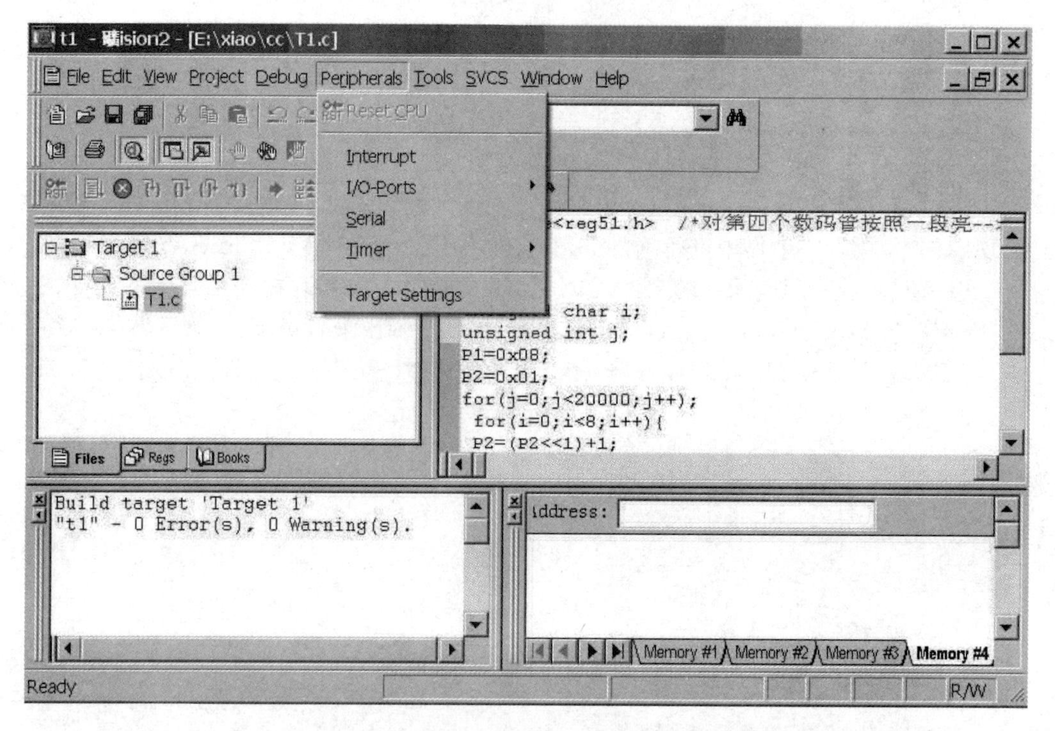

图 13-18　外设窗口

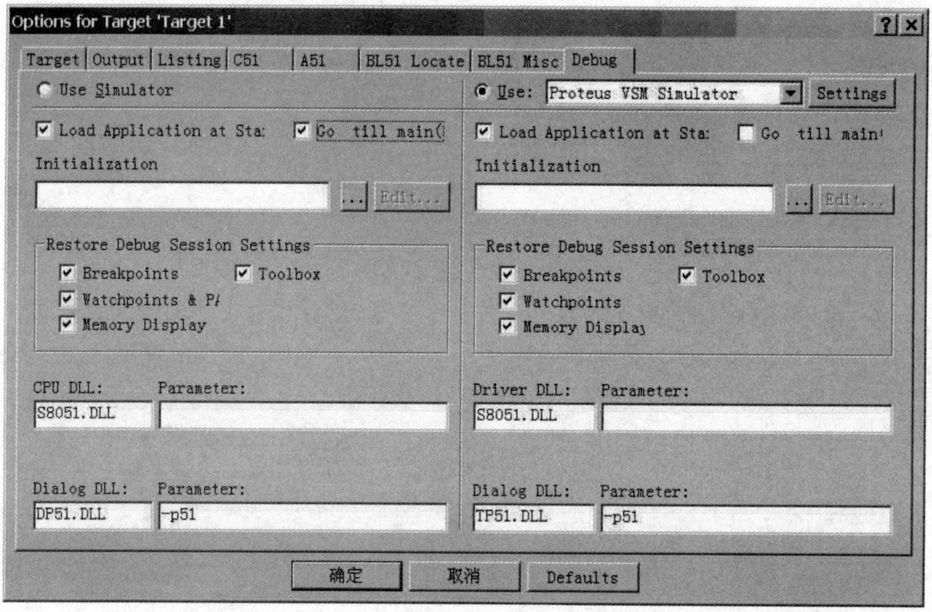

图 13-19　Debug 选项卡

件，使两者的 CPU、频率一致，利用 Keil 调试并在 Proteus 中看效果。如图 13-21 所示。

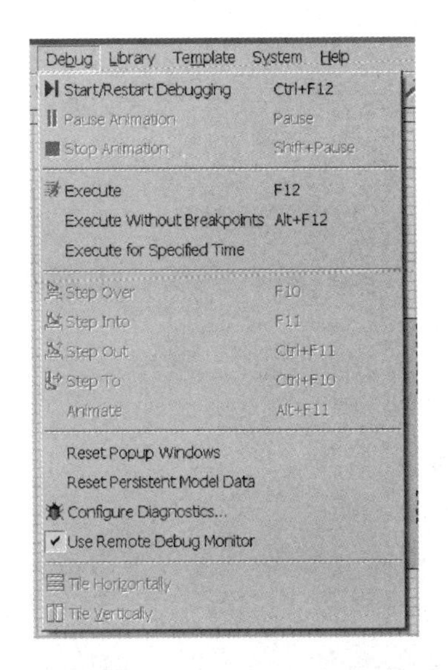

图 13-20　Debug 下拉菜单

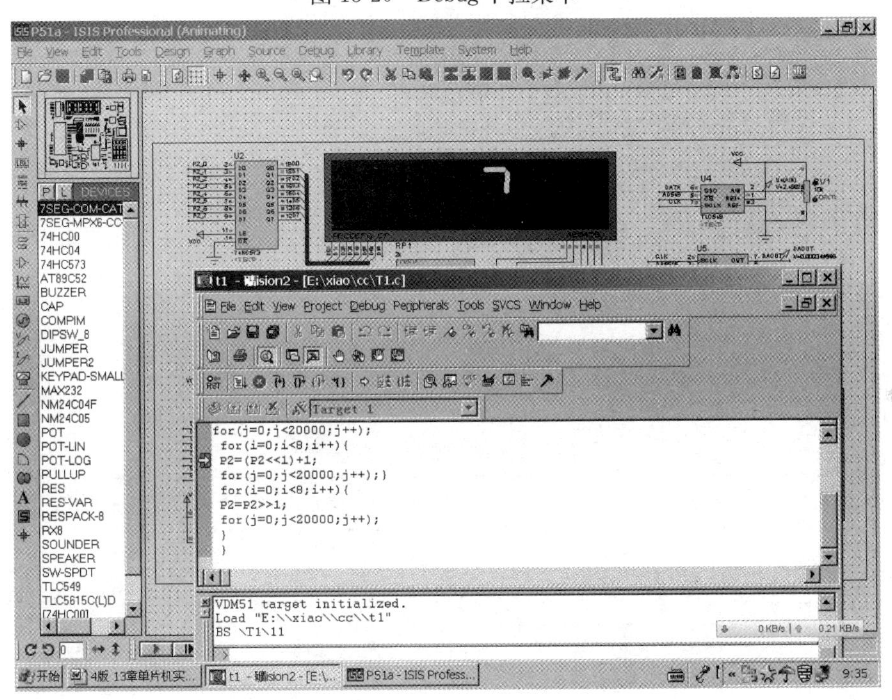

图 13-21　Proteus 和 Keil 的联合仿真

13.4　单片机编程(下载)方法

使用 Proteus 可以完成产品的设计，这只是纸上谈兵，最后必须完成产品的制作，少不了要将调试成功的程序的 .HEX 文件烧写进单片机(称为编程或下载)。

编程有 3 种方式：并行口编程、串行口编程和 USB 编程，读者可根据自己计算机的配置选择。这 3 种编程方式是使用计算机的不同端口完成的。用户使用的计算机的端口名和编号通过以下步骤查找：

我的电脑→系统任务→查看系统信息→系统属性→硬件→设备管理器→端口

其步骤出现的画面如图 13-22 所示。

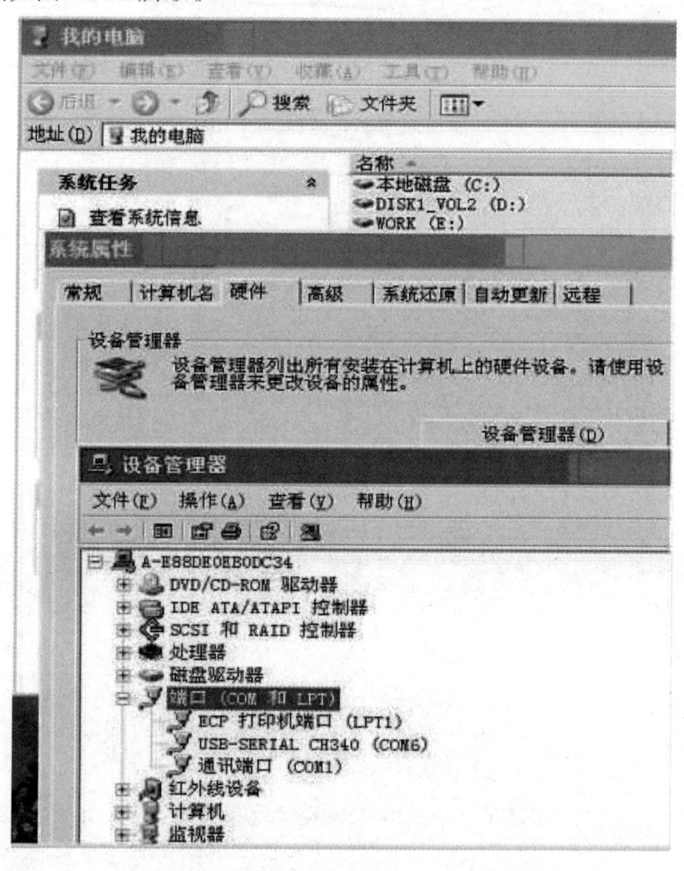

图 13-22　查找计算机端口的步骤

3 种不同编程的方式的差别见表 13-7。

表 13-7　不同编程的方式的差别

编程方法	并行口编程	串行口编程	USB 编程
电脑接口	EPC 打印端口 LPT1(并行口)	串行通信端口 COM1	按图 13-22 步骤查找正在使用的 USB 口占用的 COM 编号
连接线	25 针 D 型插头连接线 实验板 25 针插座 — 25 针 通信线 — 计算机 25 针 D 型插座	9 针 D 型插头连接线 实验板 9 针插座 — RS-232 通信线 — 计算机 COM 9 针 D 型 插座	USB-COM 转接线 实验板 9 针插座 — USB-RS232 转换线 — 计算机 USB 接口
适用的单片机	AT89S52(内有 8KB ROM 的增强型 51 单片机)	SST 公司的 SST89E58 或国产的 STC89C51/58(内有 4KB/32KB ROM 的增强型 51 单片机)	
使用的软件	Microcontroller ISP Software	SSTEasyIAP11F. exe 或 STC-ISP. exe	USB 驱动软件和 SSTEasyIAP11F. exe

Atmel 公司总的 ISP 软件 Microcontroller ISP Software 可从网上下载，网址为：http://www. atmel. com/dyn/resources/prod documents/at89isp. zip

SSTEasyIAP11F. exe 无须安装，软件可以从 http://www. atmel. com/dyn/resources/prod documents/at89isp.zip 下载。STC 单片机的软件从 http://www.stcmcu.com/下载。

使用 USB 编程时，需购买 USB-RS232 转接线，其附带的软盘上有 USB 驱动软件，因为一般计算机有两个以上的 USB 接口，插到不同的 USB 插口，计算机安排的 COM 口序号是不同的，用户必须查看插上的 USB 接口使用的 COM 口序号。本书提供的实验板，3 种编程方式的接口都已做在板上，当用户购买实验板时，软盘会提供相应软件及使用指南。**不管哪种编程方式，除根据要求更换单片机外，实验板和实验程序不做任何改动。**

注意：串口编程时，W1 键(EXE/ISP 并口的执行转换按键)不起作用，使它处于弹起的位置。

串口编程软件 SSTEasyIAP11F.exe 程序操作如下：

(1) 选择主菜单 DetectChip/RS232，按图 13-23(a)、(b)、(c)所示的顺序选择 SST 单片机型号和存储器模式。

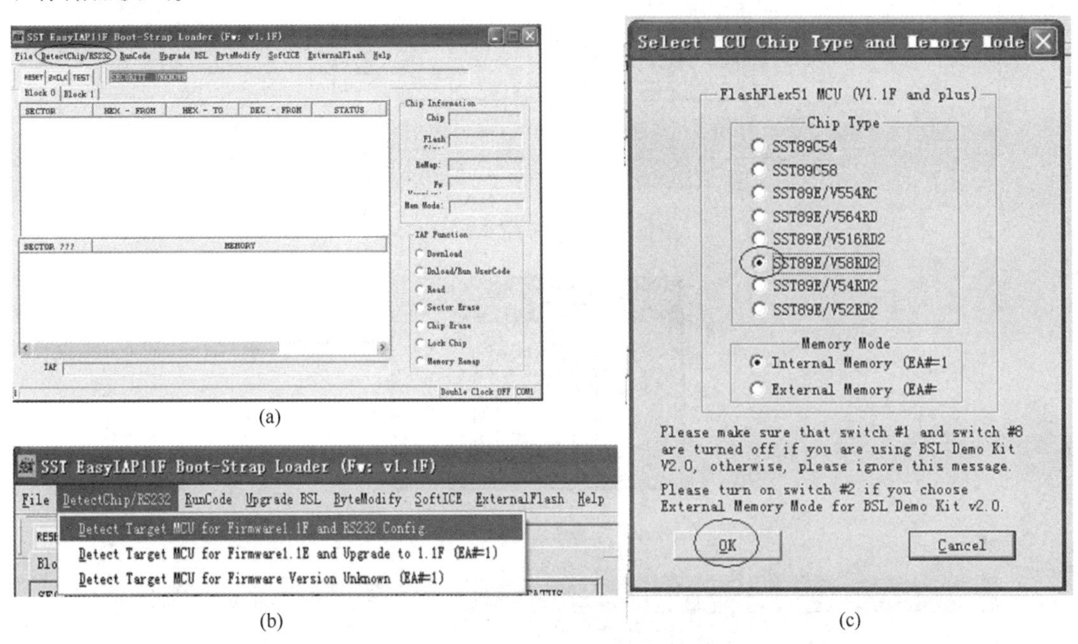

(a)　(b)　(c)

图 13-23　选择单片机型号和存储器模式

(2) 单击"OK"按钮，弹出图 13-24 所示窗口，选择实验板和计算机相连的 COM 口序号，波特率及晶振频率可不做修改，但 COM 口一定要根据你的计算机连接情况(见图 13-22)作正确选择。如果用 USB 接口，要先查清楚你所连接的 USB 对应的 COM 口序号并进行选择。如图 13-22中 USB 接口对应是 COM6，换一个 USB 口要检查一次 USB 对应的 COM 序号。

(3) 单击图 13-24 中的"Detect MCU"按钮，弹出图 13-25 所示窗口。单击"确定"按钮，按实验板上的复位键，软件对单片机进行检测，被写的单片机的有关信息出现在图 13-26 中。

(4) 选中图 13-26 中的 Download 选项后，圆圈中出现黑点，出现图 13-27 所示窗口，单击 ... 按钮，选择欲下载的程序(.HEX)文件后，单击"OK"按钮。

(5) 出现图 13-28 所示的警告信息：原有的信息将被清除，是否继续下载？单击"是(Y)"按钮。

随后进入下载过程，下载完成，按单片机实验板的复位键后即可执行已下载的程序。如果重新下载，重复上述过程。用 USB 下载过程同上。

并口编程的软件及操作说明见电子工业出版社华信教育资源网 www.hxedu.com.cn 上该

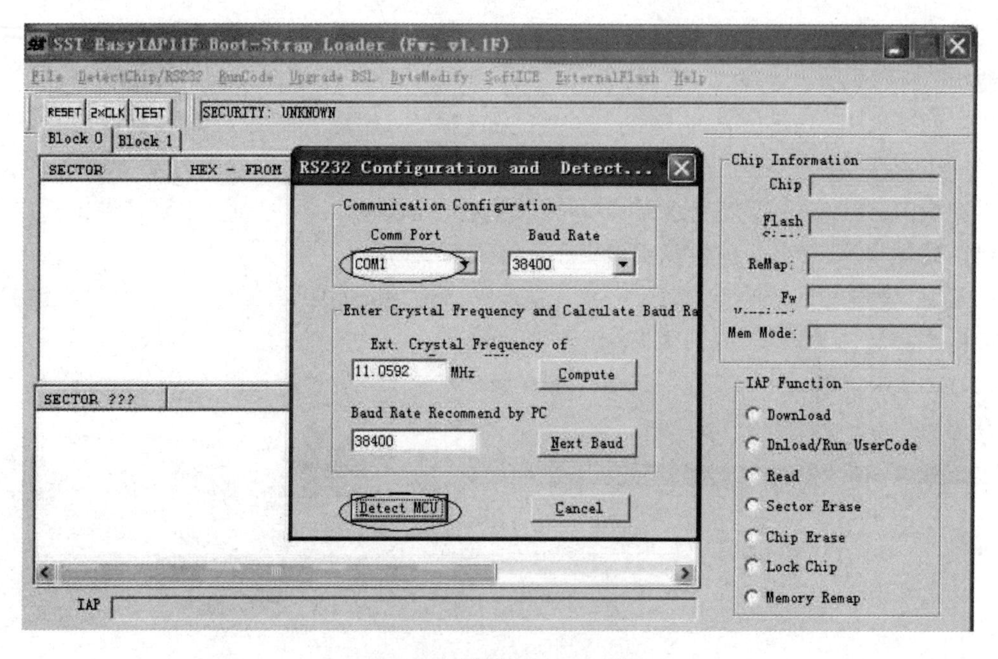

图 13-24　选择 COM 口序号

图 13-25　Detect MCU 弹出窗口

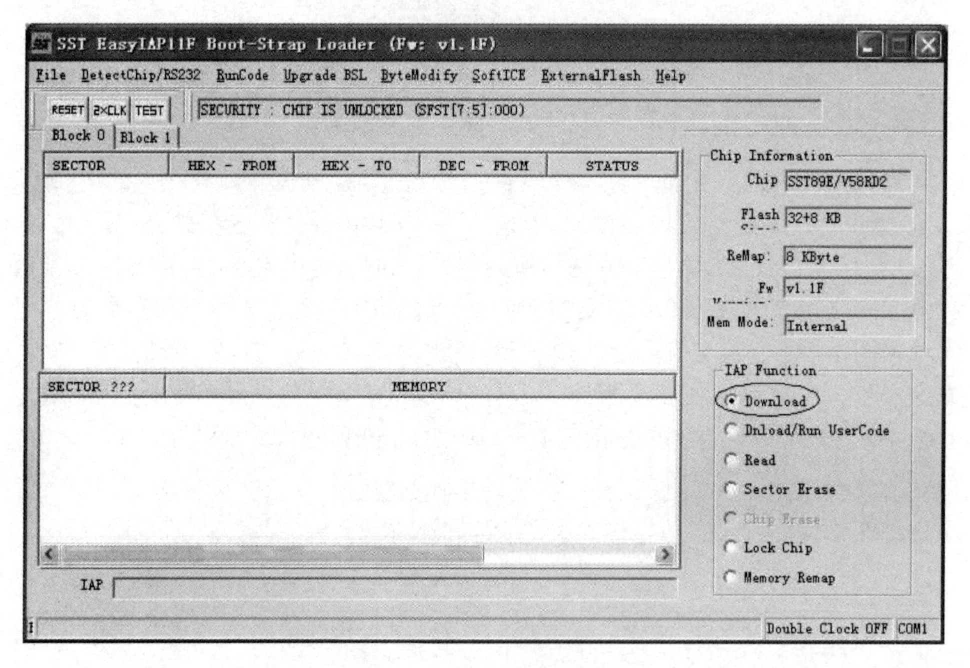

图 13-26　显示的单片机有关信息

图 13-27　选择下载的 *.HEX 文件

图 13-28　警告信息

书第 3 版的电子课件，本节不予说明。

13.5　实验指导

实验的方法有基于 ISP 实验板的和基于 Proteus 的两种，读者可根据实验室的条件选择。基于 ISP 实验板的硬件电路见图 13-3，图中考虑了用户的自行扩展硬件需求；基于 Proteus 的，考虑到画图的方便，定时器和中断公用脉冲源，两种电路在 AD549、DA5615 和并行口连接的安排上稍有差异，实验中根据采用的实验方法参考不同的电路图。基于 Proteus 的电路图如图 13-29所示，该电路图同时附在本书的电子课件中，可以直接在 Proteus 的 ISIS 上使用，读者做哪个实验就使用图的哪一部分。图中的按键和开关操作只需要用鼠标单击或拖动即可。当然，读者也可以自行画实验电路图。

实验 1　程序设计

1. 实验目的

① 熟悉 Proteus 软件的基本操作。

② 掌握 Proteus 环境下 8051 汇编程序的编辑、汇编及调试的方法。

③ 掌握 Keil 环境下 C51 语言程序设计和调试方法。

(根据教学可以只选一种语言)

2. 实验步骤

(1) 运行汇编语言程序

① 搭建 Proteus 的 8051 单片机环境，直接单击图 13-29 实验板设计电路(读者也可自行绘制电路)，进入基于 Proteus 的 8051 实验平台。实验板默认的时钟频率为 11.0592MHz，读者根据需要可以在单片机属性对话框的时钟频率项中自行修改。

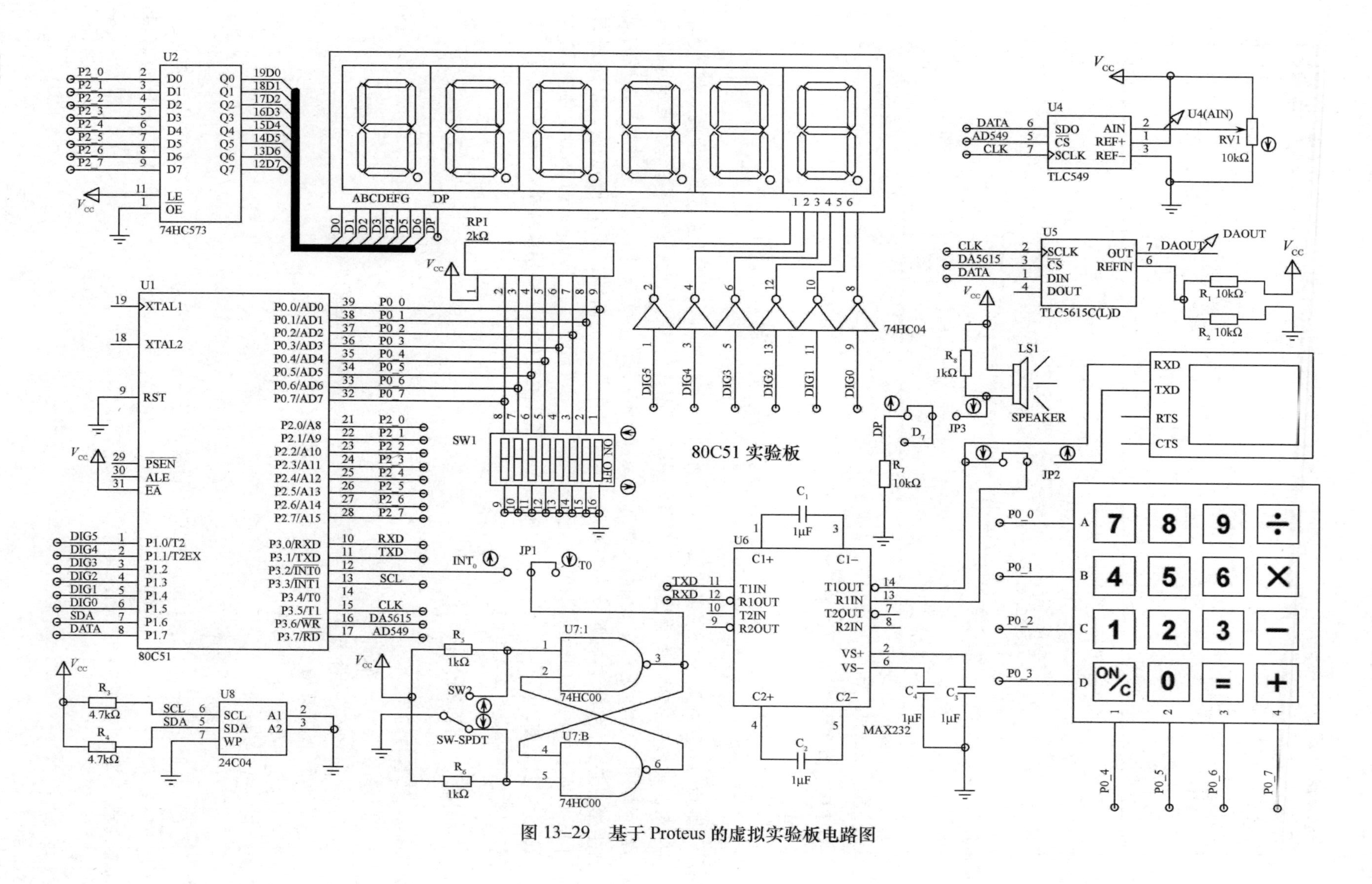

图 13-29　基于 Proteus 的虚拟实验板电路图

② 选择菜单命令“Source”→“Add/Remove Source files”，弹出“Add/Remove Source Code Files”对话框，单击“New”按钮，按照提示信息建立一个汇编语言源文件，文件名自取，进入编辑窗口输入以下实验程序后存盘：

```
INDEX  EQU  20H
SUM    EQU  21H
       ORG  0000H
START: MOV   INDEX,#5
       MOV   A,#0
LOOP:  ADD   A,INDEX
       DJNZ  INDEX,LOOP
       MOV   SUM,A
       SJMP  START
       END
```

③ 选择菜单命令“Source”→“Build All”，使用 Proteus 自带的汇编器对源程序汇编，生成.HEX 格式的编程文件。

④ 单击仿真控制面板的暂停键▐▐，启动系统仿真。单击“Source”→“Watch Window”打开变量观察窗口，在观察窗口中加入变量 INDEX、SUM 和累加器 ACC；单击“Debug”→“8051 CPU”→“Source Code”，打开源码窗口。

⑤ 按快捷键 F11，单步执行程序，观察 Watch Window 窗口中 ACC、INDEX、SUM 内容的变化情况。

⑥ 在源码窗口最后一条指令 SJMP START 处设置断点，执行后观察 ACC、INDEX、SUM 内容的变化。

(2) 在 Keil 环境下运行 C 语言程序

① 输入下面 C 语言程序并进行编译：

```
#include<ABSACC.h>
  main(){
    unsigned char i;

    DBYTE[0x20]=0;
    for(i=5;i>0;i--)
      DBYTE[0x20]=DBYTE[0x20]+i;
      DBYTE[0x21]=DBYTE[0x20];
    }
```

或

```
main(){
unsigned char data i,n,*p;
p=0x20;
for(i=5;i>0;i--) *p=*p+i;

  n=*p;
  p++;
  *p=n;
}
```

② 以 FIRST2.C 文件存盘，预分析程序的执行结果。

③ 按单步、设断点等方式执行，执行程序观察存储器、寄存器内容的变化，看是否和你的预分析一致。图 13-16 中从左到右分别为项目窗口(其中点 Regs 可以观察寄存器)、文件窗口、输出窗口、存储器窗口。在 Keil 主菜单 Peripherals 下可以观察中断、并行口、定时器、串行口的数据。

④ 按 13.3.2 节的方法用 Proteus 进行仿真调试(选作)。

3. 程序设计选题

① 将外部数据存储器 0001H 和 0002H 单元内容互换。

② 将外部数据存储器 010～01FH 单元内容移到 020～02FH 单元。

③ 统计内部数据存储器从 30H 单元开始的 10 个字节中正数、负数和零的个数,并分别置于 R4、R5 和 R6 中。

④ 完成 8 位数除以 8 位数,即 R2/R1=R3...R4。

⑤ 将外部数据存储器 0~05H 单元的 BCD 码转换为 ASCII 码放回原单元。

⑥ 将外部数据存储器 0~05H 单元中的十六进制数转换成 ASCII 码放回原单元。

⑦ 将 R0 中的二进制数转换成 BCD 码存于内部数据存储器的 22H~20H 单元。

⑧ 完成两个 4 字节数的相加(即 32 位数),和存于内部数据存储器的 24H~20H 单元。

⑨ 完成两个 4 字节数 BCD 码数的相加,和存于内部数据存储器的 24H~20H 单元。

实验 2　并行接口输入、输出实验

1. 实验目的

① 熟悉 51 单片机并行口的输入方式、输出方式的编程。

② 熟悉 51 单片机并行口应用编程软件仿真调试方法。

③ 学会在线烧写单片机程序(在线编程 ISP)方法(选作)。

2. 实验电路和程序

图 13-30 所示是开关 K0~K7 和单个数码管的电路,图 13-31 是 6 个数码管的实验电路。由图可见,几个口的安排是:P_0 口为输入口,输入开关的状态,P_1 和 P_2 口是输出口,其中 P_1 口控制 6 个数码管的哪一个点亮(位控),P_2 口控制数码管哪一段点亮。

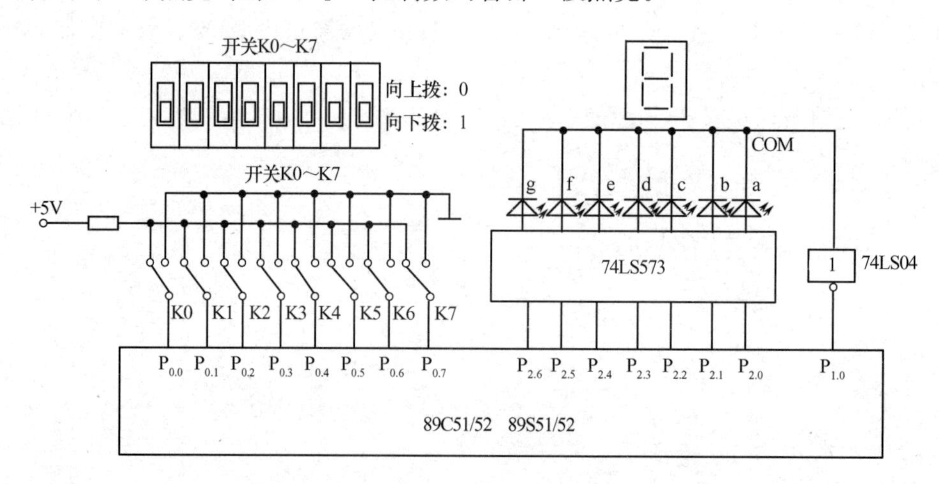

图 13-30　开关 K0~K7 和单个数码管的电路

(1) 预备程序

下面 4 段程序都是只有一条执行语句的程序,分别烧进单片机,观察执行现象,从中体会 LED 的位控制和段控制。

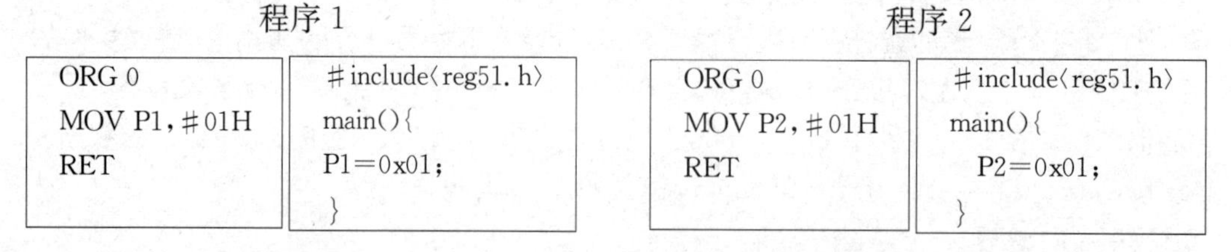

程序 1

```
ORG 0
MOV P1,#01H
RET
```

```
#include<reg51.h>
main(){
P1=0x01;
}
```

程序 2

```
ORG 0
MOV P2,#01H
RET
```

```
#include<reg51.h>
main(){
   P2=0x01;
}
```

① 修改 P_1 的赋值分别为 02、08、20H、03、07、15H、2aH,并烧进单片机,观察实验现象。

② 修改 P_2 的赋值分别为 02、08、20H、03、07、5bH、6dH,并烧进单片机,观察实验现象。

(2) 实验程序 1——发光二极管控制

① 一个数码管是由 8 个发光二极管 LED 组成的，有下列程序：

```
        ORG   0000H
        MOV   A,#01
NEXT:   MOV   P1,A
        MOV   R3,#0
LOOP:   MOV   R4,#0
        DJNZ  R4,$
        DJNZ  R3,LOOP
        RL A
        SJMP  NEXT
```

```
#include<reg51.h>
  void delay(unsigned int t){
      unsigned int i;
      for(i=0;i<t;i++);
  }
  main(){
      unsigned char k;
      P1=0x01;
      for(k=0;k<=5;k++){
          delay(20000);
          P1<<=1;
  }}
```

② 分析上面程序的执行功能。用单步执行或自动跟踪单步(A)，在 SFR 窗口观察 P_1 内容的变化。

③ 将上述程序烧进单片机中，观察实验板的执行现象。

④ 将上述程序中的 P_1 改为 P_2，完成上面相同的步骤。

(3) 实验程序 2——数码的显示控制程序设计

【例 13-1】 电路如图 13-31 所示，74LS573 接成直通方式驱动数码管，用两个短接块将 J2、J3 上面的两脚相连(见图中黑线)，这样 $P_{1.4}$ 和 $P_{1.5}$ 就连接了第 5 个和第 6 个数码管的阴极，此时这两个数码管可受程序控制工作。

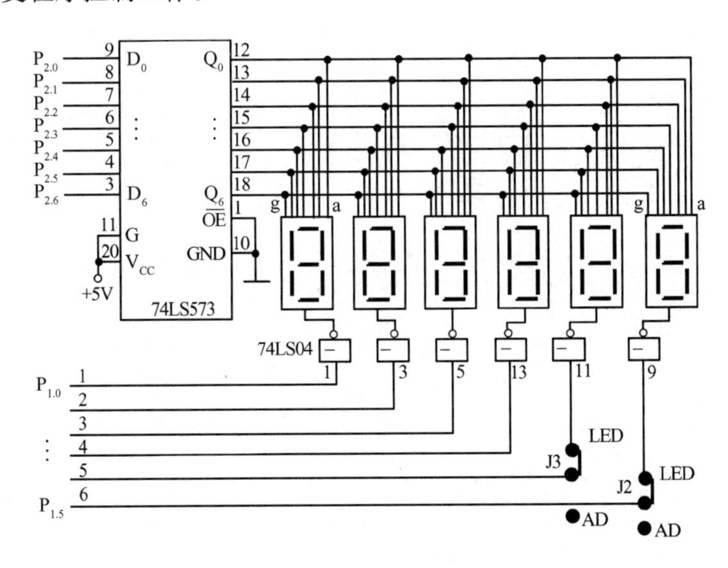

图 13-31　6 个数码管接口电路

【例 13-2】 拨动几号开关置“ON”，第一个数码管显示几。程序如下：

汇编程序：

```
ORG   0000H
MOV   DPTR,#TAB0
MOV   P1,#01H
```

C 语言程序：

```
#include<reg51.h>
  main(){
      P0=0xff;P1=01;
```

```
STA1:  SETB  C
       MOV   R0,#01
ASP:   MOV   P0,#0FFH
       MOV   A,P0
ASP1:  RRC   A
       JNC   LED      ;检测开关
       INC   R0
       CJNE  R0,#9,ASP1
       SJMP  STA1
LED:   MOV   A,R0     ;R0为开关号
       MOVC  A,@A+DPTR
       MOV   P2,A
       SJMP  STA1
TAB0:  DB  06H,5BH,4FH,66H
       DB  6DH,7DH,07H,7FH
       END
```

```
while(1){
  switch(P0){          case 0xfe:
        P2=0x06;break;
    case 0xfd:
        P2=0x5b;break;
    case 0xfb:
        P2=0x4f;break;
    case 0xf7:
        P2=0x66;break;
    case 0xef:
        P2=0x6d;break;
    case 0xef:
        P2=0x7d;break;
    case 0xbf:
        P2=0x07;break;
    case 0x7f:
        P2=0x7f;break;}}}
```

上面C语言程序如果采用查表加循环方式,程序将更简洁,请修改上面程序。

自编程序:编程并烧写程序完成拨1键置ON,第一个数码管亮"1",拨2键置ON,第二个数码管亮"2",拨3键置ON,第三个数码管亮"3"……。

【例13-3】 数码0在6个数码管轮流亮(跑马),然后1跑马…一直到F跑马程序。

```
DLED: MOV   R0,#0          ;R0存字形表偏移量
  WE: MOV   A,#01          ;A置数码管位选代码
NEXT: MOV   B,A            ;保存位选代码
      MOV   P1,A
      MOV   DPTR,#TAB0     ;DPTR置表头
      MOV   A, R0
      MOVC  A,@A+DPTR      ;查字形码表
      MOV   P2,A           ;送P2口输出
      MOV   R3,#0          ;延时
 LOP: MOV   R4,#0
LOP1: NOP
      NOP
      DJNZ  R4,LOP1
      DJNZ  R3,LOP
      MOV   A,B
      RL    A                 ;指向下一位
      CJNE  A,#10H,NEXT       ;5位显示完?
      INC   R0                ;指向下一字形
      CJNE  R0,#10H,WE        ; 0到F显示完?
      SJMP  DLED
TAB0:  DB  3FH,06H,5BH,4FH,66H,6DH,7DH,07H
       DB  7FH,6FH,77H,7CH,39H,5EH,79H,71H
```

C语言程序:

```
#include<reg51.h>
#define uchar unsigned char
#define uint unsigned int
main(){
  uchar k,j;
  uint i;
  uchar code tab[16]={0x3f,0x06,0x5b,
     0x4f,0x66,0x6d,0x7d,0x07,0x7f,x6f,
     0x77,0x7c,0x39,0x5e,0x79,0x71};
  for(i=0;j<16;j++){
    P2=tab[j];P1=0x01;
        for(k=0;k<6;k++){
            for(i=0;i<20000;i++);
            P1<<=1;
  }}}
```

自编程序：编程并烧写程序完成拨 1 键置 ON，6 个数码管轮流亮“1”，拨 2 键置 ON，6 个数码管轮流亮“2”，拨 3 键置 ON，6 个数码管轮流亮“3”……。

3. 自编程序并在板上执行通过

① 每两个数码管为一组交替点亮“8”。

② 对第 4 个数码管按照一段亮→二段亮→三段亮→……→全部亮→灭一段→灭二段→灭三段→灭四段→……→全部灭方式，如此反复进行。

③ 测试开关 K0，当 K0 开关向上拨置 ON 时，6 个数码管同时亮“8”，当 K0 开关向下拨时，8 个数码管同时灭、同时亮地交替进行。

④ 将开关 K0～K5 的置位情况显示在数码管上，开关置“ON”的对应数码管显“0”，开关置“OFF”(拨向下)的对应数码管显“1”。

⑤ 将开关 K0～K7 的置数显示在数码管上，如 K0～K7 全部为 OFF，第一、二个数码管显示 FF。

⑥ 将开关 K0～K7 的置数变换成十进制数显示在数码管上，如 K0～K7 全部为 OFF，第一、二、三个数码管显示“255”。

实验 3　中断实验

1. 实验目的

了解中断的产生及响应过程，掌握中断程序的编制。

2. 实验连线

ISP 实验板上中断实验电路及实验连线如图 13-32(a)所示，基于 Proteus 的虚拟板电路如图 13-32(b)所示。注意用不同的实验方式，元件标识是有区别的。两个与非门构成消抖电路，在图 13-32(a)中粗黑线为短接块。用短接块将 J5 连向 $\overline{INT}_0$ 时，脉冲源向单片机的外部中断 $\overline{INT}_0$ 引脚提供中断所需的脉冲，每按两次开关 W2，电平变反一次，产生一个跳变沿，作为外部中断 $\overline{INT}_0$ 的中断请求信号。图 13-32(b)中用鼠标单击即完成开关 SW2 的开合动作或 JP1 中短接块的移动。

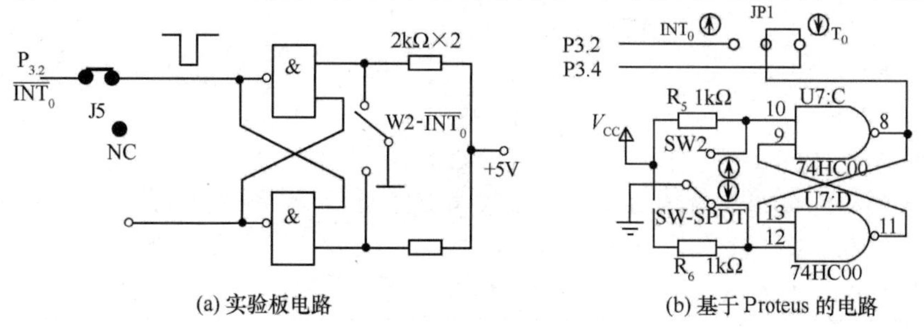

(a) 实验板电路　　(b) 基于 Proteus 的电路

图 13-32　中断信号产生电路

3. 实验程序和调试

(1) 实验程序 1

汇编语言程序：

```
ORG   0000H
AJMP  STAR
ORG   0003H          ;中断服务
RL    A
MOV   P2,A
RETI
```

C 语言程序：

```
include<reg51.h>
in0v()  interrupt 0{  /*中断服务*/
P2<<=1;
}
main(){
  EA=1;      /*开中断*/
```

```
STAR:MOV   P1,#04H      ;第三个数码管亮
     MOV   A,#01H
     MOV   P2,A
     SETB  EA           ;置EA=1
     SETB  EX0          ;允许INT0中断
     SETB  IT0          ;边缘触发中断
     SJMP  $            ;等待中断
```

```
EX0=1;        /*允许INT0中断*/
IT0=1;        /*边缘触发中断*/
P1=0x04;      /*第三个数码管*/
P2=0x01;      /*亮一段*/
while(1);     /*等待中断*/
}
```

① 分析该程序的功能及实验现象；

② 将该程序烧进单片机、运行，观察执行的现象是否和估计的一致(选作)。

注意:每按两次按钮，产生一次中断，LED点亮有何变化，叙述程序的执行过程。

自编程序并通过:①7个发光二极管(即一个数码管的7段)同时点亮，中断一次，7管同时熄灭，每中断一次，变反一次；②要求同①，每中断一次，变反4次。

(2) 实验程序2——记录并显示$\overline{INT_0}$中断次数(中断次数<16次)

汇编语言程序：

```
        ORG   0000H
        AJMP  NT
        ORG   0003H
        AJMP  INT0R
NT:     MOV   IE,#81H         ;允许INT0中断,置EA=1
        SETB  IT0             ;边沿触发中断
        MOV   R0,#0           ;计数初值为0
BIOU:   MOV   P1,#01          ;第一个数码管显示
        MOV   DPTR,#TAB0      ;DPTR指字形码
        MOV   A,R0
        MOVC  A,@A+DPTR       ;查表
        MOV   P2,A            ;显示
        SJMP  $               ;等待中断
INT0R:  INC   R0              ;中断次数加1
        CJNE  R0,#10H,RET0    ;中断是否满15次
        MOV   R0,#0           ;循环
RET0:   POP   DPH             ;弹出断点
        POP   DPL
        MOV   DPTR,#BIOU
        PUSH  DPL             ;修改中断返回点
        PUSH  DPH
        RETI
TAB0:   DB  3FH,06H,5BH,4FH,66H,6DH,7DH,07H
        DB  7FH,6FH,77H,7CH,39H,5EH,79H,71H
        END
```

C语言程序：

```
#include<reg51.h>
#define uchar unsigned char uchar k;
```

```
uchar code tab[16]={0x3f,0x06,0x5b,0x4f,0x66,0x6d,0x7d,0x07,0x7f,0x6f,0x77,0x7c,0x39,
    0x5e,0x79,0x71};
in0v()  interrupt 0{          /*中断服务*/
    k++;                      /*中断次数加1*/
    P2=tab[k];                /*显示*/
}
main(){                       /*主程序*/
uchar i;
    EA=1;EX0=1;IT0=1;
    P1=0x01;k=0;              /*第1管亮*/
    P2=tab[k];                /*亮0*/
    while(0<16);              /*等待中断*/
}
```

要求：①看懂程序，叙述程序的执行顺序；②用软件仿真中断的产生；③选作：烧录到单片机中，每按两次按钮产生一次中断，观察执行现象。

(3) 实验程序3

```
#include<reg51.h>
#define uchar unsigned char
#define uint unsigned int
in0v() interrupt 0 {
uint m,i;
    for(m=0;m<4;m++){
    P1=0xff;
    P2=0; for(i=0;i<20000;i++);
    P2=0xff;for(i=0;i<20000;i++);
}}
main(){
    uchar k,j;
    uint i;
    uchar code tab[16]={0x3f,0x06,0x5b,0x4f,0x66,0x6d,0x7d,0x07,0x7f,0x6f,0x77,0x7c,0x39,
       0x5e,0x79,0x71};
    EA=1; EX0=1; IT0=1;
      for(j=0;j<16;j++){
            P2=tab[j]; P1=1;
            for(k=0;k<6;k++){
            for(i=0;i<20000;i++);
            P1<<=1;
      }}}
```

① 分析该程序的功能及实验现象，思考程序的执行过程。

② 将该程序烧进单片机并运行，观察执行的现象是否与估计的一致。

4. 自编程序并调试通过

① 使第6个数码管显示“H”，每中断一次，“H”左移一位。

② 利用 8XX51 并行口接的 2 个数码管，显示$\overline{\text{INT}}_0$ 中断次数（次数不超过 FFH）。

③ 利用 8XX51 并行口接的 4 个数码管，用 BCD 码显示$\overline{\text{INT}}_0$ 中断次数（次数不超过 255）。

④ 编程并运行，使每中断一次，$K_0 \sim K_7$ 置于“ON”的开关号显示在第一个数码管的相应段上（在图 13-29 中 SW1 中的 1～8）。

实验 4　定时/计数器实验

1. 实验目的

了解定时/计数器的应用，掌握其应用编程方法。

2. 实验连线

实验板上定时/计数器的实验电路如图 13-33(a) 所示，基于 Proteus 的虚拟板电路如图 13-33(b)所示。在图 13-33(a)中，用短接块将 J6 和 T_0 标识的脚相连；若用图 13-33(b)，短接块 JP1 打向 T_0。$P_{3.4}$ 和脉冲源相连，脉冲源向单片机的定时/计数器 0 提供外部计数脉冲，每按两次开关 W3，产生一个计数脉冲。

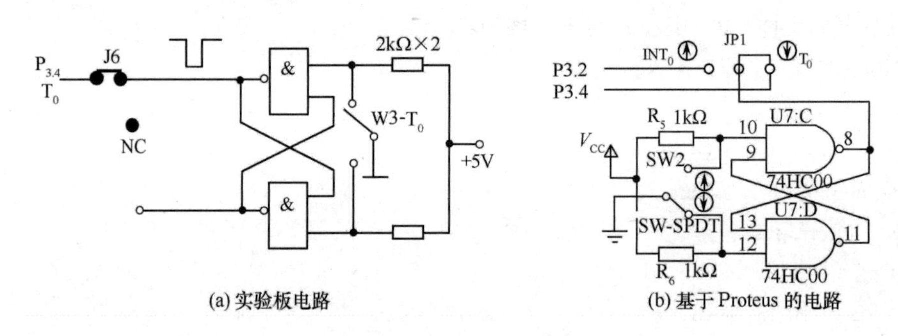

(a) 实验板电路　　(b) 基于 Proteus 的电路

图 13-33　定时/计数器的实验电路

3. 实验程序及调试

(1) 实验程序 1——计两个外部脉冲，LED 显示段加 1

① 查询方式

```
        ORG   0000H
        MOV   TMOD,#06    ;计数方式 2
        MOV   TH0,#0FEH   ;计两个脉冲
        MOV   TL0,#0FEH
        SETB  TR0
        MOV   P1,#0FH
        MOV   A,#0
        MOV   P2,A         ;数码管全黑
  CON:  JNB   TF0,$        ;查询(W3 按 4 次)
        CLR   TF0
        SETB  C
        RLC   A
        MOV   P2,A
        SJMP  CON
```

```
#include<reg51.h>
unsigned char a;
main(){
  TMOD=0x06;TH0=0xfe;
  TL0=0xfe;TR0=1;
  P1=0x0f;
  a=1;
  P2=0;
next:
  while(TF0!=1);
    TF0=0;
    P2=a;
    a=(a<<1)+1;
    goto next;
}
```

② 中断方式

```
        ORG   0000H
        AJMP  CON
        ORG   000BH    ;中断服务
        SETB  C
        RLC   A
        MOV   P2,A
        RETI
  CON:  MOV   TMOD,#06
        MOV   TH0,#0FEH
        MOV   TL0,#0FEH
        SETB  EA
        SETB  ET0
        SETB  TR0
        MOV   A,#0
        MOV   P2,A
        SJMP  $        ;等待中断
```

```
#include<reg51.h>
unsigned char a;
t0tv() interrupt 1{
    P2=a;
    a=(a<<1)+1;
  }
main(){
  TMOD=0x06;
  TL0=0xfe;TH0=0xfe;
  TR0=1;EA=1;ET0=1;
  P1=0x0f;
  a=1;
  P2=0;
  while(1);
  }
```

修改上述程序，使计 3 个脉冲 A 加 1，并将 A 值显示在数码管上。

(2) 实验程序 2——简易电子琴

发声原理：已知各音调（音律）的频率即知其周期，每过半个周期，$P_{1.0}$ 取反，送到 $P_{1.0}$ 接的喇叭上，喇叭即发出该音调的声音。表 13-8 是各音调对应的频率和计数值（$f_{osc}=12MHz$）。

表 13-8　音调、频率和计数值对应表

音调（音律）		1	2	3	4	5	6	7
		Do	Re	Mi	Fa	So	La	Xi
低音	频率(Hz)	262	294	330	349	392	440	494
	计数值(H)	F88C	F95C	FA15	FA68	FB05	FB90	FC0C
中音	频率(Hz)	523	587	659	698	784	880	988
	计数值(H)	FC44	FCAC	FD09	FD34	FD82	FDC8	FE06
高音	频率(Hz)	1046	1175	1318	1397	1568	1760	1967
	计数值(H)	FE22	FE56	FE85	FE9A	FEC1	FEE4	FF03

曲谱的实现：一首曲谱，是由不同节拍的音调组成的，节拍就是该音调的延时时间，如图 13-34 所示，t 为音调，T 为节拍。可以用一个定时器产生音调，另一个定时器控制节拍，将一首歌的曲谱音调和节拍对应的计数初值列成表，按表的顺序控制两个定时器，即可演奏歌曲。

图 13-34　音调和节拍

实验电路：实验电路如图 13-35 所示。

在图 13-35(a)中，在 ISP 实验板上将 J9 短接块和 $P_{1.0}$ 短接，$P_{1.0}$ 经驱动控制扬声器发声，如 J9 短接块和 NC 短接，扬声器将不发声。J_{10} 控制扬声器的另一端接地还是接＋5V，只要 J9 短接块和 $P_{1.0}$ 短接，J10 不管接地还是接＋5V，扬声器都会发声，不过接＋5V 时，音响大些，但第一个数码管不亮，接 GND 时，音响小些，但第一个数码管按编程而亮。基于 Proteus 的电路图如图 13-27(b)所示，将跳线 JP3 拔至右边，使得 $P_{1.0}$ 的输出信号(图中标识的 DIG5)连通扬声器，Proteus 中的扬声器与声卡相连，打开连接声卡的音响后可以听到输出的声音。因为 PC 的时钟频率和单片机的时钟频率相差甚远，程序中的参数应进行调整，但效果不如实际实验板好。

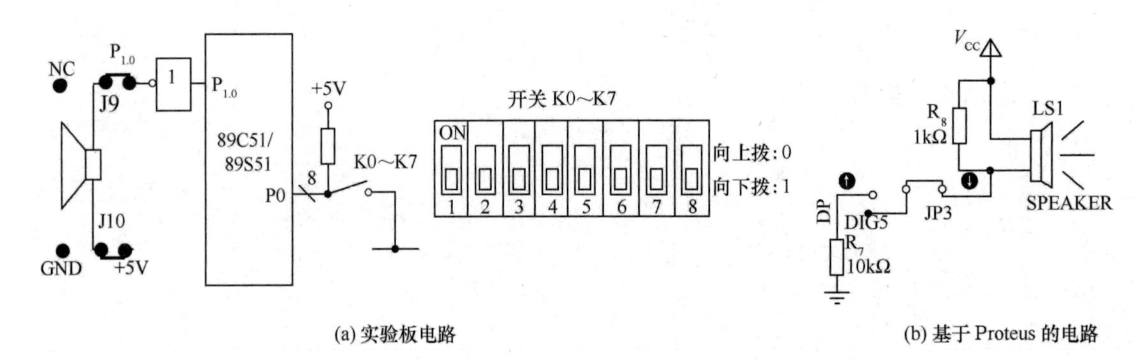

(a) 实验板电路　　(b) 基于 Proteus 的电路

图 13-35　简易电子琴电路和面板接线

实验程序：设计拨动开关 K0～K7 时，扬声器分别发出 1～i 8 个音调。

参考表 13-8 中提供的低音音调的频率，使用定时/计数器 T_1，方式 1，采用中断方式。

汇编语言程序如下：

```
        ORG   0000H
        SJMP  MAIN1
        ORG   001BH
        LJMP  TINT1
AIN1：  MOV   P1,#04H
        MOV   TMOD,#10H       ;写计时器控制字 T1 方式计时
        SETB  EA              ;开中断总开关
        SETB  ET1             ;允许 T1 中断
        SETB  TR1
ATEST： SETB  C
        MOV   R0,#0           ;R0 置按键号
        MOV   P0,#0FFH
DO：    MOV   A,P0            ;读按键
ROR：   RRC   A               ;查是哪键按下
        JNC   MUS
        INC   R0
        CJNE  R0,#08, ROR
        SJMP  ATEST
MUS：   MOV   A,R0
        MOV   DPTR,#LEDAB     ;显示键号
        MOVC  A,@A+DPTR
        MOV   P2,A
        MOV   DPTR,#TAB       ;查音律表
        MOV   A,R0
        RL    A
        PUSH  ACC
```

```
        MOVC  A,@A+DPTR
        MOV   TH1,A
        POP   ACC
        INC   A
        MOVC  A,@A+DPTR
        MOV   TL1,A
        ACALL DAY
        JMP   ATEST
TINT1:  CPL P1.0                                    ;中断服务
        POP   DPH
        POP   DPL
        MOV   DPTR,#ATEST
        PUSH  DPL
        POP   DPH
        RETI
DAY:    MOV   R2,#0F0H
DL2:    MOV   R3,#0F0H
DL1:    NOP
        NOP
        DJNZ  R3,DL1
        DJNZ  R2,DL2
        RET
TAB:    DW  0F88CH,0F95CH,0FA15H,0FA68H,0FB05H
        DW  0FB90H,0FC0CH,0FC44H                    ;音律表
LEDAB:  DB  06H,5BH,4FH,66H,6DH,7DH,07H,06H         ;显示字符表
        END
```

C语言程序如下：

```
#include<reg51.h>
#define uchar unsigned char
#define uint unsigned int
uchar i;
sbit P1_0=P1^0;
uint code mustab[9]={0,0xf88c,0xf95c,0xfa15,0xfa68,
                      0xfb05,0xfb90,0xfc0c,0xfc44};      /*音律表*/
uchar code ledtab[9]={0x3f,0x06,0x5b,0x4f,0x66,0x6d,   /*字形表*/
                      0x7d,0x07,0x7f};
t1tv() interrupt 3 using 1{                            /*中断服务*/
       P1_0=~P1_0;                                     /*P1.0取反,产生音频 */
       TH1=mustab[i]/256;                              /*重装计数初值*/
       TL1=mustab[i]%256;
}
  main(){
   uint j;
   TMOD=0x10; TR1=1;                                   /*T1 方式1定时*/
   EA=1; ET1=1;                                        /*开中断*/
```

```
    P1=0x04;                                        /*数码管位选*/
    while(1){
        P0=0xff;
        switch(P0){                                 /*判开关*/
          case 0xfe:i=1;break;
          case 0xfd:i=2;break;
          case 0xfb:i=3;break;
          case 0xf7:i=4;break;
          case 0xef:i=5;break;
          case 0xdf:i=6;break;
          case 0xbf:i=7;break;
          case 0x7f:i=8;break;
        }
        TH1=mustab[i]/256;
        TL1=mustab[i]%256;
        P2=ledtab[i];                               /*显示键号*/
        for(j=0;j<25000;j++);                       /*延时*/
}}
```

分析上面程序,预计它的执行现象,画出程序流程。

4. 自编程序并调试通过

① 利用 T_0 计数,使每计一个脉冲 $P_{1.0}$ 变反一次。

② 利用 T_0 定时,使数码管的“8”字每隔 100ms 顺次亮下一个。

③ 利用 8XX51 做一个秒表,并送数码管显示。

*④设计电子时钟,并将小时、分、秒送数码管显示。

提示: 定时器每 50ms 中断一次,中断 20 次即为 1 秒,计满 60 秒为 1 分,计满 60 分为 1 小时,24 小时又重新开始。

*⑤使扬声器顺序发出 1、2、3、4、5、6、7、i 8 个音调(低、中、高音均可),每个音调响 100ms。

实验 5　串行通信实验

1. 实验目的

掌握单片机串行通信的工作原理及编程方法。

2. 实验连线和程序

实验电路如图 13-36 所示,单片机的 $P_{3.0}$(RXD),$P_{3.1}$(TXD)通过电平转换芯片 MAX232 连到 9 针 D 型插座上,通过 9 针 D 型插座和电缆可以与单片机、PC 进行串行通信实验。

注意: 在插拔串口线前设备必须关电!

基于 Proteus 的实验电路如图 13-29 所示,将跳线 JP2 调至左边连接好 R1IN 和 T1OUT,使得单片机处于自发自收的电气连接状态。设置好合适的波特率和数据格式,串口虚拟终端可以监视单片机串口的输出内容。还需注意一点,由于串口虚拟终端接 MAX232 的输出,电平有个“反转”,因此在串口虚拟终端的属性中设置好“Inverted”电平属性,如图 13-37 所示。

(1)单机自发自收通信实验

用导线将 D 型插头的 2、3 引脚连起来(见图 13-36 中的粗线)实验程序如下:

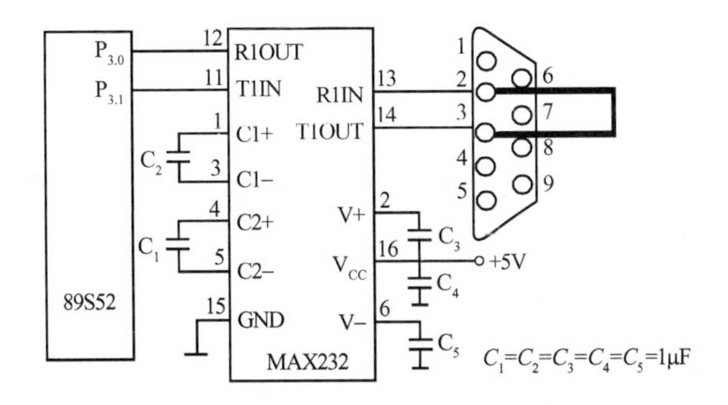

图 13-36 自发自收通信实验电路

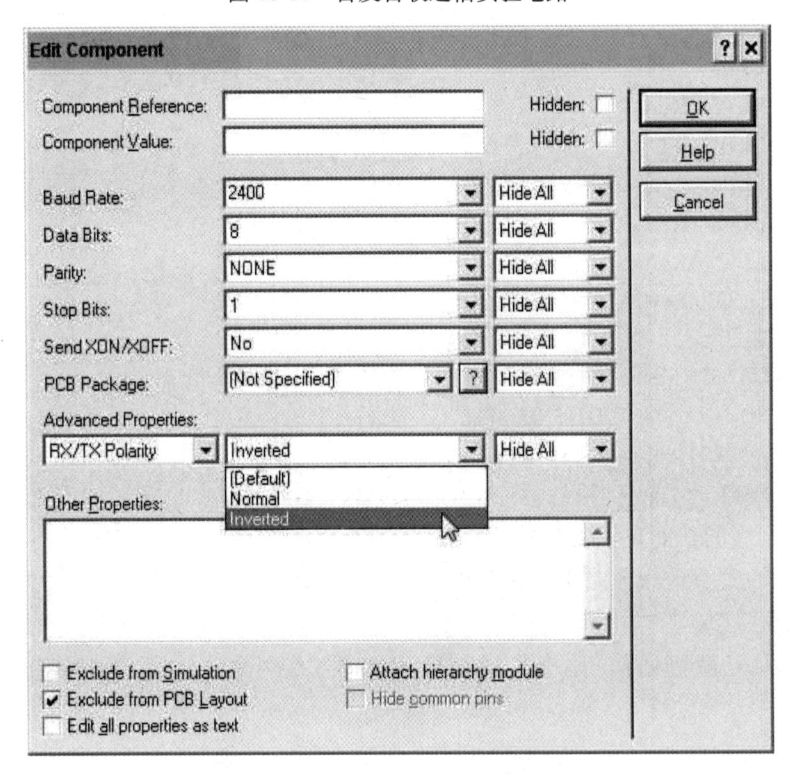

图 13-37 串口虚拟终端属性设置对话框

```
      ORG   0000H                    #include<reg51.h>
TIRI: MOV   TMOD,#20H                #define uchar unsigned char
      MOV   TH1,#0CCH                #define uint unsigned int
      MOV   TL1,#0CCH;设波特率        uint j;
      SETB  TR1                      uchar i;
      MOV   R0,#0                    uchar code tab[16]={0x3f,0x06,
      MOV   SCON,#50H;方式 1             0x5b,0x4f,0x66,0x6d,0x7d,
ABC:  CLR   TI                           0x07,0x7f,0x6f};              /*显示码*/
      MOV   P1,#0FFH                 main(){
      LCALL DAY1                         TMOD=0x20;
      MOV   A,R0                         TH1=0xcc;TL1=0xcc;
      MOV   SBUF,A     ;发送             TR1=1;                         /*初始化 T1*/
```

```
        INC   R0
        CJNE  R0,#10H,RGIS
        MOV   R0,#0
RGIS:   JNB   RI,$
        CLR   RI
        MOV   A,SBUF      ;接收
        MOV   DPTR,#LEDAB
        MOVC  A,@A+DPTR
        MOV   P2,A        ;显示
        ACALL DAY1
        JNB   TI,$
        LJMP  ABC
DAY1:   MOV   R4,#04
DA1:    MOV   R3,#0
NB:     MOV   R1,#0
NA:     DJNZ  R1,NA
        DJNZ  R3,NB
        DJNZ  R4,DA1
        RET
LEDAB:DB 06H,5BH,4FH,66H,6DH
      DB 7DH,07H,7FH,6FH,77H
      DB 7CH,39H,5EF,79H,71H
      END
```

```
SCON=0x50;
   P1=0xff;
while(1){
   TI=0;
   for(i=0;i<10;i++){
 SBUF=tab[i];      /*发送显示码*/
 while(RI==0);     /*RI=0 等待*/
 RI=0;             /*RI=1 清 RI*/
 P2=SBUF;          /*接收数据并送显示*/
 while(TI==0);     /*TI=0 等待*/
 for(j=0;j<20000;j++);/*延时*/
}}}
```

① 分析该程序的功能及实验现象;

② 上机实验,观察的现象是否和估计的一致。

(2) 双机通信实验

本实验为甲、乙两机通信,用串行通信电缆将甲、乙两个实验平台连接起来,如图 13-38 所示。

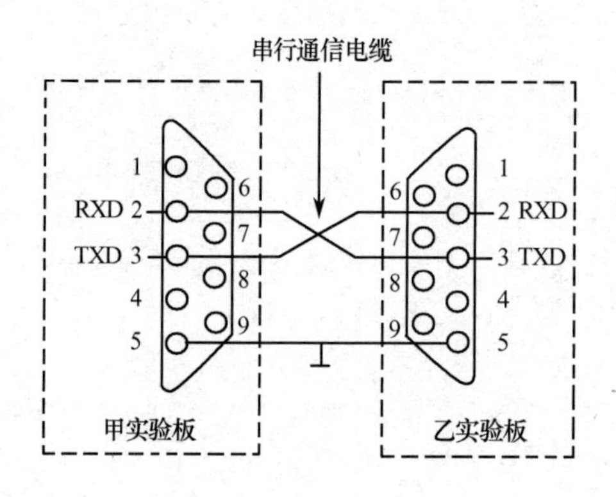

图 13-38 双机通信连线

两个实验平台分别执行下面的双工通信程序。将看到甲机拨动开关的置数发送到乙机,并显示在乙机的数码管上,乙机拨动开关的置数发送到甲机,并显示在甲机的数码管上。为简化程序,拨动开关的低 4 位置数有效。

```
#include<reg52.h>
#define uchar unsigned char;
#define uint unsigned int;
uchar code tab[16] ={ 0x3f,0x06,0x5b,0x4f, 0x66,0x6d,0x7d,0x07,0x7f,
                     0x6f,0x77,0x7c,0x39,0x5e,0x79,0x71}; /*0 ~ f的显示码*/
void inisys(){
    IE = 0x90;                  /*开中断*/
    TMOD = 0x20; TH1 = 0xe6; TL1 = 0xe6;    /*设置波特率为1200bps*/
    TR1 = 1;                    /*启动T1*/
    SCON = 0x50;                /*串行口工作在方式1*/
 }
void send(void){                /*发送字符函数*/
      uchar dt;
      TI = 0;
      P0 = 0xff;
      dt = P0;                  /*读P0口的数字*/
      SBUF = dt;                /*发送数字*/
      while(TI == 0);
      TI = 0;
  }
void delay(uint t){             /*延时函数*/
     uint i;
     for(i = 0;i < t;i++);
  }
recrial() interrupt 4 using 1{ /*    接收字符函数*/
     uchar i;
     RI = 0;
     i = SBUF;                  /*接收数字*/
     i = 0x0f & i;
     P1 = 0x04;
     P2 = tab[i];               /*送显示*/
      delay(50);
  }
 void main(void){               /*主函数*/
    uchar i,j;
    inisys();
    while(1)send();
  }
```

自编程序并调试通过：

① 采用通信方式1，波特率为600bps，甲机交替发送55H、AAH，乙机接收，并将接收到的数据显示在数码管上。分别编出发送和接收程序，在各自的实验平台分别执行。

② 采用通信方式 1,波特率为 1200bps,甲机顺序发送“HELOO”,乙机接收,并将接收到的字符显示在数码管上。分别编出发送和接收程序,在各自的实验平台分别执行。

③ 采用通信方式 1,波特率为 1200bps,单机的 8 位开关的置数反映到对方中间的两个数码管上。

*(3) 单片机和 PC 的双机通信实验

用串行通信电缆线将实验平台的 9 针 D 型座和 PC 的 COM1 或 COM2 连接起来(连线见图 13-39)。

PC 上用 C 语言或 8086 的汇编语言编 PC 的发送和接收程序,编译后用 .EXE 文件存盘,编写单片机的发送和接收程序并烧写进单片机,两边的程序分别运行即可。程序示例参照本书 8.6 节。

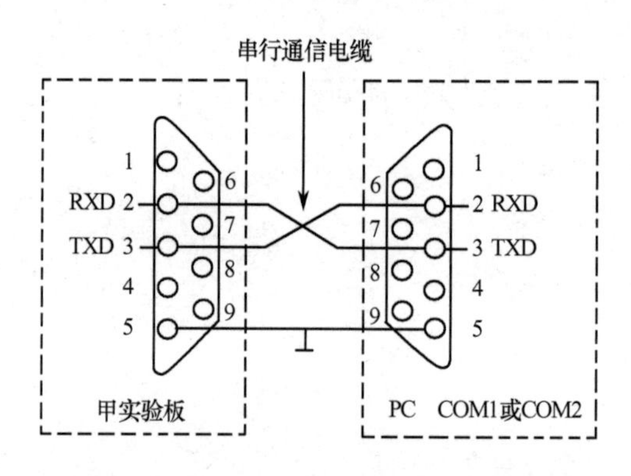

图 13-39 和 PC 的通信连接实验电路

自编程序并调试通过:PC 键盘上按下的 0～9 键发送到单片机,并显示在实验板的数码管上,实验板的拨动开关 K0～K7 的置数发送到 PC 并显示在屏幕上。编写两边的程序并分别运行通过。

实验 6 矩阵键盘和显示程序设计

1. 实验目的

掌握矩阵键盘的工作原理及编程方法。

2. 实验电路和工作原理

实验中有一个 4×4 矩阵键盘,根据板上各键标识的键值和键编码,实验电路如图 13-40 所示。图中 $P_{0.4}$～$P_{0.7}$ 接键盘行线,输出接地信号,$P_{0.0}$～$P_{0.3}$ 接列线,输入回馈信号,以检测按键是否按下。低 4 位输出的接地信号和高 4 位回馈信号组合形成键编码。16 个按键有 16 个不同的键编码,通过键编码识别不同的按键,再通过查键码表,查出该键的键值。

注意:

① 在使用键盘时,实验板上的拨动开关 K0～K7 置于 OFF 态。

② 如果使用 Proteus 虚拟实验板,按键的连线和实际的 ISP 实验板不改,键码表需重新计算。

3. 实验程序

下面程序完成:①确定有无键按下;②判断哪一个键按下;③形成键编码;④查出该键的键值;⑤将该键的键值显示在最右边的数码管上。

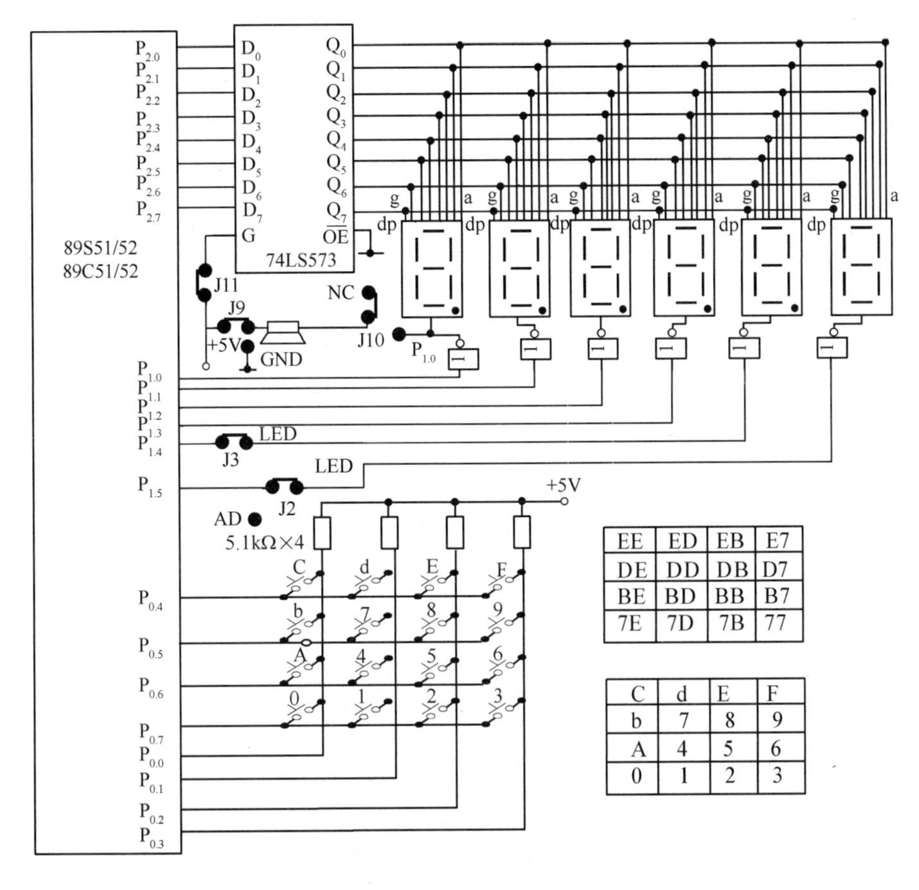

图 13-40 矩阵键盘接口电路

```
#include<reg51.h>
#define uchar unsigned char
#define uint unsigned int
code char tab[16]={0x3f,0x06,0x5b,0x4f,0x66,0x6d,0x7d,
        0x07,0x7f,0x6f,0x77,0x7c,0x39,0x5e,0x79,0x71} ;        /*字形表*/

void delay(void){                                /*延时函数*/
    uchar i;
    for(i=254;i>0;i--);
}
uchar keyscan(void){                             /*键盘扫描函数*/
    uchar sccode, recode;
    P0 = 0xf0;
    if ((P0 & 0xf0) != 0xf0){                    /*如果有键按下*/
        delay();                                 /*消抖*/
        if ((P0 & 0xf0) != 0xf0){
            sccode = 0xfe;                       /*键盘逐行扫描*/
            while ((sccode & 0x10) != 0){
                P0 = sccode;
```

```
                if((P0 & 0xf0)! = 0xf0){
                    recode=(P0 & 0xf0);                    /*被按键的行码*/
                    sccode = sccode& 0x0f;                 /*被按键的列码*/
                    return((sccode) + (recode));           /*返回键编码*/
                }
                else
                    sccode = (sccode << 1) | 0x01;
    }}}
     return (0);
}
void display(uchar keydisp ) {                  /*键值显示函数*/
  uchar keytab[18]={0x7e,0x7d,0x7b,0x77,0xbd,0xbb,0xb7,0xdd,
            0xdb,0xd7,0xbe,0xde,0xee,0xed,0xeb,0xe7};      /*0~F 的键码表*/
  uchar m;
   for(m=0;m<16;m++){
     if (keytab[m]==keydisp ){                    /*查键码表,m 为键值*/
        P1=0x20; P2=tab[m];                       /*键值显示*/
 }}}
void main(){                                  /*主函数*/
    uchar key;
        P1=0x20;P2=0x40;                         /*最右边的数码管显示 0*/
        P0=0xff;
        if(P0==0xff){                             /*检测键盘*/
           while(1){
             key = keyscan();                     /*从键盘扫描函数取键值*/
             display(key);                        /*键值送显示*/
}}}
```

基于 Proteus 的虚拟实验板的键盘电路如图 13-29 所示,根据电路排出各键的编码,修改上述程序使键值能正确显示在数码管上。

自编程序并调试通过:

① 编程实现将键盘上输入的 6 个数字按输入次序顺序显示在 6 个数码管上。

② 接好喇叭,编程实现将输入键盘上的 1~8 字符,喇叭发出 1~i 音律。

*实验 7　串行 E^2PROM 实验

1. 实验目的

① 掌握单片机扩展串行 E^2PROM 的方法。

② 掌握单片机对 I^2C 串行接口的编程。

2. 实验连线和程序

实验板的实验电路如图 13-41(a)所示,用两个短接块将 J1 的两线连接起来。单片机的 $P_{1.6}$ 和串行 E^2PROM 24C04 的 SCL 时钟端连接,$P_{1.7}$ 和串行 E^2PROM 24C04数据线相连,E^2PROM 的地址选择由编程实现(不同于并行 E^2PROM,由地址译码实现)。

基于 Proteus 的虚拟板的实验电路如图 13-41(b)所示。24C04 的 SCL 和 SDA 通过上拉电阻分别接至单片机的 $P_{1.6}$ 脚和 $P_{3.3}$ 脚,单片机通过普通 I/O 口模拟 I^2C 接口的时序来完成对 E^2PROM 24C04的读/写控制。

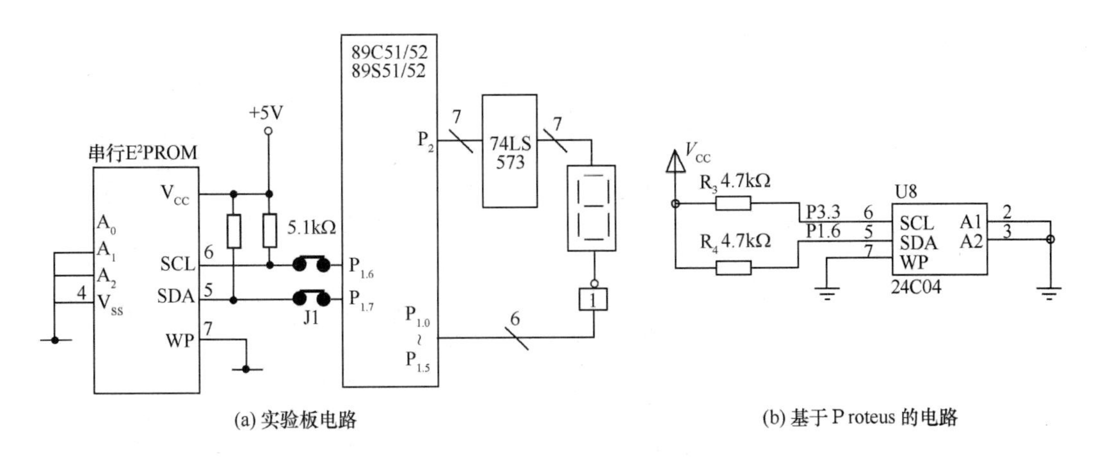

(a) 实验板电路　　(b) 基于 Proteus 的电路

图 13-41　串行 E²PROM 实验连线

自编程序并调试通过：实现将字符写入 E²PROM，然后从相应单元读出显示在数码管上，程序参照本书 9.2.3 节。

*实验 8　串行 D/A 实验

1. 实验目的

① 熟悉 SPI 接口协议。

② 掌握 TLC5615 的工作原理，单片机扩展串行 DAC 的方法。

③ 掌握 SPI 串行接口的 DAC 器件的编程方法。

2. 实验电路

TLC5615 是一个串行 10 位 DAC 芯片，只需要通过 3 根串行总线就可以完成 10 位数据的串行传送，易于和工业标准的微处理器或微控制器(单片机)接口，适用于电汇供电的测试仪表、移动电话，也适用于数字失调与增益调整及工业控制场合。TLC5615 的时序如图 13-42 所示，单片机通过普通 I/O 口模拟 SPI 接口的时序来完成对 TLC5615 的写控制。

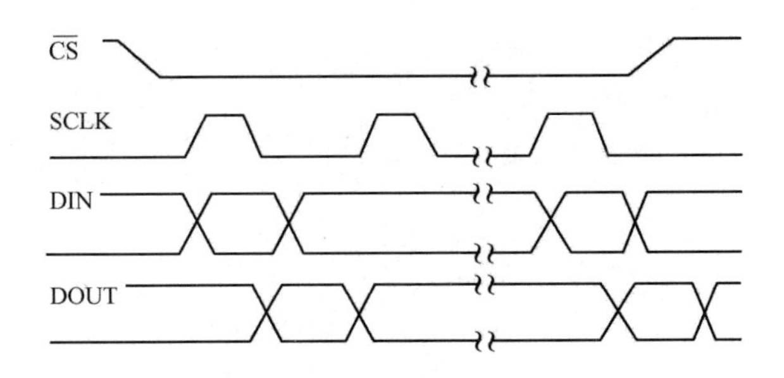

图 13-42　TLC5615 的时序图

实验板的相关实验电路如图 13-43(a)所示，用短接块将 J8 连接起来，将短接块 J6 连到NC，使 $P_{3.4}$和脉冲源断开，TLC5615 的$\overline{CS}$受控于 $P_{3.4}$(见图 13-2 和图 13-3)。基于 Proteus 的实验电路如图 13-43(b)所示。

3. 实验程序

下面程序是一个产生方波的程序，对照时序看懂程序，运行程序在引脚 7 的引针上用示波器观察波形。

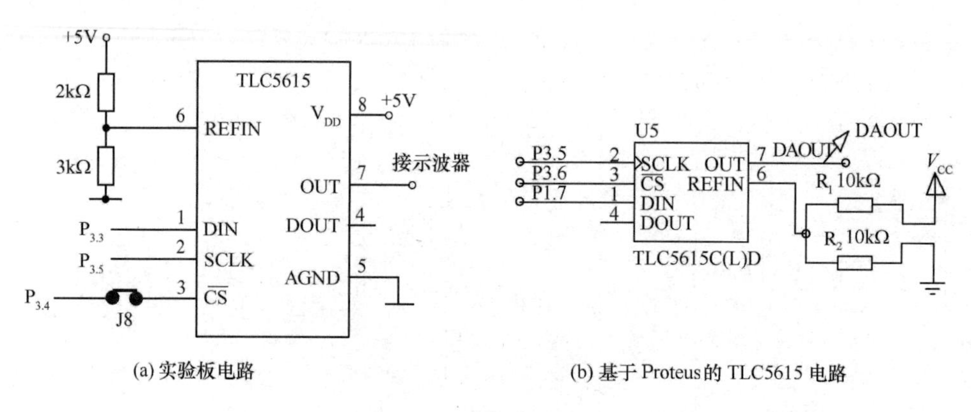

(a) 实验板电路　　(b) 基于 Proteus 的 TLC5615 电路

图 13-43　实验连线

```
        DIN   BIT   P3.3           ;定义 I/O 口(基于 Proteus 的虚拟板只需按图 13-43(b)修改此 3 条
                                    定义语句)
        SCLK   BIT   P3.5
        CS5615   BIT   P3.4
        ORG   0000H
START:  SETB   CS5615
        CLR   SCLK                 ;准备操作 TLC5615
        CLR   CS5615               ;选中 TLC5615
        MOV   R7,08H
        MOV   A,#0H                ;装入高 8 位数据
LPH0:   LCALL   DELAY              ;延时
        RLC   A                    ;最高位移向 TLC5615
        MOV   DIN, C
        SETB   SCLK                ;产生上升沿,移入一位数据
        LCALL   DELAY
        CLR   SCLK
        DJNZ   R7, LPH0
        MOV   R7,08H
        MOV   A,#0                 ;装入低 8 位数据
LPL0:   LCALL   DELAY              ;延时
        RLC   A                    ;最高位移向 TLC5615
        MOV   DIN, C
        SETB   SCLK                ;产生上升沿,移入一位数据
        LCALL   DELAY
        CLR   SCLK
        DJNZ   R7, LPL0
        SETB   CS5615              ;结束移位,转换数据中间 10 位进行D/A 转换
        ACALL   DAY                ;延时
        CLR   SCLK                 ;准备操作 TLC5615
        CLR   CS5615               ;选中 TLC5615
        MOV   R7,08H
        MOV   A,#0FFH              ;装入高 8 位数据
LPHF:   LCALL   DELAY              ;延时
        RLC   A                    ;最高位移向 TLC5615
```

```
        MOV   DIN, C
        SETB  SCLK           ;产生上升沿,移入一位数据
        LCALL DELAY
        CLR   SCLK
        DJNZ  R7, LPHF
        MOV   R7,08H
        MOV   A,#0FFH        ;装入低 8 位数据
LPLF:   LCALL DELAY          ;延时
        RLC   A              ;最高位移向 TLC5615
        MOV   DIN, C
        SETB  SCLK           ;产生上升沿,移入一位数据
        LCALL DELAY
        CLR   SCLK
        DJNZ  R7, LPLF
        SETB  CS5615         ;结束移位,转换数据中间 10 位进行D/A 转换
        AJMP  START
```

自编程序:读者自行编写程序,控制 TLC5615,使其产生锯齿波、矩形波、三角波和正弦波等常见信号波形。在 Proteus 中仿真调试,并通过虚拟数字示波器去观察输出波形。为提高输出波形质量,在输出端接一合适的低通滤波器,请读者自行设计、调试,并对比输出波形。

*实验 9　串行 A/D 实验

1. 实验目的

掌握单片机和串行 A/D 接口方法及编程方法。

2. 实验连线和程序

实验板上的 A/D 转换器采用了串行 8 位 A/D 转换器 TLC549。

TLC549 是美国 TI 公司生产的 8 位串行 A/D 换器芯片,通过三线与通用微处理器进行串行接口。具有 4MHz 片内系统时钟和软、硬件控制电路,转换时间最长 17μs,最高转换速率为40000 次/s。

(1) 实验连线

实验板的实验连线如图 13-44(a)所示,基于 Proteus 虚拟板的电路如图 13-44(b)所示。在图 13-44(a)中,用短接块 J4 将 TLC549 的$\overline{CS}$和 $P_{2.7}$相连,用短接块将 J2、J3 连到 AD 端,$P_{1.4}$和 TLC549 的时钟端相连,$P_{1.5}$和 TLC549 的数据线相连,$P_{1.4}$和 $P_{1.5}$断开了和数码管 4、5 的连接。

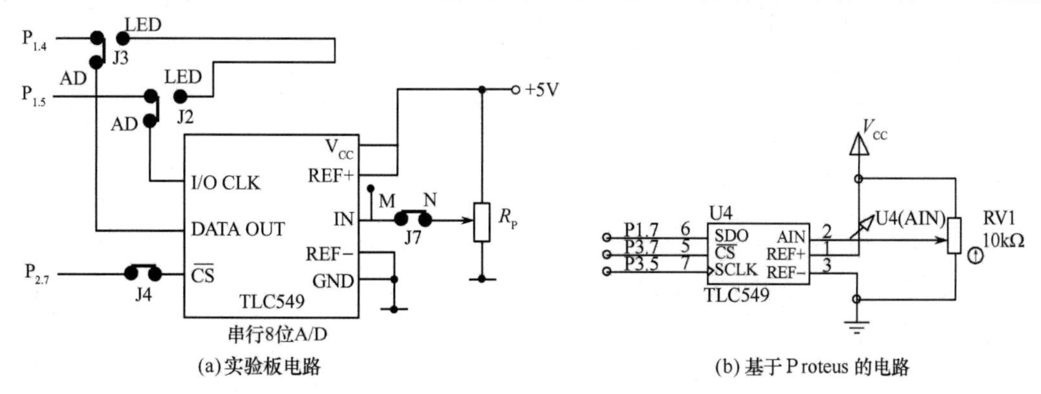

(a)实验板电路　　(b)基于 Proteus 的电路

图 13-44　串行 8 位 A/D TLC549 实验电路图

用短接块 J7 将可调电阻和 IN 连接起来，TLC549 的模拟输入电压来自于可调电阻对+5V 的分压值，如短接块不将 J7 连接，被采集的外界模拟信号可从 M 点输入。

（2）实验程序

完成图 13-44 采集的直流电压的 A/D 转换编程，并将转换的数字量在第一个和第二个数码管上显示。

为方便参照时序进行编程，TLC549 时序重画在图 13-45。单片机通过普通 I/O 口模拟 SPI 接口的时序来完成对 TLC549 的读控制。对于图 13-44(a)、(b)电路，下面程序只需修改 EQU 语句并口引脚号。

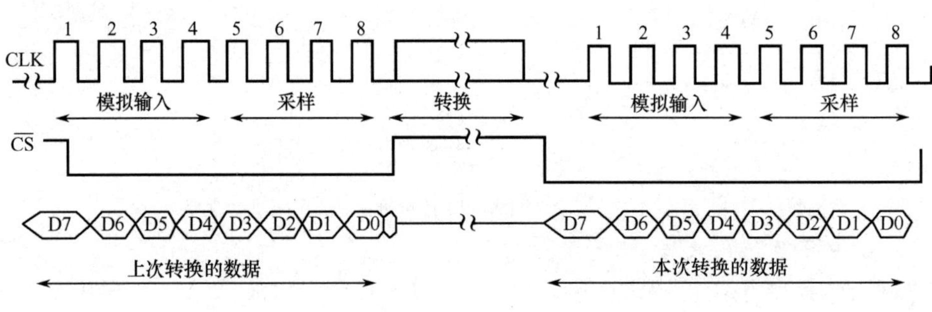

图 13-45　TLC549 时序

```
        CS  EQU  P2.7              ;根据图 13-44(a)或(b)定义 I/O 口
        DOUT  EQU  P1.4
        IOCLK  EQU  P1.5
        ORG  0000H
AD:     SETB  DOUT
        SETB  CS
        CLR  IOCLK                 ;时钟为低
        CLR  CS                    ;选中 TLC549
        ACALL  READ                ;读入采样值(前次的)
        SETB  CS                   ;CS上升沿启动转换
        ACALL  DELAY               ;延时等待转换
        CLR  CS                    ;CS变低
        ACALL  READ                ;读入本次转换值
        SETB  CS
        ACALL  DISPLAY             ;转显示子程序
        SJMP  AD
READ:   MOV  C,DOUT                ;串行读入数据
        RLC  A
        MOV  R4,07H
RE0:    SETB  IOCLK
        NOP
        NOP
        CLR  IOCLK
        NOP
        NOP
        MOV  C,DOUT
        RLC  A
```

```
        DJNZ   R4,RE0
        SETB   IOCLK
        NOP
        NOP
        CLR    IOCLK
        NOP
        NOP
        RET
DELAY:  MOV    R7,#05H            ;延时
DELAY1: NOP
        NOP
        DJNZ   R7,DELAY1
        RET
DISPLAY:MOV    P1,#0              ;显示子程序
        MOV    R2,A
TEST:   MOV    A,R2
        ANL    A,#0F0H
        SWAP   A
        MOV    DPTR,#TAB1
        MOV    R0,A               ;段码偏移
NEXT:   MOV    A,R0
        MOVC   A,@A+DPTR          ;查到段码
        MOV    P2,A               ;送出段码
        MOV    P1,01              ;送出位码
        MOV    R6,#0F0H           ;延时
 TT:    ACALL  DELAY
        DJNZ   R6,TT
        MOV    P1,#0
        MOV    A,R2
        ANL    A,#0FH
        MOV    R0,A               ;找到下一个要显示的段码
        MOV    A,R0
        MOVC   A,@A+DPTR          ;查段码
        MOV    P2,A               ;送出段码
        MOV    P1,#02H
        MOV    R6,#0F0H           ;延时
 TT1:   ACALL  DELAY
        DJNZ   R6,TT1
        RET
TAB1:   DB  3FH, 06H, 5BH, 4FH, 66H, 6DH, 7DH, 07H, 7FH,
        DB  6FH, 77H, 7CH, 39H, 5EH, 79H, 71H ;段码表
        END
```

C语言程序：下面程序完成采集的直流电压的数字量以十进制显示在第一个和第二个数码管上。

```
#include<reg51.h>
#include<intrins.h>
#define uchar unsigned char
```

```
#define uint unsigned int
sbit cs=P2^7;
sbit dout=P1^4;
sbit ioclk=P1^5;
uchar code num[16]={0x3f,0x06,0x5b,0x4f, 0x66,0x6d,
                    0x7d,0x07,0x7f,0x6f};    /*0～9 字形码 */
uchar a;
void delay(){                                /*延时*/
    uchar i;
    for(i=0;i<100;i++);
}
void read(){                                 /*串行读入数据的函数*/
    uchar i;
    a=dout;                    /* A/D串行输出从高到低,读一位 dout 并送给 a */
    for(i=0;i<7; i++){         /*循环 7 次,从高到低读进 dout,并移位进 a */
        ioclk=1;
        _nop_;_nop_;           /*延时 */
        a<<=1;                 /*移位 */
        ioclk=0;               /*产生下降沿,即将再次读数据*/
        a|=dout;               /*加进低位的 dout */
    }
    ioclk=1;_nop_;_nop_;       /*产生第 8 个时钟下降沿*/
    ioclk=0;_nop_;_nop_;
}
void display(){                /*转换成十进制数并显示*/
    P1=0x01;P2=num[a/100]; delay();P2=0x00;
    P1=0x02;P2=num[(a%100)/10];delay();P2=0x00;
    P1=0x04;P2=num[a%10]; delay();P2=0x00;
}
void main(){
    uchar i;
    for(;;){
        dout=1;
        cs=1;
        ioclk=0;               /*时钟为低*/
        cs=0;                  /*选中 TLC549*/
        read();                /*开始读数据,但结果为上一次的结果*/
        cs=1;
        for(i=0;i<2;i++);      /*延时,完成转换过程*/
        cs=0;                  /*CS为低,准备读入本次转换的数据*/
        read();
        cs=1;                  /*CS为高,完成转换*/
        for(i=0;i<100;i++)
            display();         /*显示转换结果*/
}}
```

上面 display() 函数中的 P2=0x00 是为了消除显示变换时的拖尾(余辉)。

自编程序并调试通过:①使 TLC549 采样的直流电压对应的数字量显示在数码管上;②使 TLC549 采样的直流电压值以毫伏为单位显示在数码管上。

*实验 10　电子广告显示屏控制实验

1. 实验目的

掌握单片机控制电子广告显示屏的编程方法。

2. 实验设备

ISP 单片机实验板及电子显示屏。

3. 电子广告屏显示原理

电子广告屏由数个发光二极管(LED)组成,市售的模块按 LED 的排列有 5×7,5×8,8×8 等几种类型。为方便安装,将若干个 LED 组合在一个模块上,若干个模块再组成大屏幕。

如图 13-46 所示为一个共阳极 8×8 的单色 LED 点阵模块 LG12088B 的内部电路图及点阵中的 LED 所在的行、列号及控制引脚。图中,LED 排列成点阵的形式,同一行的 LED 阴极连在一起,同一列的阳极连在一起,仅当阳极和阴极的电压被加上,使 LED 为正偏时,LED 才发亮。本实验的电子广告显示屏采用 4 个 8×8 LED 点阵构成 16×16 点阵屏,可以显示一个汉字,通过循环轮流显示,可以完成任意多个汉字组成的广告词显示。

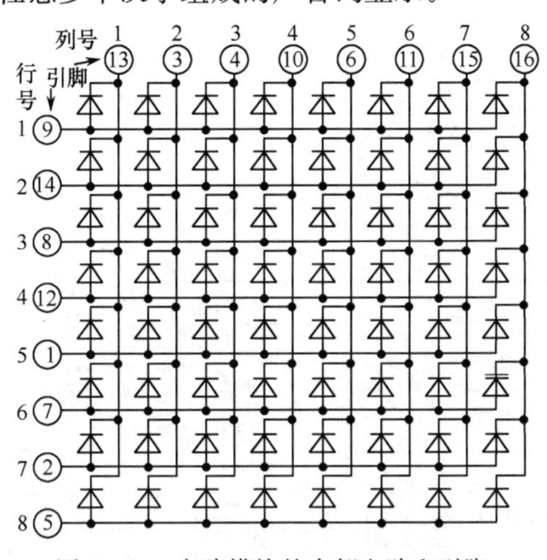

图 13-46　点阵模块的内部电路和引脚

LED 点亮的方法可以按行顺序点亮(行扫描法),也可以按列顺序点亮(列扫描法)。如果采用行扫描法,扫描的顺序为左块第一行亮,右块第一行亮,然后左块第二行亮,右块第二行亮……,如"欢"字的行扫描码对应于图 13-47 中的横向扫描码,顺序输出的扫描码为 00 80 00 80 FC 80 04 FC……。对一行而言,有多个 LED 同时发亮,而对于列而言,一列只一个亮点,因此行驱动能力要大一些。如果采用列扫描法,扫描的顺序为上块第一列亮,下块第一列亮,然后上块第二列亮,下块第二列亮……。对于行而言,一行只一个亮点,而对一列而言,有多个 LED 同时发亮。如"欢"字的列扫描码对应于图 13-47 中的竖向扫描码,顺序输出的扫描码应为 20 08 2C 10 23 60……。

一个 16×16 的汉字点阵信息(字模编码)需占 32 字节,按照扫描顺序排列,存放于字模编码表(数组)中。行选轮流选通,列选查表输出,或者列选轮流选通,行选查表输出,根据行扫还是列扫决定。一个字循环扫描多次,就能看到稳定的汉字。

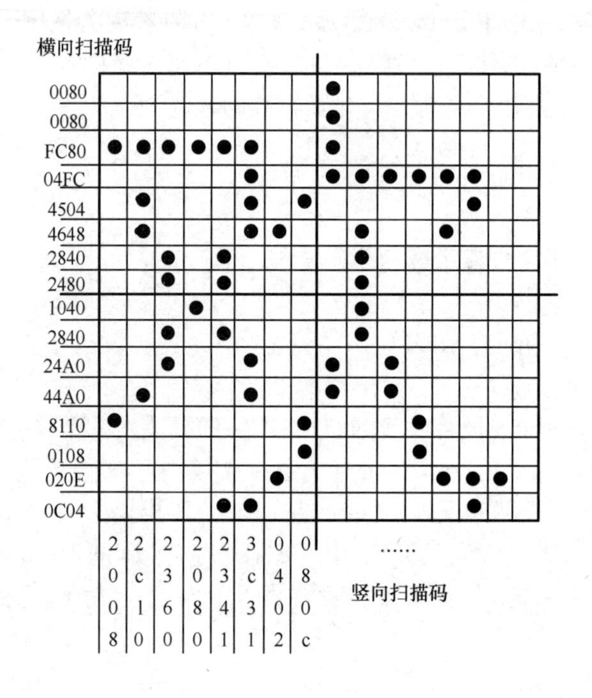

图 13-47 “欢”的汉字字模编码

4. 广告显示屏电路及与 ISP 实验板的连线

广告显示屏电路及与 ISP 实验板的连线如图 13-48 所示。

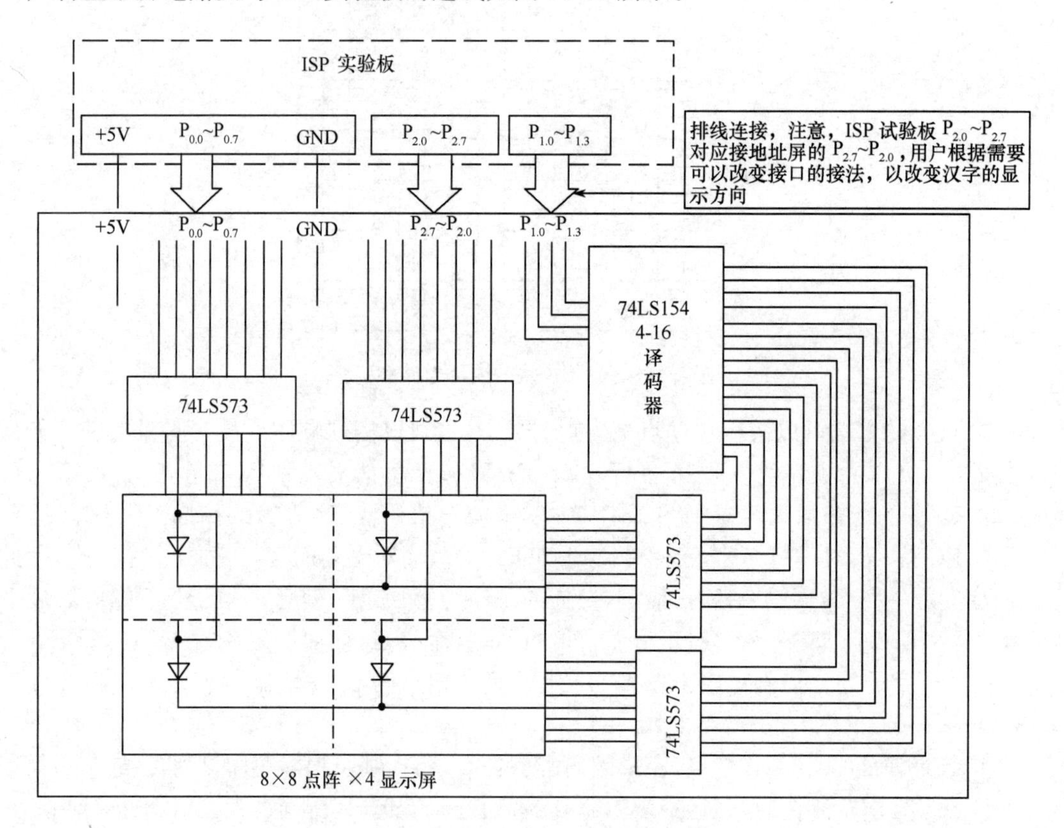

图 13-48 单片机显示系统硬件电路框图

16×16点阵的显示屏，总共有16根行线和16根列线，256个发光二极管。一个LED亮需10～20mA的电流，因此单片机通过外加驱动电路74LS573点亮发光二极管。由于单片机的并行口具有锁存功能，因此，74LS573工作于直通状态，只起驱动作用。

电路的连接方式为P_0，P_2口的8位分别与74LS573(8位锁存器)输入端连接，74LS573的输出分别与点阵的列线相连. P_1口的低4位与74LS154(4-16线译码器)连接，74LS154的16位输出与点阵的行线相连。

需要说明的是：

①显示屏和单片机并口的接法是可以由用户自行安排的，图13-48是与下面提供的程序相配套的；

②如果平时不用显示屏，显示屏不接到ISP实验板上。

5. 程序实例

(1)实验程序1

输入下面程序，分析程序，并烧录进单片机后显示现象。

```
#include<reg51.h>
  delay1(){                          /*延时*/
    unsigned int i;
    for(i=0;i<=10000;i++);
  }
main(){
char m,n;
  P0=0x80; P2=0; delay1();
for(;;)
  {
    for(j=0;j<=15;j++)          /*行译码,使74LS154分别选第1~16行*/
      { P1=j; delay1();
        P0=0x80;   delay1();
          for(m=0;m<=7;m++)
          {P0>>=1;delay1();          /*左块点亮*/
          }
        P2=0x01; delay1();
          for(m=0;m<=7;m++)
          {P2<<=1;delay1();          /*右块点亮*/
  }}}}
```

自编程序：修改程序改变扫描方向(将行扫描改为列扫描或将列扫描改为行扫描)。

(2)实验程序2

显示"欢迎光临"的实例程序如下：

```
#include<reg51.h>
unsigned int i,j,z;
/*字模欢迎光临*/
unsigned char code tab0[]={ 0x00,0x80,0x00,0x80,0xfc,0x80,0x04,0xfc,
                            0x45,0x04,0x46,0x48,0x28,0x40,0x28,0x40
                            0x40,0x24,0x10,0x40,0x28,0xA0,0x44,0xA0,
                            0x81,0x10,0x01,0x08,0x02,0x0e,0x0c,0x04,
```

```
                    0x00,0x00,0x41,0x84,0x26,0x7e,0x14,0x44,
                    0x04,0x44,0x04,0x44,0xF4,0x44,0x14,0xc4,
                    0x15,0x44,0x16,0x54,0x14,0x48,0x10,0x40,
                    0x10,0x40,0x28,0x46,0x47,0xfc,0x00,0x00,

                    0x01,0x00,0x21,0x08,0x11,0x0c,0x09,0x10,
                    0x09,0x20,0x01,0x04,0xff,0xfe,0x04,0x40,
                    0x04,0x40,0x04,0x40,0x04,0x40,0x08,0x40,
                    0x08,0x42,0x10,0x42,0x20,0x3e,0x40,0x00,

                    0x10,0x80,0x10,0x80,0x51,0x04,0x51,0xfe,
                    0x52,0x00,0x54,0x80,0x58,0x60,0x50,0x24,
                    0x57,0xfe,0x54,0x44,0x54,0x44,0x54,0x44,
                    0x54,0x44,0x14,0x44,0x17,0xfc,0x14,0x04}
delay1(){                   //延时
unsigned int k;
for(k=0;k<=52;k++){
TMOD=0x01;
TH0=-(50000)/256;
TL0=-(50000)%256;
TR0=1;}}

main(){                           /*主函数*/
  for(;;){
      for(i=0;i<=159;){
         for(z=0;z<=100;z++){
            if((i==32)&&(z<=99))i=0;
            if((i==64)&&(z<=99))i=32;
            if((i==96)&&(z<=99))i=64;
            if((i==128)&&(z<=99))i=96;
            for(j=0;j<=15;j++){
                P1=j;                    /*送译码器,16行逐行扫描 */
                P0=tab0[i];              /*送左边字模数据*/
                P2=tab0[++i];            /*送右边字模数据*/
                delay1();                /*延时*/
                P2=0x00;                 /*清屏,消除拖尾*/
                P0=0x00;
                ++i;
      }}}}}
```

(3)自编程序

利用本实验板提供的汉字字模提取软件在电子显示屏上显示你的名字。

用户可以设计不同的显示风格,或横向扫描显示或纵向扫描显示,或跑马显示,或者和 PC 串行通信,由 PC 输入汉字即刻进行显示等。

* 实验 11　液晶显示器显示控制实验

1. 实验目的

掌握单片机控制液晶显示屏的编程方法。

2. 实验设备

ISP 单片机实验板及液晶显示屏。

3. 液晶显示器的显示原理

液晶显示器以其微功耗、体积小、显示内容丰富、超薄轻巧的诸多优点，在袖珍式仪表和低功耗应用系统中得到越来越广泛的应用。用 5×7 点阵图形来显示字符的液晶显示器，显示的容量可以分为 1 行 16 个字、2 行 16 个字、2 行 20 个字等，下面以常用的 2 行 16 个字的 1602/1620 液晶模块来介绍它的编程方法。

1602/1620 液晶模块内部的字符发生存储器(CGROM)已经存储了 160 个不同的点阵字符图形，如表 13-9 所示。每一个字符都有一个固定的代码，比如大写的英文字母“A”的代码是 01000001B(41H)，显示时把 41H 写入显示数据存储器 DDRAM，就能显示相应的点阵字符图形“A”。

表 13-9　CGROM 和 CGRAM 中字符代码与字符图形对应关系

高位 / 低位	0000	0010	0011	0100	0101	0110	0111	1010	1011	1100	1101	1110	1111
××××0000	CGRAM (1)		0	a	P	\	p		一	タ	三	a	P
××××0001	(2)	!	1	A	Q	a	q	ロ	ア	チ	ム	ä	q
××××0010	(3)	″	2	B	R	b	r	r	イ	川	メ	β	θ
××××0011	(4)	#	3	C	S	c	s	J	ウ	テ	モ	ε	∞
××××0100	(5)	$	4	D	T	d	t	\	エ	ト	ヒ	μ	Ω
××××0101	(6)	%	5	E	U	e	u	ロ	オ	ナ	ュ	B	0
××××0110	(7)	&	6	F	V	f	v	テ	カ	二	ョ	P	Σ
××××0111	(8)	>	7	G	W	g	w	ア	キ	ヌ	ラ	g	π
××××1000	(1)	(	8	H	X	h	x	イ	ク	ネ	リ	∫	X
××××1001	(2)	)	9	I	Y	i	y	ゥ	ケ	J	ル	−1	y
××××1010	(3)	*	:	J	Z	j	z	ェ	コ	リ	レ	j	千
××××1011	(4)	+	:	K	[	k	{	オ	サ	ヒ	ロ	x	万
××××1100	(5)	ワ	<	L	¥	1	|	セ	シ	フ	ワ	φ	⋒
××××1101	(6)	—	=	M	]	m	}	ュ	ス	╲	ソ	モ	+
××××1110	(7)	.	>	N	^	n	—	ョ	セ	ホ	ハ	$\bar{n}$	
××××1111	(8)	/	?	O	—	o	←	ッ	ソ	マ	ロ	Ö	

但是字符图形“A”显示在屏幕的什么位置上是由 DDRAM 的地址来决定的，字符显示的位置是与存放它代码的 DDRAM 地址一一对应的，见表 13-10。例如，在第二行第一个位置显示字符“A”，“A”的代码 41H 应写入地址是 40H 的 DDRAM 中。

表 13-10　双行显示时 DDRAM 和显示位置的对应关系

1	2	3	4	5	6	7	8	9	10	11	12	13	14	15	16	
00	01	02	03	04	05	06	07	08	09	0A	0B	0C	0D	0E	0F	第一行
40	41	42	43	44	45	46	47	48	49	4A	4B	4C	4D	4E	4F	第二行

对液晶显示器的屏幕、光标、读、写控制是通过指令进行的，在执行每条指令之前，还必须确认模块的忙标志是否为 0(不忙)，否则此指令无效。表 13-11 是它的指令表。

表 13-11　指令表

指　　令	RS	R/W	D7	D6	D5	D4	D3	D2	D1	D0
清显示	0	0	0	0	0	0	0	0	0	1
光标返回	0	0	0	0	0	0	0	0	1	*
置输入模式	0	0	0	0	0	0	0	1	I/D	S
显示开/关控制	0	0	0	0	0	0	1	D	C	B
光标或字符移位	0	0	0	0	0	1	S/C	R/L	*	*
置功能	0	0	0	0	1	DL	N	F	*	*
置字符发生存储器地址	0	0	0	1	字符发生存储器地址(AGG)					
置数据存储器地址	0	0	1	显示数据存储器地址(ADD)						
读忙标志和光标	0	1	BF	计数器地址(AC)						
写数到 CGRAM 或 DDRAM	1	0	要写的数							
从 CGRAM 或 DDRAM 读数	1	1	读出的数据							

指令 1：清显示，指令码 01H，光标复位到地址 00H 位置。

指令 2：光标复位，光标返回到地址 00H。

指令 3：光标和显示模式设置。

I/D：光标移动方向，I/D=1 右移，I/D=0 左移。

S：屏幕上所有文字是否左移或者右移。S=1 移动，S=0 不移动。

指令 4：显示开关控制。

D：控制整体显示的开与关，D=1 开显示，D=0 关显示。

C：控制光标的开与关，C=1 有光标，C=0 无光标。

B：控制光标是否闪烁，B=1 闪烁，B=0 不闪烁。

指令 5：光标或字符移位。

S/C=1 移动显示的文字，S/C=0 移动光标。

R/L=1 向右移，R/L=0 向左移。

指令 6：功能设置命令。

DL：DL=1 数据长度为 4 位，DL=0 数据长度为 8 位。

N：N=1 双行显示，N=0 单行显示。

F：F=1 显示 5×10 的点阵字符，F=0 显示 5×7 的点阵字符。

指令 7：字符发生器 CGRAM 地址设置。

指令 8：DDRAM 地址设置。

指令 9：读忙信号和光标地址。

BF：忙标志位。BF= 1 表示忙，模块内部操作，此时不能接收命令或数据；BF=0 表示不忙，可以接收命令或者数据。

指令 10：写数据。

指令 11:读数据。

例如,将“A”的代码写入地址 40H 采用指令 8,为 11000000B,即 80H+40H。

4. 液晶显示器实验电路

GDM1602 为 16×2 字符型液晶显示器,和 ISP 实验板的连线如图 13-49 所示。其中,P_2 口输出显示数据,$P_{1.0}$、$P_{1.1}$、$P_{1.2}$分别为控制线 RS、R/W、E。在 GDM1602 中,BL1 接 V_{DD},BL2 接 GND 以产生背光。调节电位器 R_P,VO 发生变化,使显示字符清晰可见(参考电压 VO 为 0.5V 左右)。调节电位器 R_P 和板上 A/D 转换器 TCL549 的产生模拟电压的电位器公用,只需要拔掉 J7 短接块将接 VO 的线插在 J7 的 N 点上即可,其他通过排线连接。

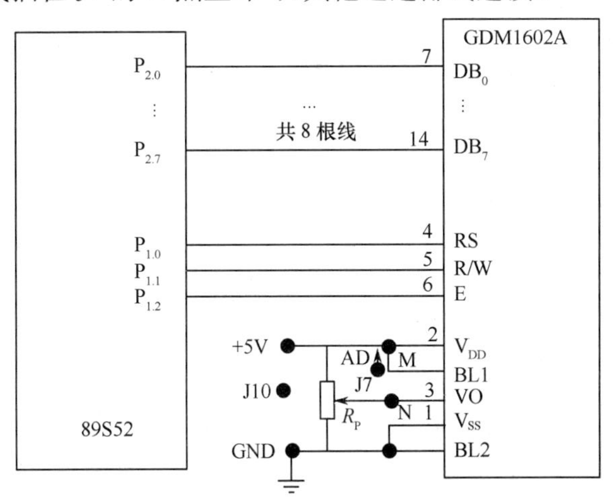

图 13-49 液晶显示器单片机的接口电路

GDM1602 引脚信号:

1	2	3	4	5	6	7	8	9	10	11	12	13	14	15	16
V_{SS}	V_{DD}	VO	RS	R/W	E	DB_0	DB_1	DB_2	DB_3	DB_4	DB_5	DB_6	DB_7	BL1	BL2

1 脚 V_{SS}:接地。

2 脚 V_{DD}:接+5V 电源。

3 脚 VO:对比度调整端,LCD 驱动电压范围为 V_{DD}~VO。当 VO 接地时,对比度最强。

4 脚 RS:寄存器选择端,RS 为 0 时,选择命令寄存器 IR;RS 为 1 时,选择数据寄存器 DR。

5 脚 R/W:读写控制端,为 1 时,选择读出;为 0 时,则选择写入。

6 脚 E:使能(Enable)控制端,E 为 1 时,使能;E 为 0,禁止。

7 脚~14 脚 DB_0~DB_7:数据总线。

15 脚 BL1:背景光源,接+5V。

16 脚 BL2:背景光源,接地。

液晶显示模块指令集请参见使用手册和相关书籍。

5. 编程实例

写每条指令的要点是:置 RS=0 和 R/W=1(读)的电平,置 E=1(使能),读状态 BF,如果 BF=0,用语句置表中要写的指令的 RS 和 R/W 的电平,输出指令,置 E=0。因此,可以将它们编成子程序。汇编子程序如下:

```
CMD       EQU     20H                ;指令寄存器
DAT       EQU     21H                ;数据寄存器
BIT_RS    EQU     P1.0               ;RS 信号
BIT_RW    EQU     P1.1               ;R/W 信号
```

```
    BIT_E       EQU   P1.2                ;E使能信号
```

(1)读 BF 的值

```
    RD_BFnAC: PUSH   ACC
              SETB   BIT_RW               ;读 R/W=1
              CLR   BIT_RS                ;指令 RS=0
              SETB   BIT_E                ;保留 E=1
              LCALL   DELAY
              MOV   P2,#0FFH
              MOV   A,P2
              MOV   CMD,A
              CLR   BIT_E                 ;结束
              POP   ACC
              RET
```

(2)写指令代码子程序

```
    WR_CMD:   PUSH   ACC
    BUSY1:    SETB   BIT_RW               ;读 R/W=1
              CLR   BIT_RS                ;指令 RS=0
              SETB   BIT_E                ;使能 E=1
              LCALL   DELAY
              MOV   P2,#0FFH
              MOV   A,P2
              CLR   BIT_E                 ;读取
              JB   ACC.7,BUSY1            ;判 BF=0? 是,继续
              CLR   BIT_RW                ;写
              CLR   BIT_RS                ;指令
              MOV   A,CMD
              MOV   P2,A
              SETB   BIT_E
              LCALL   DELAY
              CLR   BIT_E                 ;结束!
              POP   ACC
              RET
```

(3)写显示数据子程序

```
    WR_DATA:  PUSH   ACC
    BUSY2:    SETB   BIT_RW               ;读
              CLR   BIT_RS                ;指令
              SETB   BIT_E                ;使能
              LCALL   DELAY
              MOV   P2,#0FFH
              MOV   A,P2
              CLR   BIT_E                 ;结束
              JB   ACC.7,BUSY2            ;判 BF=0? 是,继续
              CLR   BIT_RW                ;写
              SETB   BIT_RS               ;数据
              MOV   A,DAT
              MOV   P2,A
```

```
        SETB  BIT_E
        LCALL  DELAY
        CLR  BIT_E              ;完成
        POP  ACC
        RET
```

(4)读显示数据子程序

```
RD_DATA: PUSH  ACC
        SETB  BIT_RW            ;读
        SETB  BIT_RS            ;数据
        SETB  BIT_E             ;使能
        LCALL  DELAY
        MOV  P2,#0FFH
        MOV  A,P2
        MOV  DAT,A
        CLR  BIT_E              ;读取
        POP  ACC
        RET
```

6. 应用程序

依据液晶显示模块 TS16021 及 MCU AT89S52 编写的应用程序如下：

```
MAIN:LCALL  INI
     MOV  CMD,#80H        ;设置 DDRAM 地址为 0
     LCALL  WR_CMD
     MOV  DPTR,#TAB       ;将表 TAB 中的 12 个字写入 DDRAM
     MOV  R2,#12
     MOV  R3,#00H
WRIN:MOV  A,R3
     MOVC  A,@A+DPTR
     MOV  DAT,A
     LCALL  WR_DATA
     LCALL  DELAY
     INC  R3
     DJNZ  R2,WRIN
     MOV  CMD,#80H        ;读取 DDRAM 中的第一个数据
     LCALL  WR_CMD
     LCALL  RD_DATA       ;将读取的数据在指定位置显示

     MOV  CMD,#0C0H       ;两行显示,第二行第一个位置
     LCALL  WR_CMD
     LCALL  WR_DATA
     SJMP  $
INI: MOV  CMD,#38H        ;初始化程序
     LCALL  WR_CMD        ;依照 LCD 要求,初始化命令写 3 次
     MOV  CMD,#38H
     LCALL  WR_CMD
     MOV  CMD,#38H
     LCALL  WR_CMD
```

```
        MOV   CMD,#38H       ;8位数据接口,两行显示5×7点阵字符
        LCALL  WR_CMD
        MOV   CMD,#01H       ;清DDRAM和AC
        LCALL  WR_CMD
        MOV   CMD,#06H       ;数据读写操作后,AC自动增1,画面不动
        LCALL  WR_CMD
        MOV   CMD,#0FH       ;显示、光标、闪烁都开
        LCALL  WR_CMD
        RET
;延时子程序
DELAY:MOV   R4,#0
LOP:    NOP
        NOP
        DJNZ   R4,LOP
        RET
TAB:    DB   48H,55H,53H,54H,20H,20H  ; HUST
        DB   45H,45H,49H,43H,53H,54H  ; EEICST
        END
```

13.6 课程设计选题

(1) 制作一个5人抢答器,无人抢答时,5只灯循环亮,谁先按下,相对应的灯亮起,同时扬声器发声。

(2) 设计一个十字路口的红、绿、黄交通灯控制系统,对南北、东西来往的车辆进行指挥。

(3) 制作一个音乐盒,使接通电源即能响“祝你生日快乐”乐曲。

(4) 设计一个音乐盒,拨动实验板上不同键,奏出不同的乐曲。

(5) 设计一个电子数字钟,使其:①具有交替显示年、月、日(有闰年和平年之分)和显示时、分、秒的功能;②具备时间校准功能;③具备设定闹钟和定时闹钟响功能。

(6) 设计一个电子数字钟,除了具备上述功能外,还具有准点报时、生日提醒等功能。

(7) 制作一个波形发生器,产生单极性、幅度可调、周期可调的方波、锯齿波、三角波、正弦波信号,不同的波形用不同的符号显示在一个LED上,用4个LED显示幅值和频率。

(8) 题目同上,要求幅值可调、频率可调(可以跳跃式分级调节)。

(9) 用串行A/D芯片采集波形,在LED上显示采样的瞬时值、平均值、峰值(用拨键选择显示方式)。

(10) 将采样的数据串行传送到PC,在PC屏幕上显示瞬时值、平均值、峰值。

(11) 题目同上,要求在PC屏幕上显示波形,要求有坐标和刻度。

(12) 充分利用实验板上的资源,完成波形发生、采集,传送到PC,并在PC屏幕上显示波形信号。

(13) 制作一个I^2C编程器,将磁盘上的数据写入24C04,并在数码管上用不同的字母表示正在进行的读、写、校验过程,如果校验无误,数码管显示“good”字样。

(14) 自己创新选题,在充分利用实验板上资源的基础上,扩展一部分硬件,构成一个综合应用系统。

附录A　51单片机指令表

十六进制机器码	助 记 符	功 能	对标志影响				字节数	周期数
			P	OV	AC	CY		
算术运算指令(√影响标志,×不影响标志)								
28～2F	ADD A,Rn	A+Rn→A	√	√	√	√	1	1
25 direct	ADD A,direct	A+(direct)→A	√	√	√	√	2	1
26,27	ADD A,@Ri	A+(Ri)→A	√	√	√	√	1	1
24 data	ADD A,#data	A+data→A	√	√	√	√	2	1
38～3F	ADDC A,Rn	A+Rn+CY→A	√	√	√	√	1	1
35 direct	ADDC A,direct	A+(direct)+CY→A	√	√	√	√	2	1
36,37	ADDC A,@Ri	A+(Ri)+CY→A	√	√	√	√	1	1
34 data	ADDC A,#data	A+data+CY→A	√	√	√	√	2	1
98～9F	SUBB A,Rn	A−Rn−CY→A	√	√	√	√	1	1
95 direct	SUBB A,direct	A−(direct)−CY→A	√	√	√	√	2	1
96,97	SUBB A,@Ri	A−(Ri)→CY→A	√	√	√	√	1	1
94 data	SUBB A,#data	A−data−CY→A	√	√	√	√	2	1
04	INC A	A+1→A	√	×	×	×	1	1
08～0F	INC Rn	Rn+1→Rn	×	×	×	×	1	1
05 direct	INC direct	(direct)+1→(direct)	×	×	×	×	2	1
06,07	INC Ri	(Ri)+1→(Ri)	×	×	×	×	1	1
A3	INC DPTR	DPTR+1→DPTR	×	×	×	×	1	2
14	DEC A	A−1→A	√	×	×	×	1	1
18～1F	DEC Rn	Rn−1→Rn	×	×	×	×	1	1
15 direct	DEC direct	(direct)−1→(direct)	×	×	×	×	2	1
16,17	DEC Ri	(Ri)−1→(Ri)	×	×	×	×	1	1
A4	MUL AB	A*B→BA	√	√	×	0	1	4
84	DIV AB	A/B→A…B	√	√	×	0	1	4
D4	DA A	对A进行十进制调整	√	×	√	√	1	1
逻 辑 运 算 指 令								
58～5F	ANL A,Rn	A∧Rn→A	√	×	×	×	1	1
55 direct	ANL A,direct	A∧(direct)→A	√	×	×	×	2	1
56,57	ANL A,@Ri	A∧(Ri)→A	√	×	×	×	1	1
54 data	ANL A,#data	A∧data→A	√	×	×	×	2	1
52 direct	ANL direct,A	(direct)∧A→(direct)	×	×	×	×	2	1
53 direct data	ANL direct,#data	(direct)∧data→(direct)	×	×	×	×	3	2

(续表)

十六进制机器码	助记符	功能	对标志影响				字节数	周期数
			P	OV	AC	CY		
48～4F	ORL A,Rn	A∨Rn→A	√	×	×	×	1	1
45 direct	ORL A,direct	A∨(direct)→A	√	×	×	×	2	1
46,47	ORL A,@Ri	A∨(Ri)→A	√	×	×	×	1	1
44 data	ORL A,#data	A∨data→A	√	×	×	×	2	1
42 direct	ORL direct,A	(direct)∨A→(direct)	×	×	×	×	2	1
43 direct data	ORL direct,#data	(direct)∨data→(direct)	×	×	×	×	3	2
68～6F	XRL A,Rn	A⊕Rn→A	√	×	×	×	1	1
65 direct	XRL A,direct	A⊕(direct)→A	√	×	×	×	2	1
66,67	XRL A,@Ri	A⊕(Ri)→A	√	×	×	×	1	1
64,data	XRL A,#data	A⊕data→A	√	×	×	×	2	1
62 direct	XRL direct,A	(direct)⊕A→(direct)	×	×	×	×	2	1
63 direct data	XRL direct,#data	(direct)⊕data→(direct)	×	×	×	×	3	2
E4	CLR A	0→A	√	×	×	×	1	1
F4	CPL A	$\overline{A}$→A	×	×	×	×	1	1
23	RL A	A循环左移一位	×	×	×	×	1	1
33	RLC A	A带进位循环左移一位	√	×	×	×	1	1
03	RR A	A循环右移一位	×	×	×	×	1	1
13	RRC A	A带进位循环右移一位	√	×	×	×	1	1
C4	SWAP A	A半字节交换	×	×	×	×	1	1
		数据传送指令						
E8～EF	MOV A,Rn	Rn→A	√	×	×	×	1	1
E5 direct	MOV A,direct	(direct)→A	√	×	×	×	2	1
E6,E7	MOV A,@Ri	(Ri)→A	√	×	×	×	1	1
74 data	MOV A,#data	data→A	√	×	×	×	2	1
F8～FF	MOV Rn,A	A→Rn	×	×	×	×	1	1
A8～AF direct	MOV Rn,direct	(direct)→Rn	×	×	×	×	2	2
78～7F data	MOV Rn,#data	(data)→Rn	×	×	×	×	2	1
F5 direct	MOV direct,A	A→(direct)	×	×	×	×	2	1
88～8F direct	MOV direct,Rn	Rn→(direct)	×	×	×	×	2	2
85 direct2 direct1	MOV direct1,direct2	(direct2)→(direct1)	×	×	×	×	3	2
86,87 direct	MOV direct,@Ri	(Ri)→(direct)	×	×	×	×	2	2
75 direct data	MOV direct,#data	data→(direct)	×	×	×	×	3	2
F6,F7	MOV @Ri,A	A→(Ri)	×	×	×	×	1	1
A6,A7 direct	MOV @Ri,direct	(direct)→(Ri)	×	×	×	×	2	2

(续表)

十六进制机器码	助 记 符	功 能	对标志影响				字节数	周期数
			P	OV	AC	CY		
76,77 data	MOV @Ri,#data	data→(Ri)	×	×	×	×	2	1
90 data 16	MOV DPTR,#data16	data16→DPTR	×	×	×	×	3	2
93	MOVC A,@A+DPTR	(A+DPTR)→A	√	×	×	×	1	2
83	MOVC A,@A+PC	PC+1→PC,(A+PC)→A	√	×	×	×	1	2
E2,E3	MOVX A,@Ri	(Ri)→A	√	×	×	×	1	2
E0	MOVX A,@DPTR	(DPTR)→A	√	×	×	×	1	2
F2,F3	MOVX @Ri,A	A→(Ri)	×	×	×	×	1	2
F0	MOVX @DPTR,A	A→(DPTR)	×	×	×	×	1	2
C0 direct	PUSH direct	SP+1→SP,(direct)→SP	×	×	×	×	2	2
D0 direct	POP direct	(SP)→(direct),SP−1→SP	×	×	×	×	2	2
C8～CF	XCH A,Rn	A←→Rn	√	×	×	×	1	1
C5 direct	XCH A,direct	A←→(direct)	√	×	×	×	2	1
C6,C7	XCH A,@Ri	A←→(Ri)	√	×	×	×	1	1
D6,D7	XCHD A,@Ri	$A_{0\sim3}$←→$(Ri)_{0\sim3}$	√	×	×	×	1	1
C3	CLR C	0→CY	×	×	×	√	1	1
C2 bit	CLR bit	0→bit	×	×	×		2	1
D3	SETB C	1→CY	×	×	×	√	1	1
D2 bit	SETB bit	1→bit	×	×	×		2	1
B3	CPL C	$\overline{CY}$→CY	×	×	×	√	1	1
B2 bit	CPL bit	$\overline{bit}$→bit	×	×	×		2	1
82 bit	ANL C,bit	CY∧bit→CY	×	×	×	√	2	2
B0 bit	ANL C,/bit	CY∧$\overline{bit}$→CY	×	×	×	√	2	2
72 bit	ORL C,bit	CY∨bit→CY	×	×	×	√	2	2
A0 bit	ORL C,/bit	CY∨$\overline{bit}$→CY	×	×	×	√	2	2
A2 bit	MOV C,bit	bit→CY	×	×	×	√	2	1
92 bit	MOV bit,C	CY→bit	×	×	×	×	2	2
		控 制 转 移 指 令						
*1	ACALL addrll	PC+2→PC,SP+1→SP,PC_L→(SP),SP+1→SP,PC_H→(SP),addr11→$PC_{10\sim0}$,	×	×	×	×	2	2
12 addr 16	LCALL addr16	PC+3→PC,SP+1→SP,PC_L→(SP),SP+1→SP,PC_H→(SP),addr16→PC	×	×	×	×	3	2
22	RET	(SP)→PC_H,SP−1→SP,(SP)→PC_L,SP−1→SP 从子程序返回 (SP)→PC_H,	×	×	×	×	1	2

（续表）

十六进制机器码	助 记 符	功　　能	对标志影响				字节数	周期数
			P	OV	AC	CY		
位 操 作 指 令								
		SP−1→SP						
32	RETI	(SP)→PC_L，SP−1→SP，从中断返回	×	×	×	×	1	2
*2	AJMP addr 11	PC+2→PC，addr11→$PC_{10\sim0}$	×	×	×	×	2	2
02 addr 16	LJMP addr 16	addr 16→PC	×	×	×	×	3	2
80 rel	SJMP rel	PC+2→PC，PC+rel→PC	×	×	×	×	2	2
73	JMP @A+DPTR	A+DPTR→PC	×	×	×	×	1	2
60 rel	JZ rel	PC+2→PC，若 A=0，PC+rel→PC	×	×	×	×	2	2
70 rel	JNZ rel	PC+2→PC，若 A 不等于 0，则	×	×	×	×	2	2
		PC+rel→PC						
40 rel	JC rel	PC+2→PC，若 CY=1，则 PC+rel→PC	×	×	×	×	2	2
50 rel	JNC rel	PC+2→PC，若 CY=0，则 PC+rel→PC	×	×	×	×	2	2
20 bit rel	JB bit，rel	PC+3→PC，若 bit=1，则 PC+rel→PC	×	×	×	×	3	2
30 bit rel	JNB bit，rel	PC+3→PC，若 bit=0，则 PC+rel→PC	×	×	×	×	3	2
10 bit rel	JBC bit，rel	PC+3→PC，若 bit=1，则 0→bit，					3	2
		PC+rel→PC						
B5 direct rel	CJNE A，direct，rel	PC+3→PC，若 A 不等于(direct)，则	×	×	×	√	3	2
		PC+rel→PC，若 A<(direct)，则 1→CY						
B4 data rel	CJNE A，#data，rel	PC+3→PC，若 A 不等于 data，则	×	×	×	√	3	2
		PC+rel→PC，若 A 小于 data，则 1→CY						
B8～BF data rel	CJNE Rn，#data，rel	PC+3→PC，若 Rn 不等于 data，则	×	×	×	√	3	2
		PC+rel→PC，若 Rn 小于 data，则 1→CY						
B6～B7 data rel	CJNE @Ri，#data，rel	PC+3→PC，若 Ri 不等于 data，则	×	×	×	√	3	2
		PC+rel→PC，若 Ri 小于 data，则 1→CY						
D8～DF rel	DJNZ Rn，rel	Rn−1→Rn，PC+2→PC，若 Rn 不等	×	×	×	×	2	2
		于 0，则 PC+rel→PC						
D5 direct rel	DJNZ direct，rel	PC+2→PC，(direct)−1→(direct)	×	×	×	×	3	2
		若(direct)不等于 0，则 PC+rel→PC						
00	NOP	空操作	×	×	×	×	1	1

*(1) $a_{10}a_9a_8 10001 a_7a_6a_5a_4a_3a_2a_1a_0$，其中 $a_{10}\sim a_0$ 为 $addr_{11}$ 各位

*(2) $a_{10}a_9a_8 00001 a_7a_6a_5a_4a_3a_2a_1a_0$

附录 B　C51 的库函数

C51 软件包的库包含标准的应用程序，每个函数都在相应的头文件(. h)中有原型声明。如果使用库函数，必须在源程序中用预编译指令定义与该函数相关的头文件(包括该函数的原型声明)。例如：

＃include〈stdio. h〉

＃include〈ctype. h〉

如果省掉头文件，编译器则期望标准的 C 参数类型，从而不能保证函数的正确执行。C51 库函数的分类总表见附表 B-1，各函数的返回值及参数要求可以打开头文件查阅。

附表 B-1　C51 库函数

分类文件	函　　数	特　　性	功　　能
字符函数	isalpha	重入	用于检测字符、转换字符
CTYPE. H	isalnum	重入	(如大、小写转换)等
	iscntrl	重入	
	isdigit	重入	
	isgraph	重入	
	isprint	重入	
	ispunct	重入	
	islower	重入	
	isupper	重入	
	ispace	重入	
	isxdigit	重入	
	toascii	重入	
	toint	重入	
	tolower	重入	
	_ tolower	重入	
	toupper	重入	
	_ toupper	重入	
一般 I/O 函数	_ getkey	重入	用于串行口操作，操作前
STDIO. H	getchar	重入	需先对串行口初始化
	gets	非重入	
	ungetchar	重入	
	putchar	重入	
	printf	重入	
	sprintf	重入	
	puts	重入	
	scanf	重入	
	sscanf	重入	

(续表)

分类文件	函　数	特　性	功　能
串函数 STRING. H	memchr	重入	用于字符串操作，如串搜索、串比较、串复制、确定串长度等
	memcmp	重入	
	memcpy	重入	
	memccpy	非重入	
	memmove	重入	
	memset	重入	
	strcat	非重入	
	strncat	重入	
	strcmp	重入	
	strncmp	非重入	
	strcpy	重入	
	strncpy	非重入	
	strlen	重入	
	strchr	重入	
	strpos	重入	
	strrch	重入	
	strrpos	重入	
	strspn	非重入	
	strcspn	非重入	
	strpbrk	非重入	
	strrpbrk	非重入	
标准函数 STDLIB. H	atof	非重入	将字符型参数转换成浮点型、长型或整型，产生随机数
	atol	非重入	
	atoi	非重入	
	rand	重入	
	srand	非重入	
数学函数 MATH. H	abs	重入	完成数学运算(求绝对值、指数、对数、平方根、三角函数、双曲函数等)
	cabs	重入	
	fabs	重入	
	labs	重入	
	exp	非重入	
	log	非重入	
	log10	非重入	
	sqrt	非重入	
	cos	非重入	
	sin	非重入	
	tan	非重入	
	acos	非重入	
	asin	非重入	
	atan	非重入	
	atan2	非重入	
	cosh	非重入	

（续表）

分类文件	函　数	特　性	功　能
	sinh tanh fpsave fprestor	非重入 非重入 重入 重入	
绝对地址访问 ABSACC. H	CBYTE DBYTE PBYTE XBYTE CWORD DWORD PWORD XWORD	重入 重入 重入 重入 重入 重入 重入 重入	对不同的存储空间作为字节(或字)的绝对地址访问
内部函数 INTRINS. H	_ crol _ _ cror _ _ irol _ _ iror _ _ lrol _ _ lror _ _ nop _ _ testbit _	重入 重入 重入 重入 重入 重入 重入 重入	对应于汇编语言的循环移位指令 RR A(r)和 RL A(l)，不同的是对不同类型的参数可以移 *N* 位，第一个字母表示参数类型(C—字符型，i—整型，L—长整型) nop 对应于汇编 NOP test 对应于汇编 JBC
变量参数表 STDARG. H	va _ start va _ arg va _ end	重入 重入 重入	
全程跳转 SETJMP. H	setjmp longjmp	重入 重入	
特殊功能寄存器访问 REG51. H REG52. H			对 51、52 单片机的 SFR 和 SFR 可寻址位进行定义

思考题与习题解答

第 0 章

0.1 40H,62H,50H,64H,7DH,FFH

0.2 812,104, 213, 256, 2936, 941

0.3

十进制数	原　码	补　码	十进制数	原　码	补　码
28	1CH	1CH	250	FAH	FAH
−28	9CH	E4H	−347	815BH	FEA5H
100	64H	64H	928	03A0H	03A0H
−130	8082H	FF7EH	−928	83A0H	FC60H

0.4 机器数的真值分别为:27,−105,−128,−8,14717,31467,−27824。

0.5 (1) 33H+5AH=8DH, OV=1, CY=0　　(2) −29H−5DH=7AH,OV=0,CY=1

(3) 65H−3EH=27H, OV=0, CY=1　　(4) 4CH−68H=E4H, OV=0, CY=0

0.6

十进制数	压缩 BCD 数	非压缩 BCD 数	ASCII 码
38	38H	0308H	3338H
255	255H	020505H	323535H
483	483H	040803H	343833H
764	764H	070604H	373634H
1000	1000H	01000000H	31303030H
1025	1025H	01000205H	31303235H

0.7 ASCII 码表示的十六进制数分别为: 105H, 7CAH, 200EH,8A50H

第 1 章

1.1 见绪论

1.2 单片微型计算机是包含 CPU、存储器和 I/O 接口的大规模集成芯片,即它本身包含除外部设备以外构成微机系统的各个部分,只需接外设即可构成独立的微机应用系统。微处理器仅为 CPU,CPU 是构不成独立的微机系统的。DSP 是数据处理的专用芯片,单片机主要用作控制,也具有简单的数据处理能力。

1.3 见 1.1.1 节

1.4 见绪论

1.5 见表 1-5

1.6 见表 1-1 和表 1-2

1.7 当 PSW=10H,表明选中的为第二组通用寄器,R0～R7 的地址为 10H～17H。

1.8 程序存储器和数据存储器尽管地址相同,但在数据操作时,所使用的指令不同,选通信号也不同,因此不会发生错误。

1.9 <u>内部数据</u>　<u>程序</u>　<u>外部数据</u>　<u>程序</u>

1.10 振荡周期=0.1667μs,机器周期=2μs,指令周期=2～8μs

1.11 A=<u>0</u>,PSW=<u>0</u>,SP=<u>07</u>,P_0～P_3=<u>FFH</u>

第 2 章

2.1 见 2.1 节

2.2 因为累加器 A 自带零标志，因此，若判断某内部 RAM 单元的内容是否为零，必须将其内容送到 A，通过 JZ 指令即可进行判断。

2.3 当 A=0 时，两条指令的地址虽然相同，但操作码不同，MOVC 是寻址程序存储器，MOVX 是寻址外部数据存储器，送入 A 的是两个不同存储空间的内容。

2.4

目的操作数	源操作数
寄存器	直接
SP 间接寻址	直接
直接	直接
直接	立即
寄存器间址	直接
寄存器	变址
寄存器间址	寄存器

2.5 CY=1,OV=0,A=94H

2.6

√	×
√	×
×	×
√	√
×	√
×	×
×	×
×	√
×	×
×	×
×	×

2.7 A=25H,(50H)=0,(51H)=25H,(52H)=70H

2.8 SP=(61H),(SP)=(24H)

SP=(62H),(SP)=(10H)

SP=(61H),DPL=(10H)

SP=(60H),DPH=(24H)

执行结果将 0 送外部数据存储器的 2410 单元。

2.9 程序运行后内部 RAM(20H)=B4H,A=90H

2.10

机器码	源程序
7401	LA:MOV A,#01H
F590	LB:MOV P1,A
23	RL A
B40AFA	CJNE A,#10,LB
80F6	SJMP LA

2.11

```
ANL   A,#0FH
SWAP  A
ANL   P1,#0FH
ORL   P1,A
SJMP  $
```

2.12

```
MOV   A,R0
XCH   A,R1
MOV   R0,A
SJMP  $
```

2.13 (1)利用乘法指令

```
MOV   B,#04H
MUL   AB
SJMP  $
```

(2) 利用位移指令

```
RL    A
RL    A
MOV   20H,A
ANL   A,#03H
MOV   B,A
MOV   A,20H
ANL   A,#0FCH
SJMP  $
```

(3) 用加法指令完成

```
ADD  A,ACC
MOV  R0,A      ;R0=2A
MOV  A,#0
ADDC  A,#0
MOV  B,A       ;B存2A的进位
MOV  A,R0
ADD  A,ACC
MOV  R1,A      ;R1=4A
MOV  A,B
ADDC  A,B      ;进位×2
MOV  B,A       ;存积高位
MOV  A,R1      ;存积低位
SJMP  $
```

2.14 方法1:

```
XRL  40H,#3CH
SJMP  $
```

方法2:

```
MOV  A,40H
CPL  A
ANL  A,#3CH
ANL  40H,#0C3H
ORL  40H,A
SJMP  $
```

2.15

```
MOV  A,20H
ADD  A,21H
DA  A
MOV  22H,A      ;存和低字节
MOV  A,#0
ADDC  A,#0
MOV  23H,A      ;存进位
SJMP  $
```

2.16

```
    MOV  A,R0
    JZ  ZE
    MOV  R1,#0FFH
    SJMP  $
ZE: MOV  R1,#0
    SJMP  $
```

2.17

```
MOV  A,50H
MOV  B,51H
MUL  AB
MOV  53H,B
MOV  52H,A
SJMP  $
```

2.18

```
     MOV  R7,#0AH
WOP: XRL  P1,#03H
     DJNZ  R7,WOP
     SJMP  $
```

2.19 单片机的移位指令只对A,且只有循环移位指令,为了使本单元的最高位移进下一单元的最低位,必须用大循环移位指令移位4次。

```
ORG  0000H
CLR  C
MOV  A,20H
RLC  A
MOV  20H,A
MOV  A,21H
RLC  A
MOV  21H,A
MOV  A,22H
RLC  A
MOV  22H,A
MOV  A,#0
RLC  A
MOV  23H,A
SJMP  $
```

第 3 章

3.1 因为是多个单元操作,为方便修改地址,使用间址操作。片外地址用DPTR指示,只能用MOVX指令取数到A,片内地址用R0或R1指示,只能用MOV指令操作,因此,循环操作外部RAM→A→内部RAM。

```
      ORG  0000H
      MOV  DPTR,#0000H
      MOV  R0,#20H
LOOP: MOVX  A,@DPTR
      MOV  @R0,A
      INC  DPTR
      INC  R0
      CJNE  R0,#71H,LOOP
      SJMP  $
```

3.2 要注意两高字节相加应加低字节相加时产生的进位，同时要考虑最高位的进位。

```
ORG  0000H
MOV  A,R0
ADD  A,R6
MOV  50H,A
MOV  A,R7
ADDC  A,R1
MOV  51H,A
MOV  A,#0
ADDC  A,#0
MOV  52H,A
SJMP  $
```

3.3 A 中放 X(小于 14H)的数，平方表的一个数据占 2 个字节，可用 BCD 码或二进制数存放(如 A 中放的是 BCD 码，则要先化成二进制数再查表)。

```
     ORG  0000H
     MOV  DPTR,#TAB
     ADD  A,ACC          ;A*2
     PUSH  ACC
     MOVC  A,@A+DPTR
     MOV  R7,A
     POP  ACC
     INC  A
     MOVC  A,@A+DPTR
     MOV  R6,A
     SJMP  $
TAB:DB  00,00,00,01,00,04,00,09,00,16H,…
     DB  …  04H,00
```

3.4 先用异或指令判两数是否同号，在同号中判大小，异号中正数为大。

```
     ORG  0000H
     MOV  A,20H
     XRL  A,21H
     ANL  A,#80H
     JZ  CMP
     JB  20H.7,BG
 AG:MOV  22H,20H
     SJMP  $
 BG:MOV  22H,21H
     SJMP  $
CMP:MOV  A,20H
     CJNE  A,21H,GR
 GR:JNC  AG
     MOV  22H,21H
     SJMP  $
```

3.5 $f_{osc}=6MHz$，$MC=2\mu s$

```
                                    机器周期数
DELAY:MOV  R1,#0F8H                 1
LOOP: MOV  R3,#0FBH                 1
      DJNZ  R3,$                    2
      DJNZ  R1,LOOP                 2
      RET                           2      (1+2+(1+2×251+2)×248)×2μs=250.48ms
```

3.6 将待转换的数分离出高半字节并移到低 4 位加 30H；再将待转换的数分离出低半字节并加 30H，安排好源地址和转换后数的地址指针，置好循环次数。

```
     ORG  0000H
     MOV  R7,#05H
     MOV  R0,#20H
     MOV  R1,#25H
NET:MOV  A,@R0
     ANL  A,#0F0H
     SWAP  A
     ADD  A,#30H
     MOV  @R1,A
     INC R1
     MOV  A,@R0
     ANL  A,0FH
     ADD  A,#30H
     MOV  @R1,A
     INC  R0
     INC  R1
     DJNZ  R7,NET
     SJMP  $
     END
```

3.7 片内 RAM 间址寄存器只有 R0 和 R1，而正数、负数和零共需 3 个寄存器指示地址，这时可用堆栈指针指示第 3 个地址，POP 和 PUSH 指令可自动修改地址。R0 指正数存放地址，R1 指负数存放地址，SP 指源数据存放的末地址，POP 指令取源数据，每取一个数地址减 1。

```
      ORG   0000H
      MOV   R7,#10H
      MOV   A,#0
      MOV   R4,A
      MOV   R5,A
      MOV   R6,A
      MOV   R0,#40H
      MOV   R1,#50H
      MOV   SP,#2FH
NEXT: POP   ACC
      JZ    ZER0
      JB    ACC.7,NE
      INC   R4
      MOV   @R0,A
      INC   R0
      AJMP  DJ
NE:   INC   R5
      MOV   @R1,A
      INC   R1
      AJMP  DJ
ZER0: INC   R6
DJ:   DJNZ  R7,NEXT
      SJMP  $
      END
```

3.8 可直接用 P 标志判断(JB P,ret)

```
      ORG   0000H
      MOV   A,40H
      JB    P,EN           ;奇数个 1 转移
      ORL   A,#80H         ;偶数个 1 最高位加"1"
EN:   SJMP  $
```

3.9 取补不同于求补码，求补码应区别正、负数分别处理，而取补不分正、负，因正、负数均有相对于模的补数。可用取反加 1 求补，也可用模(00H)减该数的方法求补。

```
      ORG   0000H
      MOV   R7,#03H
      MOV   R0,#DATA
      MOV   A,@R0
      CPL   A
      ADD   A,#01
      MOV   @R0,A
AB:   INC   R0
      MOV   A,@R0
      CPL   A
      ADDC  A,#0
      DJNZ  R7,AB
      SJMP  $
```

3.10 16 个单字节累加应用 ADD 指令而不能用 ADDC 指令，和的低位存 A，当和超过一个字节时，和的高字节存于 B，并要加低位相加时产生的进位，16 个单字节加完后，采用右移 4 次进行除 16 求平均值的运算，商在 BUF2 单元，余数在 BUF2-1 单元。

```
      ORG   0000H
      MOV   R7,#0FH
      MOV   R0,#BUF1
      MOV   B,#0
      MOV   A,@R0
      MOV   R2,A
NEXT: MOV   A,R2
      INC   R0
      ADD   A,@R0
      MOV   R2,A
      MOV   R6,#04H        ;以下完成除 16 运算
      MOV   BUF2,A
      MOV   BUF2-1,#0
NEX:  CLR   C
      MOV   A,B
      RRC   A
      MOV   B,A
      MOV   A,BUF2
      RRC   A
```

```
MOV   A,B                MOV   BUF2,A
ADDC  A,#0               MOV   A,BUF2-1
MOV   B,A                RRC   A
DJNZ  R7,NEXT            MOV   BUF2-1,A
;以上完成求和              DJNZ  R6,NEX
                         SJMP  $
```

3.11 将20H单元的内容分解为高4位和低4位，根据是否大于9分别进行加37H和30H处理。

```
      ORG   0000H                MOV   21H,A
      MOV   A,20H                SJMP  $
      ANL   A,#0F0H       ASCII:CJNE  A,#0AH,NE
      SWAP  A                NE:JC    A30
      ACALL ASCII                ADD   A,#37H
      MOV   22H,A                RET
      MOV   A,20H           A30:ADD   A,30H
      ANL   A,#0FH               RET
      ACALL ASCII                END
```

3.12 要注意，位的逻辑运算其中一个操作数必须在C。

```
ORG   0000H              ANL   C,53H
MOV   C,20H              MOV   P1.0,C
ANL   C,2FH              SJMP  $
ORL   C,/2FH             END
CPL   C
```

3.13 可改为程序如下：

```
ORG   0000H              CPL   C
MOV   C,ACC.3            ANL   C,/P1.5
ANL   C,P1.4             ORL   C,20H
ANL   C,/ACC.5           MOV   P1.2,C
MOV   20H,C              SJMP  $
MOV   C,B.4              END
```

3.14 设一字节乘数存放在R1，三字节的被乘数存放在data开始的内部RAM单元，且低字节存放在低位地址单元，R0作为被乘数和积的地址指针，用MUL指令完成一字节乘一字节，每一次部分积的低位加上一次部分积的高位，其和的进位加在本次部分积的高位上，并暂存，三字节乘一字节共需这样3次乘、加、存操作，以R7作循环3次的计数寄存器。

```
      ORG   0000H
      MOV   R7,#03H              MOV   A,#0
      MOV   R0,#data             ADDC  A,B
      MOV   R2,#0                MOV   R2,A
NEXT: MOV   A,@R0                INC   R0
      MOV   B,R1                 DJNZ  R7,NEXT
      MUL   AB                   MOV   @R0,B
      ADD   A,R2                 SJMP  $
      MOV   @R0,A                END
```

第 4 章

4.1

```
1:#include<reg51.h>
2:main()
3:{a=c;
4:int a=7,c;
5:delay ()
6:void delay ();
7:{
8:char i;
9:for (i=0;i<=255;i++);
10:}
```

本程序有如下错误：

①变量 a,c 必须先定义再引用

②第 5 句调用函数后必须加分号

③main()函数没有反大括号

④被调函数 delay()在 main()后面,必须在前面先声明

⑤第 6 句函数说明语句后的分号应去掉

4.2 因为 xdata 是外部数据存储器,最大可有 64KB 的存储单元,xdata 指针是表示外部数据存储单元的地址,要表示 64KB 个单元地址,所以必须用 2 字节共 16 位表示。

4.3

```
bdata char a;
xdata float b;
xdata int *c;
```

4.4

```
main()
{char data *p1,*p2;
  xdata int a;
p1=0x20;
p2=0x35;
a=*p1*(*p2);
}
```

4.5

```
#include <reg51.h>
#define uchar unsigned char
sbit P1_0=P1^0;
sbit P1_1=P1^1;
sbit P1_2=P1^2;
sbit P1_3=P1^3;
sbit msb=ACC^7;
sbit lsb=ACC^0;
uchar tlc (void);
main ( )
{uchar *P;
   P1=0x04;
   P=0x30;
   P1_0=0;
   P1_3=1;
for (i=0;i<10;i++)
{*P=tlc( );
  P++;}
}
```

```
uchar tlc (void)
{uchar i,y;
 ACC=0;P1_3=0;
 for (i=0;i<8;i++)
    {P1_1=msb;   /*发出 ACC 的低位*/
    y=ACC<<1;    /*ACC 右移 1 位*/
    lsb=P1_2;    /*接收一位放在 ACC 的高位*/
    P1_0=1;
    P1_0=0;}
return y;
}
```

4.6 方法 1:使用查表法

```
float code tab[11]={0,1,1.4142,1.7321,2,2.2361,
                    2.4495,2.6458,2.8284,3,3.1623};
main()
{char data * P1;
  float data * P2;
  P1=0x25;
  P2=0x30;
  * P2=tab[ * P1];
  }
```

方法 2:使用库函数

```
#include<math.h>
main()
{float * P2;
  char * P1;
  P1=0x25;
* P2=sqrt( * P1);
}
```

4.7

```
#include <reg51.h>
sbit P12=P1^2;
main ()
{P12=~(P1^4&ACC^0)|ACC^7;}
```

4.8

```
#include <reg51.h>
main(){
char pdata * m;
char data * n;
P2=0;
for (m=0x10;m<=0x15;m++)
  {n=m; * n= * m;}
}
```

4.9

```
#define uint unsigned int
main (){
uint data * m, * n, * P;
    for(;;){
    m=0x20;n=0x22;P=0x24;
    if ( * m< * n) * P= * n;
      else * P= * m;
}}
```

4.10

```
main(){
  int data a=0, * P3;
  char i, * P1, * P2;
  P1=0x20;
  P2=0x21;
  P3=0x30;
  for (i=0;i<* P1;i++){
    a=a * 10+ * P2;
    P2++;
    }
  * P3=a;
}
```

4.11

```
main(){
  unsigned int a,k, * P3;
  char i, * P1, * P2;
  P1=0x20;P2=0x25;P3=0x30;
  a= * P3;k=10000;
  while(a/k==0)k=k/10;
  for(i=0;a! =0;i++)
     { * P2=a/k;
      a=a%k;
      P2++;
      k=k/10;}
  * P1=i;
}
```

第 5 章

5.1～5.4 参阅 5.1 节

5.5 由内部结构图可知,MOV P1,#0FFH 将使锁存器 Q=1,同时 $\overline{Q}=0$,VT 截止,当执行 MOV A,P1 时,读引脚信号有效,低 4 位的开关电平通过门 2 进入内部总线到 A,而读锁存器信号无效,门 1 关闭,Q 的信号进不了内部总线，高 4 位没有引脚新的电平变化，由于 VT 截止，二极管也截止，进入门 2 的是 VT 的漏极电压 V_{CC}，因此，高 4 位通过门 2 读入的均是高电平即 1111 B。

5.6　用 $P_{1.7}$ 监测按键开关，$P_{1.0}$ 引脚输出正脉冲，正脉冲的产生只需要将 $P_{1.0}$ 置零、置 1、延时、再置零即可。$P_{1.0}$ 接一示波器可观察波形。如果再接一发光二极管，可观察到发光二极管的闪烁。电路设计图如习题 5.6 图。

汇编语言程序：

```
     ORG   0000H
ABC: CLR   P1.0
     SETB  P1.7
     JB    P1.7,$        ;等键按下
     JNB   P1.7,$        ;待键弹起
     SETB  P1.0
     MOV   R2,#0
DAY: NOP
     NOP
     DJNZ  R2,DAY
     SJMP  ABC
```

C 语言编程：

```
sfr  P1=0x90;
sbit p1_0=P1^0;
sbit p1_7=P1^7;
main(){
  unsigned char i;
  while(1){
    P1=0x80;
    do{}while(p1_7==1);/* 等键按下 */
    do{}while(p1_7==0);/* 等键弹起 */
    p1_0=1;
for(i=0;i<255;i++);
}}
```

5.7　电路见习题 5.7 图，初始值送 0FH 到 P_1，再和 0FFH 异或从 P_1 口输出，或使用 SWAP　A 指令，然后从 P_1 口输出，循环运行，注意输出后要延时。

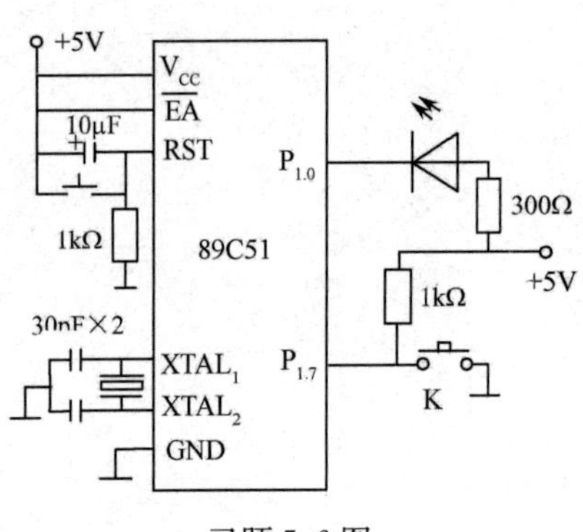

习题 5.6 图

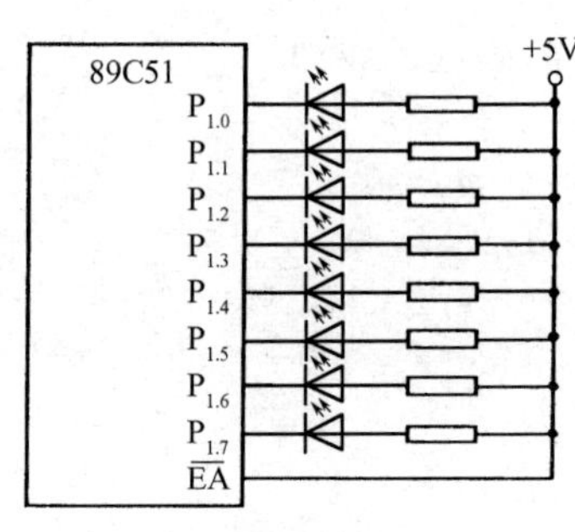

习题 5.7 图

汇编语言程序：

```
      ORG    0000H
      MOV    A,#0FH
ABC:  MOV    P1,A
      ACALL  D05
      SWAP   A
      SJMP   ABC
D05:  MOV    R6,#250

DY:   MOV    R7,#250
DAY:  NOP
      NOP
      DJNZ   R7,DAY
      DJNZ   R6,DY
      RET
      END
```

C 语言编程：

```
sfr P1=0x90;
main(  ){
  int i;
  P1=0xf0;
  while(1){
  P1=~P1;
for(i=0;i<5000;i++);
}}
```

5.8 如使用共阴极数码管，阴极接地，阳极 a～g 分别接 P_0～P_3 的某个口的 7 位，将 0～F 的段码列成表，表的内容顺次从该口输出。如数码管接 P3 口。

汇编语言程序：

```
        ORG   0000H
        MOV   DPTR,#TAB
AGAIN:MOV   R0,#0
 NEXT:MOV   A,R0
        MOVC  A,@A+DPTR
        MOV   P3,A
        MOV   R7,#0
  DAY:NOP
        NOP
        DJNZ  R7,DAY
        INC   R0
        CJNE  R0,#10H,NEXT
        SJMP  AGAIN
  TAB:DB   3FH,06H…      ;段码表(略)
        END
```

C 语言程序：

```
#include<reg51.h>
#defint uint unsigned int
#define uchar unsigned char
main(){
uint j;
uchar i;
uchar code tab[16]={0x3f,0x06…};/*段码表(略)*/
while(1){
        for(i=0;i<=15;i++)
        {P3=tab[i]};
          for(j=0;j<10000;j++);/*延时*/
        }}
```

5.9 电路设计参考 5.3 节的图 5-8，分别用汇编语言和 C 语言的编程如下：

汇编语言程序：

```
        ORG   0000H
        MOV   A,#08H
        MOV   DPTR,#TAB
        MOVC  A,@A+DPTR
        MOV   P1,A
        MOV   R2,#08H
AGAIN:MOV   A,#01
 NEXT:MOV   P3,A
        ACALL  DAY
         RL   A
         CJNE  A,#10H,NEXT
         DJNZ  R2,AGAIN
  TAB: DB   3FH,06H…
         END
```

C 语言程序：

```
#include<reg51.h>
#define uint unsigned int
#define uchar unsigned char
main(){
uchar code tabl[]={0x3f,0s06...}
uchar i,m;
uint j;
for(m=0;m<8;i++){
  P3=0x01;
  for(i=0;i<4;i++){
  P1=tabl[8];
  P3<<=1;
    for(j=0;j<=25000;j++);
}}}
```

5.10 P_1 口的 8 根线接行线，输出行扫描信号，P_3 口的 8 根线接列线，输入回馈信号。参考 5.3 节图 5-9。

第 6 章

6.1～6.5 参见 6.1 节～6.2 节

6.6 电路设计见习题 6.6 图

汇编语言程序：

```
        ORG   0000H
        AJMP  MAIN
        ORG   0003H
        RL    A           ;中断服务
        MOV   P1,A
        RETI
MAIN:MOV   A,#0FEH
        MOV   P1,A   ;第一灯亮
        SETB  EA
        SETB  EX0
        SETB  IT0
        SJMP  $
```

C 语言程序：

```
#include<reg51.h>
into() interrupt 0{
P1=P1<<1|0x01;
}
main(){
P1=0xfe;
EA=1;EX0=1;IT0=1;
do{}while(1);
}
```

习题 6.6 图

汇编语言中只有一个中断源，不存在占用别的中断源向量地址问题，程序顺序排下，应注意程序的执行过程。C 语言无循环移位指令，移位后，后面补零，因此和 01 相或。

6.7　略

6.8　汇编语言程序：

```
      ORG   0000H
      AJMP  MAIN
      ORG   0003H       ;中断服务
      XRL   P1,#0FFH
      DJNZ  R0,NE
      CLR   EA
NE:   RETI
      ORG   0030H
MAIN: SETB  EA
      SETB  EX0
      SETB  IT0
      MOV   P1,#0FFH
      MOV   R0,#0AH
      SJMP  $           ;等待中断
```

C 语言程序：

```
#include<reg51.h>
char i;
ic()  interrupt 0{
    i++;
    if(i<=10)P1=~P1;
      else EA=0;
    }
main()
{EA=1;EX0=1;IT0=1;
  P1=0xff;
  for(;;);/*等待中断*/
  }
```

因一亮一灭为一次，所以共 10 次。

6.9　两个数码管阳极经驱动器接 P_1 口，阴极分别接 $P_{3.0}$、$P_{3.1}$。

```
#include <reg51.h>
void intr(void);
void delay(void);
unsigned char a,b,i=0;
unsigned char code tab[16]={0x3f,0x06,0x5b,0x4f,0x66,0x7d,0x07,
                    0x7f,0x6f,0x77,0x7c,0x39,0x5e,0x79,0x71,0x73};
sbit p3_0=P3^0;
sbit p3_1=P3^1;
main( ){
a=tab[0]; b=tab[0];
p3_0=0; p3_1=0;
EA=1; EX0=1; IT0=1;
  for (;;){
      p3_0=1;p3_1=0;
      P1=b;
      delay( );
void intr() interrupt 0{
unsigned char j,k;
EX0=0;
i++;
j=i&0x0f;
k=i&0xf0;
k>>=4;
a=tab[k];
b=tab[j];
```

```
p3_0=0; p3_1=1;
P1=a;
delay ( ) ;
}}
EX0=1;}
void delay(void){
int x;
for(x=0;x<1000;x++);
}
```

第 7 章

7.1～7.3 参 7.1 节

7.4 方式 0:16.38ms,方式 1:131ms,方式 2: 512μs

7.5 使用方式 2,计数初值 C=100H－0AH=F6H

查询方式:

```
        ORG   0000H
        MOV   TMOD,#06H
        MOV   TH0,#0F6H
        MOV   TL0,#0F6H
        SETB  TR0
ABC:    JNB   TF0,$
        CLR   TF0
        CPL   P1.0
        SJMP  ABC
```

中断方式:

```
        ORG   0000H
        AJMP  MAIN
        ORG   000BH
        CPL   P1.0
        RETI
MAIN:   MOV   TMOD,#06H
        MOV   TH0,#0F6H
        MOV   TL0,#0F6H
        SETB  EA
        SETB  ET0
        SETB  TR0
        SJMP  $        ;等待中断
```

C 语言程序

查询方式:

```
#include<reg51.h>
sbit p10=P1^0;
main( ){
TMOD=0x06; TH0=-10;TL0=-10;
TR0=1;
while(1){
  do{}while (TF0==0);
   TF0=0; p10=~p10;
}}
```

中断方式:

```
#include<reg51.h>
  sbit pl_0=P1^0;
  tov() interrupt 1
  {pl_0=~pl_0;
    }
main(){
  EA=1;ET0=1;TMOD=0x06;
  TH0=0xf6;TL0=0xf6;TR0=1;
  while(1);}   /*等待中断*/
```

7.6 1000Hz 的周期为 1ms,即要求每 500μs $P_{1.0}$ 变反一次,使用 T_1 方式 1,MC=12 / f_{osc}=1μs,C=2^{16}－500μs/1μs=FE0CH,除 TMOD=10H,TH_0=FEH,TL_0=0CH 外,程序与 7.5 题相同,注意每次要重置 TH_0 和 TL_0。

7.7 f_{osc}=6MHz,MC=2μs,方式 2 的最大定时为 512μs,合乎题目的要求。50μs 时,计数初值为 C1=256－25=E7H,350μs 时,计数初值为 C2=256－175=51H

汇编语言程序:

```
        ORG   0000H
        MOV   TMOD,#02H
NEXT:   MOV   TH0,#51H
        MOV   TL0,#51H
        CLR   P1.2
        SETB  TR0
AB1:    JBC   TF0,EXT
        SJMP  AB1
EXT:    SETB  P1.2
        MOV   TH0,#0E7H
        MOV   TL0,#0E7H
AB2:    JBC   TF0,NEXT
        SJMP  AB2
```

C 语言程序：

```
#include<reg51.h>
void timer(unsigned char t);
sbit p1 _ 2=P1^2
main()
{for(;;)
  p1 _ 2=0;   timer(7);
  p1 _ 2=1;   timer(1);
  }
```

```
void timer(unsigned char t)
{unsigned char i;
  for(i=0;i<t;i++)   /* 延时 t*50μs */
   {TMOD=0x01;
    TH0=-25/256;TL0=-25%256;
TR0=1;
    While(TF0! =1);
    TR0=0;
    }}
```

上述的计数初值没有考虑指令的执行时间，因此误差较大，查每条指令的机器周期，扣除这些时间，算得 C =E3H，这样误差较小。

7.8　$P_{1.0}$输出 2ms 脉冲，$P_{1.1}$输出 50μs 脉冲。

汇编语言程序：

```
     ORG    0000H
     MOV    TMOD,#02H
     MOV    TH0,#0E7H
     MOV    TL0,#0E7H
     SETB   TR0
     MOV    R0,#04H
NE:  JNB    TF0,$
     CLR    TF0
     CPL    P1.1
     DJNZ   R0,NE
     CPL    P1.0
     AJMP   NE
```

C 语言程序：

```
#include<reg51.h>
sbit p11=P1^1;
sbit p10=P1^0;
main(){
 char i;
  TMOD=0x02;TH0=0xe7;TL0=0xe7;TR0=1;
   while(1){
     for  (i=0;i<4;i++){
       do{}while(! TF0);
         p11=~p11;
       }
       p10=~p10;
   }}
```

7.9　C 语言程序

T0 计数 1000 个脉冲，采用方式 1；T1 定时 2ms，f_{osc}=6MHz，C=−2ms/2μs=−1000

```
#include <reg51.h>
 counter( ) {
 TH0=-1000/256;   TL0=-1000%256;   TR0=1;TR1=0;
   while(TF0! =1);
   TF0=0;
   }
   timer ( ) {
   TH1=-1000/256;TL1=-1000%256; TR1=1;TR0=0;
 while(TF1! =0);
      TF1=0;
   }
```

```
main()
{
TMOD=0x15;
  for(;;){
  counter();
  timer();
  }
}
```

7.10　C 语言程序

```
 #include<reg51.h>
 sbit p3_2=P3^2;
 main( ){
```

```
TR0=0;
i=TH0;
```

```
unsigned char  *P,i;
int a;
P=0x50;
TMOD=0x09;
TL0=0; TH0=0;
while(P3_2==1); /* 等待INT0变低 */
TR0=1;
while(P3_2==0); /* 等待INT0变高 */
while(P3_2==1); /* 等待INT0变低 */
a=i*256+TL0;
for(; a! =0;)
{                /* 转换为非压缩BCD码 */
  *P=a%10;
  a=a/10;
  P++;
  *P=a;
 }
}
```

第 8 章

8.1 见 8.1 节

8.2 方式 3 为每帧 11 位数据格式,即 3600 * 11/60=660bps

8.3 T_1 的方式 2 模式不需要重装时间常数(计数初值),不影响 CPU 执行通信程序。

设波特率为 f_{baud} 计数初值为 X,依据公式

$$f_{baud}=(2^{SMOD}/32)*(f_{osc}/12(256-X))$$

求得 $X=256-((2^{SMOD}/32)*(f_{osc}/12f_{baud}))$。

8.4 最低波特率为 T_1 定时最大值时,此时计数初值为 256,并且 SMOD=0,得

$$f_{baud}=(1/32)*(f_{osc}/(12(256-0))=61$$

最高波特率为 T_1 定时最小值且 SOMD=1 时,得

$$f_{baud}=(2/32)*f_{osc}/(12(256-1))=31250$$

8.5 取 SMOD=1 计算 $TH_1=TL_1=B2$

```
;************************ 发送查询方式 ******
      ORG   0000H
      MOV   TMOD,#20H
      MOV   TH1,#0B2H
      MOV   TL1,#0B2H
      SETB  TR1
      MOV   SCON,#40H
      MOV   A,#0
NEXT: MOV   SBUF,A
 TES: JBC   T1,ADD1
      SJMP  TES
ADD1: INC   A
      CJNE  A,#20H,NEXT
      SJMP  $
      END
;************************* 发送中断方式 ***********************************
      ORG   0000H
      AJMP  MAIN ;转主程序
      ORG   0023H  ;中断服务
      CLR   TI
      INC   A
      MOV   SBUF,A
      CJNE  A,#20H,RE
      CLR   ES
  RE: RETI
MAIN: MOV   TMOD,#20H;主程序
      MOV   TH1,#0B2H
      MOV   TL1,#0B2H
      SETB  TR1
      MOV   SCON,#40H
      SETB  EA
      SETB  ES
      MOV   A,#0
      MOV   SBUF,A
      SJMP  $    ;等待中断
;******************************** 接收查询方式 ***************************
      ORG   0000H
      MOV   TMOD,#20H
      MOV   TH1,#0B2H
      MOV   TL1,#0B2H
 TEC: JBC   RI,REC
      SJMP  TES
 REC: MOV   @R0,SBUF
      INC   R0
```

```
        SETB  TR1                          CJNE  R0,#40H,TEC
        MOV   SCON,#50H                    SJMP  $
        MOV   R0,#20H                      END
;******************************** 接收中断方式 ****************************
        ORG   0000H                   MAIN:MOV   TMOD,#20H;主程序
        AJMP  MAIN;转主程序                 MOV   TH1,#0B2H
        ORG   0023H  ;中断服务              MOV   TL1,#0B2H
        CLR   RI                            SETB  TR1
        MOV   @R0, SBUF                     MOV   SCON,#50H
        INC   R0                            SETB  EA
        CJNF  R0,#40,RE                     SETB  ES
        CLR   ES                            SJMP  $   ;等待中断
    RE:RET1                                 END
```

8.6

```
/********************************* 发送程序 ****************************/
#include<reg51.h>
#define uchar unsigned char
void int4(void)
uchar xdata *P;
void main (void)
{P=0x3400;
TMOD=0x20;
  TL1=0xfd;TH1=0xfd;
  SCON=0x40;
  TR1=1;EA=1;ES=1;
   SBUF= *P;
   while(1);  /*等待中断*/
}
viod int4(void) interrupt 4
{TI=0;
P++;
SBUF=*P;
if(P==0x34a0)EA=0;
}
/*********************** 接收程序 ****************************/
#include<reg51.h>
#define uchar unsigened char
void int4(void)
char xdata *P;
viod mian( )
{P=0x4400;
  TMOD=0x20;
  TL1=0xfd;TH1=0xfd;
SCON=0x50;
TR1=1;EA=1;ES=1;
for(;;);/*等待中断*/
}
void int4(void) interrupt 4
{RI=0
*P=SBUF;
P++;
if(P==0x44al)EA=0;
}
```

8.7 利用串行通信方式 2(波特率固定),采用奇校验方式,将校验位放在 TB_8 中,乙机检验校验位,如正确,则存于片外 4400H 开始的 RAM 中,如错误,通知对方重发,R6 存放数据块长度。汇编语言程序如下:

发送方:

```
        ORG   0000H              L5:  JBC   TI,L6
        MOV   DPTR,#3400H             AJMP  L5
        MOV   R6,#0A1H           L6:  JBC   RI,L7
        MOV   SCON,#90H               AJMP  L6
        MOV   SBUF,R6            L7:  MOV   A,SBUF
```

```
L2:  JBC   TI,L3
     AJMP  L2
L3:  MOVX  A,@DPTR
     JB    P,L4
     SETB  TB8
L4:  MOV   SBUF ,A
     CJNE  A,#0FFH,L8
     AJMP  L3
L8:  INC   DPL
     DJNZ  R6,L4
     SJMP  $
```

接收方:

```
     ORG   0000H
     MOV   DPTR,#4400H
     MOV   SCON,#90H
L1:  JBC   RI,L2
     AJMP  L1
L2:  MOV   A,SBUF
     MOV   R6,A
L3:  JBC   RI,L4
     AJMP  L3
L4:  MOV   A,SBUF
     JB    P,L5
     JNB   RB8,L8
     SJMP  $
L5:  JB    JB8,L8
L6:  MOVX  @DPTR,A
     INC   DPL
     INC   DPH
     DJNZ  R6,L3
     SJMP  $
L8:  MOV   A,#0FFH
     MOV   SBUF,A
L9:  JBC   TI,L3
     AJMP  L9
     SJMP  $
     END
```

8.8 电路图见图 8-12

```
/ ****************************** 查询方式 ******************************/
#include<reg51.h>
#define uchar unsigned char
sbit P3_3=P3^3;
char code tab[ ]={0xc0,0xf9,0xa4,0xb0,0x99,
          0x92,0x82,0xf8, 0xf8,0x80,0x90};
 void timer(uchar t);
main( )
{ucha i,a=3;
  SCON=0;
  for(;;)
  {P3_3=1;
   for(i=0;i<4;i++)
     {SBUF=tab[a];
      a--;
     while(! TI);
      TI=0;
     if(a==255)a=7
     }
     P3_3=0;
     timer(100);
     }}
void timer(uchar t)
{uchar i;
for(i=0;i<t;i++)
{TMOD=0x01;
 TH0=-10000/256;
  TL0=-10000%256;
  TR0=1;
  while(! TF0);
    TF0=0;
 }}
/ ****************************** 中断方式 ******************************/
#include<reg51.h>
#define uchar unsigned char
sbit P3_3=P3^3;
uchar a=3;
char code tab[ ]={0xc0;0xf9;0xa4,
    0xb0,0x99,0x92,0x82,0xf8, 0x80,0x90};
void timer(uchar t);
void int4(void);
    main( )
    {uchar i,j;
    SCON=0;EA=1;ES=1;
void int4(void) interrupt 4
    {TI=0;
      a--;
    }
  void timer (uchar t)
    {uchar i;
for(i=0;i<t;i++){
        TMOD=0x01;
          TH0=-10000/256;
          TL0=-10000%256;
```

```
for (;;)
{P3_3=1;
  for(i=0,i<4,i++)
   {SBUF=tab[a];
     j=a;
     while(j= =a);
      }
     P3_3=0;
     timer(100);
     if(a==255) a=7;
     }
TR0=1;
while(! TF0);
TF0=0;
}}
```

第 9 章

9.1 参阅 9.1 节

9.2 6116 为 2KB×8 位 RAM，共 11 根地址线 $A_0 \sim A_{10}$，接线见习题 9.2 图。

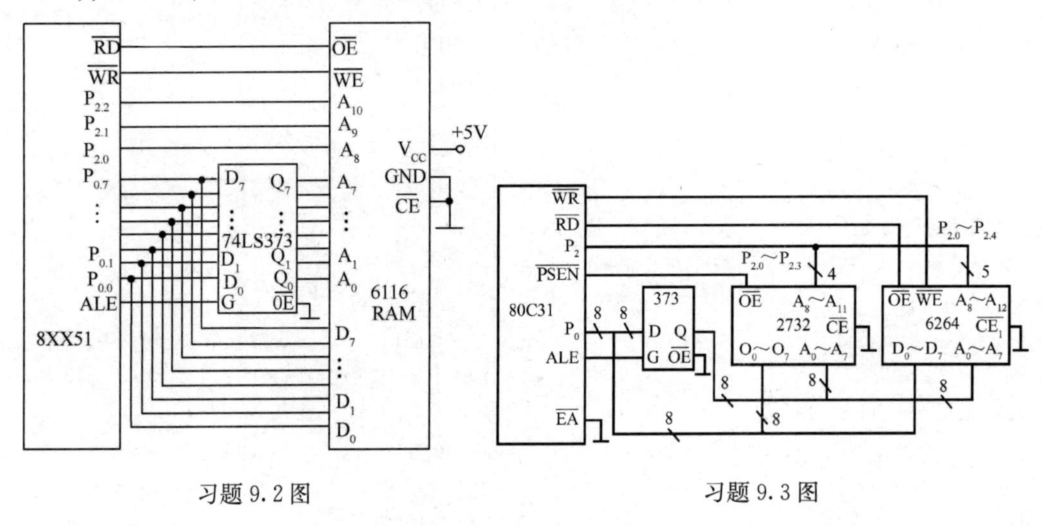

习题 9.2 图　　　　习题 9.3 图

9.3 2732 为 4KB×8 位 EPROM，6264 为 8KB×8 位 RAM，各片选$\overline{CE}$接地，电路见习题 9.3 图。

9.4 6116 为 2KB×8 位 RAM，2716 为 2KB×8 位 EPROM，地址线均为 11 根，地址线接线参见习题 9.3 图。

9.5 设计电路见习题 9.5 图。

4 片 2764 的$\overline{CE}$分别接138 译码器为 y0，y1，y2，y3 端，各片地址为：

2764(1)　0000H～1FFFH

2764(2)　2000H～3FFFH

2764(3)　4000H～5FFFH

2764(4)　6000H～7FFFH

9.6 设计电路见习题 9.6 图。图中采用的是 80C31，由于 80C31 内部无 ROM，片外必须扩展一片程序存储器，图中扩展 2764 8K×4EPROM。根据地址需求，分别以 $P_{2.5}$ 和 $P_{2.6}$ 作为 273 和 244 的片选，程序参见例 9-2。

9.7 程序参阅习题 5.4，将 MOV　A，P1 改为 MOVX　A，@DPTR，DPTR 指向 244 地址 BFFFH；将 MOV　P1，A 改为 MOVX　@DPTR，A，DPTR 指向 273 地址 DFFFH。

9.8 设计电路见习题 9.8 图。

```
MOV   DPTR,#0CFFFH
MOV   A,0A2H
MOVX  @DPTR, A
```

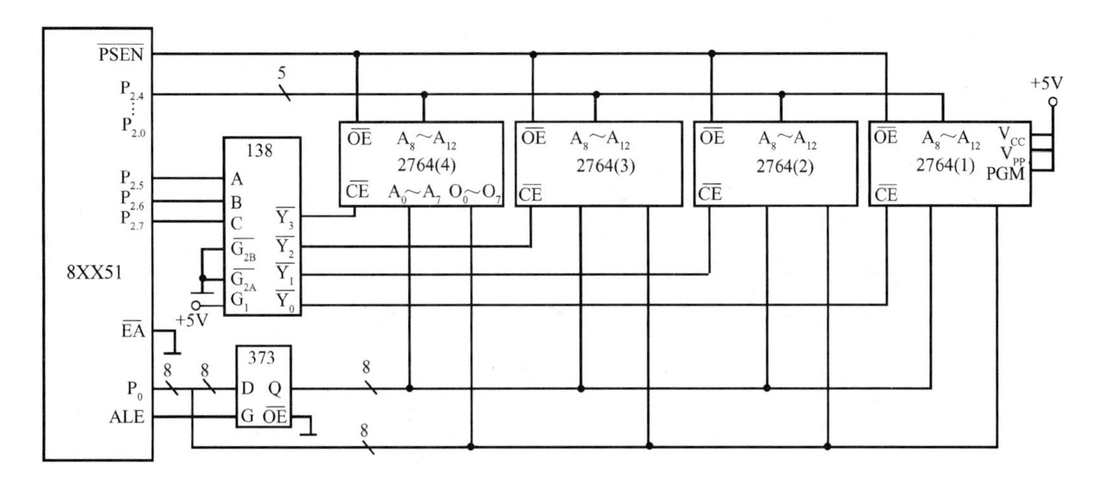

习题 9.5 图

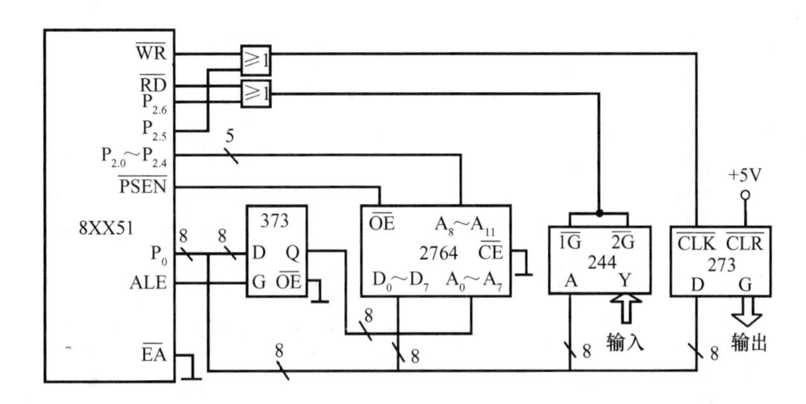

习题 9.6 图

9.9　按习题 9.9 图的设计，8255A 口、B 口、C 口、控制口地址分别为 7CFFH、7DFFH、7EFFH、7FFFH，A 口方式 0 输出，C 口置位/复位控制。

汇编语言程序：

```
      MOV   DPTR,#7FFFH
      MOV   A,#80H         ;写控制字
      MOVX  @DPTR, A
      MOV   DPTR,#7CFFH    ;指向 A 口
      MOV   A,#0F3H        ;输出"P"段码
      MOVX  @DPTR, A
      MOV   DPTR,#7FFFH    ;指向控制口
      MOV   A,0H           ;PC0 置 0 控制字
NEXT: MOVX  @DPTR, A       ;写入控制口
      ACALL DAY            ;延时
      XRL   A,#01H         ;使 PC0 位变反
      AJMP  NEXT
```

C 语言程序：

```
#include<reg51.h>
#include <absacc.h>
#include<absacc.h>
#define COM8255 XBYTE[0x7fff]
#define A8255 XBYTE[0x7fff]
main(){
unsigned int j;
   COM8255=0x80;
  A8255=0xf3;
   while(1){
   COM8255=0x0;
     for(j=0;j<=10000;j++);
     COM8255=0x01;
     for(j=0;j<=10000;j++);
  }}
```

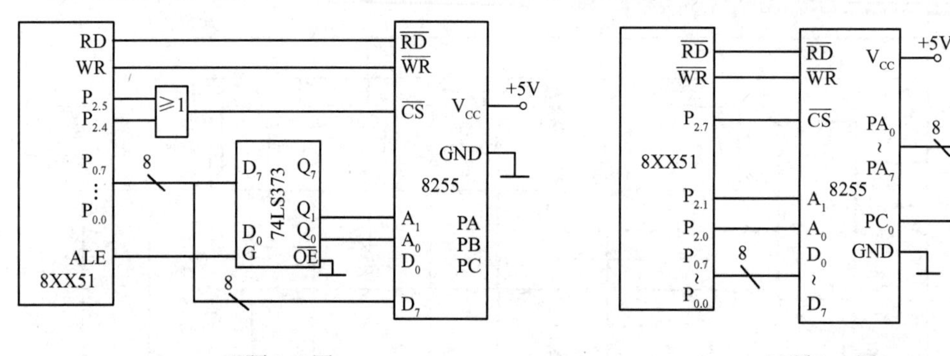

习题 9.8 图　　习题 9.9 图

9.10　8255A 口、B 口、C 口、控制口地址分别为 7CFFH、7DFFH、7EFFH、7FFFH，A 口方式 0 输出，C 口输出，控制字 80H。设计见习题 9.10 图。

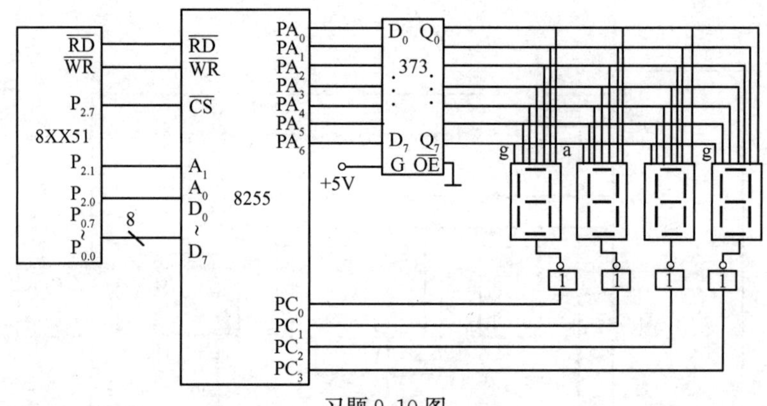

习题 9.10 图

```
ORG   0000H
MOV   DPTR,#7FFFH                ;指向控制口
MOV   A,#80H                     ;A 口、B 口均采用基本输出方式
MOVX  @DPTR,A                    ;写控制字
MOV   DPTR,#7CFFH
MOV   A,#0
MOVX  @DPTR,A                    ;清显示
AGAIN:  MOV   R0,#0              ;R0 存字形表偏移量
MOV   R1,#01                     ;R1 置数码表位选代码
NEXT:  MOV   DPTR,#7EFFH         ;指向 C 口
MOV   A,R1
MOVX  @DPTR, A                   ;从 C 口输出位选码
MOV   A, R0
MOV   DPTR,#TAB                  ; 置字形表头地址
MOVC  A, @A+DPTR                 ; 查字形码表
MOV   DPTR,#7CFFH                ;指向 A 口
MOVX  @DPTR, A                   ; 从 A 口输出字形码
ACALL  DAY                       ;延时
INC   R0                         ; 指向下一位字形
MOV   A,R1
RL    A                          ;指向下一位
MOV   R1,A
```

```
        CJNE   R1,#10H,NEXT            ;4个数码管显示完
        SJMP   AGAIN
DAY:    MOV    R6,#50                  ;延时子程序
DL2:    MOV    R7,7DH
DL1:    NOP
        NOP
        DJNZ   R7,DL1
        DJNZ   R6,DL2
        RET
        TAB1:DB 6FH,3FH,3FH ,5EH ;"good"(9ood)的字形码
```

9.11 提示：EPROM 27128 16KB×8，地址线为 14 根，6264 为 8KB×8 位，地址线为 13 根，电路参阅图 9-11。

9.12 根据电路连线图，见习题 9.12 图。

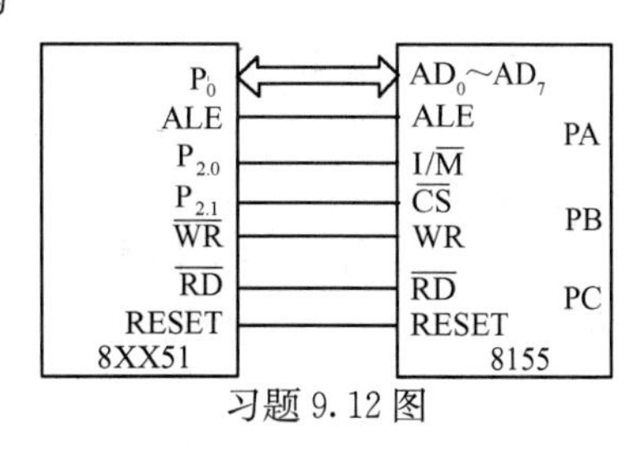

习题 9.12 图

I/O 口：A 口：FDF8H，B 口：FDF9H，C 口：FDFAH

命令/状态口：FDFBH

定时器 TIMEL：FDFCH　　TIMEH：FDFDH

存储器 RAM ：FC00H～FCFFH

第 10 章

10.1 电路参照图 10-4，不同的是将 $P_{2.7}$ 改为 $P_{2.3}$，先计算各模拟量对应的数字量。3V 对应的数字量为

$$5V/3V=255/X,\quad X=153=99H$$

同样可算得 1V，2V，4V 对应的数字量分别为 33H，66H，CCH

① 三角波

```
        MOV    DPTR,#OF7FFH
NEXT1:MOV    A,#0
 NEXT:MOVX   @DPTR,A
        NOP
        NOP
        INC A
        CJNE A,#9AH,NEXT
NEXTA:DEC    A
        MOVX   @DPTR,A
        NOP
        NOP
        CJNE   A,#0,NEXTA
        SJMP   NEXT1
        END
```

```
#inclde<reg51.h>
#include<adsacc.h>
#define da0832   XBYTE[0xf7ff]
  main( ){
    unsigned char i,j;
    while{
      for (i=0;i<=153;i++)
        {da0832=i;
        for (j=0;j<=100;j++);
        }
        for(i=153;i>=0;i--)
         {da0832=i;
        for(j=0;j<=100;j++);
        }}}
```

② 方波

4V 对应的数字量为 CCH

```
        MOV    DPTR,#0F7FFH
        MOV    A,#0
 NEXT:MOVX   @DPTR,A
        ACALL  D2MS
        XRL    A,#0CCH
        SJMP   NEXT
```

```
#include<reg51.h>
#include <adsacc.h>
#define da0832 XBYTE[oxf7ff]
  main ( ){
  unsignde a=0,j;
  while(1){
  da0832=a;
```

```
for(j=0;j<=255;j++);
a=a∧0xcc;
}}
```

③ 阶梯波

```
        MOV   DPTR,#0F7FFH
   NEC:MOV   A,#0
  NEXT:MOVX   @DPTR,A
        ACALL   D1MS
        ADD   A,#33H
        CJNE   A,#0FFH,NEXTA
 NEXTA:MOVX   @DPTR,A
        ACALL   D5MS
        SJMP   NEC
```

```
main(){
unsigued char i;
unsigued int j;
while(1){
for(i=0;i<=255;i+=51)
{da0832=i;
for(j=0;j<=100;j++;);
}}}
```

10.2　电路参考图10-5,增加一个地址,使用两条输出指令才能输出一个数据,其他同上。

10.3　电路参照图10-4,地址为7FFFH。

```
        ORG   0000H
        MOV   DPTR,#7FFFH
        MOV   R0,#20H
        MOV   A,@R0
  NEXT:MOVX   @DPTR,A
        ACALL   D1IMS
        INC   R0
        CJNE   R0,#30H,NEXT
        SJMP   $
        END
```

```
#include<reg51.h>
# include<adsacc.h>
# define da0809 XBYTE [0x7fff]
main( ){
  unsigned char * p,i,j;
  p=0x20;
  for(i=0;i<=16;i++)
   {da0832= * p;
   p++;
for(i=0,j<=255;j++);
}}
```

10.4　电路参阅图10-7,不同的是将$P_{2.5}$～$P_{2.7}$改为$P_{2.0}$～$P_{2.2}$,各地址分别为FEFFH、FDFFH、FBFFH。程序参照10.1节,注意修改RAM地址,循环执行该程序。

10.5　电路参阅图10-10,不同的是:①延时方式:EOC悬空;②查询方式:EOC经非门接单片机$P_{1.0}$(见习题10.6图);③中断方式同原图。下面仅编查询程序。IN_2的地址为7FFAH,由于EOC经非门接单片机$P_{1.0}$端口线,查询到$P_{1.0}$为零,即转换结束。

```
        ORG   0000H
        MOV   R7,#0AH
        MOV   R0,#50H
        MOV   DPTR,#7FFAH
  NEXT:MOVX   @DPTR,A      ;启动转换
        JB   P1.0,$          ;查询等待
        MOVX   A,@DPTR      ;读入数据
        MOV   @R0,A
        INC   R0
        DJNZ   NEXT
        SJMP   $
```

```
#include<reg51.h>
#include<abdacc.h>
#define uchar unsignde char
#define IN2 XBYTE[0x7ffa]          /* IN2 地址 */
sbit adbusy=P1'0;                  /* EOC */
void main(void)
{uchar idata ad[10];
uchar i;
for(i=0;i<=10;i++)                 /* 采集10个数 */
{IN2=0;                            /* 启动转换 */
while(adbusy==1);                  /* EOC 等于0循环 */
ad[i]=IN2;                         /* 存转换结果 */
 }}
```

10.6　ADC0809采集8路模拟信号,顺序采集一次,将采集结果存放于数组ad中。ADC0809模拟通道0～7的

地址为 7FF8H～7FFFH，以 $P_{1.0}$查询 ADC0809 的转换结束端 EOC，电路如习题 10.6 图所示的查询方式。程序如下：

```
#include<reg51.h>
#include<abdacc.h>
#define uchar unsigned char
#define IN0 XBYTE[0x7ff8]  /* IN0 地址 */
sbit adbusy=P1^0;          /* EOC */
void ad0809(uchar idata *x)   /* A/D */
{ uchar i;
  uchar xdata *ad_adr;
  ad_adr=&IN0;
  for(i=0;i<8;i++)           /* 处理 8 个通道 */
  { *ad_adr=0;               /* 启动转换 */
  while(adbusy==1);          /* 查 EOC */
  x[i]= *ad_adr;             /* 存转换结果 */
  ad_adr++;                  /* 指向下一通道 */
  }}
  void  main(void)
  {uchar idata ad[10];
  ad0809(ad);                /* 采样 AD0809 通道的值 */
  }
```

习题 10.6 图

第 11 章

11.1 见习题 11.1 图

11.2 参阅 11.1.5 节

11.3 参阅 11.1.5 节

11.4 参阅第 13 章实验指导的实验 7

11.5 参阅第 13 章实验指导的实验 8

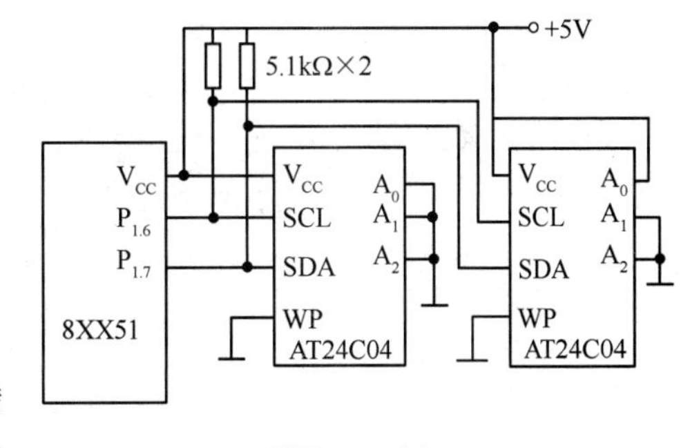

习题 11.1 图

第 12 章

12.1 参阅 12.2 节

12.2 提示：利用定时/计数器定时 100ms，中断 10 次达 1s，满 60s，分加 1s 清 0；满 60 分，小时加 1 分清 0，同时分、秒均有十位数和个位数，按十进制进位，并送显示，显示可采用 6 个数码管（或 8 个数码管），校对可用按键中断方式或按键的查询进行加 1 校对。

12.3 提示：使用定时器产生不同频率的信号构成节拍，可以两个定时器联合使用。

12.4 提示：硬件由单片机、A/D 转换、LED 显示器或 LCD 显示器及必要的驱动、译码等电路构成。

12.5 略

参 考 文 献

[1] 李群芳,肖看．单片机原理接口与应用(第2版)．北京:清华大学出版社,2010.

[2] 谢瑞和等．串行技术大全．北京:清华大学出版社,2003.

[3] 陈光东,赵性初．单片微型计算机原理与接口技术．武汉:华中科技大学出版社,1999.

[4] 谢瑞和等．微机技术实践(修订版)．武汉:华中科技大学出版社,1995.

[5] 林立等. 单片机原理及应用——基于Proteus和Keil C. 北京:电子工业出版社,2009.

[6] 马忠梅等．单片机C语言应用程序设计．北京:北京航空航天大学出版社,2005.

[7] 李刚,林凌．与8051兼容的高性能、高速单片机——C8051FXXX. 北京:北京航空航天大学出版社,2002.

[8] 杨振江,孙占彪,王曙梅等．智能仪器与数据采集系统中的新器件及应用．西安:西安电子科技大学出版社,2001.

[9] 高峰．单片微机应用系统设计及实用技术．北京:机械工业出版社,2004.

[10] 徐爱钧等. 单片机原理实用教程——基于Proteus虚拟仿真(第2版). 北京:电子工业出版社,2009.

[11] http://www.21ic.com/

[12] http://www.icbase.com/

[13] http://www.atmel.com/

[14] http://www.p8s.com/

[15] http://www.maxim.com/

[16] http://www.wave-cn.com/

[17] http://www.51touch.com/

[18] http://www.stcmcu.com/